Hybrides Projektdesign

Dr. Karen Dittmann/Mehrschad Zaeri Esfahani

Hybrides Projektdesign

Modernes Projektmanagement abseits von Königreichen

1. Auflage

Haufe Group
Freiburg · München · Stuttgart

Bibliografische Information der Deutschen Nationalbibliothek

Die Deutsche Nationalbibliothek verzeichnet diese Publikation in der Deutschen Nationalbibliografie; detaillierte bibliografische Daten sind im Internet über http://dnb.dnb.de/ abrufbar.

Print: ISBN 978-3-648-16844-8 Bestell-Nr. 10877-0001
ePub: ISBN 978-3-648-16845-5 Bestell-Nr. 10877-0100
ePDF: ISBN 978-3-648-16846-2 Bestell-Nr. 10877-0150

Dr. Karen Dittmann/Mehrschad Zaeri Esfahani
Hybrides Projektdesign
1. Auflage, Februar 2023

www.haufe.de
info@haufe.de

Bildnachweis (Cover): © iStock, Cecilie Arcurs

Produktmanagement: Bettina Noé
Grafiken Kapitelbeginn sowie weitere Illustrationen: Mehrdad Zaeri Esfahani

Inhaltsverzeichnis

Abkürzungsverzeichnis

5S-Prinzip	5 S steht für Selektieren, Systematisieren, Säuberung, Standardisieren und Selbstdisziplin
AIK	Aktuelle Ist Kosten
AKV	Aufgaben Kompetenzen Verantwortungen
AP	Arbeitspaket
ARGE	Arbeitsgemeinschaft
CCPM	Critical Chain Project Management
CEO	Chief Executive Officer
CFD	Cumulative Flow Chart
COCOMO	COnstructive COst MOdel
CPRE	Certified Professional for Requirements Engineering
CRM	Customer Relation Management
DevOps	Development und Operations
DIN	Deutsche Industrie Norm
DIN69901	DIN-Normenreihe DIN 69901
DoD	Definition of Done
EVA	Earned Value Analysis
EW	Eintrittswahrscheinlichkeit
FDA	Food and Drug Administration
FMEA	Failure Mode and Effects Analysis
FW	Fortschrittswert
GoLive	Start des Einsatzes eines Produktes
GTD	getting things done
GXP	Good Practices
HOAI	Honorarordnung für Architekten und Ingenieure
HPI	Hasso Plattner Institut Berlin
HR	Human Resources
ICB4	Individual Competence Baseline Version 4.0
IPMA®	International Project Management Association
IREB	International Requirement Engineering Board
KTA	Kosten Trend Analyse
KVP	Kontinuierlicher Verbesserungsprozess
KWG	Gesetz über Kreditwesen
LeSS	Large Scale Scrum
LH	Lastenheft
MA	Mitarbeiter
MIT	Massachusetts Institute of Technology
MMP	Minimum Marketable Product
MTA	Meilenstein Trend Analyse
MVP	Minimum Viable Product

OE	Organisationsentwicklung
OKR	Objective and Key Results
OOPSLA	Object-Oriented Programming, Systems, Languages, and Applications
OPL	Open Point List
OS	Operating System
PGK	Projekt Gesamt Kosten
Ph	Personen Stunden
PH	Pflichtenheft
PLs	Projektleitende Mehrzahl
PM	Projekt Management
PMI	Project Management Institute
PMO	Project Management Office
PO	Product Owner:in
PRINCE2	**PR**ojects **IN** **C**ontrolled **E**nvironments
Prio	Priorität
PSP	Projektstrukturplan
PT	Personentag
PT	Physical Technologies
RPZ	Risikoprioritätszahl
QG	Quality Gate
Q-Management	Qualitätsmanagement
QS	Qualitäts-Sicherung
R & D	Research and Development
RACI	Responsible, Accountable, Consulted und Informed
RE	Requirement Engineering
RW	Risikowert
SAFe	Scaled agile Framework
SC	Steering Committee
SH	Stakeholder
SH-Interessen	Stakeholderinteressen
SLA	Service Level Agreement
SM	Scrum Master:in
SMART	Specific, Measurable, Attractive, Realistic, Time bound
ST	Social Technologies
SWOT	Strength Weaknesses Opportunities and Threats
TA	Teilaufgabe
TPL	Teilprojektleitung
TÜV	Technischer Überwachungsverein
TW	Tragweite
VUCA	Volatile Uncertain Complex Ambiguous
WIP	Work in Progress

WYSIATI	What you see is all there is
XP	Extreme Programming

Vorwort

Ich kann freilich nicht sagen, ob es besser werden wird, wenn es anders wird; aber so viel kann ich sagen, es muss anders werden, wenn es gut werden soll.
Georg Christoph Lichtenberg

Ganz ehrlich: »Brauchen wir denn noch ein Buch über Projektmanagement?!« war mein erster Gedanke, als ich von diesem Buchprojekt gehört habe. Stand Mai 2022 gibt allein Amazon Deutschland zum Stichwort »Projektmanagement Bücher« über 40.000 Ergebnisse aus. Aber die Autoren Karen und Mehrschad haben lange Jahre Erfahrung als Projekt-Profis in Praxis und Lehre und sind sehr geschätzte Kollegen von mir. Und ganz ehrlich: Natürlich schreibt (fast) jeder Buchautor mit Herzblut. Aber als Karen und Mehrschad im Gespräch mit leuchtenden Augen von der »Liebeserklärung an das Projektmanagement« schwärmten, machte mich das gleich auch richtig neugierig. So durfte ich dann Einblick nehmen und hatte meine Freude am Entdecken.

Eine Art Projektmanagement gibt es vermutlich schon, seit Menschen sich erinnern können. Formalisiert und mit Theorie und Praktiken hinterlegt, wurde diese Disziplin in der zweiten Hälfte des letzten Jahrhunderts. Wir schauen also auf einige Erfahrung mit der Planung und Steuerung von Projekten zurück. In den letzten rund zwei Jahrzehnten hat sich aber in der Unternehmenspraxis eine entscheidende Veränderung gezeigt: Die zunehmende Dynamik in der Umwelt von Wirtschaftsunternehmen und die steigende Komplexität der »Projekt-Objekte« hat neuen, agilen Vorgehensweisen für Projekte den Weg geebnet. Und weil die Welt selten nur schwarz-weiß ist, liegt auch der Gedanke an »hybrides Projektmanagement« nah. Und genau hier setzt dieses Buch an.

Neben einem kompakten Überblick über theoretische Grundlagen sowie über die klassische und die agile Herangehensweise geben Karen und Mehrschad besondere Impulse mit dem Einstieg in »Systemdenken«. Hier vermitteln sie unter anderem wichtige Aussagen der Neuen Systemtheorie von Niklas Luhmann, gut nachvollziehbar und mit Praxisbezug. So wird bspw. Widerstand in seiner stabilitätsstiftenden Funktion für Organisationen als soziale Systeme verständlich und nicht als ignorante oder ego-getriebene Verhaltensweise der einzelnen Menschen.

Der sogenannte »Kompass« ist das Herzstück des Buches und strukturiert in vier Himmelsrichtungen verschiedene Perspektiven auf ein zeitgemäßes Projektmanagement. Ich finde das sehr nützlich zur Orientierung, für das Verständnis all der Dimensionen, die für Projekte relevant sind. Und es ist nützlich zum kontinuierlichen Justieren im Verlauf eines (hybriden) Projekts. Mir als Leser hilft es auch, wenn ich spezielle Inhalte suche. Insbesondere die Kapitel »Techniken und Methoden« und die »Praktische Ausführung« bieten einen schnellen Zugang zu ganz praktischem Handwerkszeug. Die verschiedenen Himmelsrichtungen laden auch ein, einfach zu schmökern und über Aspekte zu reflektieren. Beispielsweise über Rahmenbedingungen der »Organisation« oder über »Mindset und Haltung« als Nordstern. Einen besonderen Schwerpunkt bildet der Aspekt »Führung von Projekten«. Das zieht sich wie ein roter Faden durch das gesamte Buch und wird insbesondere im Kapitel »Kompass« aus den verschiedenen Perspektiven beleuchtet.

Besonders gut gefällt mir die undogmatische Sichtweise, der konsequente Verzicht auf eine plakative Wertung. Auch »hybrid« selbst ist weder Dogma noch Beliebigkeit. Es gibt vielmehr viele konkrete Hinweise darauf, wie Kontext und Rahmenbedingungen uns den Weg weisen, ein angemessenes Projektdesign zu gestalten. Ich finde hier auch meine eigene Haltung wieder, dass entscheidend ist, was nützlich ist – unabhängig von klassisch und agil und unabhängig auch von den verschiedenen Projektschulen. Der Kompass hilft, zu navigieren und erleichtert praxistaugliche Entscheidungen für geeignete Projektmanagement-Werkzeuge. Karen und Mehrschad reichern die Kapitel mit vielen eigenen Erfahrungen, ganz konkreten Beispielen und persönlichen Reflexionen an. Das macht die Erläuterungen und die Werkzeuge mit ihrem Bezug zu Haltung, Prinzipien und Werten sehr greifbar.

Dieses Buch über hybrides Projektdesign ist für mich ein sehr gutes, kompaktes und strukturiertes Nachschlagewerk. Nun lehrt uns Professor Gerd Gigerenzer, dass im Komplexen und bei steigender Ungewissheit, Heuristiken und Intuition zu besseren Entscheidungen führen als ein ausgeprägt analytisch-strukturiertes Vorgehen. Insbesondere mit dem Kompass ist Karen und Mehrschad jedoch eine Systematik zur Orientierung gelungen, die die reflektierte Navigation im Projektdesign richtig gut unterstützt. Der sehr erfahrene Projektmeister mag hier die diversen Quellen seiner Intuition erkennen und sich bestätigt sehen. Für den erfahrenen Praktiker, Projektleiter oder Projekt-Coach, bietet das Buch einiges Bedenkenswerte und viele Anregungen zur (Neu-)Orientierung in einer zunehmend komplexen Welt. Das Buch ist dabei so flüssig lesbar und anschaulich, dass es auch als Einstieg für den Projektneuling geeignet ist.

So wünsche ich dem Gemeinschaftswerk von Karen und Mehrschad eine große interessierte Leserschaft und dass viele Projektverantwortliche und Projekt-Coaches echten Nutzen daraus ziehen!

Birgit Mallow

Gendern oder nicht Gendern – das war hier die Frage …

In unserem Buch werden wir immer wieder auf die zunehmende Dynamik in unseren Projekten eingehen, die wir als Projektleitende gerade zu berücksichtigen lernen. Auch unsere Sprache unterliegt einem stetigen Wandel. Gendersternchen, Gendergap, Genderdoppelpunkt und andere Versuche, weibliche und diverse Identitäten in unseren Texten, Podcasts und Trainings zu berücksichtigen, hätten vor wenigen Jahren noch Reaktionen zwischen Stirnrunzeln bis zu offener Feindseligkeit hervorgerufen, je nach Gesinnung der Zuhörenden.

Wenn wir heute die Medienlandschaft betrachten, findet sich eine Vielzahl von Versuchen, dem generischen Maskulinum die Stirn zu bieten und somit in unseren Kopfkinos beim Zuhören und Lesen die Vielfalt der Projektschaffenden zu berücksichtigen.

Beim Schreiben unseres Buches haben wir uns viele Gedanken gemacht, wie wir mit dem Thema umgehen wollen. Versuche mit einigen »Testleser:innen« (Doppelpunktvariante) haben immer noch Irritationen hervorgerufen, »Testleser« (konsequente Anwendung des generischen Maskulinums) konnten wir uns nicht vorstellen, weil diese Form in unseren Augen keinem zeitgemäßen Sprachgebrauch entspricht. Einen Königsweg haben wir bei unseren Recherchen und Diskussionen nicht gefunden. Letztendlich haben wir uns für eine weiche Variante entschieden: Doppelnennung (z. B. Kundinnen und Kunden), alternative Bezeichnungen (z. B. Q-Management statt Q-Beauftragter), substantivierte Partizipien (z. B. Projektleitende).

Überrascht hat uns der neue Scrum Guide (Version 2020) in der deutschen Übersetzung, der konsequent die Doppelpunktvariante anwendet: Developer:innen, Scrum Master:innen, Product Owner:innen usw. Wann immer wir aus dem Scrum Guide zitieren oder uns auf dort beschriebene Rollen beziehen, werden wir die Doppelpunktvariante übernehmen.

Frei nach den agilen Grundsätzen: Transparenz, Überprüfung, Anpassungen kann es sein, dass wir bei unserem nächsten Buch zu einem anderen Entschluss kommen werden. Bis dorthin hoffen wir ALLE mit unserem Weg zum Lesen, Reflektieren und Lernen einladen zu können.

Karen und Mehrschad

1 Einleitung

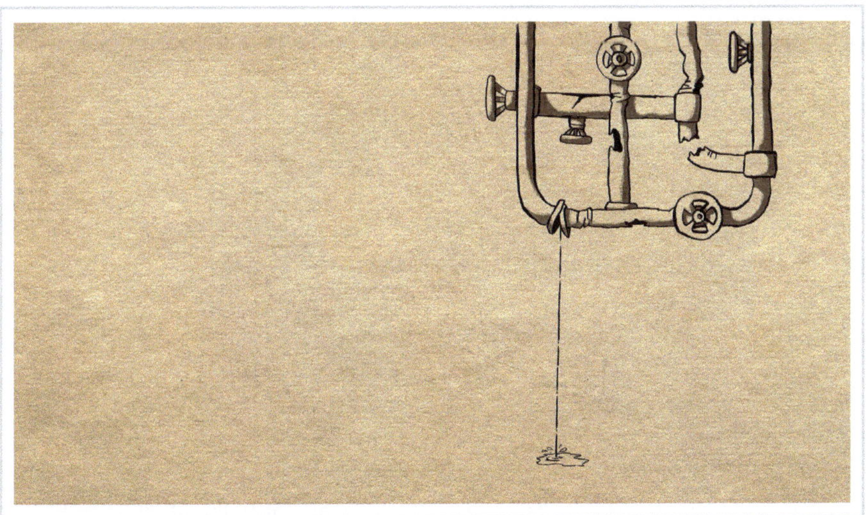

1.1 Unsere Intention

Was meinen wir, wenn wir behaupten, dass die Zeit der Königreiche vorbei sei? Und was hat das mit dem hybriden Projektdesign zu tun?

Wir vertreten die Perspektive der Projektleitung, als Trainierende und Coaches. Seit einigen Jahren begleiten wir Unternehmen, Organisationseinheiten und Projekte und beobachten, dass sie durch eine interessante Wandlung gehen. Diese Transformation verlangt, je nach Größe der Unternehmen oder der Projekte immer mehr Agilität.

In einigen Organisationen gibt es Strukturen, die beweglicher werden sollten, um sich für neue Produkte zu wappnen. In anderen sehen wir, dass die traditionelle Struktur immer noch trägt, jedoch ein paar Anpassungen notwendig geworden sind. Diese Anpassungen können einzelne Projekte oder Projekte und ihre unmittelbare organisatorische Umgebung betreffen.

Wir sehen, dass alle Organisationen in ihren Projekten zunehmend einen Mix aus verschiedenen Ansätzen benötigen: des plangetriebenen (klassisches Projektmanagement nach dem Wasserfallmodell) wie auch des wertgetriebenen Ansatzes (agiles Projektmanagement nach dem iterativen und inkrementellen Modell).

Wir fassen unser Verständnis von klassischem und agilem Projektmanagement ganzheitlich auf, nicht nur auf Methoden und Tools bezogen (s. Kap. 4.1 »Der Norden – Mindset und Haltung«). Deswegen sprechen wir auch von »Klassischem« und »Agilem«, wenn wir diese beiden Ansätze vergleichen und von »Hybridem«, welchen wir aus den beiden Denkschulen entwickeln.

Des Weiteren fallen uns »agile Inseln« auf, die sich auf das gesamte System (z. B. das Projekt bzw. die Organisationseinheit) auswirken. Denn die agilen Inseln setzen ein neues Verständnis der Zusammenarbeit, neue Rollen, ein neues Verständnis der Führung u. v. m. voraus. Die Erfüllung dieser Voraussetzungen betrifft viel mehr als nur eine Veränderung der Projektmanagement-Methodik.

Zurück zur Eingangsfrage dieses Unterkapitels:

Mit »die Zeit der Königreiche ist vorbei« meinen wir, dass die Konkurrenz der Projektschulen nicht mehr zeitgemäß ist. Nicht die Frage »Was ist besser – PMI[1] oder IPMA®[2] oder PRINCE2[3] oder doch ein einfaches Framework, wie Scrum[4]« entscheidet über den Erfolg unserer Vorhaben. Modernes Projektdesign ist fähig, unterschiedlichste Managementansätze gekonnt und bewusst miteinander zu kombinieren – abseits von Dogmen. Das Ziel ist, ein Projekt mit seinen nicht unerheblichen Herausforderungen zum Erfolg zu führen, die Aufgabe des Managements ist es, das passende Projektdesign zu etablieren (Details in Kap. 3 »Projekterfolge sichern mit passendem Projektdesign«).

Natürlich ist die Zeit der Könige auch vorbei

Darüber hinaus brauchen wir immer weniger die »knights in shining armor«, die mit ihrem Hofstaat heldenhaft ausziehen, um siegreich nach Projektende heimzukehren. Bei der Komplexität der heutigen Projekte reicht es nicht mehr aus, wenn wir auf einzelne Personen setzen, die voranschreiten und als einzelne Helden Projekte retten. Wir müssen das Lernen, Entscheiden und Verantworten auf breitere Schultern verteilen, um mit der Komplexität gut umgehen zu können. Dies wiederum erzwingt eine neue Form der Begegnung auf Augenhöhe unter den Teammitgliedern und eine neue Form der Begegnung zwischen ihnen und den Führungspersonen (sowohl Führungspersonen im Projekt als auch Führungspersonen in der Linie).

Als »hybrid« bezeichnen wir in diesem Buch die Vermischung der beiden Ansätze: das klassische Wasserfallmodell in Koexistenz mit dem agilen, iterativen Modell. Oder ein rein agiles Framework mit ergänzenden klassischen Elementen. Je nach Projekt su-

1 PMI: PMBok Guide.
2 GPM: Kompetenzbasiertes Projektmanagement, PM4.
3 PRINCE2 unter https://www.prince2.com/de.
4 Schwaber, K. et al.: Scrum Guide 2020.

chen wir die Passung. Die konkret vereinbarte Vorgehensweise nennen wir dann Projektdesign.

Im Projektdesign spiegeln sich nicht nur Tools und Methoden, Meetingstrukturen und Rollen wider. Soll ein Projekt erfolgreich sein, muss es auch in den Unternehmenskontext passen.

Wir versuchen deshalb, Projektdesign ganzheitlich zu begreifen.

Unser zentrales Modell, der »Kompass«, umfasst deswegen folgende vier Himmelsrichtungen:

Ohne eine klare Navigation werden wir uns verlieren.

- **Der Norden: Mindset und Haltung der Menschen und deren Organisation**
- **Der Osten: Die Organisation mit dem Zusammenspiel zwischen Linie und Projekt**
- **Der Westen: Technik und Methoden sowie die vorhandenen theoretischen Kenntnisse der Organisation, im Klassischen wie im Agilen**
- **Der Süden: Praktische Erfahrungen der Organisation, im Klassischen wie im Agilen**

Mit diesem Buch möchten wir Ihnen eine Geschichte über unsere Erfahrungen erzählen. Damit Sie und wir nicht aneinander vorbei »lesen und schreiben«, werden wir Ihnen unsere theoretischen Hintergründe im Klassischen wie im Agilen vorstellen und anhand konkreter Beispiele aufzeigen, wie wir die jeweiligen Projektdesigns vorgenommen haben und warum.

1.2 Aufbau des Buches

Sie finden hier eine kurze Übersicht, welches Kapitel sich womit befasst, damit Sie selbst entscheiden können, welches Kapitel Sie zuerst lesen möchten. Das Buch ist nicht sequenziell aufgebaut. Falls Sie z. B. genügend theoretische Erfahrungen im Projektmanagement haben, könnten Sie Kapitel 5 am Ende lesen oder ganz auslassen.

Unsere Annahme ist allgemein, dass Sie sich für das Hybride interessieren, weil Sie genügend theoretische und praktische Erfahrungen sowohl im Klassischen als auch im Agilen haben. Daher befasst sich das letzte Kapitel erst mit den Grundlagen des Projektmanagements. Ist dem nicht so, ziehen Sie bitte das Lesen des fünften Kapitels vor.

Noch **in diesem Kapitel** 1 stellen wir die Grundlagen für unsere Geschichten vor. Dabei handelt es sich um eine Auswahl konkreter Projekte, die wir begleiten durften und zum Teil noch begleiten. Diese Projekte werden Ihnen in den folgenden Kapiteln immer wieder begegnen.

Im **Kapitel** 2 werfen wir einen Blick auf Komplexitätsreduktion und systemisches Denken. Dabei werden wir definieren, was wir unter einem System verstehen, welche Dynamiken es in Systemen zu berücksichtigten gilt und was wir unter Systemdenken verstehen. Ziel des Kapitels ist, im Projektdesign den Umgang mit Komplexität passend berücksichtigen zu können.

Im **Kapitel** 3 geht es um das Projektdesign selbst. Hier erklären wir, welche unterschiedlichen Ansätze und Vorgehensweisen wir zur Auswahl haben, wenn wir ein Projekt entwerfen und welche Auswirkungen sie auf das Projekt haben.

Kapitel 4 beinhaltet das Herzstück unseres Buches. Dort richten wir uns nach unserem Kompass und besprechen gemeinsam, wie die vier Himmelsrichtungen des Kompasses bei unserer Arbeit berücksichtigt werden. Diese Gedanken bauen auf theoretische Grundlagen auf, die wir mit Kapitel 1-3 geschaffen haben und für die wir grundsätzliches PM-Wissen voraussetzen. Für alle, die ihr PM-Wissen auffrischen wollen, gibt es unsere PM-Wissenskiste am Ende des Buches, vgl. Kap. 5 »PM-Wissenskiste als Nachschlagewerk«.

In der PM-**Wissenskiste** gehen wir auf die theoretischen Inhalte der folgenden großen Felder ein:

- **Stellvertretend für das klassische Projektmanagement nach IPMA®, PMI und PRINCE2[5]:**
  Kurze Übersicht und Erläuterung der klassischen Herangehensweise entlang der gängigen Projektmanagementphasen.
- **Agiles Projektmanagement:**
  Übersicht über die agile Haltung, die sich alle agilen Frameworks teilen und ein grober Überblick über einige gängige agile Frameworks.

Mit diesem letzten Kapitel haben wir nicht das Ziel, die genannten Frameworks vollständig zu erklären. Dafür haben bereits einige Kolleginnen und Kollegen von uns hervorragende Arbeit geleistet. Vielmehr möchten wir in der PM-Wissenskiste einen Überblick für jene Lesende geben, die nicht im Agilen bzw. Klassischen bewandert sind. Wir gehen dort auch auf die Einsatzgebiete der Frameworks ein.

1.3 Referenzprojekte

Die Projekte und die Organisationen in diesem Kapitel sind nicht erfunden, sondern eine Auswahl realer Projekte in Organisationen, die wir begleiten durften. Bei allen

5 Projects in controlled Environment.

diesen Projekten war jeweils der Einsatz hybriden Designs notwendig. Des Weiteren war in allen diesen Projekten notwendig, von der Oberfläche in die Seele der Projekte, ihrer Teams und der Organisationseinheiten hinabzutauchen.

Mit Verweisen aus den Referenzprojekten auf den konkreten Einsatz unseres Kompasses in Kapitel 4 geben wir Ihnen einen Einblick, wie hybride Strukturen pragmatisch aufgesetzt werden können.

1.3.1 Referenzprojekt 1: Frischgemüse (Mehrschad)

Hybride Arbeitsweisen im Maschinenbau-Sektor

Seit einigen Jahren begleite ich eine Firma, ansässig im Süden Deutschlands, in Baden-Württemberg. Sie stellt Maschinen her, die eine Massenverarbeitung von Obst und Gemüse ermöglichen – Maschinen, die das Waschen, Schneiden, Entkernen usw. in sehr großen Mengen[6] übernehmen. Diese Firma befindet sich im Wandel.

Ausgangslage:

Der Wandel hat mehrere Gesichter. Zum einen wächst das Unternehmen und somit ändern sich die Strukturen innerhalb des operativen Bereichs des Unternehmens, zum anderen ändern sich der Markt und die Geschäftsfelder. Auch die Lenkenden des Unternehmens machen sich Gedanken über mögliche Szenarien, wie sich die Digitalisierung auf das Unternehmen und seine Produkte auswirkt.

Schmerzpunkte:

Als ich hinzugeholt wurde, hatte sich die Zusammensetzung der Geschäftsleitung gerade geändert. Vertreter der neuen Geschäftsleitung brachten neue Vorstellungen hinsichtlich der Führung der Mitarbeitenden und der firmeninternen Kommunikation mit. Diesen Aspekt des Haltungswandels werden wir mit unserem Kompass mit der nördlichen Himmelsrichtung in Kapitel 4.1 »Der Norden – Mindset und Haltung« genauer beleuchten.

6 Z. B. können bis zu fünf Tonnen Salatkopf in einer Stunde gewaschen und geschnitten werden.

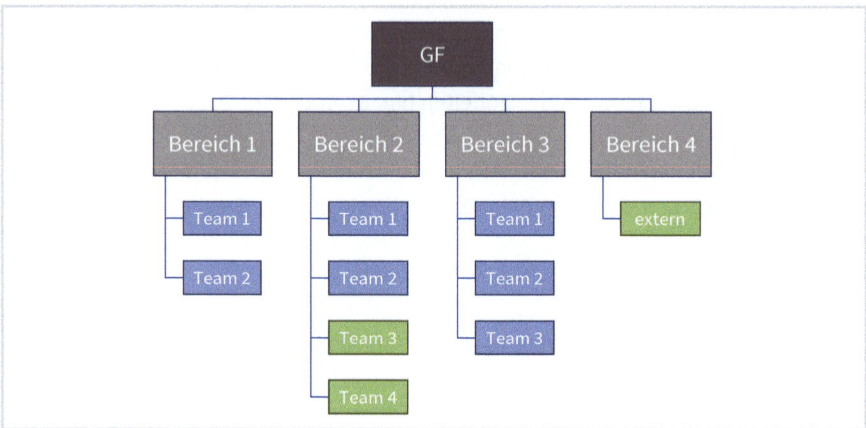

Abb. 1: Skizzierte Aufbauorganisation des Unternehmens

Auch die wachsende Anzahl der Angestellten stellte die Geschäftsführung vor neue Herausforderungen, da die neue Geschäftsführung dem linearen Wachstum der Führungsschicht und der Einführung weiterer Hierarchieebenen kritisch gegenüberstand. Organisatorische Anpassungen und Aspekte, die in diesem Fall geholfen haben, werden wir mit unserem Kompass auf dem Weg in Richtung Osten in Kapitel 4.2 »Der Osten – Organisation« unter die Lupe nehmen. In der Abbildung oben stellen Team 3 und Team 4 diejenigen Teams dar, deren Begleitung mir anvertraut wurde. Unser gemeinsames Ziel war die Erhöhung der Selbstorganisation und somit der Verzicht auf mehr Hierarchiestufen, während der Rest des Unternehmens in der bestehenden Struktur weitergeführt wurde.

Interessanterweise lernte ich dieses Unternehmen dadurch kennen, dass sich der Leiter des Projektmanagementbüros in einem meiner IPMA® 4-Level-Qualifizierungs-Lehrgänge ausbilden ließ. Außerdem befasste sich das Unternehmen bereits mit der Idee des Lean-Konzepts in der Produktion und mit Kaizen. Somit konnte ich bereits auf eine gute theoretische Basis zurückgreifen. Wie sehr diese Basis entscheidend sein kann, um hybride Projekte aufzusetzen und erfolgreich durchführen zu können, wird in Kapitel 4.3 »Der Westen – Technik und Methoden« behandelt.

Wie in Abbildung 1 ersichtlich, gibt es im Bereich 4 des Unternehmens ein externes Team, das mit der Umsetzung eines Projekts zur Digitalisierung der Produkte beauftragt wurde und welches in rein agiler Form arbeitete. Um die Zusammenarbeit mit der internen IT-Abteilung und die Berichterstattung gegenüber der Geschäftsführung zu garantieren, waren einige Anpassungen notwendig. Wie die Anpassungen vorgenommen wurden und welche Methoden mir zur Verfügung standen, können Sie in Kapitel 4.3 »Der Westen – Technik und Methoden« lesen.

Stand im Sommer 2021: Nach ca. einem Jahr der Begleitung der Teams 3 und 4 haben wir uns bereits mit Iterationen, neuen Rollen der Moderatoren (Zeremonienmeister[7]) und vor allem mit der Integration des empirischen Prozesses in die Arbeitsabläufe auseinandergesetzt. Dieser Prozess wird nun gelebt.

Im Sommer 2021 wurde das größte Projekt der Firmengeschichte gewonnen. Die Teams 3 und 4 sind bereits in den letzten Monaten aufgestockt worden und werden das Projekt parallel zur Linientätigkeit in dem neu aufgesetzten empirischen Prozess abarbeiten (s. Kap. 4.1.7 »Selbstorganisation«).

1.3.2 Referenzprojekt 2: Mögen die Räder und der Rubel rollen (Mehrschad)

Hybrider Einsatz in der Automobilindustrie

In der Automobilindustrie treffen schon lange zwei Welten aufeinander. Einmal die Welt der Pionierinnen und Pioniere, also Menschen, die den Willen haben, sich auf neue Abenteuer einzulassen. Und dann noch die Welt der Bewahrenden, die sich vorzugsweise auf sicherem Terrain bewegen möchten.

Spätestens mit dem Einzug der Smartphones und sonstigen Geräten (die Beispiele reichen von »banalen« Bluetooth-Boxen über smarte Uhren bis hin zu Verbindungen zu anderen Fahrzeugen), die sich mit dem Auto verbinden lassen, wurden vollkommen neue Begehrlichkeiten hinsichtlich des Infotainments beim Kunden geweckt.

Im folgenden Referenzprojekt geht es um die Entwicklung eines völlig neu konzipierten Infotainment-Systems. In der folgenden Abbildung ist ein Teil der Aufbauorganisation des Unternehmens skizziert. Das Projekt spielte sich in der Organisationseinheit »Entwicklung« ab.

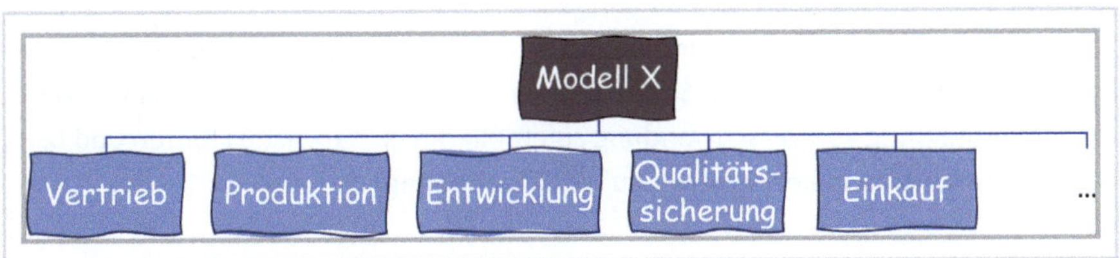

Abb. 2: Die Aufbauorganisation des Projekts »Modell X«

7 Hiermit ist die Rolle einer Person gemeint, die bei Sitzungen zur Einhaltung von Regeln beiträgt und alle damit verbundenen Aufgaben erledigt. Zeremonienmeister sind keine agilen Erfindungen, sie treten immer dann auf, wenn eine überparteiliche Rolle auf Basis geltender Regeln gefragt ist. Sie greifen nie fachlich ein. Als gutes Beispiel sei auf Mr. John Simon Bercow verwiesen, der als Sprecher des britischen Unterhauses als Zeremonienmeister viel dazu beigetragen hat, viele schwierige Debatten (und einige Brexit-Debatten darunter) gut zu lenken.

Selbstverständlich gab es einige Schnittstellen, Teilaufgaben und Arbeitspakete, die zu den Vertriebs-, Produktions- und weiteren Abteilungen führten und auch dort umgesetzt werden mussten. Der Löwenanteil des Projekts wurde jedoch innerhalb der Entwicklungsabteilung durchgeführt.

Ausgangslage:

Es herrschte großer Zeitdruck. Selbstverständlich war das Datum für das Projektende längst gesetzt. Das Teilprojekt »Elektrik und Elektronik (E&E)« wurde bereits einmal nach dem Wasserfallmodell geplant und begonnen, die Umsetzung jedoch scheiterte. Dies war der zweite Versuch.

Einzelne Personen aus der operativen Ebene waren ansatzweise mit Scrum vertraut, die Mehrheit hat jedoch noch nie mit einem agilen Framework zu tun gehabt. Auf der strategischen Ebene, seitens der Führungskräfte, gab es noch keine Berührungspunkte mit dem agilen Verständnis.

Schmerzpunkte:

Die Grundlage der Arbeit in den agilen Bereichen war die Vision des Produktmanagements. Die strategische Ebene des Projekts, das Produktmanagement und das Linien-Management hatten zwar eine sehr grobe Idee, wie sie sich das neue Infotainment-System vorstellten, doch leider war die Qualität der »Wiedergabe« dieser Vorstellungen nicht ausreichend. Noch schwerwiegender war, dass unter den Beteiligten keine gemeinsame Einigung (kein Alignement) existierte (ein Beispiel dazu findet sich in Kap. 4.1.5 »Wie viel Mindsetwandel brauchen wir«), wie das Endprodukt aussehen sollte und welche Funktionen es alles haben müsste, damit am Ende alle Beteiligten zufrieden sein würden.

Das Konzept der Priorisierung und somit eines Minimal Viable Products war unbekannt. Dazu mussten wir kleine Schritte unternehmen, um insgesamt das Verständnis der Vermeidung von Verschwendung zu etablieren (s. Kap. 4.1.8 »Kaizen und Lean Management [Achtsamkeit in Bezug auf Verschwendung]«).

Die Führungsriege in der Linie und die Projektsteuerung waren es nicht gewohnt, sich durch Inspektion und Adaption[8], zwei Grundpfeiler des Agilen, dem Ziel zu nähern.

8 Die korrekten Begriffe aus dem Scrum Guide, die den empirischen Prozess beschreiben, sind im Englischen »Transparency«, »Inspection« und »Adaptation«. In diesem Buch greifen wir auf die deutschen Begriffe »Transparenz«, »Inspektion« und »Adaption« zurück. Somit handelt es sich beim Begriff »Adaption« nicht um eine falsche Schreibweise für »Adaptation«, sondern er ist einfach die deutsche Übersetzung, wie wir sie hier nutzen.

Der übliche Mechanismus war das Aufstellen einer Prognose zu einem sehr frühen Zeitpunkt und dann der Versuch, diese Zeit einzuhalten, jedoch ohne ausreichende Inspektionen und Adaptionen. Was üblich eingesetzt wurde, waren sehr ungenaue Fortschrittsmessungen. Man setzte lieber auf eine späte Installation von »Taskforces«, um Problemlösungen zu erzwingen, anstatt valide Messungen von Teams vorzunehmen, die Messungen kontinuierlich in kurzen Abständen zu überwachen (s. Kap. 4.3.8.3 »Earned-Value-Analyse«) und entsprechende Lerneffekte mitzunehmen.

Es mussten neue Rollen definiert werden, die dem neuen hybriden Ansatz gerecht wurden. Dafür waren organisatorische Veränderungen notwendig (s. Kap. 4.2.4 »Rollen und Verantwortungen«).

1.3.3 Referenzprojekt 3: Kreativ vielseitig (Karen)

Eine Werbeagentur in einer schwäbischen Großstadt mit ca. 40 Mitarbeitenden möchte ihren Umsatz erhöhen und mit weniger Planungsaufwand in den immer dynamischer werdenden Kundenprojekten auskommen. Um diesen Prozess zu begleiten, wurde ich als Beraterin hinzugezogen.

Ausgangslage:

Bisher hat die Agentur weitgehend klassisch gearbeitet, denn die Kundinnen und Kunden in Behörden und Verbänden verlangen Planungssicherheit. Erste Gehversuche mit Scrum wurden unternommen. Mit der für Werbeagenturen typisch hohen Fluktuation und relativ geringen Margen sind kostspielige Weiterbildungsmaßnahmen nicht möglich und somit groß aufgesetzte Organisationsprojekte ausgeschlossen. In der Firma gibt es Scrum Master, eine klassische Projektleitung und ein wenig Kanban-Erfahrung – also insgesamt einen umfassenden Pool an Erfahrungen und PM-Wissen, welches die Leute aus anderen Agenturen mitgebracht oder sich über die Jahre selbst angeeignet haben (die unterschiedlichen Frameworks werden in der Wissenskiste in Kapitel 5 »PM-Wissenskiste als Nachschlagewerk« erläutert).

Die Agentur legt viel Wert auf einen familiären Umgang untereinander. In der großen Gemeinschaftsküche steht ein Tischkicker, auf der Dachterrasse wird zusammen gegrillt.

Schmerzpunkte:

Zwischen den Mitarbeitenden finden lange Diskussionen über klassische und agile Ansätze statt. Was ist besser? Agil gilt als »hip« – klassisch dagegen hat den Ruf, anstrengend und langweilig zu sein. Klassische Projektleitende wollen ihre Kompetenzen genauso anwenden können, wie die Agilisten. Jede Disziplin pflegt ihr Königreich (s. Kap. 4.1 »Der Norden – Mindset und Haltung«).

Aufgrund der hohen Dynamik in den Kundenanfragen entsteht für die Projektteams viel (Um-)Planungsaufwand in immer kürzeren Zyklen. Im Vergleich zu anderen Agenturen sind die Lieferzeiten für Kundenlösungen zu lang. Die Mitarbeitenden fordern mehr Regeln und Ordnung in ihrer täglichen Arbeit ein, um die Komplexität bewältigen zu können (s. Kap. 2.5 »Komplexitätsreduktion: Der Weg aus dem Chaos«).

Wer aus dem Projektmanagement am lautesten schreit, bekommt zuerst die begehrten Entwicklungsressourcen. Der Firmengründer ist immer noch zentraler Mittelpunkt für alle wichtigen Entscheidungen, die vollständige Delegation von Führung an die Teamleitung ist noch nicht gelungen (s. Kap. 4.1.6 »Führungsverständnis«).

Aufgrund der vielen unterschiedlichen Kundinnen und Kunden (manche stehen dem Agilen skeptisch gegenüber, andere haben klare Anforderungen, die plangetrieben abgearbeitet werden können etc.) soll die Vielfalt der Abwicklungsweisen beibehalten werden. Ein Nebeneinander an klassischen PLs und agilen POs Service Manager soll bestehen bleiben. Darüber hinaus möchte man Servicemanager zusätzlich in die Teams und deren Organisation integrieren (s. Kap. 4.3 »Der Westen – Technik und Methoden«).

2 Vom Vorteil, in Systemen zu denken

Bevor wir uns Modellen und Methoden zuwenden, wollen wir uns erst einmal mit der Hauptsache in Projekten beschäftigen: den Menschen und ihrem Verhalten. Da ihr Verhalten nicht immer logisch nachvollziehbar ist, und dieses Problem mit der Anzahl an beteiligten Personen tendenziell zunimmt, ist ein kleiner Ausflug in die Welt des systemischen Denkens hilfreich.

2.1 Soziale Systeme

2.1.1 Vom Objekt...

In der westlichen wissenschaftsbasierten Kultur sind wir geprägt von der Descartes'schen Denkweise. Diese besagt, dass es eine Wirklichkeit gibt, die von Gott geschaffen wurde. Diese Wirklichkeit ist festgelegt und entspricht der »Wahrheit«. Aufgabe der Wissenschaft ist es, diese Wahrheit mithilfe des Ursache-Wirkungs-Prinzips zu ergründen und festzuschreiben. Auf jede Frage gibt es nur zwei Arten von Antworten, richtige und falsche. Das Erkenntnisideal ist die »Objektivität«, die durch Sinneseinflüsse nicht verfälscht werden darf. Dieser auch »Reduktionismus« genannter Wissenschaftsansatz bildet die Grundlage der sehr erfolgreichen westlichen (Natur-)Wissenschaft. Ein Gott als Schöpfer der Wirklichkeit hat heute keine zumindest offizielle Rolle mehr in wissenschaftlichen Errungenschaften. Die Entwicklung eines hochwirksamen Impfstoffs in weniger als einem Jahr gegen den Erreger der Coronapandemie, kann durch göttliche

Unterstützung erfolgt sein. Diese Unterstützung spielt in der öffentlichen Wahrnehmung, wenn überhaupt, eine untergeordnete Rolle. Was zählt, sind Daten, Zahlen, Fakten.

Auch wenn man zulässt, dass es neben Zahlen, Daten und Fakten noch etwas Anderes gibt, so prägt die reduktionistische Denkweise auch noch heute die meisten westlichen Menschen. Diese wissenschaftliche Haltung ist vor allem in den technischen Branchen wie Maschinenbau, IT, Anlagenbau, Bauwirtschaft usw. vertreten. Und das mit hohem Erfolg. Denn ist es doch dieser Forschergeist gewesen, der nach der Ursache sucht, um eine bestimmte Wirkung zu erzielen, der die technische Entwicklung der letzten Jahrhunderte in der westlichen Welt ermöglicht hat.

Das Denken in Ursache-Wirkungs-Beziehungen ist in einer zunehmend komplexen Welt nur noch bedingt hilfreich.

Bei der Beschreibung sozialer und lebender Systeme stößt diese Denkweise jedoch an ihre Grenzen. Lebende Systeme folgen nicht einem festgelegten Ursache-Wirkungs-Prinzip. Und auch wenn wir uns noch so sehr Mühe geben, die Funktionsweisen sozialer Systeme bis ins Detail zu untersuchen und zu beschreiben, so werden uns die Verhaltensweisen von Menschen letztendlich immer wieder überraschen, verunsichern, vor Rätsel stellen, unergründlich bleiben.

Die Erkenntnisse der Hirnforschung, der Soziologie und der Psychologie werden vielleicht einzelne Handlungen erklärbar machen, aber nur bedingt das Verhalten ganzer Projektteams vorherbestimmen lassen. Es wird (zum Glück) nie den »Knopf« geben, den ich drücken kann, um mein Projektteam in die von mir als Projektleitung gewünschte Richtung gehen zu lassen.

Projektleitungsgespräche:

Kollegin A: Bei meinem Meeting hat mal wieder die Hälfte der Teilnehmenden gefehlt. Ich weiß wirklich nicht, wie wir so zu Entscheidungen kommen sollen.

Kollege B: Dann musst Du halt das Meeting auf einen anderen Zeitpunkt legen.

Kollegin A: Habe ich schon versucht. Funktioniert nicht.

Kollege B: Dann versende die Einladungen doch früher.

Kollegin A: Dann beschweren sie sich, dass ihre Kalender schon früh mit Terminen zugestellt werden.

Kollege B: Und wenn Du Kekse mitbringst?

Kollegin A: Ja, wer bin ich denn, dass ich jetzt auch noch Kekse spendiere! Die sollen zu meinem Meeting kommen und Basta!

Diese Diskussion könnte noch lange so weiterlaufen. Mit der Suche nach dem »Schalter« (Ursache), den man betätigen muss, damit die Teammitglieder wieder am Meeting teilnehmen (Wirkung), wird die Kollegin nicht weiterkommen.

Menschen sind selbstbestimmte Wesen mit einer eigenen ganz individuellen Prägung und einer speziellen genetischen Disposition. Sie sind zutiefst an sozialer Integration interessiert. Diese Vielfalt ist das Kapital unserer Arbeit als Projektleitung. Sie ist die ideale Voraussetzung dafür, Projekte erfolgreich zu managen. Wir brauchen sie, um mit Kreativität Lösungen finden zu können.

Auf der anderen Seite scheitern Projekte selten am Einsatz der falschen Projektmanagement-Methoden, aber sehr häufig an genau dem vielfältigen Verhalten derjenigen Menschen, die wir gerade gepriesen haben. Ein Widerspruch?

»An die Stelle gradlinig-kausaler treten zirkuläre Erklärungen, und statt isolierter Objekte werden die Relationen zwischen ihnen betrachtet.« Fritz B. Simon

Nein, wir sollten nur verstehen, dass Menschen sich nicht nach dem Ursache-Wirkungs-Prinzip verhalten, sondern zusammen eher wie ein System funktionieren.

Versuchen wir, die zuvor beschriebene Meeting-Situation zu erklären, indem wir uns analytisch dem Problem nähern. Ursache-Wirkungs-Beziehungen folgen dem mathematischen Funktionsmodell (Wirkungsfunktion):

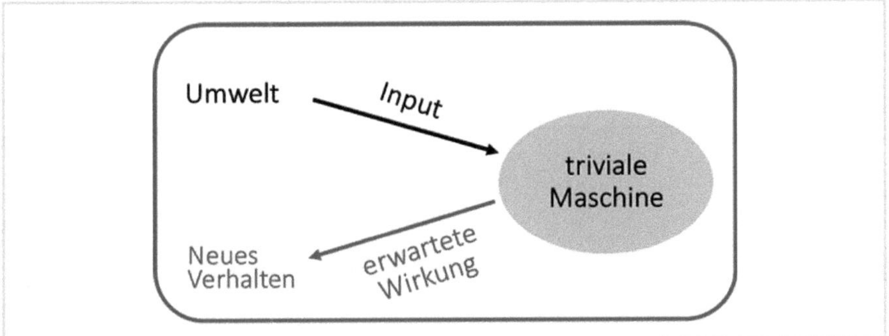

Abb. 3: Triviale Maschine

Diese Art der Wirkungsfunktion wird auch »Typ triviale Maschine« genannt, weil man davon ausgeht, dass durch Reparieren der »Maschine« (Beseitigung der Ursache »kaputt«) das gewünschte Ergebnis erzielt wird (Maschine funktioniert wieder).

Auf unser Beispiel mit dem Meeting angewendet würde die Funktion idealerweise so aussehen:

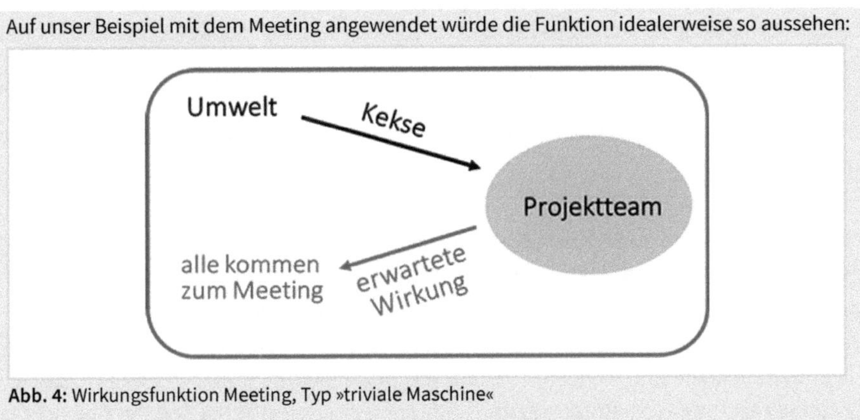

Abb. 4: Wirkungsfunktion Meeting, Typ »triviale Maschine«

Da das Projektteam jedoch ein soziales System ist, wird die »Keks-Lösung« nicht funktionieren. Wahrscheinlicher ist, dass vielleicht bei verändertem Zeitpunkt, nur ein Teilnehmer oder Teilnehmerin kommt. Bei früherer Versendung der Einladungen kommt ebenfalls nur ein anderer Teilnehmer. Werden Kekse angeboten, sind es drei Teilnehmende, die erscheinen. Es wurde mit keiner Maßnahme erreicht, dass alle fünf Teammitglieder an dem Meeting teilnahmen. Warum, kann man nicht genau sagen. Es kann an den Keksen liegen (sind schon zwei Jahre über dem Verfallsdatum) oder an der Agenda oder ...

Weiterhin kann man die eine Maßnahme suchen, die alle Teammitglieder in das Meeting bringt, oder unsere Projektleitung versucht, die Situation systemisch zu betrachten.

2.1.2 ... zum System

Von einem System spricht man dann, wenn die Systemelemente nicht nur monokausal miteinander verknüpft sind (triviale Maschine), sondern sich zirkulär aufeinander beziehen (nicht-triviale Maschine).

Betrachtet man unsere Meeting-Situation als System, dann könnte sie so aussehen:

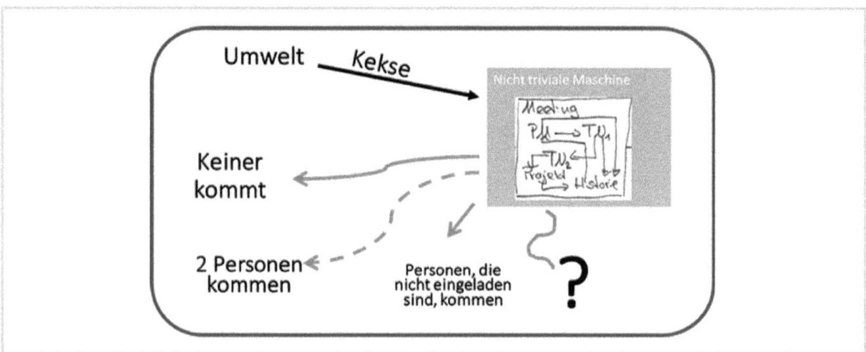

Abb. 5: Wirkungsfunktion Meeting, Typ »nicht-triviale Maschine«

Bei z. B. dem Anbieten von Keksen, kommt entweder keiner oder zwei Personen oder Personen, die nicht eingeladen waren.

Warum tun wir uns so schwer damit, das Problem »nicht alle kommen zu unserem Meeting« zu lösen?

Weil soziale Systeme zu komplex sind, als dass sie dem Ursache-Wirkungs-Modell bzw. dem Modell der trivialen Maschine folgen. Wir können nicht einfach Kekse auf den Tisch stellen und damit Menschen motivieren, an einem Meeting teilzunehmen. Auch jede andere Intervention würde wahrscheinlich ins Leere laufen, weil das Projektteam als soziales System nicht einem linearen Verlauf von Ursache (z. B. Keks) zur Wirkung (z. B. ich komme) folgt. Durch die Konflikthistorie, Ablehnung des Projektes, welche vielleicht in der Historie begründet liegt, der unpassenden Uhrzeit, Überlastung der Projektmitglieder, welche durch zu viele parallele Projekte und andere Meetings hervorgerufen wird, der Marketingabteilung, die sowieso nie an Meetings teilnimmt usw. – es gibt so viele Ursachen, die sich gegenseitig verstärken, hervorrufen, beeinflussen, dass eine einzige Intervention der Projektleitung keine Lösung des Problems liefern wird.

In Projekten bewegen wir uns in sozialen Systemen. Auch, wenn wir sie IT-Projekt, Bauprojekt oder Forschungsprojekt nennen. Denn Projekte, auch wenn die Technik vermeintlich im Vordergrund steht, werden immer von Menschen, mit Menschen, für Menschen durchgeführt. Also lassen Sie uns in Richtung soziale Systeme weiterdenken.

2.2 Begriffsklärungen in und um Systeme

Naturwissenschaften und Technik befassen sich mit Zahlen, Daten und Fakten. Sie ermöglichen Fortschritt in den Bereichen Medizin, Technik, Kommunikations- und Transportwesen, Baustoffen und vielen mehr. Dieser Bereich der Wissenschaft wird auch als »Physical Technology« bezeichnet. Wir betrachten erhobene Kennzahlen, Daten oder Fakten als vorhersehbar, wiederholbar und dem Ursache-Wirkungs-Prinzip folgend. Ohne ihnen ihre Bedeutung absprechen zu wollen, handelt es sich bei den »Physical Technologies« aus systemischer Sicht um »triviale Maschinen«. Wir schreiben ihnen das Attribut »**kompliziert**[9]« zu.

Ist es nur kompliziert oder schon komplex?

Kompliziert ist alles, was ich auf einen Blick nicht erfassen, bei dem ich aber mit genauem Untersuchen eine Ursache-Wirkungs-Beziehung finden kann. Will ich ein Krankenhaus bauen, ist das sicherlich ein kompliziertes Unterfangen. Mit detaillierten Plänen kann ich jedoch die Kompliziertheit reduzieren, bis zu dem Punkt, dass ich in den Plänen die Anzahl der Fenster ablesen, und damit eine konkrete Bestellung auslösen kann (zugegebenermaßen ist es doch etwas schwieriger, aber das Beispiel soll hier helfen). Durch detailliertes Planen kann ich also die Kompliziertheit meines Projektes reduzieren.

Seit der Heisenberg'schen Unschärferelation wissen wir, dass auch in den Naturwissenschaften nicht nur richtig oder falsch gesehen werden kann. Der Einfachheit halber stellen wir diese Erkenntnis aber jetzt zur Seite.

Sozialwissenschaften dienen dazu, soziale Systeme zu verstehen und zu regulieren. Sie beziehen sich auf Prinzipien, Kultur, Werte, Glaubenssätze und Persönlichkeiten. Sie enthalten Modelle und Theorien zur Führung, Planung, Teambildung etc. Beschreiben wir Prozesse, sprechen wir von »Social Technology«.

9 Komplizierte Probleme können mit genauen Untersuchungen aufgelöst werden. In Abgrenzung zu komplexen Problemen, die aufgrund der Zirkularität (systemischer Charakter) nur annäherungsweise bearbeitet bzw. beeinflusst werden können.

Soziale Systeme bestehen aus einzelnen **Elementen** (Menschen). Diese stehen in gegenseitiger Wechselbeziehung. Sie verhalten sich zueinander nicht linear, sondern rekursiv (rückbezüglich). Es bildet sich ein komplexes Gesamtverhalten heraus, welches nicht mit einer Erklärung auf Basis der Ursache-Wirkungs-Beziehung beruht. Systemisch gesehen bilden Projektteams oder Firmen ein System und verhalten sich also wie eine »nicht-triviale Maschine«. Die Beziehungen der Elemente zueinander sind **komplex**.

Komplex ist alles, was nicht mit genauen Plänen, detailliertem Nachdenken unter noch so großer Sorgfältigkeit gelöst werden kann.

In einem Team entscheidet die Gemeinschaft, welche Aufgaben sinnvoll sind, welche individuell bearbeitet werden können und wo Teamarbeit weiterhilft, weil der Einzelne nicht weiterkommt. Die Mitglieder helfen sich gegenseitig aus, ermutigen sich und kommen gemeinsam zu Ergebnissen. Durch soziale Wechselwirkungen zwischen den Teammitgliedern bildet sich ein System. Es entsteht ein Ganzes, das größer ist als die Summe seiner Teile (Mitglieder). Es entsteht die in der Systemtheorie so benannte **Emergenz**.

Emergenz entsteht auch im umgekehrten Sinn, wenn der Umgang in einer Gruppe von Konflikten geprägt ist. Emergenz kann also immer als ein Zustand bezeichnet werden, der aus der Zusammenwirkung mehrerer Systemparameter erzeugt wird (produktive Teamarbeit, konstruktive Kreativität, Streiten zum Wohle des Projekts u. v. m.) und welchen Einzelne allein nicht herstellen könnten. Sind die Konflikte jedoch so groß, dass die Kommunikation zwischen Teammitgliedern abbricht, dann hört das System auf zu existieren, denn nach Luhmann[10] entsteht die Vernetzung der Systemelemente durch Kommunikation.

Nach Luhmann hört ein soziales System auf zu existieren, wenn die Kommunikation versiegt.

Die Komplexität des Systems steigt mit der **Anzahl der vernetzten Systemelemente**. Diese bilden **Rückkopplungen** aus, die sich nicht mehr linear verfolgen lassen. Dadurch entsteht eine hohe Sensibilität des Systems und seiner Elemente gegenüber Reizen und Interventionen. In anderen Worten, je komplexer die Verbindungen zwischen den Mitgliedern eines Projektteams, desto sensibler reagiert das Team als Ganzes (System), aber auch die einzelnen Teammitglieder (Elemente) auf Einwirkungen von außen, wie z. B. Vorschläge zur Veränderung von Vorgehensweisen oder Änderungen der Teamzusammensetzung.

Komplexitätstreiber sind Faktoren, die Vernetzung begünstigen und damit nichtlineare Wechselwirkungen erzeugen. Als Komplexitätstreiber werden angesehen:

- **Aufgabenstellung**: wird z. B. im Diamantmodell in vier Dimensionen beschrieben: Technologie, Missionsgrad (Novelty), Managementgrad (Pace) und Abstraktion (Complexity)

10 Luhmann, N.: Soziale Systeme, Grundriss einer allgemeinen Theorie.

- **Stakeholder und Organisation**: Persönlichkeit, Werte, Motive, Glaubenssätze
- **Umfeld**: andere Projekte, das eigene Unternehmen, Märkte, Partnerinnen und Partner, Gesellschaft, Politik

Je größer das Team, desto mehr Systemelemente, desto dynamischer ist die Teamarbeit. Die Anzahl der Systemelemente nennt man auch Variety. Im Team der Kollegin A ist die Variety = 5+1 (Projektleitung).

Die Kommunikation des Teams ist wahrscheinlich nicht sehr eng, da ein Austausch (Kommunikation) in einem Teammeeting nur unvollständig stattfindet. Somit können wir von einer geringen Vernetzung der Systemelemente ausgehen.

Über die Komplexitätstreiber können wir nur spekulieren. Ist die Aufgabenstellung zu schwierig für das Team? Sind die Stakeholder nicht genügend eingebunden? Befinden wir uns in einer Organisation mit Ingenieurskultur, d. h., hauptsächlich Arbeit auf der Wertschöpfungsebene wird wertgeschätzt und Meetings werden eher als Zeitverschwendung angesehen? Ist die Organisation überlastet, sodass die Teammitglieder mit der Priorisierung ihrer Aufgaben nicht hinterherkommen?

Wir wissen es nicht und können bisher nur Vermutungen anstellen. Es ist eben ein System, bei dem eine einfache Ursache-Wirkungs-Beziehung nicht vorliegt.

2.3 Reaktion von Systemen

Doch auch wenn in Systemen vieles unbestimmt und nicht vorhersehbar ist, so gibt es doch Gesetzmäßigkeiten, an die sich auch Systeme halten. Diese sollten wir uns ansehen, um Systeme besser zu verstehen.

Systeme haben bestimmte Verhaltensweisen, die es zu verstehen gilt, wenn man mit ihnen umgehen möchte.

Trägheit

Ein System verhält sich träge. Das bedeutet, es hält an seinem Zustand fest und lässt sich nur schwer verändern. Dies hat den Vorteil, dass stabile Systeme sich von schädlichen Einflüssen von außen nicht »aus der Ruhe bringen lassen«. Es bedeutet aber auch, dass sie sich nur mit Widerstand neuen Situationen anpassen.

In unserem Meeting-Problem denkt die Projektleitung (und wahrscheinlich auch die Teammitglieder) nur an bisherige Formen von Meetings. Stand-up Meetings oder gemeinsame Spaziergänge sind unbekannt und werden nicht erwogen, weil sie nicht in das bisherige Bild eines Meetings passen.

In einem Krankenhaus sollen die Pflegekräfte Aufgaben übernehmen, die bisher bei Ärztinnen und Ärzten lagen. Dadurch soll ärztliches Fachpersonal entlastet werden und sich wieder mehr ihren ursprünglichen Tätigkeiten, dem Kontakt mit den Patienten, widmen können. Trotz des sinnvoll klingenden Vorhabens wird diese Umorganisation erst einmal Widerstände bei der Schwesternschaft, der Ärzteschaft und dem Betriebsrat hervorrufen, solange nicht genau ausgehandelt ist, wie diese Umorganisation fair vorgenommen werden kann. Das System verhält sich solange durch seinen Schutzmechanismus träge, bis es in einen neuen Zustand überführt werden konnte.

Selbstreferenzialität

Ein System ist in sich geschlossen. Beispiele für Systeme sind: Teams, Organisationen, der Fußballverein, etc. Das System ist sich seiner selbst bewusst und kann bestimmen, wer zu ihm gehört, und wer nicht.[11]

Erscheint bei einem Teammeeting plötzlich ein Mitarbeitender aus einem anderen Projekt, dann kann das System Team erkennen, dass dieser Mitarbeiter nicht zum eigenen System gehört. Je enger die Beziehungen zwischen den Teammitgliedern, desto auffälliger wird das Nicht-dazu-Gehören des anderen. Hat man sich vielleicht noch nie getroffen oder hält im Team mit wechselnden Teammitgliedern nur lose Kontakt, fällt der andere vielleicht gar nicht auf.

Nur wenn sich ein Team seiner selbst bewusst ist, dann kann es enge Beziehungen unter seinen eignen Mitgliedern pflegen. Und nur dann kann sich wirklich »Emergenz«, also teamspezifische Eigenschaften und Strukturen, ausbilden. Die Antwort auf die Frage »Wer sind wir als Projektteam?« ist dazu enorm wichtig.

Die Selbstreferenzialität eines Systems hebt die Bedeutung des Bewusstseins für das eigene Team hervor. Teambildungsmaßnahmen zielen genau darauf ab.

In unserem Meeting-Beispiel hat das Team wahrscheinlich eine geringe Selbstreferenzialität. Vielleicht kommt eine Person deshalb nicht zum Meeting, weil sie sich nicht als Mitglied des Projektteams begreift. Oder Teammitglieder fühlen sich nur lose assoziiert und sehen somit keine Notwendigkeit, ihre wertvolle Zeit in diesem Meeting zu verbringen.

Vielleicht gibt es folgende Vorgeschichte:

Das Team musste bereits in einer frühen Phase eine Feuerprobe bestehen. Das Projekt stand kurz davor, abgebrochen zu werden. Dies hätte für alle Teammitglieder einen Imageverlust bedeutet. Durch gemeinsames Handeln konnte der Projektabbruch verhindert werden. Dies hat zu einem engen Zusammenhalt einer verschworenen Gemeinschaft der Teammitglieder geführt, die hier schon dabei waren. So schnell kann das Team keiner mehr »auseinanderdividieren«! Neue Teammitglieder hatten es jedoch schwer, in die eingeschworene Gemeinschaft aufgenommen zu werden.

11 Luhmann, N.: Soziale Systeme, Grundriss einer allgemeinen Theorie. Suhrkamp Wissenschaft Verlag.

Selektive Wahrnehmung

Wie Menschen haben auch Systeme eine selektive Wahrnehmung. Diese hilft ihnen, sich träge zu verhalten, indem sie nur diejenigen Informationen im System verarbeiten, die zu ihm passen. Somit trifft jedes System eine Auswahl, welche Information ihm zu Verfügung steht. Diese selektive Wahrnehmung ist wichtig, um die Komplexität, die auf ein System einwirkt, zu reduzieren. Das System schützt sich vor einer Überflutung mit Information. Dies führt aber auch dazu, dass neue Ideen, Veränderungsanreize, innovatives Denken es schwer haben, von einem System »gehört« zu werden.

Zur selektiven Wahrnehmung gehört auch der philosophische Ansatz des **Konstruktivismus**. Nach diesem existiert ein bekannter Gegenstand erst, nachdem er vom Betrachter durch den Vorgang des Erkennens »konstruiert« wurde. Jeder Mensch konstruiert den Gegenstand nach seiner sozialen Prägung, Erfahrung, Kultur und seinem emotionalen Zustand unterschiedlich. Oder auf das System bezogen: Die Systemelemente erkennen nur ihnen bekannte Gegenstände und konstruieren diese so, dass sie mit ihnen etwas anfangen können.

BEISPIEL: EINEM PROJEKTTEAM WIRD EIN NEUES ANALYSEGERÄT ZU VERFÜGUNG GESTELLT

Ein Teammitglied sieht in einem neuen Analysegerät die lang ersehnte Arbeitserleichterung. Ein anderes eine Bedrohung für den eigenen Arbeitsplatz und ein drittes eine unnötige Anschaffung für das Labor, welches die Mittel für seiner Meinung nach sinnvollere Dinge hätte ausgeben können. Alle drei sind jeweils unterschiedlich geprägt und haben von ihrer Perspektive aus Recht.
Bereits mehrmals hat das Unternehmen unserem Projektteam angeboten, sich ausnahmsweise Unterstützung von außen zu holen. Unser Team arbeitet seit Wochen an der Belastungsgrenze, ruft die Unterstützung jedoch nicht ab. Keines der Teammitglieder hat bisher mit Externen gearbeitet. Das Entlastungsangebot wird nicht als Lösungsansatz für die Überlastung wahrgenommen.

Mit dem Wissen über die Trägheit, Selbstreferenzialität und selektive Wahrnehmung eines Systems können wir als Projektleitung unser Handeln entsprechend gestalten:

- Widerstand gegenüber Veränderungen als normal ansehen und dessen Sinn für das System anerkennen und würdigen.
- Die Selbstreferenzialität stärken. Jedes Element des Systems muss sich über den Sinn des Vorhabens im Klaren sein und eine Vorstellung der eigenen Wirksamkeit ausbilden können. Dadurch wird die Trägheit erhöht, die verhindert, dass sich das Projektteam vom Weg abbringen lässt, und die Emergenz gestärkt.
- Wichtige Informationen so anbieten, dass sie in das Schema eines Teams passen, um sicher zu stellen, dass sie gehört und verstanden werden können. Dies wird

umso wichtiger, je höher die Selbstreferenzialität ist, die dazu führt, dass sich ein Team nach außen abgrenzt.

- Wertschätzung ausdrücken können, indem wir andere Meinungen im Sinne des Konstruktivismus anerkennen. Es gibt kein »richtig« oder »falsch«. Es gibt nur ein »anders«, ein »passend« oder »unpassend« für diese Situation. Und was heute unpassend erscheint, kann morgen in einer anderen Situation durchaus passend sein.

2.4 Wie steuere ich ein System?

Systeme können unterschiedlich komplex sein. Hier unterscheiden wir klar zwischen Kompliziertheit und Komplexität. Kompliziertheit kann mit Plänen, Analysen der Ursache und Wirkung reduziert oder sogar aufgehoben werden (triviale Maschine). Komplexität dagegen ist durch zirkuläre Beziehungen geprägt, die durch logisches Vorgehen nicht aufgelöst werden können (nicht-triviale Maschine). Komplexität kennzeichnet Systeme.

Dabei hängt die Komplexität nicht von der Größe des Systems ab. Auch kleine Systeme können komplex sein.

Komplexe Systeme erkennt man daran, dass sie sich überraschend verhalten.

Komplexe Systeme kann man an folgenden Merkmalen erkennen:

- hoher Vernetzungsgrad der Systemparameter, viele Abhängigkeiten,
- kleine Änderungen haben große Auswirkungen,
- sprunghaftes, nicht nachvollziehbares Systemverhalten.

Führt eine kleine Intervention (z. B. eine Aussage der Projektleitung) zu einem sprunghaften, nicht nachvollziehbaren Verhalten der Projektbeteiligten, ist die Wahrscheinlichkeit groß, dass das Projekt ein komplexes System darstellt.

Oswald[12] unterscheidet folgende Komplexitätsarten:

- strukturelle (statische) Komplexität (z. B. Projektorganisation, Prozesse, viele Abhängigkeiten unter den Beteiligten),
- Komplexität der Aufgabenstellung (z. B. Neuartigkeit, technische Herausforderung),
- Komplexität, hervorgerufen durch Veränderungen im zeitlichen Ablauf (Dynamiken innerhalb und außerhalb des Projektes, z. B. Zeitdruck).

Welche Auswirkungen ein unterschiedlicher Grad an Komplexität auf ein System hat, kann mit den **Vier Wolframklassen** beschrieben werden:

12 Oswald, A. et al.: Projektmanagement am Rande des Chaos.

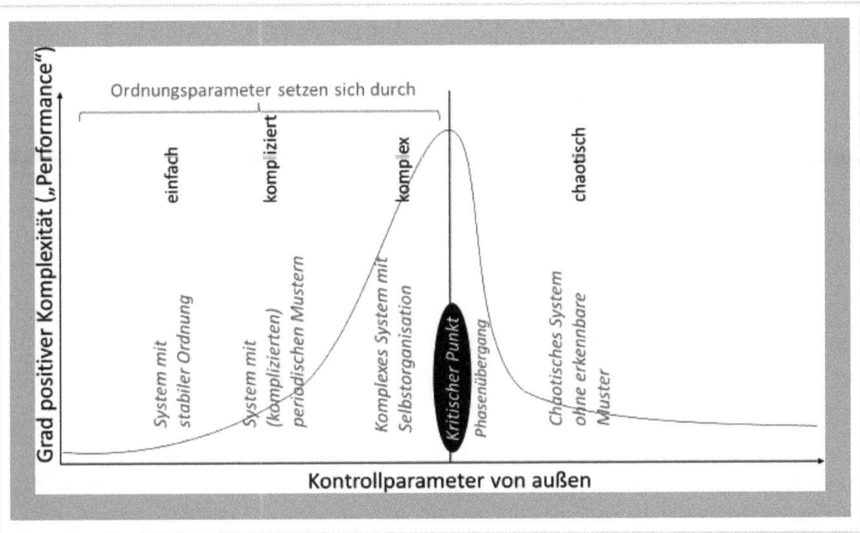

Abb. 6: Nach Oswald: Grad organisierter Komplexität von System unter der Verwendung der Wolframklassen

Vergleichen kann man das mit Surfen auf einer Welle. Der Kontrollparameter ist die Strömung des Wassers. Die Komplexität ist die Unberechenbarkeit der Welle. Während man am Anfang mit seinem Brett im Wasser steht (System mit stabiler Ordnung), legt man sich langsam aufs Brett und paddelt Richtung Welle (System mit periodischen Mustern). Erreicht man die Welle und surft auf ihr, hat man ein komplexes System mit Selbstorganisation erreicht. Das System besteht nicht mehr nur aus Wasser, Brett und Surfenden, sondern ist mehr als die Summe seiner Teile (emergent). Wird die Strömung der Welle zu stark, wird der kritische Punkt überschritten, das Verhalten der Welle chaotisch und das Board ist nicht mehr kontrollierbar (chaotisches System ohne erkennbare Muster).

Ziel der Projektleitung sollte es sein, ein komplexes System mit Selbstorganisation zu erzielen, da hier der Grad an organisierter Komplexität und damit die positive Wirkung auf das Projekt am höchsten sind.

Zu wenig Komplexität erzeugt oft zu wenige Bindungen zwischen den Systemelementen (Menschen). Das kann bedeuten, dass Projektbeteiligte das Projekt nicht ernst nehmen, sich wenig engagieren oder sich von dringenderen Aufgaben ablenken lassen. Wer will sich schon mit einer Routineaufgabe im aktuellen Projekt befassen, wenn »die Hütte woanders brennt«?

Manchmal ist es sinnvoll, die Komplexität eines Systems bewusst zu erhöhen.

Liegt zu viel Komplexität vor, befindet sich das Projekt »im Chaos«, dann wirkt auch dies sich negativ auf die Performance aus. Die Teammitglieder sind frustriert, überarbeitet und überfordert.

Wenn das Team »auf den Wellen surft«, die Komplexität also genau richtig ist, dann ist genügend Aufmerksamkeit vorhanden. Es gibt keine Überforderung, und Motivation, Zustimmung und Spaß stellen sich ein.

Doch wie kann eine Projektleitung das Team surfen lassen? Wir unterscheiden Rahmen- und Kontrollparameter, die von außen auf ein Team einwirken und damit im Team Ordnungsparameter ausbilden. Starten wir mit den Rahmen- und Kontrollparametern.

Wirken diese auf ein System ein, führen sie zur Ausbildung von emergenten Zuständen des Systems. In sozialen Systemen können diese emergenten Zustände sein: Unternehmenskultur, Staatsform, Collective Mind[13], Flow im CCPM, neue Organisationsstruktur einer Abteilung.

Beispiele für Rahmen- und Kontrollparameter in Veränderungsprozessen von Organisationen:

Stabilität erzeugend, führen zu Beibehaltung des aktuellen Zustands		*Instabilität erzeugend, führen zur Änderung des bestehenden Zustands*
reduzieren	**Komplexität**	erhöhen
vergewissern	**Werte**	ändern
vermeiden	**Fehler**	tolerieren
wiederholen/Kohärenz zeigen	**Informationen**	fluten/stoppen
zelebrieren	**Rituale**	abschaffen/durchbrechen
beibehalten	**Regeln**	ändern
niedrig halten	**Emotionen**	erregen

Tab. 1: Beispiele für Kontrollparameter in Veränderungsprozessen

Möchte eine Projektleitung die Komplexität in einem Veränderungsprozess reduzieren, weil sie bereits nahe am chaotischen Zustand des Systems ist, sollte sie komplexitätsreduzierende Maßnahmen ergreifen, wie z. B. Einrichten eines Workrooms, Regelmeetings, Retrospektiven.

Verhält sich das System bisher eher träge (einfach, kompliziert), kann bewusst die Komplexität erhöht werden, indem z. B. Rituale hinterfragt und ggf. abgeschafft werden und der Informationsfluss in der Organisation erhöht wird. Damit kann die Träg-

13 Köhler, J. et al.: Die Collective Mind Methode.

heit des Systems reduziert und somit die Bereitschaft zur Veränderung erhöht werden. Das Team muss seine Komfortzone verlassen.

Ob zu viel oder zu wenig Komplexität im System vorhanden ist, kann eine Projektleitung an der Reaktion eines Systems erkennen. Wie zuvor beschrieben zeigt sprunghaftes Verhalten eines Systems (»Projekt fliegt mir wegen einer Kleinigkeit um die Ohren«) auf eine zu hohe Komplexität hin, während träge Reaktionen, wie nicht eingehaltene Abgabetermine oder geringe Meeting-Teilnahme auf eine zu geringe Komplexität hindeuten. Es ist Aufgabe der Führungsperson, dies einzuschätzen.

Die Projektleitung sollte die Rahmen- und Kontrollparameter kennenlernen und gezielt für die Führung des Projekts einsetzen. Soll ein neuer emergenter Zustand erreicht werden, dann muss das System den bestehenden Zustand verlassen und in einer Phase des Übergangs, mit den dazu gehörenden Unsicherheiten, in den neuen Zustand übergehen.

»Das Alte stürzt, es ändert sich die Zeit, und neues Leben blüht aus den Ruinen.« Friedrich von Schiller (1759–1805)

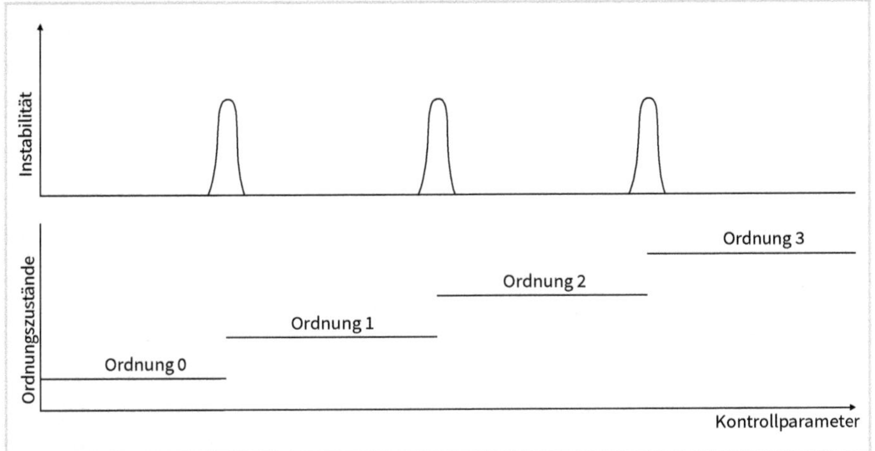

Abb. 7: Übergang von Ordnungszuständen

Beim Übergang von einer Ordnung (emergenter Zustand) in einen neuen, müssen Phasen der Instabilität und Verunsicherung ausgehalten werden, bis sich der neue emergente Zustand eingestellt hat.

Die Drei Phasen eines Veränderungsprozesses nach Kurt Lewin[14] folgen diesem Prozess:

- Unfreeze: z. B. mit Erhöhen der Komplexität, indem Schmerzpunkte benannt und unterschiedliche Thesen zur Verbesserung der Situation zur Diskussion gestellt

14 Lewin, K.: Frontiers in group dynamics.

werden. Bisherige Prozesse oder Dogmen werden infrage gestellt. Methoden zur Erhöhung der Kommunikation wie Bar Camps helfen, den Zustand des Unfreezing zum Erzeugen einer gewissen Instabilität zu erreichen. Das System muss seine Trägheit überwinden.

- Move: Die neuen Ideen müssen bewertet und Entscheidungen getroffen werden. Die Kommunikation des Wegs zur neuen »Ordnung« hilft, den Schritt ins Unbekannte zu wagen.
- Freeze: Das System muss im neuen Zustand wieder träge werden. Neue Prozesse werden nicht mehr diskutiert, sondern eingefordert, Verbesserungsvorschläge werden angehört, aber nicht gleich umgesetzt. Es muss wieder Ruhe ins System einkehren. Dann entstehen wieder eine neue Stabilität und Emergenz.

Die oben beschriebenen Kontrollparameter zum Erzeugen der Drei Phasen werden bewusst eingesetzt, um einer Organisation den Übergang in einen neuen Zustand zu ermöglichen. Leider kann ich nicht sicherstellen, dass diese auch den gewünschten Effekt erzielen. Auch nach der Durchführung eines noch so gut organisierten Bar Camps kann das Team in seiner Trägheit verharren und sich Änderungswünschen des Managements gegenüber immun verhalten. Mit Kontrollparametern kann man nur die Voraussetzung schaffen, dass ein Team bestimmte Ordnungsparameter ausbildet.

BEISPIELE FÜR ORDNUNGSPARAMETER EINES TEAMS

- Collective Mind[15]
- Gemeinsame Vision und Mission, Big Picture
- Gemeinsames Verständnis und Transparenz über den Projektstatus
- Leitplanken mittels gemeinsamer Werte und Grundannahmen
- Ordnungsparameter können nur vom Team selbst bestimmt werden.
- Oder mit anderen Worten ausgedrückt: Nur die Surfenden selbst können entscheiden, ob sie wirklich auf dieser Welle surfen wollen.
- Oder auf das Beispiel mit dem Meeting bezogen: Die Projektleitung kann nicht anordnen, dass das Team motiviert sein oder sich selbst organisieren soll (Ordnungsparameter). Sie kann aber mit Rahmenparametern darauf einwirken, dass sich Motivation und Selbstorganisation ausbilden können, indem sie Meetings als Rituale konzipiert, an der Projektvision arbeitet (Selbstreferenzialität erhöht) und beziehungsfördernde Maßnahmen ergreift (gemeinsames Mittagessen).

15 Köhler, J. et al.: Die Collective Mind Methode.

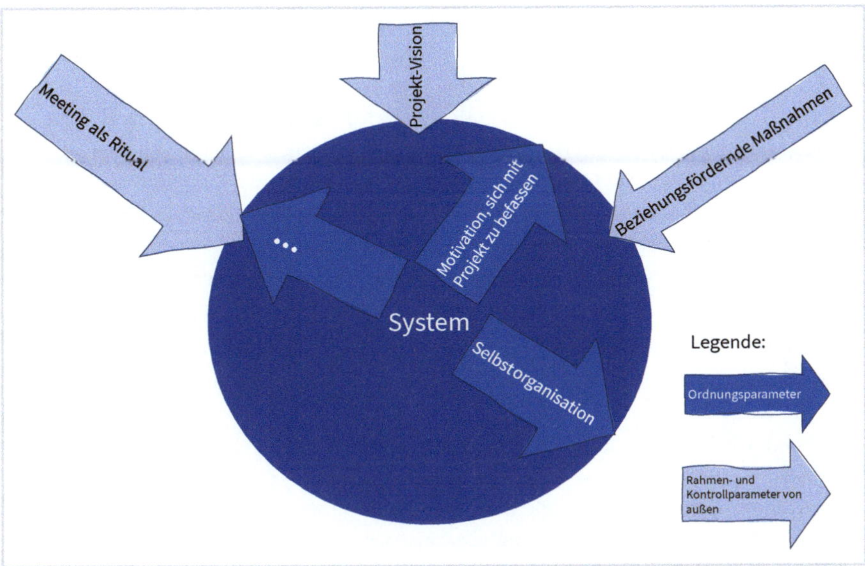

Abb. 8: Zusammenspiel von Rahmen-; Kontrollparametern und Ordnungsparametern

Systeme lassen sich also nur indirekt durch Rahmen- und Kontrollparameter steuern. Eigentlich kann man nur im Sinne des Systemdenkens auf ein System einwirken, es beobachten und ggf. nachsteuern, um gewünschte Effekte im System zu erzielen. So, wie wir einen Kulturwandel in einem Unternehmen auch nicht beschließen und durchführen können. Wir können lediglich aufgrund unserer Erfahrung und unseres Systemwissens Maßnahmen planen (Rahmen- und Kontrollparameter), die dem System helfen, sich selbst zu wandeln (Ausbildung von Ordnungsparametern im Sinne einer neuen Kultur). Ob die neue Kultur dann unseren Vorstellungen entspricht, bleibt abzuwarten (s. auch Kap. 4.1 »Der Norden – Mindset und Haltung«).

Kehren wir zu unserem Meetingproblem zurück. Was kann die Projektleitung konkret tun? Sie führt ein Gespräch mit jedem Teammitglied. Dabei stellt sich heraus:

Mitglied A ist nur zu 5 % dem Projekt zugeordnet und hat keine Lust für diese 5 % an jedem Meeting teilzunehmen.

Mitglied B sieht den Sinn des Projektes nicht.

Mitglieder C, D, E sind mit inhaltlichen Arbeiten so überlastet, dass sie ihre Zeit nicht in Meetings verschwenden wollen. Außerdem wissen sie nicht, was Mitglied B macht und arbeiten lieber unter sich.

Zuerst erwirkt die Projektleitung eine Verschiebung des nächsten Meilensteins um eine Woche, um innehalten zu können. Dann soll Mitglied A in Zukunft nicht mehr im Projekt mitarbeiten und seine Aufgaben an Mitglied B übergeben. Des Weiteren beruft die Projektleitung ein Meeting mit Anwesenheitspflicht für Mitglieder B-E ein. Der Sinn des Projektes wird noch einmal diskutiert und Ziele werden angepasst, sodass alle zustimmen können. Die Teamorganisation wird auf ein Kanban Board übertragen, damit Transparenz über die Aufgabenpakete besteht. Es werden tägliche Stand-up Meetings für max. 15 min. vereinbart. Eine Liste mit Arbeiten zur Entlastung wird erstellt, sodass externe Mitarbeitende gezielt ins Team integriert werden können. Die Personalbeschaffung ist Aufgabe der Projektleitung. Im Team wird dann schließlich auch ein Termin fürs Meeting gefunden, der für alle als passend genannt wird. Allerdings nicht mehr jede Woche, da man sich täglich trifft, sondern nur einmal im Monat für zwei Stunden zu einer Retrospektive, damit die Teamarbeit weiter verbessert werden kann (das Team wünscht sich zu diesem Event Kekse 😋).

Die Ordnungsparameter sind:

- Reduktion des Arbeitsdrucks durch Verschiebung des Meilensteins und damit Anerkennung des geleisteten Einsatzes
- Strukturelle Umorganisation durch Übergabe der 5 % Arbeit an ein anderes Team Mitglied
- Anerkennung der Teamarbeit durch Bereitstellung von externer Unterstützung
- Sinnstiftung durch erneute Ausarbeitung von Zielen
- Reorganisation der Meetingstruktur
- Kanban Board als verbindendes Team-Element

Die Projektleitung erwartet nun, dass sich folgende Ordnungsparameter ausbilden. Sie erwartet dies, kann sie aber nicht sicherstellen, da das Team diese ausbildet:

- Mehr Motivation, am Projekt zu arbeiten
- Bessere Kommunikation unter den Teammitgliedern
- Geringere Arbeitsbelastung für den Einzelnen

Ja, es ist mühsam, ein Team zu führen. Deswegen sprechen wir auch von Führungsarbeit, also richtiger Arbeit, wenn wir führen sollen. Ich, Karen, bin jedoch davon überzeugt, dass in einer professionellen und wertschätzenden Führung mehr Potenzial zur Produktionssteigerung liegt als in jedem heutzutage so populären Rationalisierungsprozess.

2.5 Komplexitätsreduktion: Der Weg aus dem Chaos

Ist die Komplexität eines Systems zu groß, fällt es in sich zusammen. Um im Surf-Beispiel zu bleiben: Die Surfenden werden von der Welle verschluckt und gehen unter. Dann sprechen wir auch von wertevernichtender Komplexität.

Nach dem Modell der Wolframklassen sollte wertevernichtende Komplexität vermieden werden, denn sie würde einen chaotischen Zustand ohne erkennbare Struktur hervorrufen. Deshalb werden hier verschiedene Möglichkeiten der Komplexitätsreduktion vorgestellt.

2.5.1 Abschottung durch Raum und Zeit

Projektteams schotten sich schon immer in ihrer Organisation ab. Auch wenn diese Abschottung nicht bewusst als Komplexitätsreduktion vorgenommen wird, gibt es dafür doch gute, meist arbeitsorganisatorische, Gründe:

- Nutzen der Organisationsform »Projekt« in Abgrenzung zur Linienorganisation
- Einrichten von Workrooms für konzentriertes Arbeiten
- Arbeiten mit Kernteams
- Kick-off Meetings, Meilenstein-Meetings als Timebox (s. Kap. 3.1.1 »Timeboxing«) organisiert; der Sprint bei Scrum, der das Team für die Dauer der Sprintlänge von der Außenwelt abschottet und ungestört arbeiten lässt
- Reduktion des WIP (Work in Progress) bei Kanban und Critical Chain

Will ein Projektteam jedoch mit der Umwelt in Kontakt bleiben, dann wechseln sich Phasen der Abschottung und Phasen der bewussten Öffnung immer wieder ab, beispielsweise durch:

- Interaktion Kernteam und erweitertes Team,
- gezielte Stakeholderkommunikation,
- Brainstorming und handlungsorientiertes Arbeiten,
- Product Owner:innen bei Scrum, der mit der »alleinigen« Kommunikation zu den Kundinnen und Kunden die Komplexität für das Team reduziert.

Der Wechsel von Abschottung und Zulassen der Öffnung sollte bewusst und gezielt erfolgen.

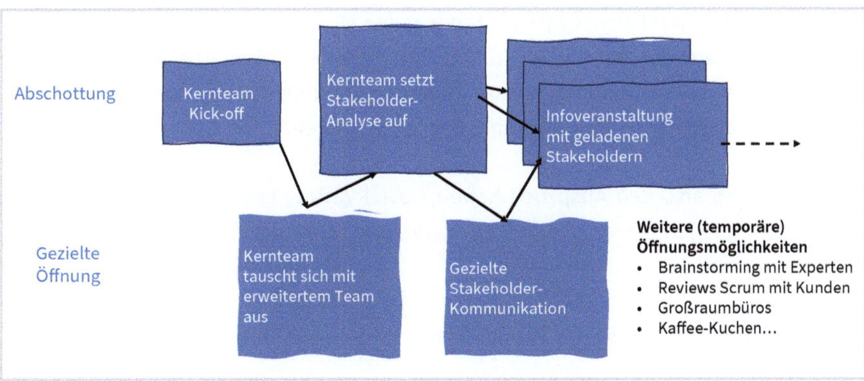

Abb. 9: Zusammenspiel zwischen Abschottung und Öffnung in der Teamarbeit

Wird zu viel abgeschottet, beispielsweise damit ein Team ein neues IT-System in kürzester Zeit einführen kann, dann entsteht negative Komplexität, weil die Anwendervorstellungen zu wenig berücksichtigt wurden und die Nutzer in den Widerstand gehen. Beispiel für eine zu große Öffnung könnte ein Requirements Engineering sein, bei dem so lange diskutiert wird, bis das Projekt sich selbst überlebt hat, weil die Anforderung bereits veraltet ist.

2.5.2 Bildung von Modellen und Intuition

Modelle versuchen die Wirklichkeit abzubilden, können aber nie die Variety (Anzahl der Systemelemente) der Wirklichkeit erreichen. Demnach reduzieren Modelle in ihrer Formulierung bereits die Komplexität, indem gewisse Grundannahmen die Variety begrenzen.

»All models are wrong, but some are useful«. George Box

Grundannahmen sind:

- Eingrenzung des Modells auf bestimmte Managementgebiete wie z. B. Persönlichkeit, Stakeholder, Kultur, Projekttypen, Komplexitätsklassen
- Bezug auf die Zustandsebene eines Systems (Team und nicht die Summe der einzelnen Teammitglieder)

Auf der anderen Seite sollte die Variety jedoch nicht zu sehr begrenzt werden, um nicht von vornherein Verzerrungen bereits bei der Auswahl des Modells zu riskieren. Sogenannte Faustregeln, die auf persönlichen Erfahrungen Einzelner basieren, sind Modelle mit zu begrenzter Variety. Unreflektierte persönliche Erfahrungen verzerren die Wahrnehmung.

»Wenn es bei einer Verhandlung nicht mehr weiter geht, dann haue ich einfach mit der Faust auf den Tisch, und dann läuft das wieder!« kann eine solche persönliche Erfahrung sein, die zu einer Faustregel wie »Nur wer den Mut hat, mit der Faust auf den Tisch zu hauen, der kann gut verhandeln« führt. Wird dieses Modell zugrunde gelegt, um die Mitarbeitenden für Verhandlungen zu schulen, dann ist die Variety sicher zu begrenzt, um einen durchschlagenden Schulungserfolg zu erzielen.

Modelle sollten also den Anspruch haben, soviel Variety wie möglich zu haben, damit sie persönlichen Verzerrungen vorbeugen, und so wenig wie nötig, damit sie noch handhabbar sind.

Doch wie funktioniert das jetzt mit den Modellen und der Komplexitätsreduktion?

Projektleitungsgespräche:

Projektleiter B: Ich habe mitbekommen, dass es beim letzten Meeting hoch her ging. Das klang aber gar nicht harmonisch.

Projektleiterin A: Ja, zuerst hat mich das auch beunruhigt. Aber dann habe ich mich an meine Projektmanagement-Ausbildung erinnert, als wir von Gruppendynamik und Teambildung gesprochen haben. Dort haben wir das Modell der »Teamuhr nach Tuckman« kennengelernt. Das besagt, dass ein Team mehrere Phasen durchläuft und erst in der vierten Phase (Performing) wirklich gut zusammenarbeiten kann. Da habe ich gemerkt, dass wir uns nach all den Maßnahmen mit Kanban Board und so endlich in der zweiten Phase (Storming) befunden haben. Da war ich beruhigt, denn jetzt habe ich gesehen, dass wir als Team zusammenwachsen. Hat mich eine Menge Arbeit gekostet, mit dem Team dorthin zu kommen. Aber jetzt haben wir es geschafft. Alle sind dabei. Und weißt du was? Jetzt sind sie so aufeinander eingeschworen, dass ich mir manchmal überflüssig vorkomme.

Unsere Projektleiterin A hat durch das Anwenden eines etablierten Modells eine Lösung für ihr Problem gefunden. Das Modell hat die Schritte vorgegeben. Das ist Komplexitätsreduktion.

BEISPIEL:

Ein Team sitzt tagelang an der Lösung eines technischen Problems. Es kommt nicht weiter. Nach Kaffees, Schokoriegeln, einem Pizzaabend und viel Frust, steht ein Teammitglied auf und zeichnet folgendes Modell »Think outside the box« ans Whiteboard:

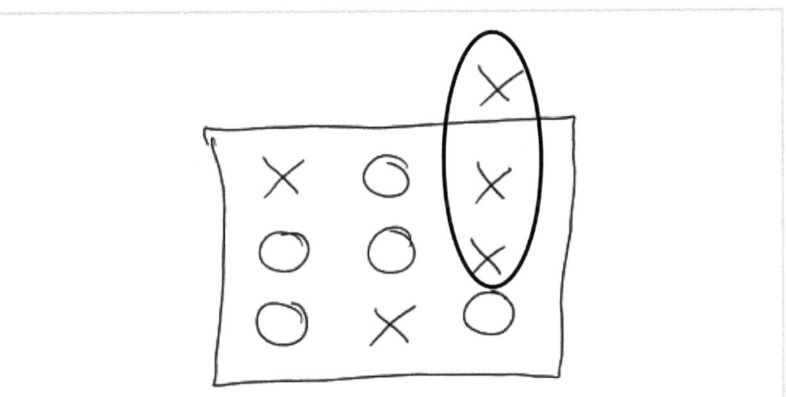

Abb. 10: Lösung außerhalb des gewohnten Denkrahmens

Nachdem der erweiterte Handlungsrahmen wahrgenommen werden konnte, lag keine zwei Stunden später die Lösung des Problems auf dem Tisch.

Einsatz von Modellen zur Komplexitätsreduktion

Auch hier hat ein Modell die Komplexität eines Problems so reduziert, dass durch Hinzunahme von etwas Neuem das Problem gelöst werden konnte.

Nachdem wir die Nützlichkeit von Modellen näher beschrieben haben, schauen wir uns die **Intuition** an, die das Gegenstück zu bewusst beschriebenen Modellen bildet und ebenfalls zur Komplexitätsreduktion eingesetzt werden kann.

Gigerenzer[16] beschreibt Intuition als ein Urteil, welches unvermittelt im Bewusstsein auftaucht, dessen tiefe Gründe uns nicht ganz bewusst sind, das aber stark genug ist, um danach zu handeln.

»Der intuitive Geist ist ein heiliges Geschenk und der rationale Geist ein treuer Diener. Wir haben eine Gesellschaft erschaffen, die den Diener ehrt und das Geschenk vergessen hat.« Albert Einstein

Kahnemann[17] beschreibt Intuition als Informationen, die im Gedächtnis abgespeichert sind und die uns Antworten geben. Sie basiert auf Erfahrungen und erzeugt ein Wiedererkennen[18]. Laut Kahnemann gibt es zwei mentale Systeme: die schnell funktionierende Intuition (System 1: schnelles Denken) und die auf Analyse und bewusster Abwägung beruhende langsame Rationalität (System 2: langsames Denken).

Faustregeln kann man danach als Handlungsempfehlungen bezeichnen, die vor allem auf Intuition beruhen. Intuition als schnelles mentales System (Kahnemann) ist eine wichtige Hilfe zur Komplexitätsreduktion. Jedoch nur, wenn wir uns ihrer verzerrenden Faktoren bewusst sind (s. u.), die uns in die Irre leiten können.

Folgende Verzerrungen wollen wir uns näher ansehen:

Priming[19]:

Bahnung von Gedanken in eine bestimmte Richtung, z. B. Beeinflussung durch Pläne, Vorträge, Pitchen einer Projektidee

Beispiele für Priming:
- Der Auftraggebende stellt eine neue Projektidee vor und beschreibt sie gleich als langweilig. Entsprechend wird es schwerfallen, das Team für das Vorhaben zu motivieren.
- Ein Mitarbeiter beschreibt ein Problem und gibt gleich eine Lösungsmöglichkeit vor. Damit schränkt er den Lösungsraum von vornherein ein, da es den anderen schwerfallen wird, nun auch in andere Richtungen zu denken.

Eine Gegenmaßnahme ist das sogenannte »**Dekorrelieren**«. Dabei wird immer wieder ein breites Bild erzeugt, damit die Ideenfindung nicht eingeengt wird (z. B. mit der **Walt Disney Methode**[20]).

Priming ist aber auch nützlich, z. B. zum Einschwören des Teams auf eine Projekt-Vision.

16 Giegerenzer, G.: Risiko, wie man richtig Entscheidungen trifft.
17 Kahnemann, D. et al.: Schnelles Denken, langsames Denken.
18 S. auch Storch, M.: Das Geheimnis kluger Entscheidungen.
19 Auch unser Gendern stellt eine Art von Priming dar, indem wir die feminine Form in den Vordergrund stellen und damit ein bestimmtes Bild von den beschriebenen Personen erzeugen.
20 Kreativitätsmethode nach Robert B. Dilts: Bei der Betrachtung eines Problems nimmt das Team vier Perspektiven ein, den Träumer, den Realisten, den Kritiker und den Neutralen.

Ankern:

Beim Ankern geben wir einen Bezugspunkt vor, der andere in ihren Entscheidungen unbewusst beeinflusst. Beispiele:

- Festgelegtes und ans Management kommuniziertes Projektbudget ist nur noch schwer zu korrigieren. Das Gleiche gilt für ein Go-live-Datum.
- Wird für ein Arbeitspaket ein bestimmter Aufwand (z. B. in PT) kommuniziert, weichen die nachfolgenden offiziellen Schätzungen nur noch gering von dem im Voraus kommunizierten Aufwand ab.

Ist ein Anker erst einmal gesetzt, kann er kaum mehr zurückgenommen werden. Er wirkt im weiteren Projekt kontinuierlich fort.

Möchte ich eine Diskussion in eine bestimmte Richtung lenken, kann ich das Ankern bewusst einsetzen. Hier befinden wir uns dann aber bereits an der Grenze zur Manipulation.

WYSIATI (What you see is all there is)

Wird von Kahnemann[21] beschrieben als System 1 (schnelles Denken): Basierend auf unseren Erfahrungen treffen wir eine Entscheidung oder konstruieren eine Geschichte, ohne näher darüber nachzudenken. Das Nächstliegende wird als Entscheidungsgrundlage herangezogen.

BEISPIELE FÜR WYSIATI:

Ein Mitarbeiter lässt das Wort »Wasserfallmodell« fallen und sofort geht die Geschäftsleitung in Abwehrhaltung, weil sie an altmodische Methodik, überzogene Projektbudgets und administrativen Overhead denkt, ohne weiter zu ergründen, ob das Wasserfallmodell hier vielleicht doch sinnvoll sein könnte. Eine Mitarbeiterin erwähnt bei der Diskussion über das geeignete Projektvorgehen das Wort »agil«, und sofort geht das Q-Management in Abwehrhaltung, weil es an fehlende Dokumentation, ständig wechselnde Anforderungen und drohenden Qualitätsverlust denkt.

Das von Kahnemann beschriebene System 2, welches auf Rationalität beruht, wird übergangen. Hat man sich in eine der oben beschriebenen Sackgassen manövriert, sollte man sich fragen, ob es die Mühe wert ist, das Narrativ der anderen Seite zu bearbeiten. Macht es Sinn, die Geschäftsleitung von den Vorzügen des Wasserfallmodells zu überzeugen? Soll die Q-Abteilung mit der Dokumentation des agilen Teams vertraut gemacht werden? Einen einfachen und schnellen Weg, wenn die andere Seite nur das Nächstliegende sieht, gibt es nicht.

21 Kahnemann, D.: Noise: Was unsere Entscheidungen verzerrt – und wie wir sie verbessern können.

Heuristik

Heuristik ist die Kunst, mit begrenztem Wissen und wenig Zeit zu wahrscheinlichen Aussagen oder praktischen Lösungen zu kommen. Sie wird im negativen Sinn als »Schnellschuss« bezeichnet, wenn die Güte der Entscheidung zu gering ausgefallen ist.

Beispiele: Faustregeln, Versuch und Irrtum, Zufalls-Stichproben

Vorsicht: Komplexe Fragestellungen werden durch einfachere ersetzt. Lösen sie dann das Problem, wird darauf geschlossen, dass auch die komplexere Fragestellung gelöst ist. Man spricht dann auch davon, dass die Lösung »zu kurz gegriffen ist«.

Halo-Effekt

Der Halo-Effekt beschreibt das Verhalten von Personen, die anderen Personen oder Sachen Eigenschaften zuschreiben, die diese nicht haben. Meist werden diese anderen Personen oder Sachen als höherwertig angesehen und erzeugen Respekt oder Neid.

- »Der neue Projektleiter ist schon etwas älter. Bestimmt hat er viel Erfahrung. Also glaube ich ihm!«
- »Unser neuer Kunde sitzt in einem ultramodernen Gebäude. Er hat bestimmt viel Geld, also wird er keine Schwierigkeiten mit den Change Requests machen!«
- »Das neue Trainingstool wurde am MIT entwickelt. Also muss es exzellent sein.«

Welche Verzerrungen bei uns wirken, können wir lernen zu erkennen, indem wir regelmäßig und bewusst selbst reflektieren. Coaching, kollegiale Fallarbeit oder Selbstanalysen sind hilfreiche Methoden, um Verzerrungen erkennen und begegnen zu können.

BEISPIELE FÜR VERZERRUNGEN, DIE MIT COACHING REFLEKTIERT WERDEN KÖNNEN:

»Ich bin in einem hierarchisch geprägten Elternhaus aufgewachsen. Also neige ich dazu, ältere Personen nicht zu hinterfragen.«
»Meine Familie stammt aus einfachen Verhältnissen. Luxus und Geld beeindruckt mich sehr, sodass ich nur schwer sehe, wenn der Schein trügt.«
»Als Drittes von fünf Kindern habe ich keine akademische Ausbildung genießen dürfen. Wissenschaftlichen Veröffentlichungen glaube ich immer, da sie von viel gebildeteren Menschen als mir kommen.«

Kommen wir zum Thema dieses Kapitels zurück: Wie hängen jetzt Modelle und Intuition zusammen?

Bewusst konstruierte Modelle helfen uns, komplexe Systeme besser zu verstehen. Je besser wir diese Modelle kennen, wenn wir sie bereits angewendet haben und sie für uns aus dem Gedächtnis abrufbar sind, desto eher können wir sie auch einsetzen. Modelle müssen gelernt und eingeübt werden. Die bewusste Arbeit mit Modellen entspricht dem langsamen Denken (System 2) nach Kahnemann.

Einsatz von Modellen zum besseren Verständnis komplexer Systeme

Welche Modelle helfen, und wie diese eingesetzt werden, suchen wir mithilfe unserer Intuition aus. Intuition unterliegt Verzerrungen. Je besser wir uns selbst kennen und um die Mechanismen der Verzerrung wissen, desto weniger unterliegen wir der Fehlinterpretation von Modellen und Situationen. Die Arbeit auf Basis der Intuition entspricht dem schnellen Denken (System 1) nach Kahnemann.

2.5.3 Weiche Themen und Soft Skills

»Ich hatte vom Feeling her ein gutes Gefühl.« Andreas Möller

Wir unterscheiden in der Zusammenarbeit Gruppen und Teams. Während bei der Arbeit in Gruppen die Gruppenmitglieder ihre Aufgaben einzeln bearbeiten und abliefern, arbeitet ein Team an einem gemeinsamen Ziel. So entstehen bei der Arbeit in einem Team Synergien, die gezielt zur Verbesserung der Arbeit genutzt werden.

Es gilt: Ein Team ist mehr als die Summe seiner Mitglieder. Systemisch gesehen hat ein Team einen emergenten Zustand erreicht, in welchem es Höchstleistungen vollbringt, welche eine lose Gruppe nicht leisten könnte.

Wie kommen wir aber zu solchen Hochleistungsteams?

Prinzipiell können wir sagen, dass ein Hochleistungsteam gezielt gebildet werden muss. Es entsteht nicht einfach so von allein. Die Führung des Teams muss Arbeit auf der Ebene der sozialen Zusammenarbeit leisten und das Team gezielt vernetzen.

Am Anfang einer Teamzusammenarbeit fangen die einzelnen Teammitglieder an, sich miteinander auseinanderzusetzen. Ihre unterschiedlichen Persönlichkeiten, Ansichten und Handlungsweisen rufen im Team Irritationen hervor und erzeugen bei unreflektierten Personen Stress. Die Auseinandersetzung mit »dem Anderen« setzt neue neuronale Verbindungen im Gehirn in Gang und erzeugt damit Lernen. Hier bildet sich die Grundlage eines Hochleistungsteams, inwieweit es gelingt, das Team in sich zu integrieren und aufeinander abzustimmen.

Hochleistungsteams werden von Köhler[22] auch als Teams in einem »Collective Mind« bezeichnet. Bei Scrum oder in anderen agilen Settings sprechen wir von »selbstorga-

22 Köhler, J. et al.: Die Collective Mind Methode.

nisierten Teams«. Diese drei Begriffe (Hochleistungsteam, Collective Mind, selbstorganisiertes Team) werden im Weiteren synonym verwendet.

Oswald[23] beschreibt acht Prinzipien zur Bildung eines Hochleistungsteams:
1. Schaffung von stabilen Rahmenbedingungen (Aufgabe Scrum Master:in, z. B. Meetingkultur, Rituale),
2. Identifikation der mentalen Strukturen (Transparenz in der Zusammenarbeit, Ausbildung von Verständnis für Persönlichkeitstypen der Teammitglieder),
3. Schaffung von Sinn und Bedeutung (einen höheren Sinn aufzeigen, der Eigeninteressen zurücktreten lässt),
4. Aktivierung emotionaler Energien (intrinsische Motivation, Werte der Einzelnen berücksichtigen und in Einklang mit dem Projekt bringen),
5. Fluktuation zulassen (Änderungen haben Vorrang vor dem Festhalten an einem Plan, gezielte Öffnung des Systems),
6. resonante (passende) Interventionen (passend zum kognitiv-emotionalen Zustand des Teams, um negative Ordnungsparameter zu vermeiden, die ein Team blockieren),
7. gezielte Denkmusterbrechung ermöglichen (nachhaltige Entscheidung für eine von vielen Möglichkeiten zulassen),
8. Stabilisierung herbeiführen (nachdem Fluktuation zugelassen wurde, z. B. Sprintplanung).

Je komplexer ein Vorhaben, desto höher sind die Anforderungen an die Personen im Team. Wer mit Volatilität, Unsicherheit, Komplexität und Mehrdeutigkeit (Ambiguity), also VUCA[24], umgehen muss, braucht eine stabile Persönlichkeit und ein professionelles Umfeld, um souverän handeln zu können. Die Selbstreflexion als Individuum und als Team und die Entwicklung von persönlichen Soft Skills gehören unabdingbar dazu.

2.5.4 Kongruenz von Werten und Organisation

Die meisten Firmen haben ihre Werte ausgesprochen und niedergeschrieben. Sie werden an den Wänden der Lobby veröffentlicht und erscheinen in Firmenbroschüren. Je nach Firmenkultur kennen die Angestellten eines Unternehmens die Werte auswendig, oder sie müssen sie im Intranet erst nachschlagen, wenn man sie bittet, diese zu nennen. Explizit benannte Werte sollen die eigene Identität schärfen, die Kundinnen, Kunden und Angestellten zur Identifikation motivieren, sie geben Leitplanken vor, um

23 Oswald, A. et al.: Projektmanagement am Rade des Chaos. Springer Verlag.

24 VUCA: Akronym, welches sich aus den oben beschriebenen Worten bildet (Volatilität, Unsicherheit, Komplexität, Mehrdeutigkeit); erstmals verwendet im Militär für schwierige Situationen, beschreibt den Charakter unübersichtlicher Vorhaben in einer modernen Welt.

letztlich Verhalten zu steuern. Werte können beispielsweise sein: »Wir sind flexibel, zuverlässig und innovativ«.

Entsprechen die gelebten Werte den explizit propagierten, sind sie ein Mittel, um in Organisationen Komplexität zu reduzieren. Sie geben ein Arbeitsethos vor, welches einzelne Mitarbeitende nicht für sich selbst entwickeln müssen, sondern von der Firma übernehmen können. Sie wirken wie ein Modell, welches die Angestellten auf ihre Arbeit übertragen können. Im regelmäßigen Abgleich der eigenen Arbeit mit von der Firma formulierten Werten können alle prüfen, ob sie noch »auf Linie« sind, oder nachjustieren müssen. Wir sprechen hier von Wertekongruenz.

Kennen Sie die Werte Ihrer Organisation?

Das funktioniert so lange gut, wie die offiziell genannten Werte mit den vom Management geforderten und vorgelebten Werten übereinstimmen.

Propagierter Wert der Organisation	Komplexitätsreduzierendes Verhalten	Komplexitätserhöhendes Verhalten
Flexibilität	Kundenwünsche werden ernst genommen	Flexible Arbeitszeiten und Homeoffice sind nicht erlaubt. Produkte werden aus rein interner Sicht definiert, ohne Einbeziehung der Kundinnen und Kunden.
Zuverlässigkeit	kommunizierte Liefertermine werden unter allen Umständen eingehalten	Gelegentlich vorkommende Lieferengpässe werden hingenommen. Die Qualität der Produkte wird nicht stetig weiterentwickelt.
Innovation	Die Firma hat ein nicht unbedeutendes Budget für die Entwicklung von neuen Produkten zu Verfügung. Die Mitarbeitenden dürfen sich für Weiterbildung Zeit nehmen, und neue Ideen dürfen von allen eingereicht werden.	Seit mehreren Monaten ist kein neues Produkt mehr auf den Markt gekommen. Neuentwicklungen wird keine Priorität eingeräumt. Die Mitarbeitenden sind mit Tagesgeschäft so ausgelastet, dass kein Raum für Fortbildungen und kreative Aktivitäten bleibt.

Tab. 2: Unternehmenswerte und deren systemische Wirkung in ihrer komplexitätsreduzierenden und -erhöhenden Ausprägung

Entsprechen die propagierten Werte einer Organisation nicht den gelebten, dann verlieren sie im besten Fall nur ihre Wirkung. Im schlimmsten Fall führen sie zu Frustration und schwindender Identifizierung der Mitarbeitenden mit ihrem Unternehmen, denn die Mitarbeiterinnen und Mitarbeiter nehmen die eine Richtung wahr (propagierte Werte) sollen aber in die andere Richtung laufen (verlangtes Verhalten). Mitarbeitende, von denen Innovation verlangt wird, denen aber nicht die Chance gegeben wird, sich weiterzubilden und kreativ zu sein, reiben sich irgendwann auf. Eine Projektleitung, von der verlangt wird, zuverlässig zu agieren, der man aber nicht die Zeit gibt, qualitativ hochwertig zu arbeiten, ist irgendwann frustriert, weil sie nie das geforderte Qualitätsniveau erreichen kann. Hier spricht man von einer Inkongruenz der Werte.

Was tun, wenn man als Angestellter erkennt, dass eine Inkongruenz der Werte vorliegt? Zuallererst müssen Abweichungen zwischen Bewusstsein der Menschen und Unternehmensbereiche explizit gemacht werden. Wahrgenommene Abweichungen müssen die Beteiligten aussprechen dürfen, sie müssen sichtbar gemacht werden dürfen. Davon darf das obere Management nicht ausgeschlossen werden. Gerade sie haben eine entscheidende Vorbildfunktion, wenn es darum geht, Unternehmenswerte zu operationalisieren, vorzuleben oder sie gegebenenfalls auch aktiv anzupassen, wenn Inkongruenzen der Werte von wem auch immer aufgedeckt worden sind.

Inkongruenz der Werte

EIN BEISPIEL:

Ein Start-up-Unternehmen fängt mit bescheidenem Budget an und entwickelt eine Installation, mit deren Hilfe Surfwellen in Flüssen erzeugt werden können. Es möchte diese Installation an Gemeinden an Binnengewässern verkaufen, um ein Naherholungsgebiet aufzuwerten (Kontext). Es formuliert das Produkt, kommt mit Gemeindeausschüssen in Kontakt und lernt, sich im Geschäftsleben zurechtzufinden (Verhalten, Fähigkeiten). Es entwickelt den Glaubenssatz: »Mit einem ›hippen‹ Produkt und viel Einsatz (Flexibilität, Überstunden) kann man zum Helden des Unternehmens werden, der von anderen bewundert wird«.

Nach ein paar Jahren:

Das Unternehmen ist erfolgreich, wächst und stellt neue Leute ein. Es ist mittlerweile auf 50 Mitarbeitende gewachsen. Einige der Angestellten haben die Familienphase erreicht und sind nicht mehr gewillt, Überstunden zu machen und einen unplanbaren Arbeitsalltag zu haben. Die Werte und Glaubenssätze der Organisation »mit viel Einsatz wird man zum Helden« passen nicht mehr mit den Werten einzelner Mitarbeitenden zusammen. Der Unmut wächst. Alteingesessene Mitarbeiterinnen und Mitarbeiter verlassen nach und nach das Unternehmen.

Den Firmengründern und Inhabern bleibt diese Entwicklung nicht verborgen. Nach vielen Gesprächen laden sie zu einem moderierten Wochenende mit Familienanhang ein, bei dem die Mitarbeitenden und interessierte Lebenspartner an einer neuen Firmenorganisation mitarbeiten. Neue Werte werden formuliert und Maßnahmen werden vereinbart, denen die Mehrzahl zustimmen kann.

Aus der systemtheoretischen Denkweise betrachtet ist Folgendes passiert: Die geltenden Rahmenparameter haben Verhaltensweisen (Ordnungsparameter) erzeugt, die zu einer Unzufriedenheit der Mitarbeitenden geführt haben. Durch das Setzen neuer Rahmenparameter bei der Klausurtagung hofft man auf die Ausbildung von neuen Ordnungsparametern durch die Mitarbeitenden, die wieder zu einer besseren Arbeitsfähigkeit führen (s. Kap. 2.4 »Wie steuere ich ein System?«).

2.5.5 Etablieren einer Lernkultur

Dieser Weg ist sicherlich der Mächtigste, um Komplexität zu reduzieren. Er ist die Voraussetzung für die Wege »Bildung von Modellen und Intuition« (Kap. 2.5.2) sowie »Weiche Themen und Soft Skills« (Kap. 2.5.3).

Je komplexer meine Projekte sind, desto weniger kann ich auf Best Practices und Erfahrungswerte zurückgreifen. Und desto mehr muss ich lernen, auf neue Aufgaben zu reagieren.

Deswegen zielt besonders agiles Arbeiten immer darauf ab, möglichst viel über das zu lernen, was ich gerade tue. Immer mit dem Ziel, den Wert des Produktes zu maximieren, welches ich erstelle.

Probleme der Zukunft können nicht mit den Methoden der Vergangenheit gelöst werden (frei nach Albert Einstein).

Dabei findet Lernen auf zwei Ebenen statt:
- Produkt,
- Zusammenarbeit mit anderen.

Beide Ebenen werden gebraucht, um eine Wertemaximierung des Produktes zu erreichen.

2.5.5.1 Institutionalisiertes Lernen

Ausbildung und Weiterbildung, ob im Schulungsraum oder an der Werkbank, sind institutionalisierte Formen des Lernens. An dieser Stelle wollen wir uns auf das Lernen fokussieren, welches im Framework eines agilen Modells institutionalisiert vorgegeben ist. Betrachten wir Scrum.

In Scrum sind Lernpunkte im Regelwerk (Scrum Guide[25]) fest verankert und werden von allen Beteiligten eingefordert.

25 Sutherland, J. et al.: Scrum-Guide.

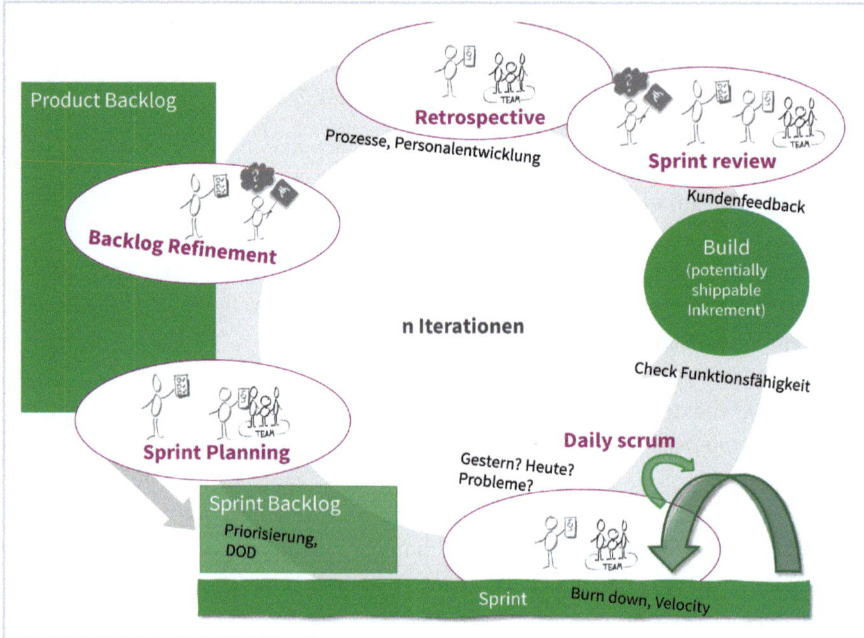

Abb. 11: Scrum und institutionalisierte Lernpunkte in der Organisation

Scrum-Event	Lernvorgang
Retrospektive[26, 27]	Das Team lernt eine bessere Zusammenarbeit
Sprint Review[28]	Das Team lernt Kundenwünsche besser verstehen. Kunden lernen technische Restriktionen und Umsetzbarkeit.
Backlog Refinement	Die Product Owner:in lernt Kundenwünsche und Prioritäten besser verstehen. Kunden sortieren ihre Gedanken und lernen die Struktur der Vorgehensweise.
Planning Poker (agile Schätzung)	Lösungsvorschläge werden im Team diskutiert und bewertet. Die Teammitglieder lernen voneinander.

Tab. 3: Lernpunkte in Scrum

Im Extreme Programming findet Lernen unter Peers (Kolleginnen und Kollegen auf Augenhöhe, nicht anhand eines Hierarchiegefälles) auf der Basis des Pair Programming

26 Derby, E. et al.: Agile Retrospectives.
27 Löffler, M.: Retrospektiven in der Praxis.
28 Rösler, P. et al.: Reviews in der System- und Softwareentwicklung.

statt. Und im Framework Design Thinking werden kontinuierlich Feedbackschleifen mit »Sofortexperten[29]« und möglichen Kunden eingefordert.

2.5.5.2 Experimentieren

In einem bekannten Umfeld möchte ich ein Ziel definieren, den Weg dorthin planen und dann umsetzen. In einem komplexen Umfeld ist die Wahrscheinlichkeit einer vorab geplanten Zielerreichung Zufall. »Ich habe weder Erfahrung, was genau mein Ziel ist, noch wie ich dorthin komme. Ich kann nur *auf Sicht fahren*«.

Gott hat den Menschen erschaffen, weil er vom Affen enttäuscht war. Danach hat er auf weitere Experimente verzichtet. Mark Twain

Halten die beteiligten Personen die Handlungskette »Ziel definieren – Planung – Umsetzung« bei, wird der Anteil an gescheiterten Projekten steigen.

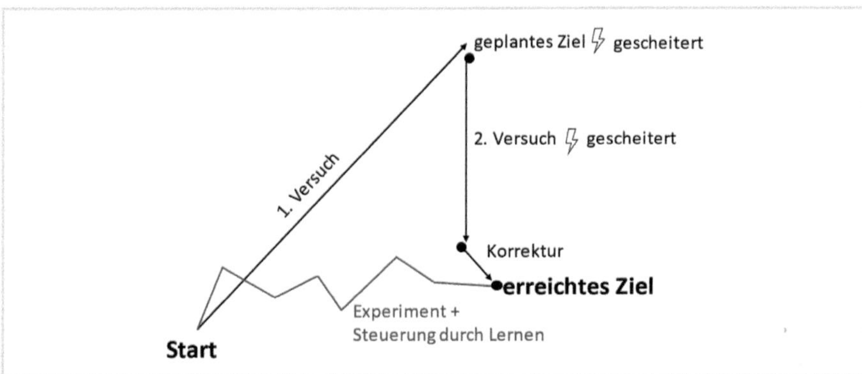

Abb. 12: Der klassische und der agile Weg zum Ziel: Der agile Weg ist gleich lang, wie der klassische oder kürzer. Auf jeden Fall enthält er kein Scheitern.

Der Frust bei den Beteiligten steigt ebenso, denn Scheitern und Korrektur sind negativ belegt. Viel schlimmer noch: Der Frust und die Angst vor dem Scheitern hindern das Team daran, neue Wege zu gehen, die sie erkunden sollten, um neue Probleme zu lösen. Was wiederum die Wahrscheinlichkeit eines weiteren Scheiterns erhöht.

Der Ausweg aus dem Dilemma erfolgt über das Experiment. Experimente unterscheiden sich grundsätzlich von dem Muster »Ziel – Plan – Umsetzung«:

- Der Ausgang von Experimenten ist ergebnisoffen. Nicht das Erreichen eines definierten Ziels wird angestrebt, sondern das Produzieren eines Ergebnisses, irgendeines Ergebnisses. Bei Experimenten gibt es kein Scheitern und keinen Misserfolg, nur ein Ergebnis, aus welchem man lernt, welches die nächsten Schritte sein könnten.

29 Gürtler, J. et al.: Design Thinking. Sofortexperten werden hier als Teammitglieder beschrieben, die ohne fundierten theoretischen Hintergrund in die Rolle einer Persona schlüpfen. Allein ihre Vorstellungskraft und ein rudimentäres Befassen mit der Persona, erlaubt es ihnen, diese glaubwürdig zu vertreten. Niederschwellige Herangehensweise.

- Experimente senken die Hürde zum Ausprobieren, da »Scheitern« erlaubt ist.
- Experimente sind kleinteilig gestaltet, weil die Erfahrung fehlt und man nur »auf Sicht fahren« kann. Somit kann früher gegengesteuert werden und der Lerneffekt ist höher.

Dies bezeichnet man auch als **validiertes Lernen**. In komplexen Projekten wird die Kundin oder der Kunde frühzeitig und regelmäßig mit funktionstüchtigen Zwischenergebnissen (Ergebnissen der Experimente) konfrontiert (Inkrementen, Prototypen etc.), welche er begutachtet und zu denen er Rückmeldung gibt. Dabei gibt es kein Scheitern, sondern nur ein Lernen.

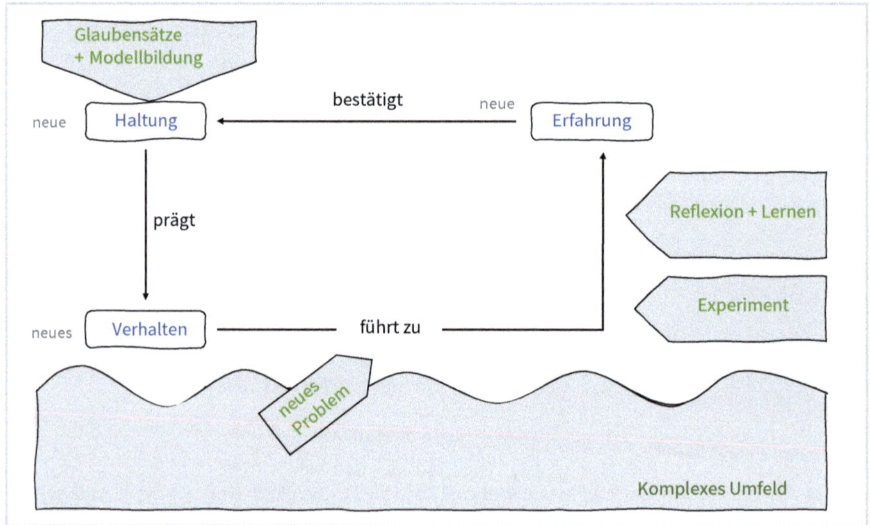

Abb. 13: Haltung ändern über Erfahrung[30]

BEISPIEL:

Haltung: Eine gute Projektumsetzung muss auf einem detailliert beschriebenen Pflichtenheft basieren.
Verhalten: Diese Haltung prägt mein Verhalten so, dass man zu Beginn eines Projektes viel Zeit für die genaue Leistungsbeschreibung aufwendet.
Neues Problem: Ich befinde mich zum ersten Mal in einem komplexen Umfeld, in dem der Leistungsumfang meines Projektes zu Beginn nicht komplett erfasst werden kann. Jetzt kann ich zwei Wege einschlagen:
Verhalten auf Basis bisheriger Erfahrung: Entweder bleibe ich bei meinem vertrauten Verhalten, was wahrscheinlich zu einer noch detaillierteren Bestandsaufnahme führen würde.

30 Frei nach Foegen, M. et al.: Organisation in einer digitalen Zeit.

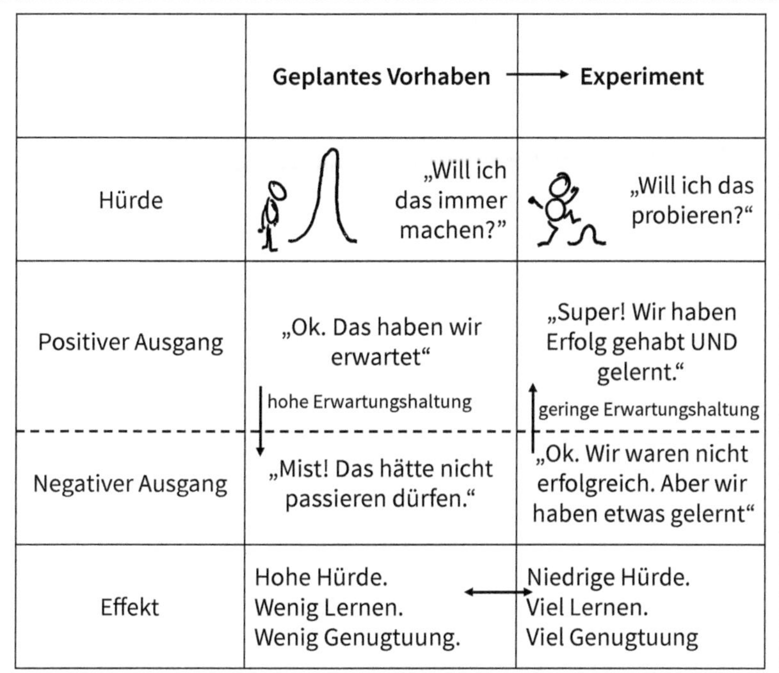

	Geplantes Vorhaben →	Experiment
Hürde	„Will ich das immer machen?"	„Will ich das probieren?"
Positiver Ausgang	„Ok. Das haben wir erwartet" hohe Erwartungshaltung	„Super! Wir haben Erfolg gehabt UND gelernt." geringe Erwartungshaltung
Negativer Ausgang	„Mist! Das hätte nicht passieren dürfen."	„Ok. Wir waren nicht erfolgreich. Aber wir haben etwas gelernt"
Effekt	Hohe Hürde. Wenig Lernen. Wenig Genugtuung.	Niedrige Hürde. Viel Lernen. Viel Genugtuung

Abb. 14: Vergleich geplantes Vorhaben – Experiment

Experiment: Oder das Team probiert etwas Neues aus. Welchen Weg es nehmen wird, hängt unmittelbar von der Lernkultur seiner Organisation ab.
Es entscheidet sich für das Neue, das Experimentieren: Das Team unterscheidet den Bereich des Leistungsumfangs, welcher gut definierbar (wenig komplex) ist von dem der komplexen Bereiche. Den ersten, wenig komplexen, beschreibt es detailliert in einem Pflichtenheft. Bei dem anderen, komplexen, experimentiert es mit User Stories, Design Thinking oder einer iterativen Vorgehensweise. Es experimentiert mit mehreren Methoden hintereinander, und nur für einen kleinen Bereich seines Projektes. Es führt keine komplett neue Vorgehensweise ein.
Neu entwickelte Haltung: Design Thinking hilft dabei, den Kunden oder die Kundin besser zu verstehen und anhand eines ersten Prototyps die technische Umsetzung zu erleichtern. Die anderen Methoden haben sich nicht bewährt.
Neues Verhalten: Beim nächsten komplexen Projekt probiere ich das wieder.

Experimente machen uns flexibler, agiler, flüssiger in unserem Verhalten. Sie erlauben uns, kontinuierlich zu lernen. Zum Lernen bin ich aber nur bereit, wenn mir meine Inkompetenz an der bestimmten Stelle bewusst ist.

2.5.5.3 Stufen des Lernens

Die Bereitschaft zum Lernen entsteht nur, wenn man sich bewusst ist, dass man etwas nicht kann oder nicht weiß. Warum soll man sonst Mühe und Aufwand des Lernens auf sich nehmen? In meiner Beratungspraxis treffe ich, Karen, oft auf Menschen, die sich zu irgendeinem Thema in einer unbewussten Inkompetenz befinden. Das ist zunächst nicht schlimm, denn jeder Mensch hat seine blinden Flecken. Wirken sich die blinden Flecken jedoch auf die eigene Umgebung aus, oder gefährden sie ein Projekt, sollte gehandelt werden.

Lernen kostet. Aber können wir es uns leisten, nicht zu lernen?

Je nach Unternehmenskultur und persönlicher Veranlagung ist der Widerstand, sich aus der unbewussten Inkompetenz in eine bewusste Inkompetenz zu bewegen, unterschiedlich stark. Je geringer die Hierarchien, je weniger Kampfmodus und Selbstverteidigungsmentalität, je entwickelter die Fehlerkultur, desto eher schmilzt der Widerstand, und der Prozess der Kompetenzentwicklung kann beginnen.

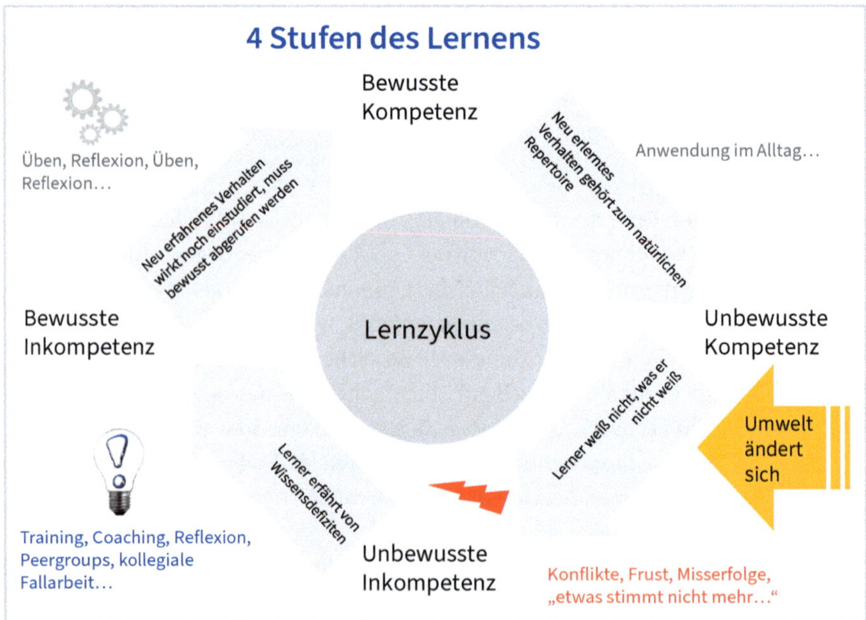

Abb. 15: Kompetenzstufenentwicklung (nach Noel Burch), bitte rechts unten mit Lesen anfangen »Umwelt ändert sich…«

Der Lernzyklus kann nur Schritt für Schritt durchlaufen werden. Er wird meistens durch Änderungen im Umfeld der Person angestoßen, wenn

- sich Kundenbeziehungen ändern, z. B.: Arbeitnehmerüberlassung führt zu Vertragsänderungen vom Dienstvertrag zu Werksverträgen;

- sich die Teamgröße ändert, z. B.: das Team wächst von drei Personen auf 15 Personen und erfordert dadurch ein anderes Führungsverhalten;
- sich die Umwelt ändert, z. B.: die eigene Firma von einem US-amerikanischen Unternehmen aufgekauft wird und sich mit einer ungewohnten Unternehmenskultur konfrontiert sieht.

Durch diese Änderungen geht die Person von der unbewussten Kompetenz einer vertrauten Umgebung in die unbewusste Inkompetenz der neuen Umgebung über. Aber erst durch aufbrechende Konflikte oder Reflexion wird der Lernzyklus in Bewegung gesetzt, nämlich wenn die Person erkennt und akzeptiert, dass ihre Kompetenz auf einem bestimmten Gebiet nicht mehr für ein erfolgreiches Verhalten ausreicht (bewusste Inkompetenz).

Durch Lernen, also das Durchlaufen des Zyklus »Üben, Reflexion, Üben, Reflexion, etc.«, entwickelt die Person bewusste Kompetenzen. Sie ist sich erst einmal bewusst, dass sie das neu Gelernte nur mit bewusstem Handeln beherrscht (Bewusste Kompetenz). Mit der Anwendung im Alltag entsteht eine neue Geläufigkeit, die dann nach und nach in einer unbewussten Kompetenz mündet, bis sich wieder etwas ändert.

2.5.5.4 Lernen durch Verbindung von Sozial- und Naturwissenschaften

Lange standen die »weichen« Sozialwissenschaften im Schatten der »harten« descartesschen Naturwissenschaften. Solange das kartesische Denkmuster vorherrschte, hatten es Sozialwissenschaften schwer, in Managementkreisen ernst genommen zu werden. Mit zunehmender Reife psychologischer und sozialer Themen und Forschungsvorhaben, fingen in den 50er Jahren des letzten Jahrhunderts Wissenschaftlerinnen und Wissenschaftler an, neue Wege zu gehen und in ihren Disziplinen Abstand vom descartesschen Denken zu nehmen. Fachgebiete wie Systemtheorie, Kommunikationstheorie, Kybernetik, Chaostheorie u. v. m. entstanden. Sie grenzen sich deutlich von den kausal gradlinigen Ansätzen ab und greifen eher zu zirkulären Erklärungen.[31]

Alfred Oswald[32] greift dies in seinem Modell der »physical und social factors« auf und schafft den Transfer zur Managementliteratur.

Sozialwissenschaften hatten es in der ersten Hälfte des vorigen Jahrhunderts schwer, sich neben den »harten« Naturwissenschaften durchzusetzen.

Zum Managen von Systemen spielen ursachenbasierte Modelle nur eine geringe Rolle. Um das Bild des Eisbergmodells zu bemühen: In einem sozialen System »spielt die Musik« unter der Wasseroberfläche.

31 Simon, F. B.: Einführung in die Systemtheorie und Konstruktivismus.

32 Oswald, A. et. al: Projektmanagement am Rande des Chaos, Springer Verlag, 2016.

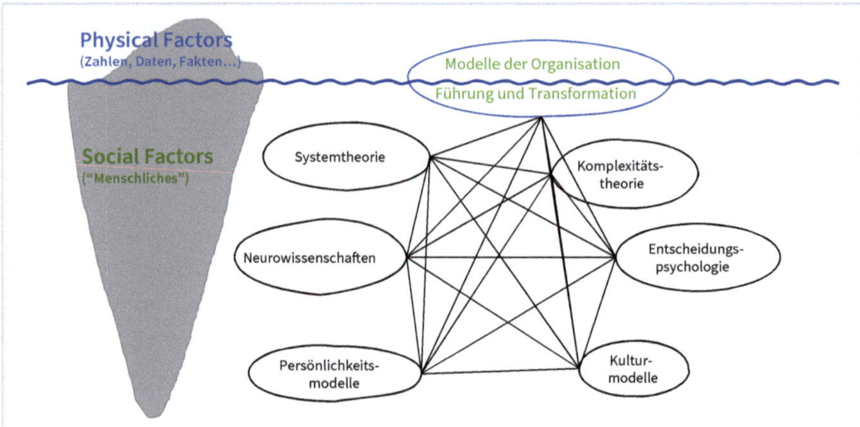

Abb. 16: Physical and Social Factors (eigene Darstellung nach Oswald)

Systemische Modellfamilien (von Oswald »social factors« oder »Sozialtechniken« genannt) wie z. B. die Komplexitätstheorie, angewandte Neurowissenschaften, Entscheidungspsychologie, Persönlichkeitsmodelle oder Kulturmodelle, vereinfachen die systemische Wirklichkeit[33] mit ihren Zirkelbezügen und dienen dazu, komplexe Systeme zu beeinflussen.

Bemühen wir das Eisbergmodell weiter, dann kann es uns auch zur Erkenntnis führen, dass, wenn wir eine Organisation verändern wollen, wir Vorarbeit auf der Ebene der »social factors« leisten müssen, bevor wir auf der Ebene der »physical factors« Organigramme aufstellen.

2.5.5.5 Lernen anhand von Metriken

Systeme lassen sich nicht steuern. Sie können nur von innen (Ordnungsparameter) oder von außen (Rahmen- und Kontrollparameter) beeinflusst werden, sodass sie sich in eine Richtung entwickeln, die für uns vorteilhaft ist. Metriken bilden die Entscheidungsgrundlage für die Anwendung der Parameter.

Zum Beispiel können folgende Rahmen- und Kontrollparameter langfristig die Performance eines agilen Teams erhöhen:

- Erhöhung der Ressourcen,
- Teamentwicklung, z. B. durch Retrospektiven,
- externe Störungen fernhalten.

33 Wirklichkeit im Sinne des Konstruktivismus. Hier gibt es keine absolute Wirklichkeit, sondern nur Bilder der Wirklichkeit in den Köpfen der Betrachter:innen.

Metriken liefern uns empirisch ermittelte Zahlen, auf deren Basis wir Theorien und Modelle bilden können. Metriken werden häufig auch als Kennzahlen bezeichnet. Im Folgenden werden einige solche Metriken oder Kennzahlen vorgestellt.

Arbeitstempo des Teams

Die Velocity (V) gibt Auskunft über das Arbeitstempo eines Teams innerhalb einer Timebox. Ihre Bezugsgrößen sind Story Points und Zeit; sie beschreibt, wie viele Story Points ein Team pro Sprint abarbeiten kann.

- $V_{(gemessen)}$ = gelieferte Story Points pro Sprint
- $V_{(Mittelwert)}$ = Mittelwert aller bisherigen $V_{(gemessen)}$ / Anzahl der bisherigen Sprints

Beim Staffellauf kommt es auch auf die Geschwindigkeit des gesamten Teams an.

Manchmal wird der geleistete Arbeitsaufwand statt in Story Points auch in Personentagen (PT) angegeben.

Die Velocity wird verwendet, um Planungssicherheit über die Leistungsfähigkeit und damit den Fortschritt des Teams zu erlangen. Während zu Beginn des Projektes die Velocity des kommenden Sprints »blind« geschätzt werden muss, weil noch keine Erfahrungen vorliegen, werden die Schätzungen des Teams im weiteren Projektverlauf basierend auf der Velocity vorheriger Sprints immer genauer und verlässlicher.

Beeinflusst wird die Velocity u. a. von der (wechselnden) Teamzusammensetzung, der Teamgröße oder der Zufriedenheit der Mitarbeitenden.

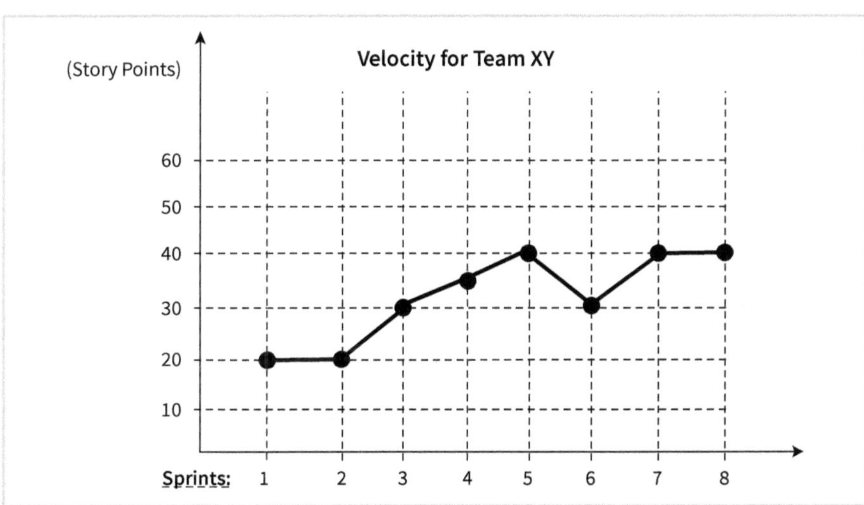

Abb. 17: Beispiel für die Entwicklung der Velocity eines Teams

Je mehr ich mich mit Story Points befasse, umso weniger verstehe ich, wie jemand Leistung in Zeiteinheiten messen kann. (Mehrschad)

Die Arbeit mit Story Points und das Erfassen der Team-Velocity sind die Basis dafür, Lerneffekte zu erzeugen. Auf den folgenden Seiten wollen wir uns ein ausführliches, konkretes Beispiel, das dem Referenzprojekt im Kapitel 1.3.2 »Referenzprojekt 2: Mögen die Räder und der Rubel rollen« entnommen ist, genauer ansehen.

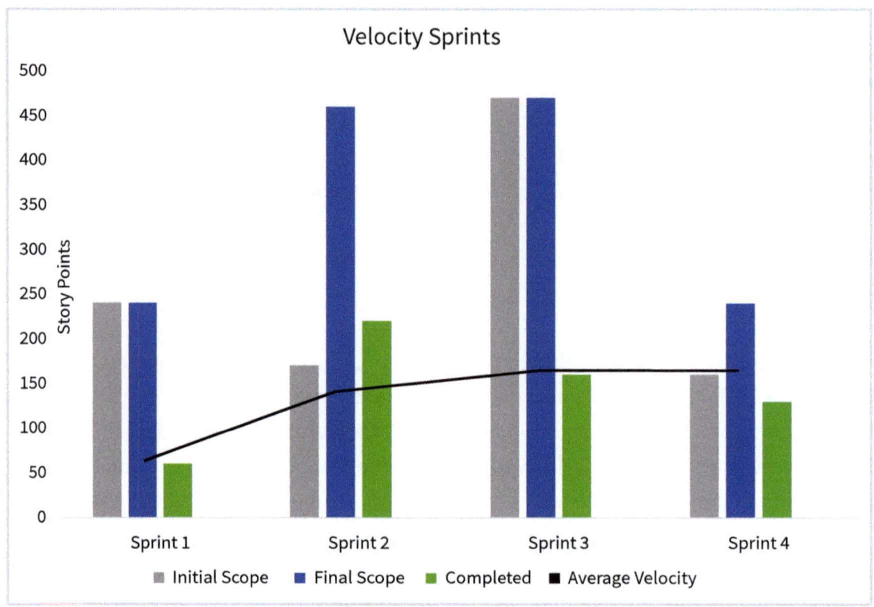

Abb. 18: Visualisierung der Velocity über vier Sprints hinweg

In der obigen Abbildung sehen wir die erfassten Daten aus vier unterschiedlichen Sprints eines Scrum-Teams aus der Hardware-Welt, das ich (Mehrschad) betreuen durfte. Dabei dauert ein Sprint drei Wochen. Die Erläuterung der Säulen je Sprint:

Säule links – Initial Scope: Der Product Owner brachte eine gewisse Anzahl an User Stories in die Sprintplanung ein, die bereits zuvor in einer Refinement-Session geschätzt wurden. Diese Säule stellt die Summe dieser initial geschätzten Story Points dar.

Säule Mitte – Final Scope: Anzahl der Story Points, welche die Developer:innen zugesagt haben, in diesem Sprint zu liefern.

Säule rechts – Completed: Diese Säule stellt die Anzahl der Story Points dar, die auch tatsächlich am Ende des Sprints geliefert wurden.

Es zeigt sich also, dass die Selbsteinschätzung der Entwickelnden weit über den tatsächlich gelieferten Stories lag. Erst mit dem vierten Sprint wird eine Angleichung von Schätzung und Lieferumfang als Tendenz sichtbar (s. Abbildung 18).

Fakten sichtbar machen ist schwer, sie anzuerkennen noch schwerer.

Erstaunlich sind die Erkenntnisse aus diesen Zahlen, die weder spezifisch für dieses Team noch spezifisch für diese Branche sind, sondern eher charakteristisch für etwas zutiefst Menschliches. Für den falschen Ehrgeiz und die Neigung zur Überschätzung unserer Kräfte und Fähigkeiten. In der Regel ist Empirie ein guter Ansatz, um diesem falschen Ehrgeiz entgegenzukommen und neue, realistische Commitments zu ermöglichen.

»Das Offensichtliche verschwindet nicht, wenn wir es nicht sehen wollen. Es wird auch nicht verstanden, wenn wir darüber sprechen. Es wird nur verstanden, wenn wir es erfahren« (Mehrschad).

Beobachtet man die Entwicklung vom ersten zum zweiten Sprint und wenn man sogar direkt dabei war, wie ich, spürt man förmlich die Frustration des Teams, das den Ablauf und das Ergebnis des ersten Sprints für ein einmaliges Ereignis und für eine Ausnahme gehalten hat. Der Wunsch, sich selbst zu beweisen war groß, und jedoch klein im Vergleich zur Frustration, die am Ende des zweiten Sprints nicht nur auf dem Velocity Chart, sondern auch in den Augen der Developer:innen zu sehen war.

Gehen wir die beiden Sprints kurz durch und sehen uns die jeweils ermittelten Kennzahlen an.

Sprint 1: Der Sprint startete ohne bekannte Kennzahlen aus den Vor-Sprints, da das Scrum-Team zum ersten Mal mit Story Points arbeitete. 250 Story Points wurden in die Sprintplanung eingebracht und das Scrum-Team hat sich diese Anzahl als Ziel gesetzt. Geliefert wurden knapp 70 Story Points.

Sprint 2: Der Product Owner und der Scrum Master haben gemeinsam entschieden, nicht mehr als 170 Story Points ins Rennen einzubringen. Die Developer:innen waren entsetzt. Sie stellten die Frage, warum der Product Owner ihnen nicht mehr zutrauen würde. Es gab hitzige Diskussionen und die Developer:innen haben sich gegen den Wunsch des Product Owners und gegen den Rat des Scrum Masters entschieden. Sie haben darauf bestanden, dass in der Sprintplanung viele weitere User Stories im Wert von 450 Story Points eingebracht werden. Interessanterweise wurden ziemlich genau 200 Story Points geliefert. Also etwas mehr als ursprünglich vom Product Owner erwartet.

Sprint 3: Mit einer großen Diskussion, mit sehr vielen positiven (der Glaube und der Wunsch nach mehr), wie negativen (die Enttäuschung über das vermeintlich Unerklärliche) Eindrücken und Gefühlen haben sich die Developer:innen und der Product Owner, gegen den klaren Rat des Scrum Masters, dazu entschieden, »es wissen zu wollen«, und planten unglaubliche 450 Story Points im Folgesprint ein.

In meiner (Mehrschad) Rolle als Agile Coach und auf Anfrage des Scrum Masters, wie er mit dieser Situation umgehen sollte, haben wir uns für eine Wette entschieden. Also eine klare Deeskalation der Situation, weil hier plötzlich die Sinnhaftigkeit der Transparenz und die Art der Messung als Problem dargestellt wurden. Wir gingen die Wette ein, dass der Scrum Master und ich, basierend auf den vorliegenden Zahlen, nicht glauben, dass die Developer:innen mehr als 250 Story Points liefern würden. Der Wetteinsatz: Liefern die Developer:innen mehr als 250 Story Points, dann behalten wir unbeachtet der ermittelten Zahlen aus den ersten drei Sprints dieselbe Story-Point-Anzahl als Menge für den vierten Sprint, welche die Developer:innen am Ende des dritten Sprints liefern.

Liefern sie weniger als 250 Story Points, dann planen wir für den vierten Sprint »nur« den Mittelwert der erreichten Story Points aus den ersten drei Sprints.

Sehen Sie selbst, wer die Wette gewonnen hat. Die Antwort ist aus Abb. 18 erschließbar: Visualisierung der Velocity über vier Sprints hinweg. 😌

Restaufwand

In Burndown Charts wird der verbleibende Aufwand in einem Sprint (Sprint Burndown) oder einem Backlog (Backlog Burndown) oder einer Produktentwicklung (Product Burndown) dargestellt. Burndown Charts werden typischerweise bei Scrum eingesetzt. Sie können aber auch auf andere Vorgehensweisen übertragen werden.

Bei einem Sprint Burndown Chart werden dargestellt:

- die Anzahl der zu erledigten Aufgaben (gemessen in Story Points oder Personenstunden[34]),
- die Anzahl der Tage des Sprints,
- die Höhe des verbleibenden Restaufwands.

34 Wir sprechen hier bewusst über Story Points und Personenstunden, da das Projekt hybrid und nicht rein agil abgewickelt wird.

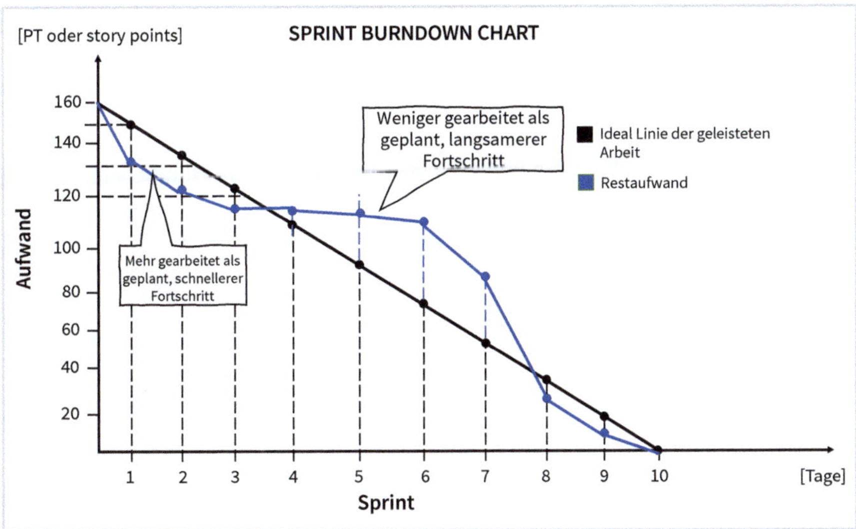

Abb. 19: Beispiel Sprint Burndown Chart

Der Restaufwand in einem agilen Projekt, also in einem Projekt, dessen Product Backlog im Grunde immer in Bewegung und im Prinzip »nie fertig erstellt« ist, kann sich nur auf einen Moment bzw. Stichtag beziehen. Der Restaufwand ist also abhängig vom Moment der Betrachtung des Gesamtbacklogs.

Daher wird immer empfohlen, dass das Backlog stets priorisiert, aufgeräumt und insgesamt geschätzt sein sollte. Nur dann kann eine Prognose hinsichtlich der Restdauer ausgesprochen werden, auf Basis des momentan bekannten Restaufwands.

Genau an dieser Stelle befindet sich der Scheideweg, an dem sich die erfolgreichen von den erfolglosen Projekten trennen. Wenn Teams verstanden haben,

- dass es immer ein komplett geschätztes Backlog geben sollte,
- wie man methodisch schnell und gut schätzt,
- dass sie sich trauen dürfen, die Schätzung vorzunehmen,

dann haben sie eine echte Chance, das Projekt zu steuern.

Viele Beteiligten glauben, dass sie erst schätzen können, wenn das Backlog viele Items hat. Das ist ein großer Fehler. Denn ein vollständiges Backlog kann auch aus wenigen, eher grob definierten Items bestehen. Vielmehr sollte das Team sofort anfangen zu schätzen, sobald das Backlog vollständig ist.

Unser Motto: »Selbst eine schlechte, ehrliche Schätzung ist besser als gar keine Schätzung.«

Dies kann auch dann erreicht sein, wenn zwar wenige Items im Backlog sind, sie aber dennoch alles abdecken, was das Produkt können muss. Sind die Items eher grob und nicht feingranular definiert, wird auch die Schätzung zunächst sehr grob.

Arbeitseffizienz und voraussichtliche Projektdauer

»Work in Progress« (WIP) beschreibt die Anzahl der angefangenen aber noch nicht beendeten Aufgaben zu einem bestimmten Zeitpunkt. Je höher der WIP, desto höher die Bearbeitungsdauer, da das Team bei vielen offenen Aufgaben zu Multitasking neigt.

Die Lead Time beschreibt die Dauer, die ein Produkt insgesamt für seine Erstellung benötigt, von der Kundenanfrage bis es ausgeliefert wird. Cycle Time steht für die Dauer zwischen dem Anfang und dem Beenden einer Aufgabe. Der Begriff Lead Time wird manchmal in der Praxis auch synonym für die Cycle Time verwendet. Im Zweifel sollten die Begriffe für die konkrete Anwendung in Teams oder in der Organisation klar definiert werden.

Lead Time: Dauer zwischen Kundenanfrage und Auslieferung

Cycle Time: Dauer zwischen Start Bearbeitung einer neuen Funktion und Auslieferung.

Das Cumulative Flow Diagram (CFD) gibt Auskunft über den WIP zu einem bestimmten Zeitpunkt. Am CFD kann man die Entwicklung des WIP ablesen, ob er also ansteigt, abfällt oder gleichmäßig verläuft. Außerdem kann die Cycle Time, also die durchschnittliche Dauer einer Aufgabe, abgelesen werden. Lead Time und Cycle Time können auch als Arbeitstakt beschrieben werden.

Extrapoliert man die Linie »deployed« (Abschluss der Aufgaben), kann man eine Aussage über die voraussichtliche Bearbeitungszeit des kompletten Backlogs bzw. Projektes treffen.

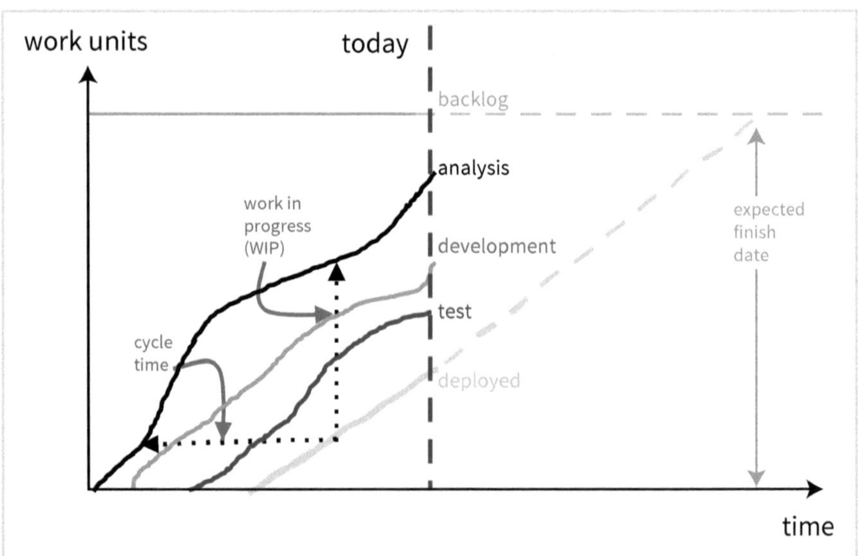

Abb. 20: Beispiel Cumulative Flow Diagram

Anhand der genannten Metriken und Visualisierungen können wir die Bedeutung der Empirie und den Zusammenhang mit den entsprechenden Kennzahlen klar herstellen und aufzeigen. Mit diesen Kennzahlen lassen sich aber noch viele weitere interessante Sachverhalte darstellen. Eng mit der Velocity ist die Größe »Velocity-Faktor« verbunden. Dieser Faktor wird berechnet, in dem die ermittelte Velocity durch eine beliebige Timebox geteilt wird.

Der Velocity-Faktor wird im Englischen »throughput« genannt.

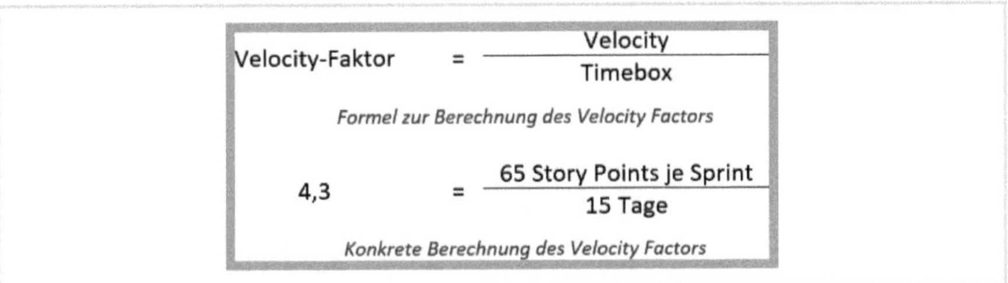

Abb. 21: Formel zur Berechnung des Velocity-Faktors

Diese Zahl ist als eine relative Zahl zu verstehen und nicht als absolute Größe. Mit dieser Zahl liegt nach der Ermittlung der Velocity zum ersten Mal eine empirisch erfasste Zahl vor, die eine teamspezifische Relation zwischen den Story Points und den bekannten Zeiteinheiten ermöglicht. Diese Zahl kann nun für die bekannten Steuerungswerkzeuge eingesetzt werden, um eine Hochrechnung bis zum Ende des Projekts vorzunehmen, welche die Zeit und die Leistung in Verbindung setzen, z. B. die klassische Earned-Value-Analyse (s. Kap. 4.3.8 »Planen, überwachen und steuern«).

Zugesagte Lieferzeiten

Haben Organisationen in ihren SLA (Service Level Agreements) ihren Kundinnen und Kunden bestimmte Lieferzeiten zugesagt, dann kann das Lead Time Distribution Chart zum Tracking der Termintreue verwendet werden. Hierin wird festgehalten, wie oft (frequency) welche Lead Time erreicht wurde. Die Anzahl der abgeschlossenen Aufgaben wird pro erreichbare Lead Time gestapelt. Je höher der Stapel, desto öfter wurde die Aufgabe in einer bestimmten Bearbeitungszeit abgeschlossen.

Aber auch ohne SLA kann es interessant sein, die Durchlaufzeiten der Aufgaben zu messen, um Aussagen über voraussichtliche Lieferzeiten treffen zu können.

Aus diesem Beispiel ist ersichtlich, dass die Mehrzahl der Aufgaben eine Lead Time von unter 40 Tagen haben (54 Aufgaben von 76). Der Durchschnitt liegt bei 30–35 Tagen, 85 % werden unter 60 Tagen und 98 % unter 85 Tagen geliefert.

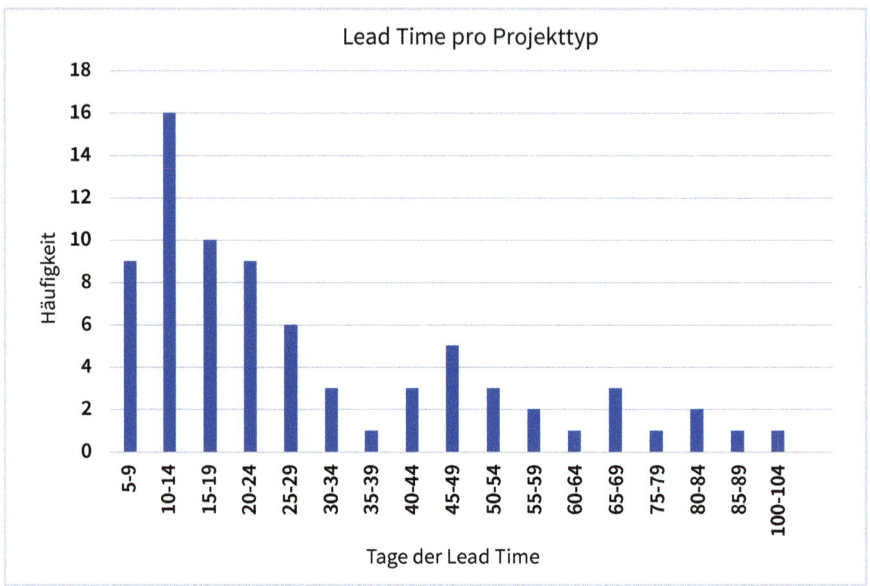

Abb. 22: Lead Time Distribution Chart zur Analyse von Lieferzeiten

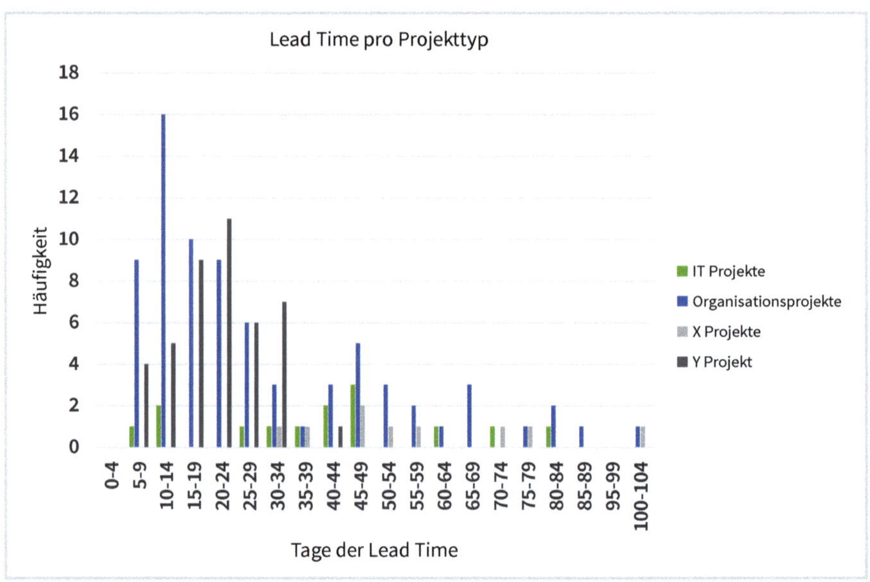

Abb. 23: Lead Time Distribution Chart zur Analyse von Lieferzeiten verschiedener Projekte

Im Multiprojektmanagement kann dieses Chart auch die Lead Time unterschiedlicher Projektarten darstellen, wie z. B. IT-Projekte, Organisationsprojekte, Kundenprojekte.

Bei der Analyse von Unternehmensaufgaben kann so beispielsweise die unterschiedliche Lieferzeit von Bug Fixes, Service Tickets und Neuanforderungen verglichen werden. Die Analyse liefert möglicherweise wertvolle Hinweise über Engpässe, systematische Prozessfehler oder Produktprobleme.

Zuverlässigkeitsindex

Um zugesagte Lieferzeiten, basierend auf der Velocity eines Teams oder einer Organisationseinheit einhalten zu können, muss der sogenannte »Zuverlässigkeitsindex« berechnet werden. Aufbauend auf gemessenen Story Points wird das folgende Verhältnis berechnet:

Eine empirische und konkrete Aussage über Zuverlässigkeit eines Teams ist das Fundament jeder Planung und Steuerung. (Mehrschad)

$$\text{Zuverlässigkeitsindex} = \frac{\text{Gelieferte Story Points}}{\text{Versprochene Story Points}}$$

Abb. 24: Lässt sich die Zuverlässigkeit eines Teams berechnen? Hier ein Versuch.

Wenn ein Team einmal durch die emotionalen Täler gegangen ist, durch die es gehen muss, um diese Kennzahlen zu ermitteln, dann kann das Team diese Zahlen als Basis nehmen, um echte Höhenflüge zu erleben. Nur so kommt ein Team an den Punkt, sich nur so viel vorzunehmen, wie es auch ungefähr liefern kann. Somit können Enttäuschungen im Team selbst und bei allen Stakeholdern reduziert oder ganz vermieden werden.

Im Folgenden ist der Zuverlässigkeitsindex des oben beschriebenen Teams abgebildet. Daraus wird deutlich, dass ab dem vierten Sprint die Zuverlässigkeit hinsichtlich der Ergebnislieferung deutlich ansteigt. Übrigens erzielte das Team nach dem zehnten Sprint einen Zuverlässigkeitsindex von über 92 %[35].

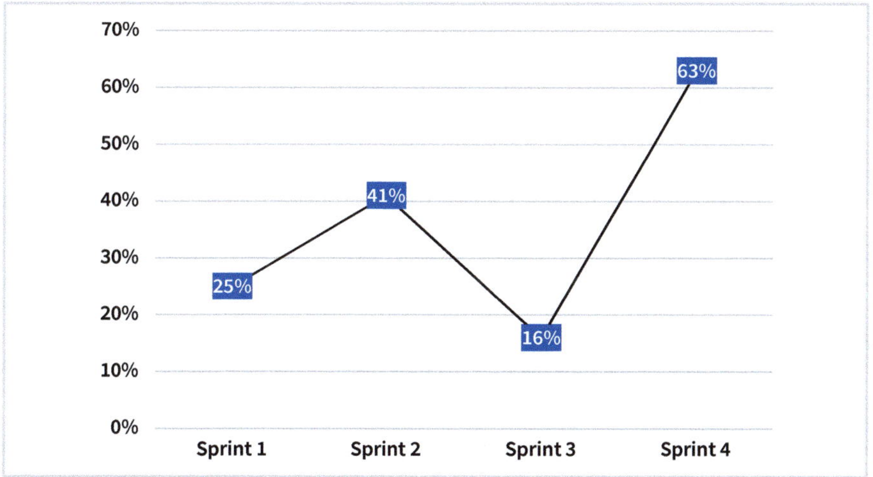

Abb. 25: Zuverlässigkeitsindex des Teams

35 Ich hoffe, dass Sie mir diese Aussage abnehmen. Sonst gerne melden und wir schauen uns gemeinsam die Zahlen an :)

2.5.5.6 Lernen in großen Gruppen

Unter Kapitel 2.5.1 »Abschottung durch Raum und Zeit« haben wir gesehen, dass neben der Abschottung zur Komplexitätsreduktion auch die bewusste Öffnung wichtig ist, um Lernen zu können. Öffnung bedeutet, dass wir bewusst aus unserer Abschottung (z. B. des Kernteams) heraustreten und mit Firmenmitarbeitenden, dem Management, Expertinnen und Experten etc. Kontakt aufnehmen, um neue Impulse für unseren Lern- und Entwicklungsprozess zu bekommen.

Im Folgenden werden einige Methoden genannt, mit denen auch in großen Gruppen kommuniziert und gelernt werden kann.

Fish Bowl:
Mit der Fish-Bowl-Methode kann sehr gut eine Diskussionsrunde durchgeführt werden, bei der alle, die etwas sagen, fragen oder kommentieren möchten, in jedem Fall zu Wort kommen.

Form der Gruppendiskussion für Feedbacks und Inspektionen

Der Name der Methode ist ein Hinweis darauf, dass die Diskussionsrunde in einem Kreis stattfindet, in dessen Mitte die Kommunizierenden (Fische) sitzen und alle anderen um sie herum zuschauen, ähnlich wie in einem Fisch-Glas.

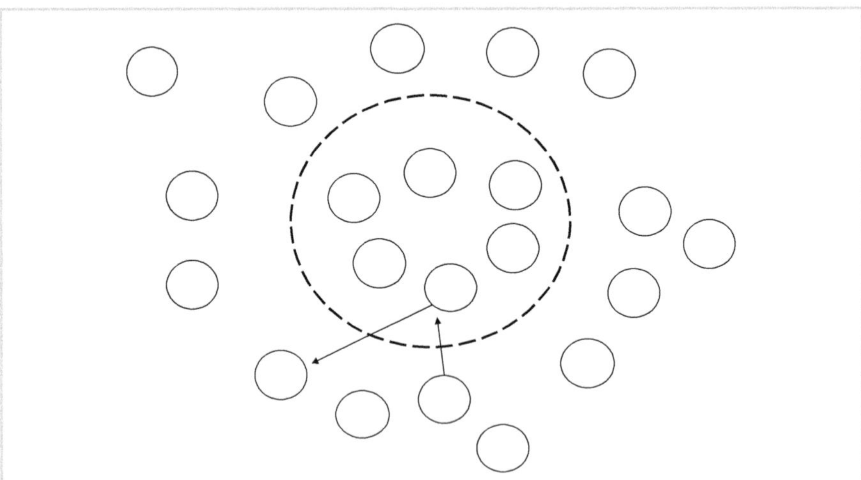

Abb. 26: Die typische Fish-Bowl-Anordnung

In der Mitte werden einige wenige Stühle aufgestellt. Um sie herum können weitere Stühle aufgestellt werden oder je nach Situation können andere Teilnehmende um die Stühle in der Mitte einfach stehen. Von der moderierenden Person wird dann eine Frage, ein Aspekt oder ein Thema in die Kreismitte gegeben und dann nur von den Personen, die in der Mitte sitzen, besprochen und diskutiert.

Die Regel lautet, dass nur Personen sprechen dürfen, die in der Mitte des Kreises sitzen. Jede Person, die im äußeren Bereich steht und auch etwas sagen oder kommentieren möchte, geht in die Kreismitte und tippt auf die Schulter einer beliebigen Person in Kreismitte, die im besten Falle nicht gerade spricht. Die angetippte Person steht dann auf und begibt sich in den äußeren Kreis. Die »antippende« Person setzt sich dann auf den freigewordenen Stuhl und nimmt an der Diskussion aktiv teil.

Mit Fish Bowl können sehr gut Feedbacks und Inspektionen durchgeführt werden, bei denen eine große Anzahl an Personen die Gelegenheit erhalten, um an der Inspektion teilzunehmen.

World Café:

Mit diesem Format kann eine große Anzahl an Personen eingebunden werden, um ihre Ideen und Lösungsansätze auf bestimmte Fragen einzubringen. Dabei werden Tische aufgestellt, die als Inseln der Diskussion dienen. An jedem Tisch wird eine Fragestellung platziert. Diese Fragestellung kann z. B. im Vorfeld ermittelt worden sein, um sicherzustellen, dass sie für die Teilnehmenden auch relevant ist.

Gesprächsrunde an Tischen mit den Gastgebenden zur Erörterung von Lösungsansätzen

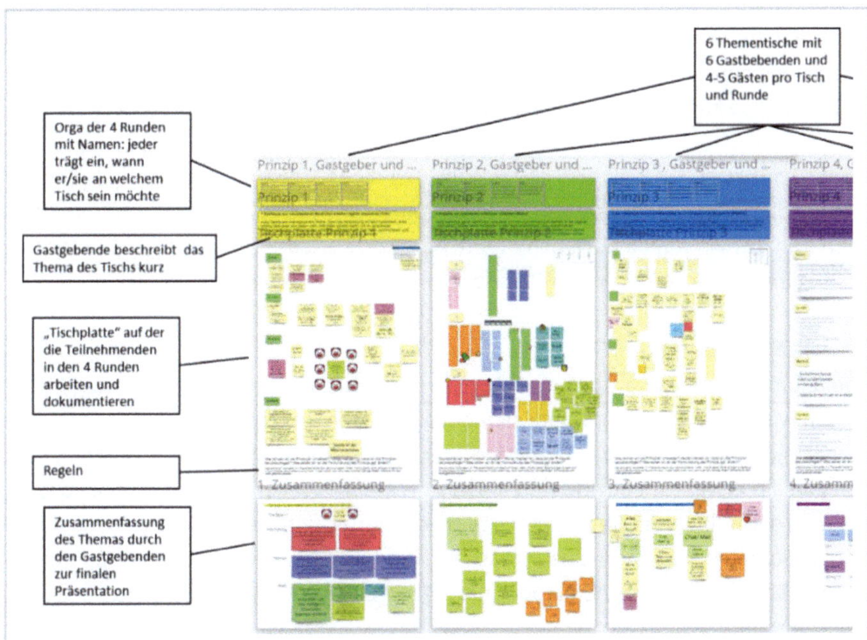

Abb. 27: World Café online mit Tischen auf dem Miro Board und je einer Zoom Outbreak-Session pro Tisch mit ca. 30 Teilnehmenden (Quelle: Karen Dittmann)

Nun können sich die »Gäste« des World Cafés an einen Tisch ihrer Wahl begeben. Dabei wird die Fragestellung von den jeweils am Tisch befindlichen Personen erörtert, diskutiert und mit Lösungsansätzen versehen. Alle diese Informationen werden gesichert, und zwar direkt auf dem Tisch. Denn in einer Präsenz-Situation werden die Tische direkt mit beschreibbarem Material bespannt. Nach vorgegebener Zeit (oft eine Timebox von 20 bis 30 Minuten) wird durch die Moderation ein Signal gegeben, zu dem die Beteiligten nun im Uhrzeigersinn den Tisch verlassen und sich zum nächsten Tisch (und somit zur nächsten Fragestellung) begeben. Diese Prozedur wird so lange wiederholt, bis die Gäste wieder an dem Tisch ankommen, an dem sie sich am Anfang befanden.

Diese Gäste bekommen dann die Gelegenheit, das Geschriebene zu kategorisieren und an einem Flipchart zusammenzufassen. Die Zusammenfassungen von jedem Tisch werden anschließend allen anderen Teilnehmenden vorgestellt.

Dieses Format eignet sich sehr gut, um in relativ kurzer Zeit viele Impulse zu erhalten, die sich aus vielen verschiedenen Perspektiven zusammensetzen und gleichzeitig die Anliegen aller Beteiligten berücksichtigen.

Murmelgruppen:

Zur Vorbereitung von Themen in der Großgruppe

Murmelgruppen sind kleine Gruppen, idealerweise je aus nur zwei Personen. Diese Minigruppen unterhalten sich in einer kurzen Zeitspanne (5 bis 10 Minuten) über ein Thema und halten ihre Gedanken stichpunktartig fest. Nach Ablauf der vorgegebenen Zeit stellt jede Murmelgruppe die Gedanken zu den Stichpunkten vor.

Dieses Format eignet sich, um am zweiten Tag eines Trainings oder einer Coaching-Sitzung das Gelernte vom ersten Tag festzuhalten und darüber in der Gruppe zu sprechen. Um das Vorstellen der Stichpunkte abzukürzen, lasse ich gerne jeweils nur den wichtigsten Stichpunkt (aus der Perspektive der Murmelgruppe) vorstellen.

Projektaufstellungen:

Symbolaufstellung zur »Ortsbegehung« von Projektsituationen

Aufstellungsarbeit kennt man vielleicht am ehesten aus der Familientherapie. Hier stellen wir eine Variation vor, die sich besonders für Großgruppen eignet, um Stimmungsbilder abzufragen und Informationen zu sammeln oder um mit vielen Leuten gemeinsam etwas zu konzipieren. Anders als bei Umfragen auf Papier oder online, nehmen die Teilnehmenden bei Aufstellungen (ganz wörtlich zu verstehen) mit ihrem Körper Stellung. Dies kann eine intensive Erfahrung sein. Deshalb sollten Aufstellungen nur von einer erfahrenen Moderation und mit Bedacht gewählten Fragen aufgestellt werden.

Abfrage der aktuellen Stimmung: In einem Raum werden vier Stühle in je eine Ecke aufgestellt. Auf jeden Stuhl wird ein Zettel gelegt mit Stimmungsstatements, z. B. »sehr gut«, »geht so«, »akuter Gesprächsbedarf« oder »möchte mich dazu nicht äußern«. Die Gruppenmitglieder werden aufgefordert, sich einen Platz zu suchen, der ihre aktuelle Stimmung am besten darstellt.

Symbolaufstellung der aktuellen Projektsituation: Auf dem Boden eines Raums stellt das Projektteam die aktuelle Situation des Projektes auf. Die Symbole sind Stellvertreter der Personen oder Themen (Probleme, Konflikte, Beziehungen, etc.). Durch das Auslagern der Personen und Themen auf Stellvertreter (Symbole) nimmt die Moderation die Emotionalität etwas zurück, da die Personen sich nicht selbst vertreten müssen.

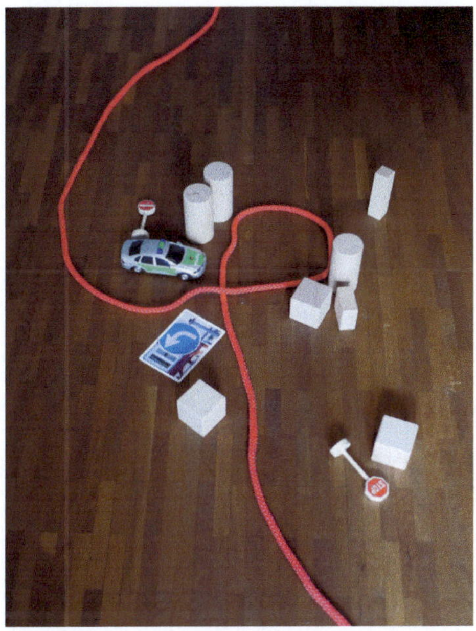

Abb. 28: Symbolaufstellung Projekt, Namen verfremdet (Quelle: Karen Dittmann)

Die aufstellbaren Themen sind schier unbegrenzt. Man kann Probleme, Führungsstrukturen, Projektlogos, Softwarearchitekturen, Abteilungsumstrukturierungen, neues Firmenlogo u. v. m. aufstellen.

Weitere Formate:

Weitere Formate wie Dialog-Pyramide, Bar Camps oder Open-Space-Veranstaltungen können ebenfalls angewendet werden. Diese sind in der einschlägigen Literatur[36, 37] gut beschrieben und werden hier nicht weiter berücksichtigt.

36 Hinnen, H. et al.: Großgruppen-Interventionen: Konflikte klären – Veränderungen anstoßen – Betroffene einbeziehen (Systemisches Management).

37 Foegen, M. et al.: Organisation in einer digitalen Zeit, wibas Verlag Darmstadt.

3 Projekterfolge sichern mit passendem Projektdesign

Es sei uns verziehen, wenn wir wieder auf einen Standard der IPMA® zurückkommen[38].

Mit dem neuen Standard der IPMA®, der ICB4[39] (Idividual Competence Baseline) wird zum ersten Mal der Begriff »Projektdesign« offiziell verwendet. Dieser ist wie folgt definiert:

»Die Kompetenz Projektdesign definiert, wie die Bedürfnisse, Wünsche und Einflüsse der Organisation(en) vom Einzelnen interpretiert und gewichtet werden und auf das höchste Level des Projektdesigns übertragen werden, um die höchste Erfolgswahrscheinlichkeit sicherzustellen. Abgeleitet aus diesem externen Kontext erstellt das Design eine »Kohle-Skizze« – einen Entwurf oder eine Gesamtarchitektur, wie das Projekt eingerichtet, angelegt und gemanagt werden sollte. Dieser berücksichtigt Ressourcen, Finanzmittel, Ziele der Stakeholder, Nutzen und Veränderungen der Organisation, Risiken und Chancen, Governance. Lieferung sowie Prioritäten und Notfälle. Da sich alle externen Faktoren und Erfolgskriterien (und/oder die Wahrnehmung für deren Relevanz) im Projektverlauf häu-

38 Vielleicht beschreiben andere PM-Organisationen eine ähnliche Disziplin. Dann kann diese hier ersetzend angewandt werden.

39 ICB4, Standard IPMA für Projektmanagement.

fig verändern, muss das Projektdesign in regelmäßigen Abständen neu bewertet und wenn nötig angepasst werden.« (ICB4)[40]

Dieses neue Kompetenzelement ist also die Aufforderung, aus der Fülle der verfügbaren Projektmanagementansätze zu schöpfen und einen für das spezielle Projekt passenden und damit erfolgversprechenden Projektmanagementansatz zu designen.

Aus Effizienzgründen macht es keinen Sinn, für jedes kleine Projekt, welches angegangen werden soll, wieder ganz von vorne beim Projektdesign anzufangen. Standards und Vorgehensmodelle für Unternehmen haben ihren Sinn. Betrachtet man jedoch für eine Organisation außergewöhnliche, komplexe, besondere Vorhaben, dann stellt ein bewusstes und professionell erzeugtes Projektdesign einen wesentlichen Erfolgsfaktor dar.

Das Projektdesign für ein Vorhaben richtet sich nach unterschiedlichen Faktoren:

- Wie ist die Komplexität des Vorhabens?
- Wie ist die Volatilität[41] der Anforderungen?
- Gibt es bereits ein Standard-Vorgehensmodell der Organisation, welches in seinen Grundzügen berücksichtigt werden muss?
- Welche PM-Kompetenz haben Organisation und Projektleitung?
- In welcher Branche findet das Projekt statt? Welche Spezifika müssen berücksichtigt werden (HOAI, GXP, Quality-Gates)
- Wie hat der Lenkungskreis[42] die Ziele priorisiert?
- ...

Einige Merkmale von Projektdesign

Die Klassifizierung von Projekten ist ein erster Schritt in die Richtung eines geeignetem Projektdesigns. Viele Firmen haben ihre Projekte bereits anhand der oben aufgezählten Merkmale in Klassen eingeteilt:

- A-, B- und C-Projekte
- Einfache, herausfordernde und Großprojekte
- Projekte für Projektleitende mit IPMA® Level D, C, B, A
- ...

40 Individual Competence Baseline Version 4.0 für Projektmanagement verlegt durch die GPM Nürnberg, 2016.

41 Volatilität bezeichnet das Fluktuieren und sich Ändern von Kundenanforderungen, weil diese noch nicht bekannt sind oder die neue Technik noch keine Erfahrungswerte bietet.

42 Wird im weiteren Verlauf des Buches synonym verwendet für Steuerkreis, Steering Committee, Lenkungskreis.

In diesem Kapitel soll in die Disziplin Projektdesign eingeführt und deren Grundsätze erklärt werden, mit dem Ziel, vorhandene Klassifizierungen von Unternehmensprojekten zu überdenken, sowie Ansatzpunkte für das Finden des passenden Projektdesigns für ein neues Vorhaben zu bieten. Planbasierte und agile Elemente können sich in unterschiedlichsten Konstellationen ergänzen und erweiterte Optionen anbieten im Sinn eines passenden hybriden Projektdesigns.

3.1 Generelle Projektmanagementansätze

Im Folgenden werden Projektmanagementansätze vorgestellt, die als Bausteine des Projektdesigns bewusst eingesetzt werden können.

3.1.1 Timeboxing

Als Timebox bezeichnet man eine feste Vorgabe des Zeitrahmens für ein Projekt. Timeboxing benennt die Vorgehensweise, dass der Endtermin für den Abschluss eines Projekts oder einer Phase vorgegeben und bis zu diesem Termin so viel Leistung und Nutzen wie möglich erzeugt wird.

Timeboxing ist die Grundlage von iterativen Modellen

Bei Scrum stellt ein Sprint (Iteration) eine Timebox dar. Die Priorität der Aufgabe gibt die Bearbeitungsreihenfolge vor. Es werden so viele Aufgaben bearbeitet, wie in die Timebox passen. Dabei werden zuerst die Aufgaben mit hoher Priorität bearbeitet, sodass sichergestellt werden kann, dass diese auch wirklich in dieser Iteration abgeschlossen werden. Aufgaben mit niedrigerer Priorität, die vielleicht nicht mehr in den Sprint passen, werden wieder zurück ins Product Backlog disponiert.

Im klassischen Projektmanagement arbeiten wir dann mit einer Timebox für den Gesamtlebenszyklus eines Projektes, wenn im magischen Dreieck die höchste Priorität der Zeit zugeordnet wird.

BEISPIEL:

Soll zur Messe ein Prototyp fertiggestellt werden, dann liegt die höchste Zielpriorität wahrscheinlich auf der Zeit. Das bedeutet, dass der Prototyp unabhängig vom Funktionsumfang vorzeigbar sein muss. Könnte er erst zwei Wochen später präsentiert werden, dann würde das Projekt keinen Sinn mehr machen, da dessen Zweck »Präsentation Prototyp auf Messe« nicht mehr erfüllt werden könnte. Die Timebox hilft hier dabei, das Projektziel zu erfüllen.

Timeboxing wendet man immer dann an, wenn man ein festes Ende vorgegeben hat, oder wenn man sein Projektteam mit festen Zyklen in einen Rhythmus bringen möchte (Scrum).

3.1.2 Design to cost

Arbeitet man nach dem Prinzip »Design to cost«, wird das zur Verfügung stehende Budget festgelegt und so lange am Projekt gearbeitet, bis das Ergebnis im Rahmen des Budgets erreicht oder das Budget aufgebraucht wurde.

BEISPIEL:

Der Bau des Eigenheims. Die Familie hat ein bestimmtes Budget zur Verfügung. Steigen die Kosten unerwartet an, dann wird der Dachausbau oder die Gartengestaltung (Leistungen niederer Priorität) erst einmal zurückgestellt.

In Scrum werden Sprints so lange durchgeführt, bis das Projektbudget aufgebraucht ist. Über die Priorisierung der Aufgaben wird gesteuert, dass eine Mindestfunktionalität trotzdem ausgeliefert werden kann.

Design to cost wendet man an, wenn man über ein fest umgrenztes Projektbudget verfügt. Diese Begrenzung kann vom Sponsor vorgegeben werden oder von einem Festpreisangebot stammen.

3.1.3 Linear/sequenziell

Unter einem linearen oder sequenziellen Projektmanagementansatz versteht man Vorgehensweisen, bei denen ein Abschnitt des Projektes komplett abgeschlossen werden muss, bevor der nächste beginnen kann. Ein Rücksprung auf den vorherigen Abschnitt ist nur nach Absprache möglich. Ein bekannter Vertreter des linearen Ansatzes ist das Wasserfallmodell.

Das Wasserfallmodell wendet man an, wenn der Projektumfang weitestgehend bekannt ist und man in einer frühen Planungsphase die Vorgehensweise für das komplette Projekt festlegen kann, ohne Gefahr zu laufen, dass zu viele Lieferobjekte geändert werden. Außerdem ist die Vorgehensweise sequenziell, wenn vom Auftraggebenden eine hohe Planungssicherheit verlangt wird (Fertigstellungstermin, Gesamtkosten, Lieferumfang). Deshalb werden sequenzielle Ansätze oft auch als plangetriebene Ansätze bezeichnet. Das funktioniert allerdings nur, wenn die Anforderungen bekannt und stabil sind.

Besteht die Notwendigkeit, bereits frühzeitig Ressourcen für das Projekt fest zu buchen, liegt ein weiterer Anlass dafür vor, das Wasserfallmodell anzuwenden. Denn eine Ressourcenplanung Wochen und Monate im Voraus kann nur auf der Basis einer linearen Planung erstellt werden. Typische Beispiele sind Bauprojekte oder der Anlagenbau.

Wenn die Spezifikation zu Beginn aufgestellt werden kann, kann plangetrieben gearbeitet werden.

3.1.4 Iterativ

Der Begriff kommt vom lateinischen Wort »iterare« = wiederholen. Iterative Techniken beschreiben ein Prozedere der ständigen Verbesserung, bei dem in kleinen Schritten vorgegangen wird. Der Problemlösungszyklus wird mehrfach durchlaufen, sodass das Team bei jeder Iteration lernen und das neu erworbene Wissen in die nächste Iteration mitnehmen kann.

BEISPIELE: SCRUM, SPIRALMODELL

Iterativ geht man dann vor, wenn man erst im Projektverlauf verstehen kann, wie das Projektergebnis aussehen soll, wenn hohe Unsicherheiten bei den Anforderungen oder der technischen Umsetzung existieren. Denn nach jeder Iteration kann man innehalten und auf der Basis dessen, was gelernt wurde, entscheiden, wie die nächste Iteration aussehen soll. Iterative Vorgehensmodelle sind vor allem in Forschungs- und Entwicklungsprojekten anzuwenden.

Am Ende jeder Iteration soll ein Wert entstehen.

3.1.5 Inkrementell

Entwickelt man ein definiertes Produkt schrittweise, dann entwickelt man es inkrementell. Ein Inkrement ist ein Teil des Produktes, welcher in sich geschlossen und prinzipiell für einen bestimmten Funktionsumfang bereits eingesetzt werden kann.

Inkrementell geht man oft in der Produkterstellung vor, z. B. bei Scrum, wenn nach jedem Sprint ein »potentially shippable increment«[43] oder »Build« erstellt wird.

Das Gegenstück zur inkrementellen Vorgehensweise ist die »Big Bang«-Vorgehensweise, wenn das Produkt mit komplettem Funktionsumfang »auf einen Schlag« erstellt und ausgeliefert wird.

Die inkrementelle Vorgehensweise erfährt in der Softwareentwicklung eine hohe Akzeptanz. Technisch kann Software ohne Weiteres modular entwickelt und ausgeliefert werden. Die Softwareentwicklung in Inkrementen hat mehrere organisatorische Lenkungsfunktionen.

Zum einen zwingt sie das Team dazu, etwas fertig zu machen, denn ein Inkrement muss funktionsfähig sein. Dies verhindert schädliches Multitasking[44] und das sogenannte »90-%-Syndrom[45]«. Zum anderen führt sie das Team in eine Arbeitsweise, bei der in Modulen gedacht wird, die früh der Kundin oder dem Kunden vorgestellt werden können, was enge Feedbackschleifen und damit höhere Kundenzufriedenheit ermöglicht.

In Scrum ist der inkrementelle Ansatz mit dem iterativen gekoppelt (Scrum als iterativ-inkrementelles Modell). Dies hat zur Folge, dass nach jedem Sprint, der Kundin oder dem Kunden ein funktionsfähiges Inkrement vorgelegt werden kann.

Inkrementelle Vorgehensweisen wendet man immer an, wenn ein Gesamtprodukt sinnvoll in Inkremente geteilt werden kann. Bei der Softwareentwicklung fällt das meist leicht. Im Maschinenbau ist das Design eines Produktes oft noch als »Monolith« gestaltet, als ein großer Block, den zu unterteilen nicht immer sinnvoll erscheint.

---

43 Im Scrum Guide 2020 wird nicht mehr vom »potentially shippable increment« gesprochen, sondern davon, dass »…in order to provide value, the Increment must be usable.« Wir sprechen hier also von einem Ergebnis, welches auch als Teilprodukt bereits nutzbar ist. Dies gilt für Software, welche »shippable« konzipiert werden kann, genauso, wie für mechanische Teile, welche eher »usable« als Einzelteile sein sollten. Wichtig ist das Prinzip der Generierung eines Wertes, welcher jeder Auslieferung zugrunde liegen soll, in Abgrenzung zu einer Auslieferung mehrerer halbfertiger Ergebnisse.

44 Schädliches Multitasking beschreibt den Effekt, wenn man mehrere Aufgaben parallel bearbeitet und somit in seinem Arbeitsfokus ständig wechseln muss. Schädlich ist das Multitasking deshalb, weil die Bearbeitungszeit gesamt beim Multitasking höher ist, als wenn man die Aufgaben nacheinander bearbeiten würde. S. auch »Littles Law« in der einschlägigen Literatur.

45 Aufgaben werden nur zu 90 % abgeschlossen. Doch anstatt sie zu 100 % fertigzustellen und sich zum Status »fertig« zu verpflichten, fängt man lieber die nächste Aufgabe an und lässt die vorherige bei 90 % liegen. Dies führt zu vielen nicht fertiggestellten Aufgaben, zwischen denen man hin und her wechselt, was wiederum zu schädlichem Multitasking und erhöhtem administrativen Aufwand führt.

3.1.6 Evolutionär

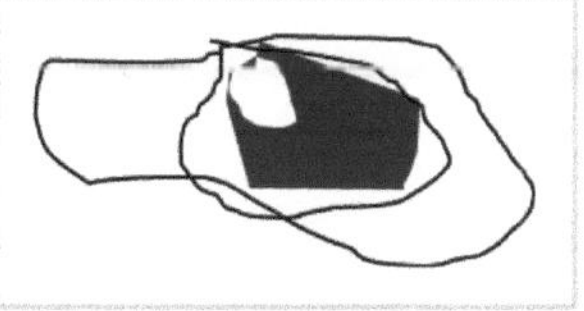

Wird ein Produkt in immer neuen Versionen, je nach den in der letzten Iteration gelernten Anforderungen und Verständnis entwickelt, so nennt man diese Vorgehensweise evolutionär. Dabei geht man von einer ersten Idee aus und lässt das Produkt im Laufe der Zeit in unterschiedliche Richtungen reifen.

Im Gegensatz zur inkrementellen Vorgehensweise hat man am Anfang der Produktentwicklung nur eine vage Zielvorstellung, und man erzeugt nicht zu jeder Etappe ein funktionsfähiges Inkrement. Auch besteht bei evolutionärer Vorgehensweise die Gefahr, dass bestimmte Vorbedingungen, z. B. in der Softwarearchitektur, zu Beginn der Produkterstellung noch nicht bedacht wurden, sodass eine erste Version verworfen werden muss und man wieder von vorne anfängt.

Sowohl die inkrementelle als auch die evolutionäre Produktentwicklung sind iterativ. Das heißt, sie schreitet in Zyklen voran, in denen immer wieder das Zwischenergebnis evaluiert und nachgesteuert wird.

Evolutionäre Vorgehen verwendet man bei großer Unsicherheit über das zu erstellende Produkt und, wenn ein Denken und Handeln in Inkrementen technisch nicht möglich ist, z. B. bei einem Prototyp im Maschinen- oder Anlagenbau.

3.1.7 Agil

Agile Ansätze setzen auf ein dynamisches und flexibles Prozessdesign. Man arbeitet in kurzen Iterationen, um sich ständig an neue Anforderungen und Einsichten anpassen zu können, anstelle eines fest definierten Plans zu folgen. Die Mitarbeitenden arbeiten in selbstorganisierten Teams mit einem Leader auf Augenhöhe.

In agilen Projekten sollten im magischen Dreieck die Größen »Budget und Zeit« festgeschrieben sein. Der Fokus des Projekts liegt auf der Qualität und dem Leistungsumfang des zu produzierenden Produkts.

BEISPIEL:

Scrum stellt einen agilen Handlungsrahmen dar[46]. Weitere Modelle sind Extreme Programming, Design Thinking oder Collective Mind (s. Kap. 5.3.4 »Konkrete agile Frameworks«).

Agil heißt keineswegs beliebig und braucht einen Handlungsrahmen.

Agilistinnen und Agilisten sagen zu Recht, dass der agile Ansatz viel mehr ist als ein Handlungsrahmen oder ein Projektmanagementansatz. Denn er funktioniert nur mit einem passenden Mindset. Aber hier sei uns verziehen, dass wir ihn zur Komplexitätsreduktion als Projektmanagementansatz betrachten.

Agile Ansätze setzt man ein, wenn die Anforderungen und/oder die technische Umsetzung nur bedingt bekannt sind. Richtig eingesetzt fördern sie das Schwarmdenken und die kollektive Intelligenz[47] des Teams und damit dessen Lösungskompetenz, indem durch entsprechende Kommunikationswege der Grad der kollektiven Entscheidungsfindung[48] erhöht wird. Je höher die Fähigkeit der kollektiven Entscheidungsfindung, umso höher der Grad der Selbstorganisation des Teams.

3.1.8 Engpassorientiert

CCPM (Critical Chain Project Management)[49] ist ein engpassorientierter Prozessansatz aus der Produkterstellung, der den Output eines Produktionsprozesses erhöhen soll.

Hier übertragen wir ihn auf ein Projekt. Der Prozess der Produkterstellung im Projekt wird optimiert, indem Engpassressourcen aufgespürt und Flaschenhälse aufgelöst werden, sodass sie den Gesamtablauf nicht mehr ausbremsen. Eine kürzere Durchlaufzeit (Flow) wird möglich. Nun können andere »Flaschenhälse« entstehen, die wiederum entlastet werden. Der Engpass gibt das Tempo (den Takt) des gesamten Projekts vor. Alle anderen Gewerke richten sich danach.

Die Projektplanung zielt auf das Erkennen von Engpässen und deren Beseitigung durch Prozessoptimierung ab.

46 Mit Handlungsrahmen bezeichnen wir den englischen Begriff »Framework«.

47 Malone, T./Bernstein M. S.: Handbook of Collective Intelligence, MIT Press, 2015.

48 Der Begriff kollektive Entscheidungsfindung wird hier verwendet im Sinn einer Entscheidungsfindung unter Gleichberechtigten in Abgrenzung zur Entscheidungsfindung von hierarchisch oben nach unten.

49 Lorz, H./Techt, U.: Critical Chain.

CCPM wendet man an, wenn die Durchlaufzeit optimiert werden soll, oder wenn die Produktentstehung Gefahr läuft, eine zu lange Entwicklungszeit zu haben.

3.1.9 Hybrid

Im hybriden Projektmanagement werden mehrere Ansätze kombiniert, je nachdem, wie es das Projekt erfordert.

So kann beispielsweise die Designphase eines Projekts agil durchgeführt werden, während der Rest des Projekts dem Wasserfallmodell folgt. Oder wenn das Ergebnis bekannt ist (Anforderungsphase klassisch), für die Umsetzung aber neue Techniken verwendet werden müssen, denen man sich am besten iterativ nähert.

Hybrides Projektmanagement wendet man immer dann an, wenn das Projekt Phasen hat, die sich in ihrem Charakter stark voneinander unterscheiden. Eine hybride Vorgehensweise passt auch, wenn in großen Projekten Organisationen unterschiedlicher Mindsets miteinander kombiniert werden. Hybrides Vorgehen empfiehlt sich, wenn in klassischen Organisationen aufgrund der Komplexität der Projekte noch kein agiles Mindset vorherrscht und die Organisation somit durch einen harten Umstieg auf »agil« überfordert wäre. Dann kann hybrides Vorgehen eine langsame Annäherung, einen Zwischenschritt in der Organisationsentwicklung darstellen.

Aus dem Referenzprojekt in Kap. 1.3.2 »Referenzprojekt 2: Mögen die Räder und der Rubel rollen«

Exemplarisch sind in der nächsten Abbildung fünf Phasen abgebildet.

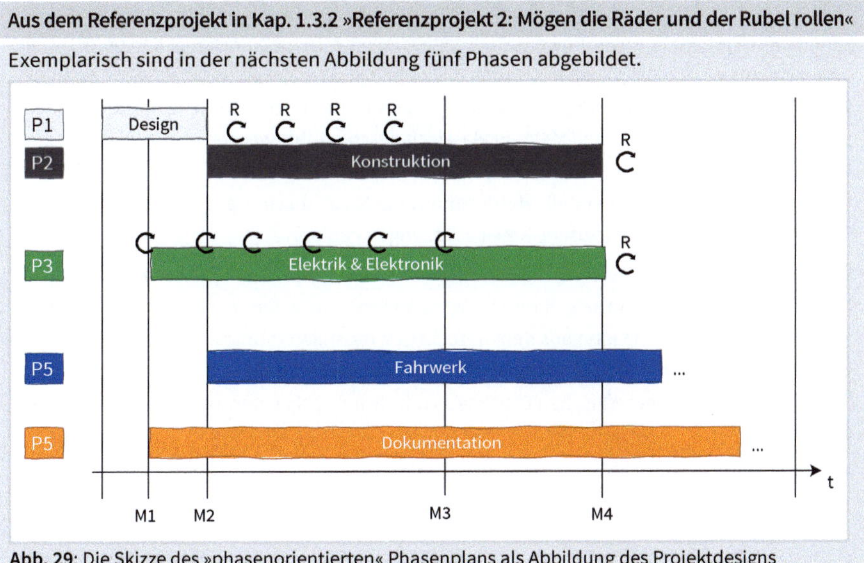

Abb. 29: Die Skizze des »phasenorientierten« Phasenplans als Abbildung des Projektdesigns

Die Phasen P1 bis P5 sind in einem üblichen Phasenplan dargestellt. Lediglich einige schneckenartige Zeichnungen sind oberhalb der P2 zu sehen und zwischen den Meilensteinen M1 und M3 ist statt eines Balkens ebenfalls eine Aneinanderreihung von »Schnecken« zu sehen. Des Weiteren sind nach dem Ende von P2 und P3 noch je zwei »Schnecken« (Iterationen, in unserem Fall: Sprints) zu sehen.

Die Idee vom hybriden Design erschöpft sich nicht darin, dass wir Balken durch Schnecken ersetzen. Ich bezeichne diese Darstellung als das »Durchschnecken« einer Phase. Der tiefere Sinn, warum etwas durchgeschneckt wird, hat sehr viel mit unserem Kompass zu tun. Denn bevor wir einen Balken durchschnecken, müssen mehrere Aspekte (s. dazu Kap. 4 »Der Kompass für hybrides Projektdesign«) beachtet werden.

Durch die Neukonzeption des Infotainment-Systems war das Teilprojekt (und somit die Phase) »Elektrik & Elektronik« (E&E) besonders betroffen. Bereits zu Beginn des Projekts war klar, dass viele Anforderungen an das System sehr neu und nur grob formuliert waren. Die technischen Umsetzungen waren zwar teilweise erprobt, aber bisher in dieser Größenordnung noch nie von den Teams bis zur Marktreife gebracht worden. Mit anderen Worten: Wir befanden uns mitten in einem komplexen R&D[50]-Projekt, das wiederum in einem viel größeren Entwicklungsprojekt steckte, dessen andere Teilprojekte eher als kompliziert und zum Teil sogar als einfach kategorisiert[51] werden konnten.

Während der Designphase wurde also auf Basis bestehender Spezifikationen das Konzept für die Umsetzung der meisten anschließenden Phasen entworfen. Für die E&E näherten wir uns mit mehreren Design-Sprints an das gewünschte Konzept an, das zu Beginn der Umsetzungsphase (M2) von den wichtigsten Stakeholdern angenommen wurde.

Eine Schnecke sollte niemals unterschätzt werden. Mehrere Schnecken hintereinander erst recht nicht! (Mehrschad)

Die Entscheidung, dass die Entwicklungsteams des Teilprojekts E&E den komplexen Charakter am besten durch ein iteratives und inkrementelles Modell angehen sollten, war schnell getroffen. Daher die Schnecken zwischen M2 und M3. Die große Abhängigkeit zwischen den Teilprojekten Konstruktion und E&E setzte eine enge Kopplung der beiden Teilprojekte voraus. Nach jedem Sprint wurde eine halbtägige Review-Sitzung zwischen den beiden Teilprojektteams vereinbart. Diese sind durch die kleinen R-Schnecken oberhalb der P2 dargestellt. Außerdem wurde vereinbart, dass der letzte Abschnitt der Phasen P2, P3 und P5 (also der Abschnitt zwischen M3 und M4) rein klassisch durchgeführt werden sollte, da in diesem Abschnitt gemeinsame, regulatorische Dokumente zwischen den Teams nach einem fixen und vorgegebenen Prozess erstellt werden mussten. Nach Abschluss dieses Abschnitts, also nach M4, wurden zwei strategische Review-Sitzungen geplant.

Die dargestellten Schnecken führten außerdem organisatorisch zu mehreren Aktionen. Für diese Phasen wurden erfahrene Scrum Master und Product Owner neu eingestellt, außerdem wurden die Scrum Master aus dem Bereich des Technikvorstands organisatorisch umgehängt und wurden dem Personalvorstand zugeordnet. Damit war gesichert, dass die Scrum Master ohne hierarchischen Druck Missstände aufdecken und Themen vorantreiben konnten.

50 Research & Development.
51 Nach der Definition von Stacey, falls unbekannt s. Kap. 3.4.1 »Stacey-Matrix«.

Nun kennen Sie zumindest die Design-Gründe der durchgeschneckten Phasen. Was sich organisatorisch, methodisch und in Bezug auf das Mindset (Kulturwandel) hinter diesen Schnecken verbirgt, erfahren Sie im Kapitel 4 »Der Kompass für hybrides Projektdesign«.

3.2 Design – »Form follows function«

> «Whether it be the sweeping eagle in his flight, or the open apple blossom, the toiling work horse, the blithe swan, the branching oak, the winding stream at its base, the drifting clouds, over all the coursing sun, form ever follows function, and this is the law. Where function does not change, form does not change.« Louis Sullivan[52]

In den 20er Jahren des letzten Jahrhunderts machte das Bauhaus den Leitsatz von Sullivan »form follows function – die Form folgt der Funktion« in Deutschland populär. War er ursprünglich auf die Architektur bezogen, wurde er jetzt auf Alltagsgegenstände, Möbel, Stoffe etc. ausgeweitet. Wichtig dabei waren:

- Ornamente und Verzierungen, die überflüssig waren, wurden weggelassen.
- Die Manufaktur in Abgrenzung zur industriellen Fertigung wurde wiederbelebt.
- Traditionen wurden reflektiert, und wenn nötig, verabschiedete man sich davon.

So entstanden Gegenstände in reduzierten Formen und aus neuen Werkstoffen.

Lean Management und schlanke Prozesse

Versucht man diese Herangehensweise auf hybrides Projektdesign zu übertragen, kann man viele Parallelen erkennen. Lean Management und schlanke Prozesse haben heute eine hohe Akzeptanz. Nur noch Methoden, die wenig administrativen Overhead erzeugen, und die dem Projekt unmittelbar Nutzen bringen, kommen zum Einsatz. Die »PM-Lösung von der Stange«, oft von Beratungsfirmen übergestülpt, wird zum Glück immer weniger beauftragt.

Die Reflexion von Vorgehensweisen ist ein zentraler Bestandteil von modernem Projektmanagement, sowohl auf der Produktebene (z. B. Review) als auch auf der persönlichen Ebene (z. B. Retrospektiven, Coaching).

Das Bauhaus dachte also schon in den 20er Jahren sehr modern, oder wir besinnen uns heute wieder auf alte Tugenden.

52 Sullivan L. H.: The tall office building artistically considered.

3.3 Ortsbestimmung der Organisation

Wenn Firmen agil werden wollen, senden sie oft einen Projektleitenden zu einer zweitägigen Scrum-Master- oder Product-Owner-Schulung und sagen ihnen dann: »Das nächste Projekt machst Du agil!«

»Das nächste Projekt machst du agil!«

Mit dem Auftrag, ein agiles Projekt in einer bisher klassischen Situation durchzuführen, begibt sich die Projektleitung in eine Sandwichposition. (Wir sprechen hier weiter von Projektleitung, auch wenn die offizielle Rolle der Person dann die eines Scrum Masters oder Product Owners ist. Das dient erst einmal der Vereinfachung und zeigt auch an, dass die Organisation sich noch nicht auf die neuen Rollen eingestellt hat.) Im Deckel des Brötchens befindet sich das obere Management, die Kundin oder der Kunde und der Lenkungskreis. Diese Gruppen haben Erwartungen an das Projekt und die agile Herangehensweise und wollen Erfolge nachweisen. Sie wollen z. B. schneller werden, kostengünstiger produzieren oder eine bessere Qualität abliefern. Im unteren Teil befindet sich das Team, welches sich einem neuen Rollenverständnis gegenübersieht, welches neue Prozesse einhalten soll und von dem nun Selbstorganisation verlangt wird. Sie sprechen vielleicht von der »neuen Sau, die durchs Dorf getrieben wird« und lehnen sich zurück in der Hoffnung, dass auch dies vorbei gehen wird.

Was ist passiert?

Die Organisation befindet sich zunehmend in einem dynamischen Umfeld. Das Management möchte sich darauf einstellen und mit agiler Vorgehensweise schneller, besser, beweglicher werden. Sie haben die Heilsversprechungen von Spotify, Tesla und Co. gehört und blicken sehnsüchtig auf diese Unternehmen und ihre Erfolge. Sie selbst stehen jedoch auf einer anderen Entwicklungsstufe als diese Firmen.

Das Umstellen einer Firma auf eine Kultur, wie sie bei Spotify existiert, ist nicht nur teuer (umfangreichste Organisationsentwicklungsmaßnahmen) sondern unter Umständen nicht einmal sinnvoll. Wenn ich in einem mäßig dynamischen Markt agiere, warum soll ich dann hochdynamische Organisationsstrukturen aufbauen und vorhalten?

Am Beginn eines Projektdesigns sollte immer die Verortung der eigenen Organisation stehen. Wie viel klassisch bzw. agil passt zu uns?

Wenden wir uns zur Verortung erst einmal der Organisation und den Führungskräften zu, indem wir sie nach den vier Entwicklungsstufen nach Bateson[53] analysieren.

53 Bateson, G. et al.: Ökologie des Geistes.

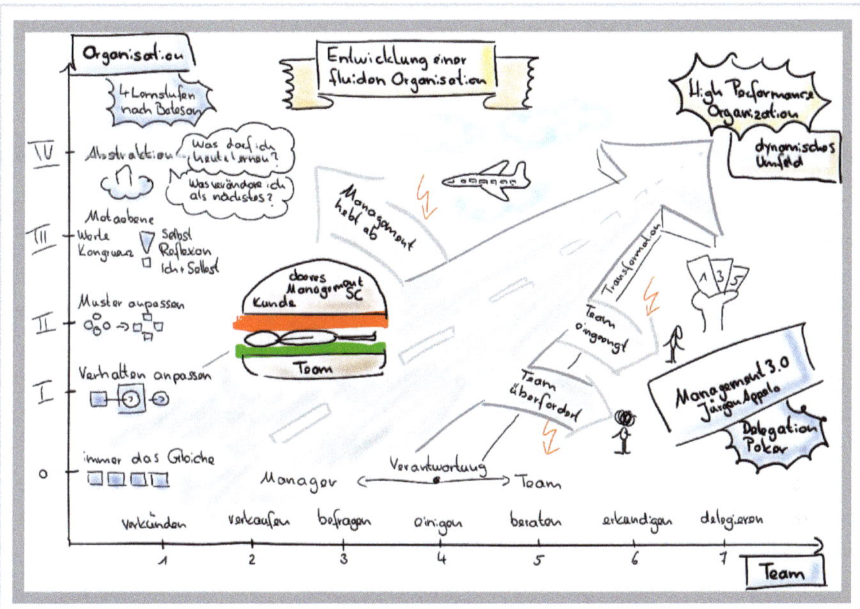

Abb. 30: Fluide Organisation (Quelle: Karen Dittmann)

Von **Stufe 0** sprechen wir, wenn Unternehmen gut darin sind, immer das Gleiche zu tun. Wir sprechen hier von einer sogenannten Experten- oder Ingenieurskultur, die zuverlässig bekannte Produkte ihres Fachgebiets in einer exzellenten Qualität herstellen kann. Ein Bewusstsein, dass man ständig lernen oder sich anpassen muss, ist nicht oder nur rudimentär vorhanden.

Von **Stufe 1** sprechen wir, wenn den Beteiligten bewusst ist, dass sich etwas verändern muss, um weiter erfolgreich zu sein. Prozesse werden gestrafft, Personal wird eingespart, aber die Aufgaben und die Arbeitsmenge bleiben die Gleichen. Die Organisation soll effizienter werden. Prinzipiell bleibt aber in der Arbeitsweise alles beim Alten.

Auf **Stufe 2** fängt die Organisation an, ihre Arbeitsmuster zu verändern und grundlegendere Anpassungen vorzunehmen. Die Organisation hat erkannt, dass man mit Prozessstraffungen und Effizienzsteigerungen durch Personalabbau nicht mehr weiterkommt. Das kann bedeuten, dass von klassischem auf hybrides oder agiles PM umgestellt wird, dass in der Produktion Lean und Kanban einziehen, und dass die Organisation ein erstes Bewusstsein für die Metaebene ausbildet (Was machen wir hier eigentlich?).

Die Entwicklungsstufen nach Bateson

In **Stufe 3** sind sowohl die Organisation als auch die Mitarbeitenden in der Lage, sich bewusst in der Metaebene zu reflektieren. Die Werte der Organisation sind nicht nur

Buzz-Wörter in einem Firmenkatalog, sondern wurden von allen bewusst in Übereinstimmung mit den tatsächlichen Werten gebracht (Wertekongruenz). Sowohl das Management kann über sich und sein Verhalten abstrakt reflektieren und ist bereit, sich wenn nötig zu verändern, als auch die Mitarbeitenden der Organisation. Retrospektiven, Coachings, kollegiales Feedback, Soft-Skill-Trainings, Mediation, Konfliktlotsen etc. gehören ebenso zum Alltag wie die kontinuierliche fachliche Weiterentwicklung.

Schließlich auf **Stufe 4** angelangt, sprechen wir von einer vollständig entwickelten fluiden Organisation[54]. Die Organisation hat bereits mehrere erfolgreiche Anpassungen gemeistert, die Mitarbeitenden sind Veränderungen gewohnt und können damit umgehen. Sie fordern sie sogar ein, wenn sie den Bedarf dazu sehen. Die Leitfragen sind: Was darf ich heute lernen? Was verbessern wir als Nächstes?

Das war der Blick auf die Organisation. Betrachten wir nun die Entwicklungsstufen der einzelnen Mitarbeitenden in den Teams. Besonderen Fokus legt man hierbei auf die Fähigkeit zur Selbstorganisation, welche eine der Grundvoraussetzungen zum Agilen Arbeiten nach z. B. Scrum[55] ist. Zur Beschreibung der Fähigkeit, sich selbst zu organisieren, bediene ich mich der sieben Stufen der Delegation nach Jürgen Appelo, Management 3.0[56]. Die Stufen der Delegation unterscheiden sich darin, wie viel Verantwortung jeweils vom Management an das Team übergeben wird. Das geht von »alle Verantwortung beim Management« bis zu »alle Verantwortung beim Team«. Dazwischen befinden sich die Abstufungen. Die Stufen lauten:

Die sieben Stufen der Delegation

1. **Verkünden:** Management übergibt Aufgabe und Umsetzungsweg dem Team
2. **Verkaufen:** Management übergibt Aufgabe und Umsetzungsweg inklusive Begründung
3. **Befragen:** Management nennt Aufgabe, lässt Team einen Vorschlag zum Umsetzungsweg machen, entscheidet dann aber selbst
4. **Einigen:** Management verhandelt mit Team über Aufgabe und Umsetzungsweg
5. **Beraten:** Management nennt Aufgabe, berät Team, lässt das Team aber selbstständig über Umsetzungsweg entscheiden
6. **Erkundigen:** Management übergibt Aufgabe, möchte lediglich über die abgeschlossene Umsetzung unterrichtet werden
7. **Delegation** komplett: Das Team übernimmt die Aufgabe und die Verantwortung zur Umsetzung komplett

54 Oswald, A. et al.: Management 4.0.

55 »... self managing, meaning, they internally decide who does what, when and how.« Scrum Guide 2020.

56 Appelo, J.: Management 3.0.

Manch einer sagt vielleicht, bei Stufe 7 verliert die Managerin oder der Manager die Kontrolle über die Bearbeitung der delegierten Aufgabe. Ich kann dazu nur sagen: Was kann mir als Manager denn Besseres passieren, als dass mein kompetentes Team mir Arbeit abnimmt und mir damit den Rücken freihält?

Zur Stufe 7, der kompletten Delegation, kommt ein Team nicht sofort und nicht allein. Ein Team zu Stufe 7 zu entwickeln, bedeutet jahrelange Teamentwicklung und Führungsarbeit mit der Betonung auf Führungsarbeit. Denn hier sind Managerinnen und Manager aktiv gefordert.

Kommen wir zum Ausgangspunkt zurück: Das Management eines Unternehmens möchte agile Projekte machen,[57] sich vielleicht zu einer »High Performance Organisation« entwickeln. Dabei gilt es, zwei wesentliche Punkte zu beachten.

Zum einen müssen Organisation und Angestellte sich im Einklang weiterentwickeln. Eine Organisation, die sich auf Lernstufe 3 oder 4 (nach Bateson) befindet, deren Mitarbeitende jedoch nicht gewohnt sind, sich selbst zu organisieren und Verantwortung zu übernehmen, erzeugt nur Frust. Die Mitarbeitenden werden überfordert und reagieren mit Rückzug (»Die Änderungswelle werde ich auch noch überleben.«) oder brennen aus (Burn-out). Stellt die Organisation Mitarbeitende ein, die auf Delegationsstufe 6 oder 7 (nach Appelo) arbeiten wollen, jedoch eine Organisation vorfinden, die sich auf Lernstufe 0 oder 1 befindet, demotiviert das die Mitarbeitenden, welche sich nicht voll entfalten können. Sie werden früher oder später das Unternehmen verlassen.

Zum anderen sollte sich eine Organisation überlegen, wie viel Beweglichkeit oder Agilität sie denn wirklich braucht. Denn diese Entwicklung auf Lernstufe 4 der Organisation und auf Stufe 7 der Mitarbeitenden kostet Zeit und Geld: Organisationsentwicklung inklusive Führungskräftetrainings und Schulungen, Zeit für Reflexionen, Ausprobieren und nicht zu vergessen, der Performanceverlust, der erst einmal mit jeder Veränderung einhergeht. Nicht jede Organisation muss ein Spotify werden!

Auch hier kann man wieder die Frage nach der Passung zwischen Geschäftsfeld und Organisation stellen. Das hier beschriebene Kompass-Modell (s. Kap. 4 »Der Kompass für hybrides Projektdesign«) soll dabei helfen, die Komplexität der Fragestellung nach dem passenden Entwicklungsstand Ihrer Organisation zu finden, um Ihre Weiterentwicklung zu beginnen.

57 S. auch Appelo, J.: How to change the world.

3.4 Komplexität des Projekts

Der Übergang von Kompliziertheit zu Komplexität ist fließend. Es gibt nicht *das* Kriterium, welches ein Projekt plötzlich komplex macht. Zu erkennen, welchen Grad an Komplexität ein Projekt hat, hilft dabei, die passenden Maßnahmen im Management zu ergreifen. Deswegen wollen wir hier mehrere Ansätze vorstellen, Komplexität in Projekten zu beschreiben.

3.4.1 Stacey-Matrix[58]

Ralph Stacey ist ein britischer Organisationstheoretiker. Er lehrt an der Hertfordshire Business School. Stacey ist ein Pionier in der Beschreibung und dem Verständnis von komplexen menschlichen Systemen.

Stacey arbeitete zuerst an der Modellierung mathematischer Systeme zur Vorhersage von menschlichem Verhalten in Politik und Wirtschaft. In seiner zweiten Schaffensphase widmete er sich dann nach einem Studium der Psychologie dem menschlichen Verhalten von komplexen Gruppen. Das Verhalten wird danach von folgenden Faktoren beeinflusst:

- Kommunikation
- Machtgefüge
- Ideologie, Werte, Normen
- Entscheidungsoptionen

Die daraus entstehenden komplexen Verhaltensmuster beeinflussen Kultur, Politik und das gesellschaftliche Leben.

Die bekannte **Stacey-Matrix** entstammt noch seiner ersten Schaffensperiode. Sie versucht, Vorhaben anhand des Parameter-Agreements (Einigkeit in der Zielsetzung Menschen) und Certainty (hier Erfahrung mit Technik) zu unterscheiden.

58 Stacey, R.: Complexity and Organizational Reality: Uncertainty and the Need to Rethink Management After the Collapse of Investment Capitalism.

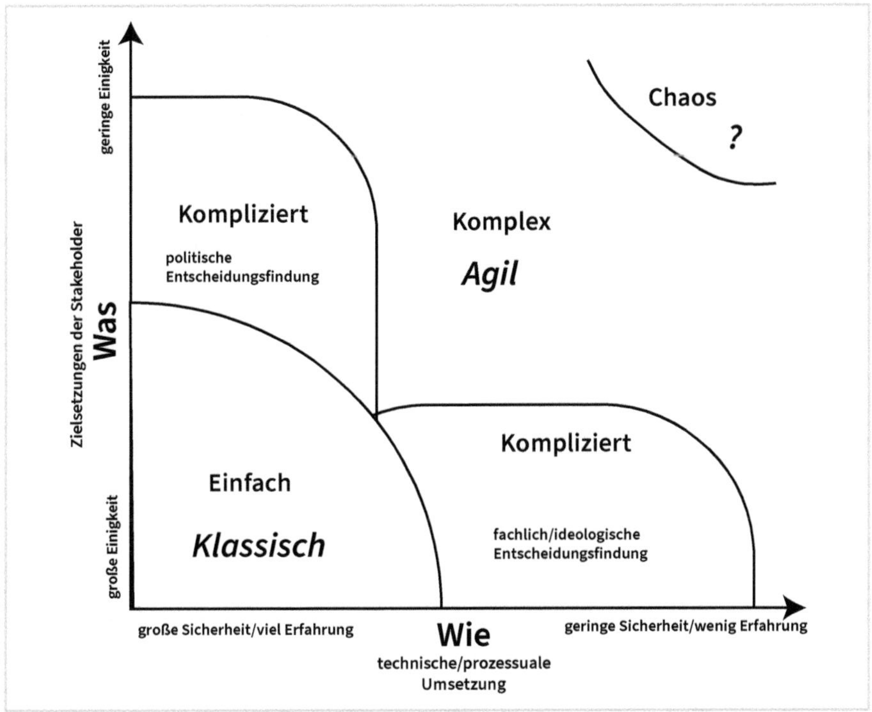

Abb. 31: Stacey-Matrix weiterentwickelt nach Dittmann

Die x-Achse der Matrix stellt den Grad der technischen Umsetzungssicherheit, die y-Achse die Zielsetzungseinigkeit zwischen den Projektstakeholdern dar.

Was wollen wir erreichen und wie wollen wir es erreichen?

Umsetzungssicherheit ergibt sich aus den technischen Fähigkeiten der Mitarbeitenden, der Neuartigkeit der eingesetzten Technik und der bisher erworbenen fachlichen Expertise auf technischem Gebiet. Stellen wir eine Variante bisheriger Produkte her oder ist es eine Neuentwicklung? Haben wir viel Erfahrung mit dem neu zu erstellenden Produkt, oder ist es etwas ganz Neues auf dem Markt?

Zielsetzungseinigkeit bedingt die Kenntnis des Ziels und das Commitment zu einem gemeinsamen Ziel. Können wir das Ergebnis unseres Projekts noch nicht beschreiben oder können wir uns nicht auf ein Ziel einigen, dann haben wir eine geringe Zielsetzungseinigkeit.

Daraus leitet Stacey die Eigenschaften des Projekts ab:

- **Einfach**: Was wir liefern sollen, ist bekannt, und wie wir diese Anforderungen erfüllen wollen, beherrschen wir, weil mehrfach erprobt und bekannt.
- **Kompliziert**: Sowohl auf der Anforderungsseite als auch bzgl. der Technik und des Prozesses sind wir im komplizierten Bereich. Wir sind uns unsicher, wie wir

die Anforderungen erfüllen wollen. Wir können aber auf bisherigen Erfahrungen aufsetzen.

- **Komplex**: Wir haben Unsicherheiten sowohl hinsichtlich der Umsetzung als auch bei der Erfassung und Formulierung von Anforderungen. Der Innovationsgrad des Ergebnisses ist so hoch, dass wir bei der Lösungsfindung nicht mehr auf Erfahrungen aufsetzen können.
- **Chaotisch**: Wir wissen jetzt weder, was wir machen, noch wie wir es umsetzen sollen. Wir wissen nur, dass etwas getan werden muss.

Versuchen wir nun, die Bereiche der Stacey-Matrix mit unterschiedlichen Frameworks in Verbindung zu bringen, um daraus Handlungsempfehlungen abzuleiten.

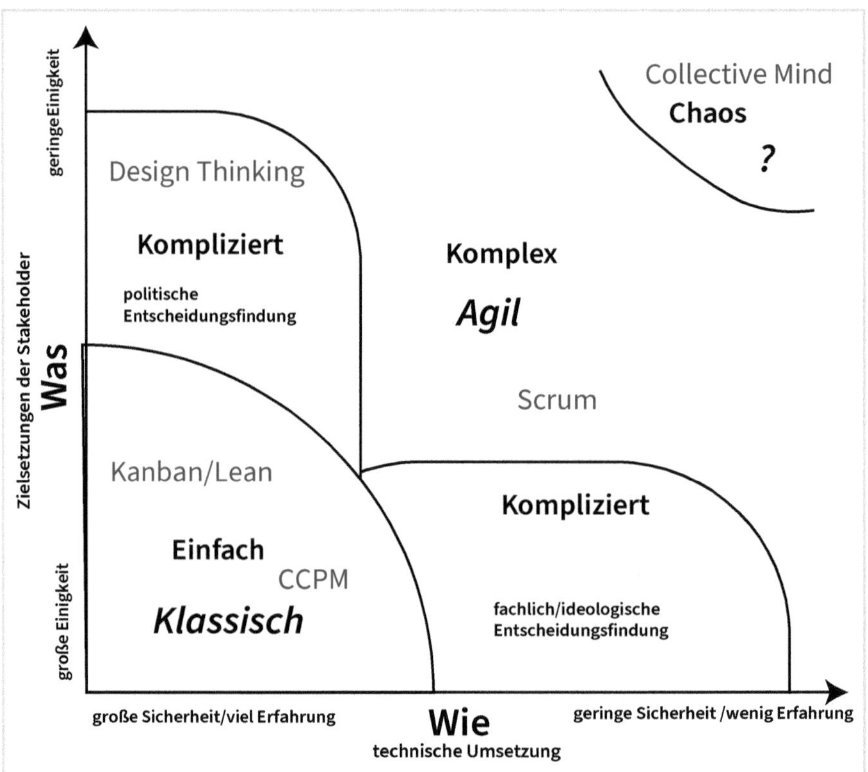

Abb. 32: Vorschläge für die Passung von Komplexitätsbereichen zu Frameworks

Aus diesen Eigenschaften ergeben sich die passenden Herangehensweisen:

- **Einfache** Projekte können wir durchplanen. Klassisches Projektmanagement findet hier seinen logischen Einsatz. Kanban und Lean Management sind auf Durchsatz ausgerichtet, genauso wie CCPM. Sie brauchen eine hohe bis mittlere Klarheit auf der technischen Ebene und der Zielklarheit. Auch sie können bei einfachen Projekten passen.

- **Technisch komplizierte** Projekte können sehr gut mit dem Framework Scrum umgesetzt werden, weil hier das iterative Lernen im Vordergrund steht. Scrum passt auch bei Projekten mit geringer **Zielsetzungseinigkeit**, wenn diese aus der Unsicherheit der Zielformulierung und nicht aus politischen Interessenskonflikten herrührt. Stakeholdermanagement, welches zu einem politischen Commitment führt, wird im Scrum Guide nicht beschrieben, es wird dort bereits vorausgesetzt. Klassisches Stakeholder- und Risikomanagement kann Scrum also im hybriden Gedanken sinnvoll ergänzen. Politisches Commitment kann auch mit den Ergebnissen des Design-Thinking-Ansatzes herbeigeführt werden, denn er basiert auf der aktiv eingeholten Rückmeldung von Kundinnen und Kunden. Allerdings arbeitet Design Thinking mit Prototypen, was nur funktioniert, wenn wir eine ungefähre Vorstellung von der technischen Umsetzung haben.
- **Komplexe** Projekte sollten im weitesten Sinn agil umgesetzt werden (s. Kap. 5.3 »Agile Herangehensweisen«). Nur mit einer Kombination von agilen Herangehensweisen können komplexe Projekte passend bearbeitet werden, weil diese sich durch Transparency, Inspection und (kontinuierliche) Adaption auf die Dynamik und Neuartigkeit einstellen können.
- **Chaotische** Projekte stellen eine besondere Herausforderung an ein Team dar. Hier empfehlen wir das bewusste Einberufen eines sogenannten »Hochleistungsteams« oder Collective Mind, welches nicht nur technisch, sondern auch sozial hoch kompetent agieren kann (s. Kap. 5.3.4.5 »Collective Mind«).

Wie bei allen Modellen umfasst auch dieses nicht alle Facetten, die bei der Auswahl eines geeigneten Frameworks berücksichtigt werden sollten. Dieser Abschnitt soll jedoch dabei helfen, die Stacey-Matrix zu operationalisieren und beim Projektdesign zu unterstützen.

3.4.2 Cynefin (sprich »Künewin«)

Das Cynefin-Framework ist ein Wissensmanagement-Modell, das verwendet wird, um Probleme, Situationen und Systeme zu beschreiben. Das Modell liefert einen Orientierungsansatz, um zu hinterfragen, ob unsere Ansätze für eine gewisse Problemstellung geeignet sind.

Cynefin ist ein walisisches Wort, das üblicherweise im Deutschen mit »Lebensraum« oder »Platz« übersetzt wird, obwohl diese Übersetzung nicht seine volle Bedeutung vermitteln kann. Eine vollständige Übersetzung des Wortes würde aussagen, dass wir alle mehrere Vergangenheiten haben, derer wir nur teilweise bewusst sein können: kulturelle, religiöse, geografische, stammesgeschichtliche usw.

Cynefin: »Lebensraum« als Wissensmanagement-Modell

Der Begriff wurde von dem walisischen Gelehrten Dave Snowden[59] gewählt, um die evolutionäre Natur komplexer Systeme zu veranschaulichen, einschließlich ihrer inhärenten Unsicherheit. Der Name ist eine Erinnerung daran, dass alle menschlichen Interaktionen stark von unseren Erfahrungen beeinflusst und häufig ganz davon bestimmt sind, sowohl durch den direkten Einfluss der persönlichen Erfahrung als auch durch kollektive Erfahrung wie Geschichten oder Musik.

Die Grenzen zwischen den fünf Domänen sind fließend, und der Übergang hängt von der individuellen Prägung jeder Person ab.

Das Cynefin Modell

Das Cynefin-Framework hat fünf Domänen. Die ersten vier davon sind:

- **Einfach**, in der die Beziehung zwischen Ursache und Wirkung für alle offensichtlich ist. Die Herangehensweise ist hier: *erkenne – beurteile – reagiere*, und wir können bewährte Praktiken (best practice) anwenden.
- **Kompliziert**, in der die Beziehung zwischen Ursache und Wirkung eine Analyse, eine andere Form der Prüfung und/oder die Anwendung von Fachwissen erfordert. Hier geht man mittels *erkenne – analysiere – reagiere* heran, und man kann bewährte Praktiken (good practice) anwenden.
- **Komplex**, in der die Beziehung zwischen Ursache und Wirkung nur im Nachhinein wahrgenommen werden kann, aber nicht im Voraus. Hier ist der Ansatz: *probiere – erkenne – reagiere*, und wir können emergente Praktiken (emergent practice) feststellen.
- **Chaotisch**, in der es keine Beziehung zwischen Ursache und Wirkung auf Systemebene gibt. Hier ist der Ansatz: *handle – erkenne – reagiere*, und wir können innovative Praktiken entdecken.
- Die fünfte Domäne ist **Disorder**, der Zustand des Nicht-Wissens, bei dem wir nicht wissen, welche Art von Kausalität besteht. Zum Umgang mit Aufgaben im Bereich Disorder verlassen sich Personen oft auf ihre Intuition. Wobei diese je nach Prägung verzerrt sein kann (s. Kap. 2.5.2 »Bildung von Modellen und Intuition«, Verzerrungen).

59 S. Greenberg, R. et al.: Cynefin – Weaving Sense-Making into the Fabric of Our World.

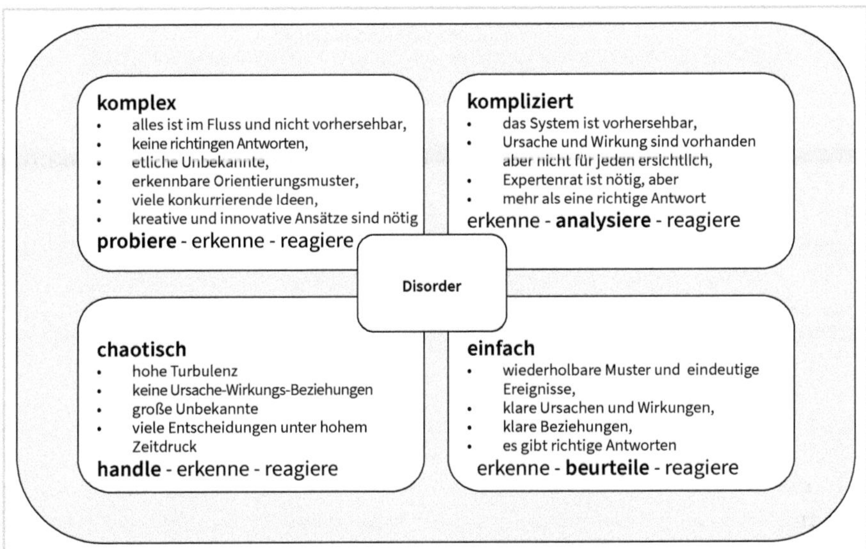

Abb. 33: Die fünf Domänen des Cynefin-Framework

Auf Projekte bezogen können diese fünf Domänen ebenfalls angewendet werden. Entsprechend passen dann Methoden aus good, best, emergent practice oder neue innovative Vorgehensweisen. Die Domäne »Disorder« kann mit keiner der genannten Herangehensweisen zufriedenstellend angegangen werden. Hier wollen wir auf den Ansatz des Collective Mind nach Alfred Oswald verweisen (s. Kap. 5.3.4.5 »Collective Mind«).

3.4.3 Diamantmodell nach Shenhar und Dvir

Das Diamantmodell oder der »Diamond Approach« der israelischen Forscher Shenhar und Dvir[60] wird eingesetzt, um Projekte anhand bestimmter Parameter zu unterscheiden und daraus Handlungsempfehlungen abzuleiten.

Das Diamantmodell ist ein empirisch belegtes Modell aus Projekten unterschiedlicher Branchen. Je nach Ausprägung des Projekts können unterschiedliche Herangehensweisen im Projektmanagement gewählt werden.

60 Shenhar, A. et al.: Reinventing Project Management. Harvard Business School Press, Boston, 2007.

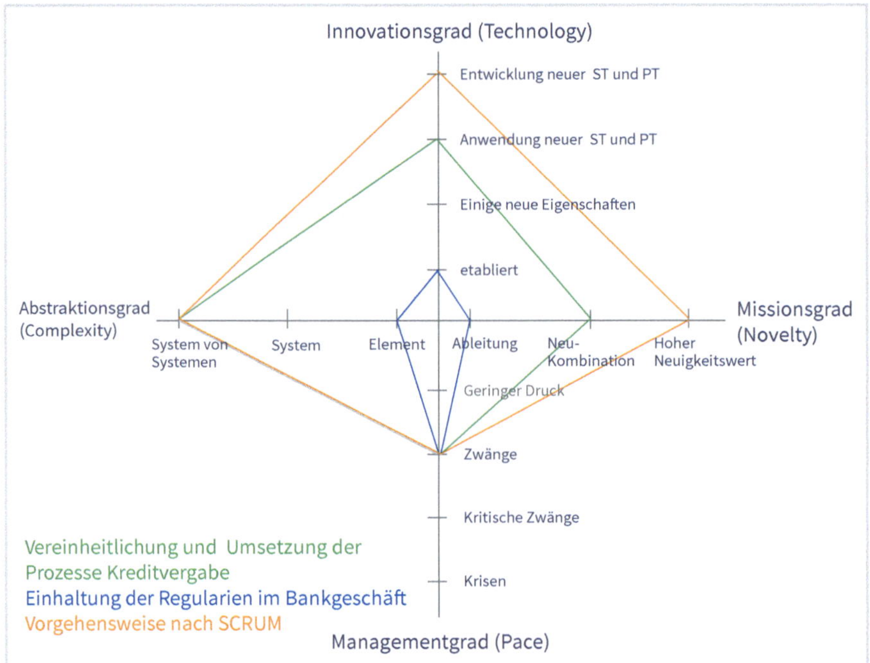

Abb. 34: Diamantmodell Fallstudie Kreditvergabe s. Kap. 4.4.1 »Projektsteckbrief« (ST: social technology, PT: physical technology)

Innovationsgrad

Der **Innovationsgrad** beschreibt, wie neuartig die Technologie in ihrer Umsetzung ist. Technologie wird hier im systemischen Sinn sowohl auf die »physical technology« als auch auf die »social technology« bezogen. Beide Faktoren haben wir bei der Systemtheorie kennengelernt (s. Kap. 2.1 »Soziale Systeme«). Die »physical technology« bezieht sich auf Technik, also Zahlen, Daten, Fakten. Die »social technology« ergänzt diese mit Aspekten sozialer Systeme. Hieraus lässt sich ableiten, inwieweit beispielsweise die Entwicklung des neuen Produkts Widerstände hervorrufen wird, etwa weil neue Organisationsstrukturen einbezogen werden oder Verantwortungen anders als sonst vergeben wurden. Auch lässt sich ablesen, wann man im Handeln systemisches Denken anwenden sollte, um mit der Komplexität passend umzugehen.

Missionsgrad

Der **Missionsgrad** beschreibt, wie neuartig das Produkt des Projekts auf einem Käufermarkt ist. In den 80er Jahren hatte die Produktentwicklung des Walkmans einen hohen Neuartigkeitswert (Novelty). Es musste nicht nur das neue Produkt entwickelt (Technology oder Innovationsgrad), sondern auch noch der Markt dafür geschaffen werden, da die Welt noch gar nicht wusste, dass man einen Walkman brauchen könnte.

Abstraktionsgrad

Der **Abstraktionsgrad** zieht wieder die Systembrille auf und differenziert die Systemelemente, ob es sich um ein Element eines Systems, ein ganzes System oder um mehrere Systeme handelt. Diese Differenzierung liegt immer in der Perspektive der

Betrachtenden, die ein System beschreiben. Die Differenzierung auf dieser Achse kann vielleicht sprechender mit kompliziert (Element), komplex (System) und chaotisch (System von Systemen) beschrieben werden, womit wir uns beim Cynefin-Framework anlehnen würden.

Der **Managementgrad** (Pace) bezieht sich auf den Druck des Managements auf das konkrete Projekt. »Pace« kann mit Tempo, Schrittlänge, Gangart übersetzt werden. Hier ist entscheidend, welche Gangart die Auftraggeberin oder der Auftraggeber mit dem Lenkungskreis gegenüber dem Projekt anschlägt. Managementgrad

Je weiter außen wir uns in dem Netzdiagramm befinden, desto höher ist der Grad an Komplexität und deren Auswirkung auf das Projektdesign. Im oben dargestellten Beispiel unterscheiden wir drei Teilbereiche des Projektes:

- Vereinheitlichung und Umsetzung des Prozesses Kreditvergabe,
- Einhaltung der Regularien im Bankgeschäft,
- Anforderung des Managements, nach Scrum vorzugehen.

Alle drei Bereiche weisen eine unterschiedliche Komplexität auf. Entsprechend wurde ein hybrider Ansatz gewählt, der die drei Aspekte passend berücksichtigt (Welche dies sind, s. Kap. 4.4.1 »Projektsteckbrief«).

3.4.4 Komplexitätsstufen nach IPMA®

Die IPMA® hat in ihrem Standard ICB4 ein Scoringschema[61] entwickelt, welches die Komplexität von Projekten beschreibt. Im Schema werden drei Gruppen und insgesamt zehn Unterpunkte genannt, die zur Komplexität eines Projektes beitragen. Die Gruppen sind:

- Technische Fähigkeiten des Teams
- Kontext
- Management und Führung

Die Unterpunkte der jeweiligen Gruppe werden in die Abstufungen von wenig komplex bis sehr komplex eingeschätzt. Betrachten wir folgendes Beispiel eines Unterpunktes der Gruppe Kontext und Strategie/Stakeholder:

61 Allgemeiner Leitfaden zur Zertifizierung nach IPMA® zu finden auf der Internetseite der GPM.

Kriterien	Wenig komplex=1	Begrenzt komplex=2	Komplex=3	Sehr komplex=4
Einfluss der Unternehmensstrategie, Auswirkung des Projektes auf das Unternehmen, SH-Interessen, Gesetze und Regularien	Wenig strategische Einflüsse, Projekt ist rein operativ ausgerichtet	SH-Interessen beeinflussen das Projekt, begrenzte Einflüsse aus der Unternehmensstrategie	Viele Komponenten unterschiedlicher Art	Projekt hat erheblichen Einfluss auf das Unternehmen und seinen Erfolg, starke Auswirkung von Gesetzen und Regularien

Tab. 4: Auszug aus dem Antragsdokument zur Zertifizierung IPMA® Level C/B[62]

Dieses Schema wird u.a. zur Zulassung für die unterschiedlichen Level der Projektmanagementzertifizierungen herangezogen. Je mehr der hier aufgelisteten Aspekte als komplex eingeschätzt werden, desto höher wird die Projekterfahrung der Leitung in komplexen Projekten beurteilt. Entsprechend erfolgt dann die Zulassung zur Zertifizierung eines Projektmanagers oder eines Senior Projektmanagers.

3.5 Wer erstellt das Design des Projektes?

Nachdem wir so viele Kriterien zur Auswahl eines passenden Projektdesigns erfahren haben, stellt sich wie von allein die Frage: Und wer erstellt jetzt das Projektdesign?

Für den Entwurf des Projekts sollten wir uns mehr Zeit nehmen.

Hierzu können sich unterschiedliche Personen oder Gruppen im Projekt berufen fühlen:

- die klassische Projektleitung, die Verantwortung für das Projekt übernehmen soll;
- das Projektmanagement Office (PMO), welches die Standards für seinen Bereich setzt;
- die externe Beratung, die dazu beauftragt wurde;
- die Projektauftraggebenden, die eine bestimmte Vorgehensweise aus politischen Gründen vorgeben möchten (allerdings hat diese Stakeholdergruppe nur in den seltensten Fällen die Expertise für ein passendes Design und schon manches Projekt ist durch deren politische Vorgabe von vornherein zum Scheitern verurteilt worden).

Wer auch immer das Projektdesign erstellt, sollte ein hohes Maß an Expertise im Management von Projekten innehaben. Diese Person oder Gruppe muss sich sowohl im klassischen als auch im agilen Projektmanagement auskennen. Sie sollte den politi-

62 Leitfaden für Zertifikanten, Z01.

schen Kontext des Projektes und die Kultur der Organisation kennen, sowie die Gepflogenheiten der Branche, in der das Projekt stattfindet.

Nicht umsonst sprechen wir bei hybridem Projektmanagement von der Königsdisziplin.

Im Folgenden stellen wir nun das Instrument des Projektkompasses vor, welches der Synthese des Projektdesigns dient.

4 Der Kompass für hybrides Projektdesign

Bei unseren Einsätzen als Beratende in verschiedenen Projekten war es unübersehbar, dass es eine Fülle an Aufgaben gab, die berücksichtigt werden mussten. Sie betrafen unterschiedliche Aspekte und waren von Projekt zu Projekt bzw. von Kunde zu Kunde unterschiedlich. Manchmal mussten auch bei unterschiedlichen Projekten im selben Unternehmen zwar dieselben Entscheidungen durchgesetzt werden, aber mit unterschiedlicher Intensität.

In einigen Projekten ging es um eine tatsächlich hybride Umsetzung, in anderen Projekten dagegen um die Transition eines Projektes oder einer Organisationseinheit von »irgendeinem« Zustand in einen agilen Zustand.[63] Dabei sehen wir jeden Zwischenschritt zwischen dem Zustand A und dem agilen Zustand als einen hybriden Zustand.

63 Damit ist in den meisten Fällen die erfolgreiche Etablierung eines agilen Frameworks gemeint, wonach sich immer größere Organisationseinheiten anschließen.

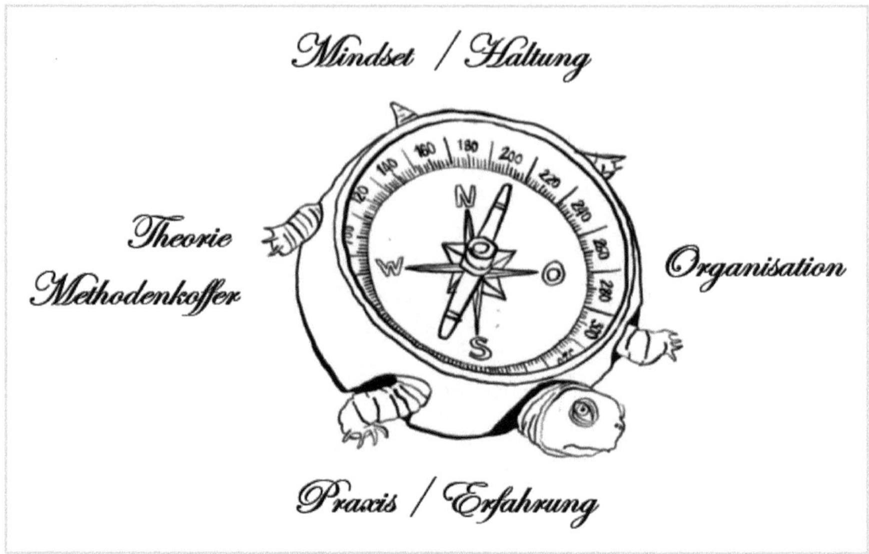

Abb. 35: Die vier zu berücksichtigenden Perspektiven beim hybriden Design

Jede Reise lässt sich mit einem Kompass besser gestalten

Nach Austausch mit anderen Kolleginnen und Kollegen stand für uns fest, dass wir einen Kompass brauchen, den wir für die Navigation durch unsere gemeinsame »Reise« mit unseren Kundinnen und Kunden einsetzen. Manchmal müssen wir uns lange Richtung Norden (Mindset) bewegen, bevor es für kurze Zeit Richtung Westen (Methoden) geht, um anschließend die Reise wieder Richtung Norden fortzusetzen. Und in einigen Fällen waren jeweils nur kurze Aufenthalte im Norden, Westen und Osten (Organisation) notwendig. Im Anschluss bewegten wir uns sehr, sehr lange Richtung Süden (Umsetzung) und scherten immer wieder mit den Teams und unseren Auftraggebenden mal Richtung Norden, mal Richtung Osten oder Westen aus, bevor wir uns wieder in den Süden begaben.

Ein hybrides Projektdesign kann nach unserer Überzeugung nur dann erfolgreich entworfen und durchgeführt werden, wenn alle Himmelsrichtungen berücksichtigt werden. In diesem Kapitel beschreiben wir, was in jeder Himmelsrichtung beachtet und getan werden sollte, damit ein Projekt hybrid zum Erfolg geführt wird. Wir wünschen Ihnen eine gute Reise!

4.1 Der Norden – Mindset und Haltung

4.1.1 Was verstehen wir unter Mindset?

Wenn wir über Mindset im Projektmanagement sprechen, sprechen wir meist von agilem Mindset. Ein klassisches Projektmanagement-Mindset wird selten erwähnt, ist aber sicherlich nicht uninteressanter zu reflektieren, als das Agile.

Übersetzt heißt Mindset »wie wir denken« – also unsere Geisteshaltung. Versuchen wir die Haltung, also das Mindset, im Kreis seiner Begriffsfamilie zu verorten.

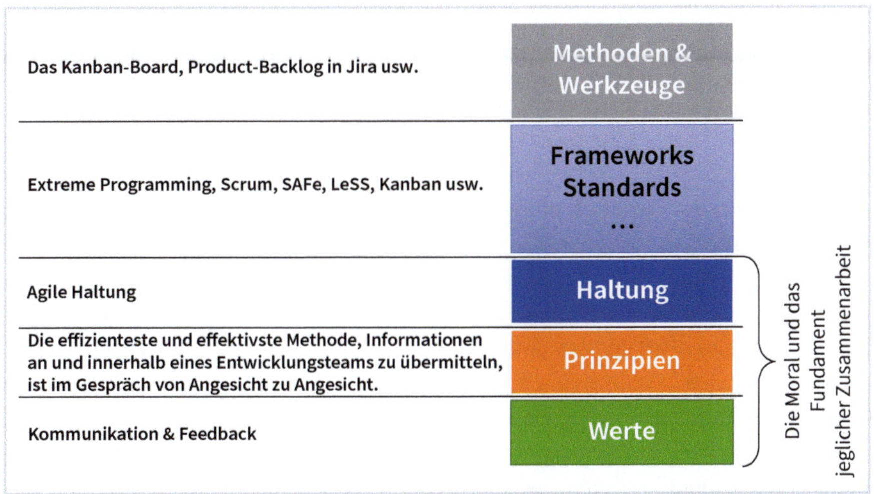

Abb. 36: Die Haltung, Prinzipien und Werte beeinflussen sich gegenseitig und bilden das Fundament der Zusammenarbeit.

Die Bedeutung von »Mindset« für das Agieren in einem Framework kann nicht oft genug betont werden. In vielen Projekten und Organisationen werden Prozesse aufgesetzt und Werkzeuge genutzt, die Standards genügen. Jedoch sind wir der Überzeugung, dass der Einsatz von Werkzeugen und das Befolgen eines Standards oder eines Frameworks »leblos« sind und zu echten Missverständnissen und Konflikten führen werden, wenn die Haltung mit entsprechenden Prinzipien und Werten nicht in der Organisation etabliert ist. Leider halten wir es aber auch für sinnlos, über Haltung und Mindset zu sprechen, während eine Person oder eine Organisation konkrete Hilfe braucht.

Hier wird sichtbar, warum der Einsatz von Kanban-Boards noch lange kein Team zu einem agilen Team machen.

Diese Schwierigkeiten sind das Ergebnis einer leblosen Projektumsetzung. Es fehlt also etwas, was dem Projekt eine Seele verleiht. Damit ist gemeint, dass alle Projektbeteiligten sich auch emotional involviert fühlen müssen und nicht nur methodisch oder technisch.

Um dies zu erreichen, müssen wir die Grenze von Methoden und Standards überschreiten (s. die oberen beiden Ebenen in der Abb. 36) und uns mit dem Fundament beschäftigen (s. die unteren drei Ebenen in der Abb. 36). Dieses Fundament beinhaltet die geltenden Werte, Prinzipien und die Moral, welche innerhalb des Systems etabliert sind.

Die Ethik ist eine Disziplin, die sich mit unterschiedlichen Werten und Prinzipien befasst. Beispiele von Werten und Prinzipien, welche eine bestimmte Haltung hervorbringen, können gut aus dem religiösen Bereich beobachtet werden.

An dieser Stelle sei auf die Zehn Gebote des Christentums oder die fünf Säulen des Islam hingewiesen. In der westlichen Welt hat sicherlich auch die Aufklärung eine Rolle gespielt. Solche Ge- und Verbote, die letztlich Werte ausdrücken, bilden die Basis, auf der unsere Haltung, unser Mindset (aus dem Englischen) entsteht. Unsere Haltung wirkt gegenüber den Menschen, den Projekten, der Welt. Die Erfahrung, die wir mit dieser Haltung machen, verstärkt dann wieder unsere Prinzipien und Werte oder lässt uns diese überdenken und verändern. Werte, Prinzipien und Haltung stehen in Wechselwirkung zueinander.

Auch hier wird es kompliziert, weil es um Werte und Prinzipien geht.

Haltung beeinflusst Verhalten, wobei sichtbares Verhalten nur die Spitze des Eisbergs (s. Eisbergmodell) ist. Ich sehe das Verhalten, weiß aber nicht, wie es in der Person aussieht. Die Haltung einer Person lerne ich erst mit der Zeit kennen, indem ich auch etwas über das Denken der Person erfahre. Haltung setzt sich also aus dem Denken und Handeln einer Person zusammen.

Und hier ergibt sich dann auch eine Unschärfe im Beschreiben der Haltung einer Person, denn man kann das Denken einer Person nur vermuten, oder ihr ein bestimmtes Denken zuschreiben. »Wissen«, was sie denkt, kann man nicht. Sichtbar ist nur das Verhalten.

Werte und Moral

»Die Prinzipien und Werte ergeben die Moral. Also einen Satz an Werten und Prinzipien, die lokal gültig sind. Ich möchte gerne anhand eines Beispiels die Moral erklären. Ich bin gebürtiger Iraner und seit meinem zwölften Lebensjahr außerhalb meines Geburtslandes. Meine Familie war nicht religiös, und dennoch war es undenkbar für uns, dass wir z. B. Schweinefleisch essen. Im Iran hat man Schweinefleisch nicht kaufen, geschweige denn essen können. Nach der Ausreise hätten wir die Möglichkeit dazu gehabt, aber wir konnten und wollten das nicht. Unsere Werte waren so geprägt, dass wir das Fleisch von Tieren, die Abfall essen, nicht selbst essen konnten. Das wäre für uns unmoralisch gewesen und das prägte unsere Haltung. Ich sage gar nicht, dass sie die einzig richtige Haltung ist, aber die Überzeugung »Schweinefleisch ist minderwertig« war lokal und durch (religiöse) Werte bedingt und ist hier in Deutschland nicht mehr allgemein gültig. Selbst heute ziehe ich Lamm oder Rindfleisch dem Schweinefleisch vor. Sowohl geschmacklich als auch gedanklich.«[64] *(Mehrschad)*

In der Abb. 36 liegen eine Stufe über der Haltung die Standards und Frameworks, welche für unsere Vorhaben ausgewählt werden und als Vorgehensweisen zum Einsatz kommen. Also Scrum, Kanban, Wasserfall etc. Diese brauchen wiederum Methoden und Werkzeuge, um eine konkrete Umsetzung zu ermöglichen.

64 Ich wage es nicht, an dieser Stelle noch den Begriff »Kultur« ins Spiel zu bringen. Mein Respekt vor diesem Wort ist zu groß, da die Definition der Kultur den Rahmen dieses Buches sprengen würde.

Projekte werden von Organisationen oder Unternehmen ins Leben gerufen. Somit erben Projektbeteiligte die Kultur und damit das Mindset der Organisation. Die Kultur des Projektkontexts spielt eine wichtige Rolle in der Betrachtung des Mindsets. Grund genug, sich als Projektmanagerin oder -manager auch einmal mit der Organisationskultur zu beschäftigen. Ziehen wir dazu das Modell der Organisationskultur nach Edgar H. Schein hinzu.

Die Ebenen der Organisationskultur

Edgar H. Schein[65] unterscheidet drei Ebenen einer Organisationskultur, wie sie in der folgenden Abbildung dargestellt sind:

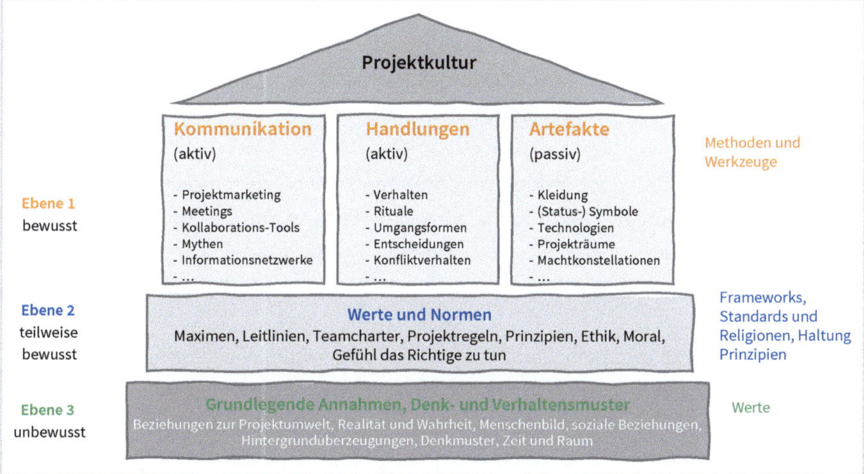

Abb. 37: Modell der Unternehmenskultur nach Edgar Schein (Dittmann und Dirbanis, Projektmanagement)[66]

Die **Ebene 1** ist für Außenstehende am besten erkennbar. Wie sind die Büros eingerichtet – Hightech, prestigeträchtig, pragmatisch? Spricht man mit gedämpfter Stimme oder mit laut artikulierten Kraftausdrücken? Ist man formal oder eher locker gekleidet? Welche Methoden und Werkzeuge werden eingesetzt? Aber diese Beobachtungen erklären noch nicht, warum sich eine Mitarbeiterin oder ein Mitarbeiter auf diese bestimmte Art und Weise verhält oder warum bestimmte Regeln gelten. Hier kann der Blick auf Ebene 2 weiterhelfen.

Die **Ebene 2** nennt die **Werte und Normen**, die ein Unternehmen als wichtig erachtet. Oft werden Werte wie Teamarbeit, Offenheit, Kundenorientierung etc. genannt. Ausgehend davon, dass diese Werte auch mit den gelebten Werten übereinstimmen

65 Schein, E.: Organisationskultur.

66 Dittmann, K. et al.: Projektmanagement (IPMA®), Lehrbuch für Level D und Basiszertifikat.

(Wertekongruenz), können diese trotzdem in zwei Unternehmen unterschiedlich ausgeprägt sein. Im Unternehmen A bedeutet Teamarbeit eine strikte Unterteilung der Mitarbeitenden in definierte Teams, die eine bestimmte Aufgabe bearbeiten. Im Unternehmen B bedeutet Teamarbeit eine selbstorganisierte und hierarchieübergreifende Zusammenarbeit der Mitarbeitenden. Um diese Unterschiede verstehen zu können, muss man sich Ebene 3 genauer ansehen.

Die **Ebene 3** kann von den Unternehmen selbst meist nicht beschrieben werden. Sie wird unbewusst in der Mitarbeiterschaft und der Führungsmannschaft gelebt. Es handelt sich um **Grundannahmen.** Die dabei gelebten Werte werden von Erfolgsmustern geprägt, die ein Unternehmen über die Zeit hinweg etabliert hat. Oft sind diese Werte von den Firmengründenden teilweise unbewusst vorgelebt worden. Da sie den Unternehmen nicht explizit bewusst sind und das Verhalten des Unternehmens sehr stark beeinflussen, sind sie schwer zu ändern.

Verbinden wir unser Mindset-Modell vom Anfang des Kapitels mit dem Modell von Edgar Schein[67], dann liegen Werte, Prinzipien und Haltung auf der Ebene 3 und 2 und sind somit für uns nur schwer fassbar. Frameworks, Standards und Methoden befinden sich auf der ersten Ebene.

In unserem Kontext des hybriden Projektdesigns verstehen wir unter Mindset, wie unsere Art des Denkens in unsere Art des Handelns übergegangen ist und was unser Handeln über unser Denken verrät – wohl wissend, dass ein Mindset nie wirklich fest definiert werden kann, weil ihm Werte und Prinzipien zugrunde liegen, die wir nur unvollständig transparent machen können.

Wenn wir vom agilen Mindset einer Organisation sprechen, dann hat das Mindset immer den Charakter einer unscharf definierten Wolke, die von den der Organisation angehörigen Individuen mit unterschiedlichen Werten und Prinzipien gebildet wird.

Aus dem Referenzprojekt in Kap. 1.3.1 »Frischgemüse«

Beim ersten Gespräch mit dem Geschäftsführer und dem technischen Leiter drehte sich alles erst einmal darum, warum mein Kunde eine Veränderung herbeiführen möchte. Mit anderen Worten habe ich mich bewusst anhand des Kompasses nur in Richtung Norden bewegt.

Dabei sprachen wir lange über die Historie der Firma, über die Zusammensetzung der Geschäftsleitung, über die Produkte und auch sehr offen über Reklamationen und über Produktqualität. Interessanterweise berichtete mir der Geschäftsführer, dass man sich bereits

67 Schein, E.: Organisationskultur; sowie Schein, E. et al.: Organisationskultur und Leadership.

seit einiger Zeit mit Kaizen (s. Kap. 4.1.8 »Kaizen und Lean Management [Achtsamkeit in Bezug auf Verschwendung]«) beschäftigen würde.

Durch den folgenden Ausschnitt aus unserem Interview[68], der freundlicherweise zur Veröffentlichung freigegeben wurde, werden die Beweggründe, aber auch die Haltung dahinter sehr deutlich.

Was verstehen Sie unter Kaizen?

Es geht um Verantwortung und Organisation im Team. Das ist bei uns Kaizen. Bevor wir Kaizen eingesetzt haben, wurde viel von oben nach unten diktiert, und mit Kaizen haben wir begonnen, die Verantwortung in die Teams zu bringen (z. B. kümmert euch um euren Arbeitsplatz, kümmert euch um eure Prozesse, wie können wir als Team das Team verbessern etc.)

Es geht darum, die Selbstverantwortung und Selbstorganisation zu fördern, und auch darum, dass Entscheidungen im Team selbst getroffen werden.

Was war die Motivation (Ursache) für Sie, sich mit Kaizen zu beschäftigen?

Die Hauptgründe waren mangelnde Arbeitsorganisation und wenig Eigeninitiative.

Welchen Mehrwert haben Sie davon gehabt?

Einen Mehrwert, den wir haben, ist, dass wir Change Management eingeführt haben. Wir haben mittlerweile Änderungen in alle Richtungen und die Mitarbeiter haben gelernt, sich an Änderungen zu gewöhnen. Des Weiteren haben wir eine sichtbare Qualitätsverbesserung vorzuweisen. Die Qualität der Maschine ist mittlerweile deutlich besser. Hatten wir früher fast wöchentlich eine Klage wegen Rost, so haben wir mittlerweile nur noch eine Klage im Jahr.

Die Arbeitsorganisation, die Ordnung und Sauberkeit am Arbeitsplatz haben sich deutlich verbessert, genauso wie die Prozesse und Abläufe. Was sich bisher nicht verbessert hat, sind die Zeiten (Dauer der Prozesse) und das, obwohl Verschwendung deutlich reduziert wurde. Das ist definitiv noch ein Wunsch für die Zukunft.

Das Verständnis der Führung, der Wille zur Befähigung der Mitarbeiter zur Selbstorganisation und das Bewusstsein, dass diese Reise nie enden wird, sind tolle Grundsteine unserer Arbeit gewesen.

> *Da Mindset-Wandel nicht von oben verordnet werden kann, ohne »oben« aber auch nicht nachhaltig ist, arbeite ich gerne in Großgruppen an diesem Thema, denn je breiter die Zustimmung zu einem Wandel, desto wirkungsvoller ist dieser. Und je passender für eine Organisation, desto höher ist wiederum die Zustimmung. Also gelingt Mindset-Arbeit nur, wenn sich viele damit beschäftigen.*
>
> *Eine organisatorische Form, die ich gerne für diese Arbeit verwende, ist das World Café (s. Kap. 2.5.5.6 »Lernen in großen Gruppen«), sowohl digital als auch in Präsenz. In relativ kurzer Zeit kann so konzentriert an Themen gearbeitet werden, die die zukünftige Zusammenarbeit transformieren. (Karen)*

68 Die Antworten wurden von Hr. Eric Lefebvre gegeben, die Fragen wurden von M. Zaeri E. gestellt.

4.1.2 Die Ethik-Kodizes von GPM und PMI

Die GPM – Gesellschaft für Projektmanagement, der Berufsverband der Projektmanagenden in Deutschland, hat in ihrer Satzung die Aufgaben definiert, Projektmanagement zu fördern, insbesondere Aus- und Weiterbildung, sowie Forschung und Information in und um Projekte.

Ein Versuch zur Interpretation der Kodizes des klassischen Projektmanagements

Aus diesem Verständnis heraus hat sie einen Ethik-Kodex[69] für Projektmanagerinnen und Projektmanager entwickelt. Er stellt einen Verhaltenskodex dar, der sich an den Werten und Prinzipien der GPM ausrichtet. Da die GPM eine Organisation mit klassischem Mindset ist, kann uns dieser Kodex einen Einblick in ein klassisches Mindset des Projektmanagements geben. In diesem Sinne betrachten wir Auszüge des Kodex.

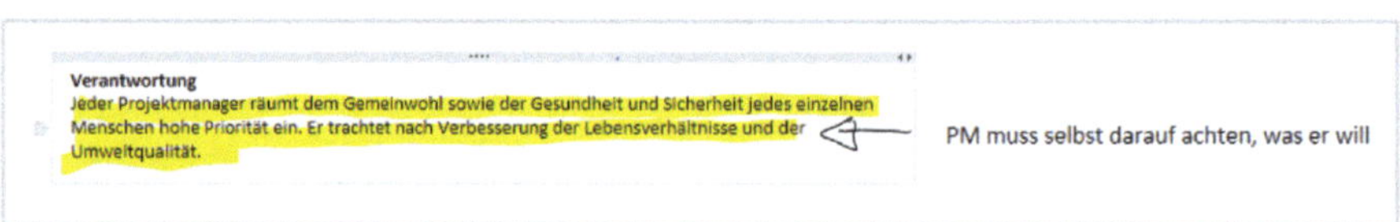

Verantwortung
Jeder Projektmanager räumt dem Gemeinwohl sowie der Gesundheit und Sicherheit jedes einzelnen Menschen hohe Priorität ein. Er trachtet nach Verbesserung der Lebensverhältnisse und der Umweltqualität.

Abb. 38: Auszug 1 – Verantwortung aus Kodex der GPM mit Kommentaren von Mehrschad und Karen

Die Gesundheit und Sicherheit jedes einzelnen Menschen sind uns ein hohes Gut. Lebens- und Umweltqualität sollen verbessert werden. Die Verantwortung, in Projekten die Sicherheit zu garantieren, sowie die Lebens- und Umweltqualität zu verbessern trägt gemäß dem Kodex die Projektleitung. Andere Personen im Umfeld, die diese Verantwortung auch übernehmen sollten, werden dazu nicht genannt.

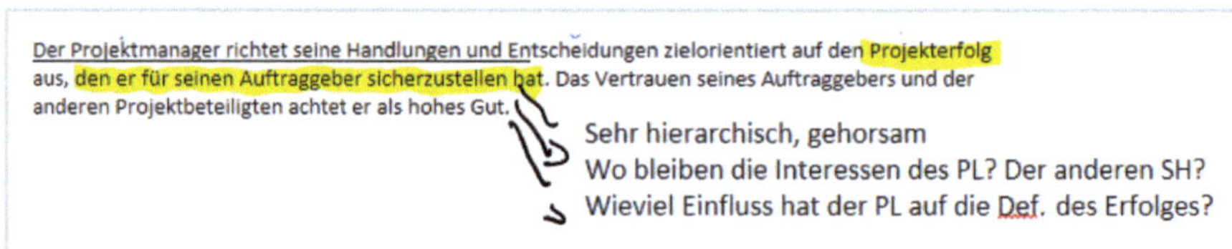

Der Projektmanager richtet seine Handlungen und Entscheidungen zielorientiert auf den Projekterfolg aus, den er für seinen Auftraggeber sicherzustellen hat. Das Vertrauen seines Auftraggebers und der anderen Projektbeteiligten achtet er als hohes Gut.

Abb. 39: Auszug 2 – Verantwortung aus Kodex der GPM mit Kommentaren von Mehrschad und Karen

Auch hier steht die Projektleitung wieder im Mittelpunkt. Ihre Rolle ist hierarchisch dem Auftraggebenden untergeordnet, ja geradezu gehorsam. Ihre Aufgabe ist, sicherzustellen, dass das, was die auftraggebende Person als Erfolg definiert, erreicht werden muss. Die Interessen der Projektleitung oder anderer Stakeholder, z. B. der Kundinnen und Kunden, werden nicht berücksichtigt. Der Einfluss einer Projektleitung auf die Definition des Projekterfolges, also der Zieldefinition, scheint marginal.

69 https://www.gpm-ipma.de/fileadmin/user_upload/ueber-uns/Organisation/Ethik-Kodex_der_GPM_deu.pdf, abgerufen am 13.8.2021.

Der Kodex setzt auch voraus, dass die auftraggebende Person die Kompetenz hat, das Ziel zu kennen und zu beschreiben.

Dass die Auftraggeberin oder der Auftraggeber eine zentrale Rolle einnimmt, erscheint uns erst einmal passend, da von auftraggebender Seite das Projekt initiiert ist sowie das Geld und die Ressourcen bereitgestellt werden. Entsprechend besteht die Erwartung, dafür das zu erhalten, was beauftragt wurde.

Unbeantwortete Fragen im Kodex eröffnen einen Raum für Konflikte.

Was macht eine Projektleitung jedoch, wenn die Interessen der auftraggebenden Person mit dem Erhalt der Gesundheit und der Sicherheit von Menschen in Konflikt stehen? Wenn der Projekterfolg sich nicht an der Umweltverträglichkeit ausrichtet? Hier befindet sich die Projektleitung in einem Dilemma, welches sie mit Hilfe des Kodex nicht auflösen kann.

Darf ein PL auch Inhalte ablehnen?
Nach welchen Kriterien?

Kompetenz
Der Projektmanager betreibt nur Projekte, deren Komplexität und Folgen er im Wesentlichen überschaut. Er wägt kritisch Alternativen ab, um gesellschaftlichen Werten gerecht zu werden. Er achtet auf seine Handlungsfreiheit und orientiert seine Entscheidungen am Gemeinwohl.

Verantwortung liegt rein beim PL

Abb. 40: Auszug 3 – Kompetenz aus Kodex der GPM mit Kommentaren von Mehrschad und Karen

In meiner Erfahrung scheitern Projekte auch, weil die Projektleitung mit dem Projekt überfordert ist. Demnach ist das Ansinnen, dass eine Projektleitung nur solche Projekte übernimmt, denen sie gewachsen ist, ehrenhaft. Doch wie soll sich eine Projektleitung verhalten, wenn ihr ein zu großes Projekt übertragen wird, wenn sie in Abhängigkeit einer Auftraggeberin, eines Auftraggebers oder einer Organisation steht? Diese Verantwortung trägt gemäß der Definition des Ethik-Kodex allein die Projektleitung.

Der Projektmanager strebt ein Optimum an Wirtschaftlichkeit an. Um die geforderten Funktionen und Qualitäten, Termine und Kosten zu sichern, wendet er Methoden, Verfahren und Systeme nach dem neuesten Wissensstand an. Er übernimmt nur Aufgaben, die seiner Erfahrung und Sachkunde entsprechen.

Hier wird keine Prio im magischen Dreieck berücksichtigt

Abb. 41: Auszug 4 – Kompetenz aus Kodex der GPM mit Kommentaren von Mehrschad und Karen

Das Anstreben eines Optimums an Wirtschaftlichkeit würde bedeuten, dass in der Zielpriorität die Einhaltung der Kosten immer die höchste Priorität hat. Viele Projekte im sozialen Bereich, oder in der Produktentwicklung, um nur wenige zu nennen, haben diese Priorität jedoch nicht, sondern sind eher auf Qualität und Leistung ausgerichtet.

Er ist alleine für die Maßnahmen verantwortlich. Heldentum!

Rechtzeitig ergreift er Maßnahmen, um Projektstörungen abzuwenden. Über Zielkonflikte und Projektprobleme berichtet er offen und wahrheitsgetreu.

Abb. 42: Auszug 5 – Verantwortung aus Kodex der GPM mit Kommentaren von Mehrschad und Karen

Ist der PM der Einzige, der Maßnahmen ergreift? Spätestens hier entsteht das Bild einer heroischen Projektleitung. Eine, die gegen Projektstörungen ins Feld zieht, die Konflikte beilegt und wahrheitsgetreu agiert. Die Heldin, der Held stehen auf der Bühne und kämpfen um den Erfolg des Projekts für die auftraggebende Person, der sie treu ergeben sind. (Mit heroischen Führungsbildern werden wir uns später noch beschäftigen, s. Kap. 4.1.6.5 »Grundlegende Unterschiede der Führung«.)

Der Kodex der GPM ist als Leitfaden für das Verhalten der Projektleitung zu sehen.

Trainertreffen:

Mitten im Corona-Lockdown haben sich ein paar IPMA®-Trainer zu einem Online-Treffen zusammengesetzt. Ein Thema unserer Agenda war der Ethik-Kodex der GPM. Neben Tipps, wie wir den prüfungsrelevanten Kodex unseren Teilnehmern vermitteln können, waren auch Wünsche, wie der Kodex für die Arbeit in Projekten sinnvoller gestaltet werden kann:

- Modernisierung des Führungsbildes der Projektleitung
- Berücksichtigung für alle wichtigen Projektbeteiligten: Projektleitung, Auftraggebende und Projektmitarbeitende
- Berücksichtigung des stetigen gesellschaftlichen Wandels, ihrer Werte und Prinzipien und damit der Ethik im Projektmanagement, durch ein Forum, welches sich kontinuierlich mit Fragen rund um Führung und Projekte auseinandersetzt.

Wir alle fanden das Ansinnen, ethische Aspekte für die klassische Projektarbeit zu formulieren lohnenswert, hatten jedoch große Schwierigkeiten mit dem vorliegenden Werk der GPM.

Der Ethikkodex des PMI[70], einer weiteren klassischen Projektmanagement-Organisation, teilt sich in die Bereiche

- Verantwortlichkeit gegenüber Entscheidungen (getroffene und nicht getroffene),
- Handlungen (ergriffene und nicht ergriffene) und den daraus resultierenden Konsequenzen,
- Respekt gegenüber uns selbst und anderen Einsatzmitteln,[71]
- Fairness im Verhalten, unvoreingenommen und objektiv,
- Ehrlichkeit als Pflicht, Wahrheit zu verstehen und wahrheitsgetreu zu handeln.

70 PMI – Ethikrichtlinien und Maßstäbe für professionelles Verhalten

71 Im Guide wird von »uns anvertrauten Einsatzmitteln« gesprochen, die mit Würde zu behandeln sind. Dies schwächt die Reduktion der im Team arbeitenden Menschen auf Einsatzmittel wieder etwas ab.

Laut PMI stellen die von ihm definierten Ethikrichtlinien Maßstäbe für professionelles Verhalten dar. Anders als der Ethik-Kodex der GPM gilt er für alle Project Management Professionals (Projektleitung) und Certified Associates (Projektmitarbeitende) gleichermaßen und nicht nur für die Projektleitung. Er begrenzt sich jedoch auf die Zertifikatstragenden, was dazu führt, dass das Linienmanagement und damit die meisten Auftraggebenden nicht explizit angesprochen werden. Dies kann genauso einen moralischen Konflikt zwischen Auftraggebenden und Projektpersonal hervorrufen, wie wir es oben beim Ethik-Kodex der GPM diskutiert haben.

Der größte Unterschied zwischen den Kodizes der GPM und der PMI liegt wohl darin, dass bei PMI jede Person nur die Verantwortung für sich selbst trägt, und nicht aufgefordert wird, sie für das komplette Projekt mit all seinen Beteiligten sicherzustellen. Zusätzlich gibt es beim PMI-Kodex die konkrete Aufforderung, Verstöße zu benennen und anzuzeigen. An wen man sich diesbezüglich richten kann, bleibt jedoch im Ungenauen.

4.1.3 Klassische Werte

Basierend auf unserer Beraterpraxis und den Ethik-Kodizes von GPM und PMI haben wir den Versuch unternommen, die Werte des klassischen Projektmanagements zusammenzutragen:

Planung ist eine Simulation, wie sich das Projekt in Zukunft entwickeln könnte. Planung ist nie eine Abbildung der Wirklichkeit. Es sei denn, man kann Kristallkugeln lesen.

- **Planungssicherheit**
  Zu Beginn eines Projektes wird eine Planung erstellt. Diese soll die Grundlage für die Entscheidung bilden, ob es sich überhaupt lohnt, das Projekt zu starten. Das Projekt folgt dann dem abgenommenen und kommunizierten Plan. Alle halten sich an den Plan, damit das Projekt erfolgreich durchgeführt werden kann. Änderungen werden in den Plan kontrolliert integriert.
- **Verantwortungsaufteilung in der Aufbauorganisation des Unternehmens**
  Die Verantwortungen der Rollen Projektleitung, Auftraggebende und Projektmitarbeitende sind klar definiert. Es gibt eine hierarchische Berichtskette von unten nach oben. Strategische Entscheidungen trifft die Auftraggeberin oder der Auftraggeber, operative die Projektleitung (Matrix- oder Reine Projektorganisation) und das Team. Der Verantwortungsbereich bezieht sich auf all ihre Entscheidungen und Nichtentscheidungen sowie die daraus folgenden Handlungen.
- **Zuverlässigkeit**
  Entscheidungen werden getroffen und Zusagen eingehalten. Alle agieren so überraschungsarm wie möglich.

- **Dreiklang**: Fairness, Respekt, Ehrlichkeit
  Diese Eigenschaften werden als hohes moralisches Gut gesehen und von allen Beteiligten für ihr Handeln eingefordert. Hierzu gehören auch das Einhalten von Gesetzen und Compliance in Unternehmen. Verstöße werden geahndet, um sie in Zukunft zu unterbinden.
- **Erfolgsmessung auf Basis der Projekt-Zieldefinition**
  Der Projektmanagementerfolg misst sich an den zu Projektanfang vereinbarten Projektzielen, die im Lauf des Projektes erreicht und am Ende gemessen werden. Alle richten sich an den Zielen aus und handeln entsprechend. Der Anwendungserfolg, auf der Basis von Nutzungszielen definiert, kann erst nach Projektende bewertet werden und gehört zum Verantwortungsbereich der auftraggebenden Person. Damit wird der Anwendungserfolg nicht zur Erfolgsmessung des Projektes herangezogen, er korrespondiert mit dem Business Case, welcher erst nach Projektende bewertet werden kann.
- **Zentrale Führungsverantwortung der Projektleitung**
  Die Projektleitung nimmt die zentrale Rolle im Projekt ein. Vor allem bei der Matrix- und der reinen Projektorganisationsform ist sie zentrale Führungsperson, Wissenstragende, Entscheidende und Treibende für das Projekt.

Agile Werte und Prinzipien, darüber haben wir alle schon mal etwas gehört. Aber klassische Werte? Wo werden klassische Werte im Projektmanagement genannt? Nehmen wir sie einfach unreflektiert als gegeben? Oder treffen wir sie nur implizit in Ethik-Kodizes? Dieses Kapitel soll keinen Anspruch auf Absolutheit erheben. Uns war es aber wichtig, eine Diskussion darüber anzustoßen, welche die Werte unserer klassischen PM-Welt sind, um sie reflektieren und somit vielleicht auch besser verstehen zu können. Denn wir haben ja gesehen, dass Werte Einfluss auf unsere Haltung, unser Handeln und nicht zuletzt auf unsere Frameworks, Tools und Methoden nehmen. (Karen und Mehrschad)

Bei einem traditionellen schwäbischen Maschinenbauer soll eine agile Organisationsstruktur eingeführt werden, um schneller, kostengünstiger und moderner zu werden. Die Bereichsleitung setzt eine Gesamtprojektleiterin ein und fordert diese auf, Teilprojektleitende zu ernennen sowie einen Projektplan mit Zeitangaben, Kosten und Meilensteinergebnissen zu definieren. Der Vorschlag der am Organisationsprozess beteiligten agilen Coaches, das Organisationsprojekt mit agilen Strukturen einzuführen, um schon mal für die Zukunft üben zu können, und den Mitarbeitenden gegenüber glaubhafter auftreten zu können, wurde mit dem Argument weggewischt, man wolle Planungssicherheit und keinen Gang ins Ungewisse. Das klassische Mindset scheint bei der Bereichsleitung noch in Reinform vorzuliegen.
Die Firmenleitung hat versäumt sich selbst mit einem agilen Mindset und agilen Methoden vertraut zu machen, von den Mitarbeitenden den Wandel aber verlangt. Der Change hin zu Agilen Werte ist erwartungsgemäß in diesem Organisationsprojekt nicht vollzogen worden. (Karen)

4.1.4 Agiles Mindset

Als Grundlage zur Definition des agilen Mindsets dient uns das agile Manifest[72] (s. Kap. 4.1.1 »Was verstehen wir unter Mindset?«).

Das Agile Manifest bezieht sich auf das Verhalten aller Individuen im Projekt und der Organisation.

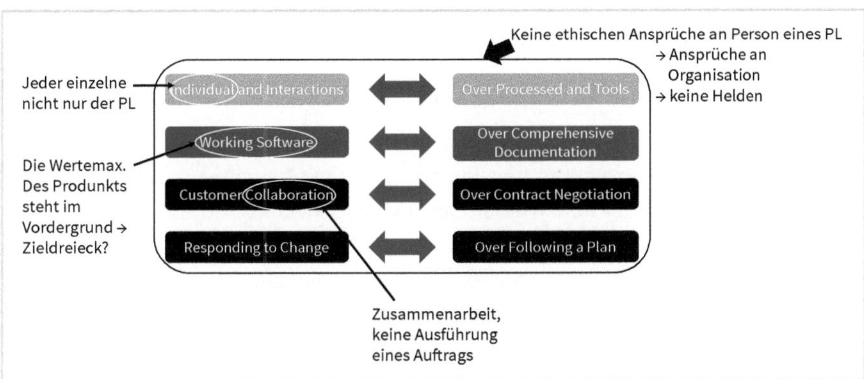

Abb. 43: Das Agile Manifest zur Softwareentwicklung

Anders als beim Ethik-Kodex der GPM beziehen sich die Einträge links und rechts im Manifest auf das Verhalten der Individuen in Projekten und auf die Organisation und nicht allein auf die zentrale Person einer Projektleitung.

Das Individuum mit seinem Verhalten steht im Mittelpunkt. Definierte Prozesse und Tools sind zwar wichtig, müssen sich jedoch den Individuen im Projekt unterordnen, nicht umgekehrt. Die Unterordnung kann nur durch kontinuierliche Verbesserung (KVP) und Retrospektiven erfolgen. Gute agile Vorgehensweisen sind in den Unternehmen hoch integriert und individuell auf Menschen und Vorhaben abgestimmt. Es gibt keine Lösung von der Stange.

Die Einträge des agilen Manifests zur Softwareentwicklung

Die Einträge in der zweiten Zeile beziehen sich auf das Projektergebnis. Alle Beteiligten sollen eine Wertemaximierung des Produktes anstreben. Damit würde im Zieldreieck die Ecke Leistung/Qualität immer die höchste Priorität genießen. Zur Wertemaximierung gehört auch eine gute Dokumentation mit jedoch geringerer Priorität.

Im dritten Eintrag spricht das Manifest die Zusammenarbeit zwischen den im Projekt handelnden Personen und den Kunden an. Die Kollaboration und nicht die Ausführung einer Beauftragung mit Abnahme des Werkes (Werkvertrag) steht im Mittelpunkt. Dies formuliert hohe Ansprüche an die Zusammenarbeit aller Beteiligten,

72 Das agile Manifest s. https://agilemanifesto.org/iso/de/manifesto.html , abgerufen am 13.8.2021.

sowohl hinsichtlich des zeitlichen Aufwands als auch auf die Kommunikationsfähigkeit. Auch muss die Kundin und der Kunde nicht unbedingt die auftraggebende Person sein. Möchte eine Abteilungsleitung eine neue Software einführen, nehmen die Mitarbeiterinnen und Mitarbeiter der Abteilung die Rolle der Kundinnen und Kunden ein, nicht die Abteilungsleitung als auftraggebende Person. In einem agilen Mindset hat die Kundin und der Kunde mehr Mitspracherecht als die auftraggebende Person.

EIN BEISPIEL VON KAREN AN DIESER STELLE:

Bei einem Fachgruppenabend von Projektmanagerinnen und Projektmanagern, hat die Projektleitung von einem Projekt berichtet, in welchem sie (hybrid) die Produktion in einem Werk eines schwäbisch-traditionellen Maschinenbauunternehmens digitalisiert hat.
»Der Anwendungserfolg definierte sich über die Zufriedenheit wesentlicher Stakeholder wie CEO und Werksleiter. Aus meiner Sicht waren aber die wesentlichen Player die Monteure, eben weil sie nach Ausbringung bezahlt werden, entsprechend auch Prämien bekommen und somit ein feines Gespür dafür haben, wie lange etwas im Prozess dauert. Wenn die nicht mitspielen, wenn die sagen, das Tool bringt mir nichts, dann habe ich als Projektleitung wirklich ein Problem. Deswegen war klar, dass ich die Monteure mitnehmen muss. Ich habe dann auch erfahren, dass die Werksleitenden als Auftraggeber und Auftragsgeberinnen erst nach Rücksprache mit den Monteuren eine Entscheidung getroffen haben. Das gehörte dann mit zum Spiel.«

Im vierten Eintrag des Agilen Manifests wird schließlich auf den Prozess eingegangen, der bewusst Änderungen begrüßen soll. Nämlich solche Änderungen, die den Wert des Produktes noch weiter verbessern. Planung ist wichtig, aber das Festhalten an einem Plan darf nicht dazu führen, dass sich das Ergebnis verschlechtert.

Ethische Ansprüche werden weder an die Personen noch an die Organisation formuliert. Umweltschutz, Compliance, Wirtschaftlichkeit, Gesundheit und Sicherheit der Beteiligten spielen keine Rolle. Auf diesem Manifest setzen die agilen Prinzipien[73] auf und werden detaillierter beschrieben.

73 Das agile Manifest (2001): https://agilemanifesto.org/iso/de/manifesto.html.

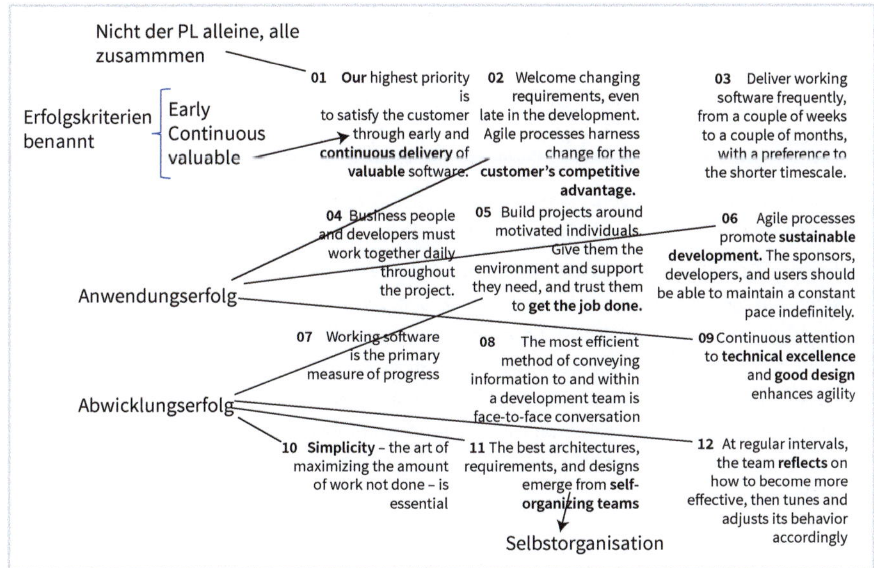

Abb. 44: Agile Prinzipien

Alle im Vorhaben involvierten Personen (s. Abb. 44: 01 »Our highest priority…«) sind für das Erreichen der Erfolgskriterien verantwortlich: Product Owner:in, Scrum Master:in, Entwicklungsteam und die Kundin oder der Kunde (s. Kap. 4.2.4 »Rollen und Verantwortungen«). Die Erfolgsfaktoren für ihre Arbeit sind:

- Early (frühzeitig)
- Continuous (regelmäßig und verlässlich)
- Valuable (zur Zufriedenheit der Kundinnen und Kunden)

Eine zentrale Verantwortung der Projektleitung gibt es nicht. In klassischen Projekten wird die Verantwortung aller Rollen in den AKV[74] des Projekts festgelegt. Diese Verantwortung ist abgegrenzt auf einen bestimmten Bereich, für den die Mitarbeiterin oder der Mitarbeiter zuständig ist (Arbeitsteilung). Im Agilen sind alle für das Erreichen der Erfolgskriterien verantwortlich. Jede Person ist gefordert.

Erfolgsfaktoren im Agilen Manifest

Im Agilen Manifest sind Erfolgsfaktoren bezüglich des Anwendungserfolgs (Erfolg des Projektergebnisses nach Projektende) genannt:

- 02 Wettbewerbsvorteil der Kundin oder des Kunden erzielen
- 06 Nachhaltigkeit auf Produktebene und der Ebene der mitwirkenden Personen
- 09 Technische Exzellenz der Umsetzung fordern (GMP[75], DIN, TÜV Abnahme usw.)

74 Abkürzung aus Aufgaben, Kompetenzen, Verantwortungen. Methode zur Beschreibung von Rollen.

75 Institute of Food Science & Technology (2012). Food and Drink – Good Manufacturing Practice: A Guide to its responsible management. Wiley-Blackwell. p. 280.

Der Anwendungserfolg beschreibt den Erfolg des Projektergebnisses nach Projektende. Dass er hier in den Prinzipien aufgeführt wird, stellt wieder heraus, dass wir weniger von agilen Projekten, sondern eher von agiler Produktentwicklung sprechen sollten, die nicht wie Projekte einen Anfang und Ende haben.

Karen: Führst du in deinen Beratungsaufträgen agiles Projektmanagement ein oder stellst du eher die Organisation für eine agile Produktentwicklung um?

Mehrschad: Das ist unterschiedlich. Es gibt Projekte, da sagt man, wir wollen uns ein Jahr dafür nehmen, oder sechs Monate. Daran wollen wir lernen, wie man agil arbeitet. Das kann SAFe, Scrum, Extreme Programming sein, oder sonst etwas. Und dann führen wir wirklich einzelne Projekte durch. Die Vision des Unternehmens, in welche Richtung es sich weiterentwickeln könnte, haben wir immer im Blick, was dann zu einer langfristigen Entwicklung über das Projekt hinausläuft. Es gibt aber auch Aufträge, die die Produktentwicklung begleiten, kein Projekt. Es gibt beides, aber der Schwerpunkt eines komplett agilen Changes liegt eher in der Produktentwicklung.

Für den Abwicklungserfolg (auch Projektmanagementerfolg, Erfolg des Projektes zu seinem Ende) sind Erfolgsfaktoren benannt, die positiv auf das Vorhaben einwirken:

- 05 eine kompakte und zeitnahe Umsetzung ohne Multitasking (Getting things done)
- 11 Selbstorganisation des Teams, welches sich voll und ganz auf die Arbeit konzentrieren kann und durch interdisziplinäre Zusammenarbeit das beste Ergebnis erzielt
- 12 ein KVP auf Produkt, Prozess und Team-Ebene

Vereinfacht man die zwölf Prinzipien des Agilen Manifests und setzt sie klassischen Werten gegenüber, dann wird deutlich, dass die Prinzipien auch für die klassische Vorgehensweise gelten, jedoch anders umgesetzt werden. Exemplarisch sollen hier fünf zentrale Prinzipien betrachtet und verglichen werden:

Prinzip	Klassisch	Agil
Transparenz	Vollständiger PSP Change-Management EVA, MTA, Teilabnahmen	Bewertetes Backlog Velocity, Burndown
Frühe und regelmäßige Lieferungen	Frühe, erste Teilabnahme Änderungsmanagement früh definieren (im Projekthandbuch) und ausführen, um • Kunden kennenzulernen • Change-Prozesse früh einzuüben • Teambuilding zu gewährleisten (Stormingphase nach Tuckmann früh provozieren durch Druck einer ersten Auslieferung)	Sprint-Inkrement, um • Vertrauen zu schaffen • Kunden kennenzulernen

Prinzip	Klassisch	Agil
Inspektion und Adaption	Teilabnahmen Freigaben Testbeteiligung Meilensteine und Kriterien aufstellen • Absicherung durch Reduktion der Komplexität	Review Retrospektiven • Zum Lernen und Verbessern
Takt und Synchronisation	Phasenplanung Meilensteine Kommunikationsplanung mit regelmäßigen Terminen wie z. B. Teammeeting oder Lenkungskreismeeting	Sprints Events
Selbstermächtigung und -organisation: Größter Unterschied	Projektleitung als einzige Führungsperson, hierarchisch situative Führung Auftraggebende Person steht über der Projektleitung	Teams treffen Entscheidungen über Umsetzung selbst Gewaltenteilung zwischen Scrum Master:in, Product Owner:in und Developer:innen

Tab. 5: Vergleich klassischer und agiler Prinzipien in der Umsetzung

Beim Wert »Selbstermächtigung und -organisation« ist der größte Unterschied zwischen klassischem und agilem Mindset sichtbar.

Die gleichen Werte führen hier also zu unterschiedlichem Verhalten.

4.1.5 Wie viel Mindsetwandel brauchen wir

Setzen wir in einem vorwiegend klassischen Kontext agile Methoden für unser Projekt ein, dann können wir bis zu einem bestimmten Punkt unser klassisches Mindset beibehalten. Zur Durchführung eines Daily Standup Meetings braucht man nicht sein klassisches Mindset zu ändern. Hätte das Team Timeboxing (s. Kap. 3.1.1 »Timeboxing«), welches dem agilen Mindset zugerechnet werden kann, bereits verinnerlicht, dann würde es sich mit dem Einhalten der zehn bis fünfzehn Minuten für ein Daily wahrscheinlich leichter tun. Sie wären es gewohnt, die Begrenztheit der Timebox zu akzeptieren und selbstverantwortlich in ihr Handeln und Denken aufzunehmen.

Der Aufwand, ein agiles Mindset einzuführen, nur damit das Timeboxing beim Daily besser gelingt, wäre nicht gerechtfertigt. Denn agil denken und handeln zu lernen, bedeutet viel Arbeit und Zeit und erzeugt erst einmal Kosten.

Wie viel wollen oder müssen wir in die Agilisierung investieren?

Unserer Erfahrung nach benötigt es mindestens zwei Jahre intensiver Führungsarbeit, Schulungen, Reflexionen, Coachings u. Ä., bis eine komplette Organisation von der »unbewussten Inkompetenz« in Sachen agiles Mindset in die »unbewusste Kompetenz« (s. Kap. 2.5.5.3 »Stufen des Lernens«) kommt und dadurch auch wirklich anfängt, im täglichen Leben agil zu denken und zu handeln. Dem Management kommt die Entscheidung zur Organisationsentwicklung zu. Es muss berücksichtigen, dass, wie bei jedem Änderungsprozess, die Organisation erst einmal mit einem Produktivitätsrückgang rechnen muss, bis die neue Arbeitsweise geläufig ist.

Deswegen stelle ich am Anfang eines Beratungsprozesses erst einmal die Frage: Wie viel agil braucht ihr denn? Was passt zu euch und euren Vorhaben? – Da sind wir dann wieder bei der Passung – wie erzeuge ich Passung? (s. Kap. 3.3 »Ortsbestimmung der Organisation«). Wie viel Aufwand wollt ihr betreiben? Wie viel Geld wollt ihr ausgeben?

Vom Auftraggeber der Veränderung muss die Reflexion kommen: Wie innovativ ist unser Vorhaben? Wie flexibel müssen wir sein, um auf dynamische Entwicklungen reagieren zu können? Wie kundenorientiert muss unsere Projektzielsetzung sein, damit das Ergebnis am Markt bestehen kann? Um daran auszurichten, wie viel agiles Mindset zum Projekt passt. Es muss dann nicht immer das »total flexible Vorgehen« sein, sondern es kann je nach Bedarf, jede Schattierung zwischen komplett klassisch und komplett agil sein. (Karen)

Je mehr agile Anteile unser Projekt haben soll, weil es zu dessen Durchführung notwendig ist, desto mehr muss die Organisation in Maßnahmen zur Entwicklung eines agilen Mindsets investieren. Denn wir können unser Denken und Handeln nicht voneinander entkoppeln. Und viele agile Methoden können nur in einem agilen Mindset ihre Wirkung entfalten. Wenden wir agile Methoden ohne agiles Denken an, besteht die Gefahr, dass die Methoden wie ein gut inszeniertes Theaterstück funktionieren, aber ihre Wirkung verfehlen, weil es nur Hülsen sind, die nicht wirklich verstanden werden. Symptome, die wir in so einem Fall beobachten können, sind beispielsweise:

- Die Story Map bläht sich bis zur völligen Unübersichtlichkeit auf, weil zwar brav an jeder User Story eine Prio steht, jedoch 90 % der Stories auf Prio 1 stehen.
- Das Entwicklungsteam lässt sich vom Product Owner innerhalb eines Sprints neue Aufgaben zuweisen, sodass nur ein kleiner Teil des Sprint Backlogs zur Umsetzung kommt, was zur Demotivation des Teams führt.
- Retrospektiven werden nicht mehr durchgeführt, weil das Team sie als Spielstunde mit »Wattebällchen« tituliert oder als »Schuldzuweisungsveranstaltung« ablehnt.

Also sollten wir uns zu Beginn eines Mindsetwechsels bewusst werden, wo wir uns auf der Skala zwischen komplett klassisch und komplett agil verorten wollen, und was zu unserem Unternehmen passt.

4.1.6 Führungsverständnis

Das Führungsverständnis in klassischen und agilen Projekten ist sehr unterschiedlich. Während im klassischen Projektmanagement Führung eine große Rolle spielt, scheint die agile Führung oft noch auf der Suche nach sich selbst. Eine besondere Herausforderung besteht, wenn klassische und agile Führungsaspekte in einem hybriden Projekt miteinander verbunden werden sollen, entweder phasenweise unterschiedlich oder über das gesamte Projekt hinweg miteinander vermischt.

Ein Heer von Schafen, das von einem Löwen geführt wird, schlägt ein Heer von Löwen, das von einem Schaf geführt wird. Arabisches Sprichwort

4.1.6.1 Aufgaben- und Mitarbeiterzentrierung

Vereinfachen wir das Thema Führung erst einmal, indem wir Management und Leadership[76, 77] unterscheiden.

Management eines Projekts bedeutet, die Projektorganisation aufzusetzen, das Projekt zu planen, zu kontrollieren und zu steuern sowie es am Ende formal abzuschließen. In Organisationen werden Projektmanagerinnen oder Projektmanager manchmal auch als Projektorganisierende oder Projektkoordinierende bezeichnet (aufgabenzentrierte Führung[78]).

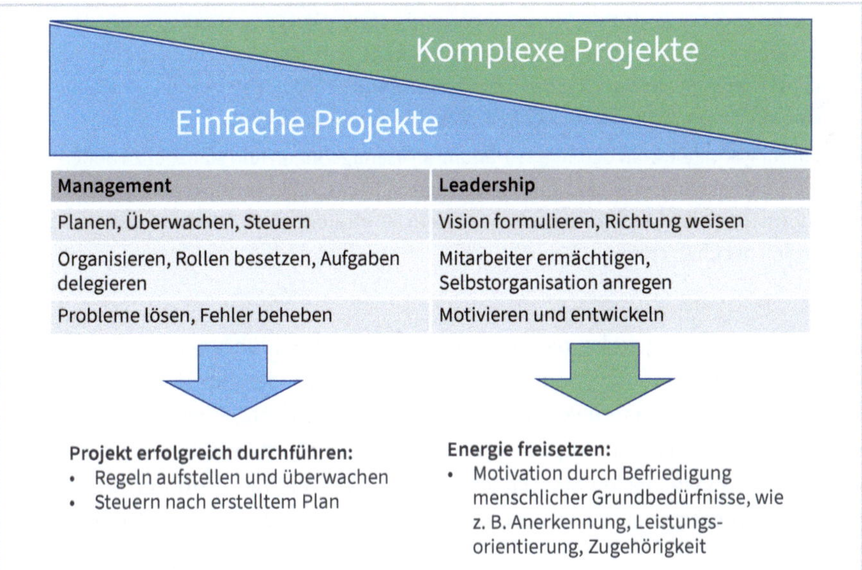

Abb. 45: Management Führung (Quelle: Dittmann, Unterlagen IPMA Level C/B Zertifizierung)

76 Wagner, R. et al.: Basiswissen Projektmanagement, Führung im Projekt.
77 Kotter, J.: Accelerate, strategischen Herausforderungen schnell, agil und kreativ begegnen.
78 Giernalczyk, T. et al.: Das Unbewusste im Unternehmen.

Aus dem Referenzprojekt in Kap. 1.3.2 »Referenzprojekt 2: Mögen die Räder und der Rubel rollen«

Im Teilprojekt E&E (einem von 23 Teilprojekten) hatten wir einen hohen Innovationsgrad.

Die Integration dieses agilen Teilprojektes in das hybride Gesamtprojekt bedingte ein neues Verständnis darüber, war das Entwicklungsteam »eigentlich« tun sollte. Da wir in diesem Teilprojekt kaum verwertbare Anforderungen und Spezifikationen hatten, mussten wir Top-down denken. Die als Management agierenden Führungskräfte waren mit der Formulierung von Zielen und Plänen jedoch überfordert, da wir uns im komplexen Umfeld befanden und alle noch gar nicht wussten, was wie zu tun sein sollte.

Wir veranstalteten einen Workshop mit allen Teilprojektleitenden, dem Gesamtprojektleiter und Linienverantwortlichen (also der Führungsmannschaft) und stellten unsere Annahmen über die Ziele und Vision vor.

In dieser lebhaften Diskussion erkannte die Führungsmannschaft die ehrliche Suche des Teams nach einer Lösung und verstand, dass das Team kaum Bottom-up planen kann, solange keine Einigkeit in der Vision in der Führungsmannschaft herrscht. Es wurden Führungskräfte in der »Leader«-Rolle gebraucht, die ein Team durch diese Unsicherheiten führt und trotzdem eine Richtung angeben kann, in die das Projekt laufen soll.

Für diesen hybriden Fall wurde dann die folgende Lösung gefunden:

Die Führungsmannschaft erkannte, dass sie bei den klassisch organisierten Teilprojekten kaum Änderungen an den Zielen vornehmen mussten, jedoch deutlich an den Zielen des agilen Teilprojektes.

Dazu wurden die Ziele als OKR[79] beschrieben und aufgesetzt. Hier waren vor allem die Linienvorgesetzten aus der Sicht der Strategie gefragt, und anschließend wurde mit ausgewählten Linienvorgesetzten und den Teilprojektleitenden aus Konstruktion und E&E aus den OKR (aus Business-Sicht) noch Epics (aus Programmsicht) abgeleitet.

Die Führungskräfte waren bereit, ihre Haltung als Managerinnen und Manager zu ändern und die für die Umsetzung dringend benötigten Leader-Eigenschaften anzuwenden, indem sie Top-down die Vision formulierten und dem Team die strategischen Zielsetzungen des Top-Managements übersetzten.

Leadership versus Management

Je komplexer ein Projekt ist, desto mehr werden zur Durchführung nicht nur Managementqualitäten gebraucht, sondern auch Führungs-(Leadership-)qualitäten, die die Menschen in den Mittelpunkt stellen (mitarbeiterzentrierte Führung). Erfolgreiche Projekte entstehen nicht (nur) durch gute Planung und Organisation, sondern vor allem durch die involvierten Menschen. Je komplexer und herausfordernder ein Projekt, desto wichtiger ist der soziale Kitt, mit dem sich die Menschen für ein Thema

79 OKR – Abkürzung für »Objectives and Key Results«. Management Vorgehensweise zur Abstimmung von Unternehmenszielen auf die Ziele der Mitarbeitenden und deren Erfolgsmessung. S. auch OKR, Obogeanu-Hempel E. et al. 2021, Gabel Verlag Offenbach.

begeistern lassen. Die Begeisterung entsteht durch die Befriedigung menschlicher Grundbedürfnisse wie Anerkennung, Leistungsorientierung und Zugehörigkeit[80].

Wie wir oben bereits postuliert haben: Das Führungsverständnis im klassischen und im agilen Projektmanagement ist sehr unterschiedlich. Schauen wir uns hier die klassische Projektleitung einer starken Matrix-Projektorganisation oder reinen Projektorganisation (s. Kap. 4.2.1 »Zusammenspiel zwischen Linienorganisation und Projekt«) an und setzen sie einer Führungsperson im agilen Umfeld am Beispiel Scrum gegenüber.

Die klassische Projektleitung folgt dem Bild des Führenden, der alle Macht[81] auf sich vereint. Sie trägt die letzte Verantwortung (AKV einer starken Matrixorganisation). Damit sie das kann, muss sie alle wesentlichen Befugnisse zugesprochen bekommen: Weisungsbefugnis, projektbezogene Entscheidungsbefugnis (die strategische liegt beim Lenkungskreis), Budgetbefugnis. Ihre Aufgabe ist, den Projektauftrag zu erfüllen, den sie von der auftraggebenden Person erhalten hat. Daran wird ihr Erfolg gemessen (Managementtätigkeit).

Ihre Führungsrolle umfasst jedoch noch mehr. Um in das Team und die Organisation hineinwirken zu können, muss die Projektleitung Sinn stiften, Vertrauen aufbauen, für ein gutes Miteinander sorgen. Im besten Falle sorgt sie für die intrinsische Motivation[82], indem sie sich verlässlich verhält, berechenbar ist, für alle erreichbar, wohlwollend und glaubwürdig. Auf diese Weise wird sie in der klassischen Organisation die Motivation der Beteiligten erreichen (sozialisierte Machtmotivation), die sie braucht, um genügend Energie für das Projekt zu entfesseln (Führungsrolle zur Befriedigung von Grundbedürfnissen[83]). Kann die Projektleitung diesem Bild nicht gerecht werden, kann sie wenigsten nach der »Grammatik der Verführung«[84] mit Bedingungen aufstellen, ködern, loben oder belohnen extrinsisch motivieren. Je nach Management- oder Leadership-Verständnis steht also entweder die Aufgabe oder der Mensch im Mittelpunkt.

Gehen wir den Weg der mitarbeiterzentrierten Führung noch einen Schritt weiter. Auf ihrer re:Work Plattform (https://rework.withgoogle.com/guides/) veröffentlichte Google Ergebnisse seines »Project Aristoteles« zur Team-Effektivität, welches sich

80 S. auch das Aristoteles-Projekt von Google weiter unten.

81 Das Wort »Macht« hat im Deutschen eine negative Konnotation. Es wird hier im Sinn des englischen Begriffes »Power« verwendet. Also, wie viel kann eine Projektleitung bewirken (»Empowerment«).

82 Stefan Hagen in Basiswissen Projektmanagement, Führung im Projekt.

83 Grundbedürfnis z. B. nach Grawe K.: 2004 Neuropsychotherapie, Hogrefe Verlag, Göttingen.

84 Nach Sprenger R. K.: Mythos Motivation: Wege aus der Sackgasse, Campus Verlag, Frankfurt.

dem Namen nach auf das Zitat von Aristoteles bezieht: »Das Ganze ist mehr, als die Summe seiner Teile«.

In diesem Projekt hat Google nach eigenen Angaben 180 seiner Teams untersucht, unabhängig von ihrer Leistung. Daraus hat das Forschungsteam fünf Faktoren extrahiert, welche die Effizienz von Teams beeinflussen. Diese werden hier in der Reihenfolge der absteigenden Wirksamkeit aufgezählt:

- Psychologische Sicherheit: Dies war der bei Weitem wirksamste Faktor. Die Sicherheit ist dann gegeben, wenn das Team kalkulierte Risiken eingehen kann, ohne eine Strafe durch direkte Vorgesetzte oder höhere Hierarchiestufen befürchten zu müssen. Teammitglieder können sich im Team äußern und Fragen stellen, ohne von ihren Teammitgliedern ausgelacht, negativ bewertet oder benachteiligt zu werden.
- Verlässlichkeit bezüglich der Zusammenarbeit im Team und der Aufgabenstellung. Können die Teammitglieder sich darauf verlassen, dass die anderen ihre Arbeit in der angegebenen Zeit und Qualität beitragen?
- Struktur und Klarheit in der Aufbau- und der Ablauforganisation (z. B. durch Rollendefinition oder OKR).
- Sinn der eigenen Arbeit bezüglich der Unterstützung der eigenen finanziellen Sicherheit, der Selbstverwirklichung oder der Vereinbarkeit mit der Familie.
- Welchen Einfluss hat die eigene Arbeit auf das große Ganze? Kann das Team die eigene Selbstwirksamkeit erfahren?

Mitarbeiterzentriert stellt sich jetzt die Frage, wie können diese Faktoren bedient werden, sodass ein Team erfolgreich zusammenarbeiten kann? Welche Rahmenbedingungen kann eine Führungskraft von außen setzen, damit sich die Ordnungsparameter einer wertschätzenden, vertrauensvollen und verlässlichen sowie als sinnhaft empfundenen Zusammenarbeit ausbilden können (s. Kap. 2.4 »Wie steuere ich ein System?«)?

In agilen Projekten gibt es keine Projektleitung. Die Rolle der Projektleitung aus dem klassischen Projektmanagement wird auf mehrere Rollen aufgeteilt, bzw. die Führungsaufgaben aus agilen Projekten werden in einer klassischen Projektleitung zusammengeführt, je nach Blickwinkel.

Aus dem Scrum Guide[85] kennen wir das Scrum-Team, bestehend aus Product Owner:in (PO), Scrum Master:in (SM) und den Developer:innen.

85 Sutherland, J. et al.: Scrum-Guide.

	PO	SM	Developer:innen
Verantwortung (Accountability)	Wertemaximierung des Produktes, welches die Developer erstellen. Dazu gehören: • Kommunikation der Ziele • Backlog Items definieren und bewerten • Backlog Items kommunizieren und Commitment erzeugen	• Einfordern der Regeln, die im Scrum Guide definiert sind • Effektivität des Teams • Als »True leader« dem Team, dem PO und der Organisation dienen	• Sprintplanung • Einhaltung der Definition of Done (DoD)[86] • das Sprint-Ziel so weit wie möglich erreichen • Professionalität in allen Bereichen

Tab. 6: Rollen und Verantwortungen gemäß Scrum Guide

Auch die Sinnstiftung, die im klassischen Projektmanagement auf die »Leaderqualitäten« der Projektleitung konzentriert sind, fächert sich in Scrum auf mehrere Rollen auf:

- Die Product Owner:in kommuniziert das Produkt-Ziel und versucht dafür zu begeistern.
- Die Scrum Master:in coacht und hilft den Developer:innen, der Product Owner:in und der Organisation dabei, Scrum richtig anzuwenden.
- Die Developer:innen ziehen ihren Sinn aus der erzeugten Qualität und ihrer gegenseitig abverlangten Professionalität.

Als einzig explizit führende Rolle, wird die Scrum Master:in genannt. Aber die Führungsrolle, wie wir sie hier aufzeigen, die Sinnstiftung und Motivation einbezieht, verteilt sich implizit auf alle im Scrum Guide erwähnten Rollen.

Hier liegt vielleicht die Schwierigkeit in vielen Scrum Teams, die nicht optimal arbeiten. Die Führungsaufgaben werden nicht explizit erwähnt und beschrieben. Sie werden im Scrum Guide auch als Coaching, Mentoring, Accountability etc. beschrieben, aber für das Team nicht als Führungsaufgaben benannt, obwohl sie es sind.

Wie sieht also agile Führung aus, bei der die Führungsqualitäten auf viele Köpfe verteilt sind?

86 Definition of Done: ein gemeinsam vereinbartes Verständnis über den Status »Erledigt« einer Anforderung.

	PO	SM	Developer:innen
Führungsaufgaben	Sinnstiftung auf Produktebene, Vision vermitteln	Managen des Teams im agilen Mindset, Personalentwicklung der Teammitglieder in Absprache mit den Linienvorgesetzten	Aufgabenbezogene Selbstorganisation und mitarbeiterbezogene Selbstführung, z. B. in Retrospektiven

Tab. 7: Rollen und Führungsaufgaben gemäß Scrum Guide

Ein teaminterner Diskurs über Führung wird dann weniger wichtig, wenn alle Teammitglieder einen hohen Grad an Professionalität[87] mitbringen. Teams, die so weit entwickelt sind, dass sie selbstständig mit Konflikten umgehen können, geübt sind, Verantwortung mit all ihren Herausforderungen zu übernehmen, sich selbst im Sinne eines expliziten und engagierten Commitments für das Projekt organisieren können, brauchen nur noch wenig Führung. Diese Teams werden auch als Hochleistungsteams oder Collective Mind bezeichnet (s. Kap. 5.3.4.5 »Collective Mind«).

Neues Verständnis von Führung

Im Alltag stehen uns nicht immer die hochprofessionellen Mitarbeitenden zu Verfügung. Es gibt wenige Firmen, die ihre komplette Belegschaft mit hoch reflexiven, sozial denkenden, fachlich hoch kompetenten Mitarbeitenden bestücken können, da diese nur begrenzt auf dem Personalmarkt zu Verfügung stehen oder für die Firmen zu teuer sind, weshalb Führung auch in agilen Teams ein wichtiges Thema bleibt.

Das Prinzip des agilen Manifests[88] lautet: »Errichte Projekte rund um motivierte Individuen. Gib ihnen das Umfeld und die Unterstützung, die sie benötigen und vertraue darauf, dass sie die Aufgabe erledigen!« Es ist ein Prinzip, dem viele Leitende sehr gerne folgen möchten.

4.1.6.2 Gewaltenteilung

Ein weiterer Aspekt der Aufteilung von Führungsverantwortung auf die Rollen PO, SM und Developer:innen ist die Gewaltenteilung zwischen den Rollen. Während die klassische Projektleitung alle Macht auf sich vereint, um die Verantwortung für das komplette Projekt übernehmen zu können, werden in der agilen Vorgehensweise

87 Als Beschreibung dieser Professionalität könnte das Kompetenzmodell von Rolf Meier dienen, das von fachlich-methodischer Kompetenz, Feldkompetenz und sozio-kommunikativer Kompetenz spricht. S. Meier, R.: Das agile Mindset der Führungskompetenz. Books on Demand, Norderstedt, ISBN 978-3-7494-4634-6.

88 Agile Manifesto unter https://agilemanifesto.org/.

unterschiedliche Rollen mit unterschiedlicher Macht und Verantwortung belegt. In einer komplexen und dynamischen Umgebung hat dies folgende Vorteile:

- Eine Projektleitung kann in einer komplexen Umgebung nicht in allem Expertin oder Experte sein und für alles die besten Entscheidungen treffen. Mit der Gewaltenteilung wird die Entscheidungsbefugnis an diejenigen Stellen zurückgegeben, die die meiste Erfahrung und das meiste Wissen für genau diese Entscheidung haben. Auch fördern die unterschiedlichen verantwortlichen Rollen Perspektivwechsel, sie weiten den Blickwinkel, sodass zur Lösung von komplexen Aufgaben die passenden Experimente gefunden werden können[89].
- Das Lösen von Interessenskonflikten zwischen Organisation, Kundin oder Kunde und dem Team (PO, SM, Entwicklungsteam) wird auf unterschiedliche Instanzen verteilt, die sich gegenseitig kontrollieren. Versucht die PO oder die Organisation an den Regeln vorbei »untersprintig« neue Anforderungen einzulasten, hat der SM die Befugnis, dies zu stoppen. Die PO steuert die Priorisierung der Umsetzung nach dem Business Value der Kundin oder dem Kunden, das Entwicklungsteam entscheidet jedoch über die technische Reihenfolge und den Lösungsweg.
- Im Review wird jedes Inkrement den Kunden vorgelegt, die wiederum Einfluss auf die Lösung und die Qualität nehmen können. Die dadurch entstehende Transparenz nimmt Einfluss auf die Arbeit aller Beteiligten und zeigt eventuelle Rollenabweichungen zum Nachteil der zu erzielenden Produktqualität auf.

Diese Form der Organisation ist reibungs- und kommunikationsintensiv. Genau das, was man in einem komplexen und dynamischen Umfeld braucht, um innovativ zu sein. Die Kommunikationsansprüche an die beteiligten Personen und deren Konfliktmanagementfähigkeiten sollten jedoch nicht unterschätzt werden.

4.1.6.3 Delegation von Führung in ein Framework

Normalerweise sprechen wir von Delegation, wenn eine Person anderen Aufgaben überträgt. In diesem Fall fassen wir den Begriff Delegation weiter. Wenn Führungsqualitäten nicht im ausreichenden Maß vorhanden sind, können Führungsaufgaben zur Kompensation fehlender Managementtätigkeiten auch in Frameworks delegiert werden.

Bei einem mittelständischen Familienunternehmen ist über die Jahre hinweg ein umfangreiches Projektmanagementhandbuch entstanden, welches für alle Produktentwicklungsprojekte verpflichtend angewendet werden muss. In ihm sind die Namen der Projektphasen, die Meetingarten, die Meilensteine, die Projektrollen und alle Dokumente beschrieben, die verpflichtend verwendet werden müssen. Man könnte auch sagen, das Projektdesign ist für alle Produktentwicklungsprojekte verpflichtend festgelegt worden.

89 Stuart, C.: 2020, Cynefin-Framework als Wegweiser zur Agilen Führung. Books on Demand, Norderstedt, ISBN: 978-3-7519-4845-6

> Die Projektleitenden haben in diesem ingenieurdominanten Unternehmen eine traditionell schwache Rolle. Es wird in einer schwachen Matrix-Projektorganisationsform gearbeitet. Aus diesem Grund sind viele Führungsaufgaben in das Projektmanagementhandbuch delegiert worden: Definition der AKV, des Projektdesigns, Berichtswesen, Ablaufplanung, QS Maßnahmen, Art des Stakeholdermanagements, etc. wurden vorgegeben, sodass eine Projektleitung diese nicht mehr definieren und einführen muss. (Karen)

Betrachtet man aus diesem Blickwinkel den Scrum Guide, stellt sich dies sehr ähnlich dar. Im Scrum Guide sind der Ablauf, die AKV und die Meetings, sogar bis auf die Minute genau, festgelegt. Die menschenzentrierte Führungsarbeit wird in die Retrospektiven delegiert.

An anderen Stellen bleibt der Scrum Guide sehr vage. Es wird zwar Interaktion mit Stakeholdern als konkrete Aufgabe beschrieben, jedoch gibt es keine Anleitung, wie diese durchzuführen sei. Gleiches gilt für das Risikomanagement. Hier können klassische Methoden agile Frameworks sehr gut ergänzen.

4.1.6.4 Sinnstiftung

»Nicht Sieg sollte der Sinn der Diskussion sein, sondern Gewinn.« Joseph Joubert

Wir Wissensmenschen sind nur bereit, motiviert zu arbeiten, wenn wir einen Sinn hinter den Aufgaben sehen, ein großes Ganzes, das uns zumindest annähernd attraktiv erscheint.[90] Der Sinn von Projektarbeit kann besonders für beziehungsorientierte Menschen auch in der wertschätzenden Zusammenarbeit liegen und somit die Aufgabe in den Hintergrund drängen.

Im Agilen wird die Rolle einer Führungsperson, die sich um den sozialen Kitt, das Zwischenmenschliche, die Sinnstiftung kümmert, also des wirklichen »Leaders«, oft nur inoffiziell bekleidet. Diese Rolle wird z. B. häufig von einer exzellenten Scrum Master:in oder einem Senior unter den Developer:innen übernommen.

Auch im Lean Management und im Kanban ist keine explizite Führungsrolle vorgesehen. Und wenn eine Führungsrolle genannt wird, wie z. B. ein Kanban Master, ist sie auf die Sicherstellung der Prozesse und die Erstellung des Produktes konzentriert. Der einzelne Mensch steht nicht im Mittelpunkt.

Vielleicht wird in agilen Frameworks jedoch auch davon ausgegangen, dass solch eine sinnstiftende Person nicht mehr gebraucht wird, denn die Developer:innen werden

90 Kets de Vries, M.: Führer, Narren und Hochstapler, die Psychologie der Führung.

als »unit of professionals«[91] beschrieben, die so in sich gestärkt und sozial kompetent sind, dass sie diese Art der Führung nicht mehr benötigen. Man kann auch argumentieren, dass das Framework an sich diese motivierende und sinnstiftende Rolle übernimmt, indem das Team selbstorganisiert agieren kann und PO und SM in ihren Rollen an sich bereits genug motivierende Faktoren finden.

Braucht es denn eine menschenzentrierte Führungsrolle, wie sie im besten Sinne im klassischen Leadership definiert ist? Je professioneller und reifer die Teammitglieder sind, desto eher können wir auf sie verzichten. Je beziehungsorientierter die Unternehmenskultur ist, desto stärker wird die Abwesenheit einer Führungsperson die Projektarbeit beeinträchtigen.

4.1.6.5 Grundlegende Unterschiede der Führung

In der folgenden Tabelle sind die Unterschiede im Führungsverständnis in klassischen und agilen Organisationen detaillierter dargestellt:

Bedeutung der Führung in beiden Welten

Führungsaspekte	Klassisch	Agil
Führungsaufgabe	Bewährung im Projekt, Ziele der auftraggebenden Person erfüllen	Sichtbar sein für Interaktionen, Impulse geben und neue Ziele finden, das beste Produkt aus Sicht der Kunden erstellen
Erfolgsmessung	Anhand von durch den Auftraggebenden definierten Zielen	Durch Kundenfeedback
Sichtbarkeit (Bühne)	Vordergrund, ständige Präsenz	Vorder- und Hintergrund, kann die Bühne auch mal anderen überlassen
Verständnis	Funktionieren, für Störungsfreiheit sorgen, Vorbild sein	Reflektiertheit, Chancen erkennen, Lernen, auch mal Fehler machen
Richtung	Top-down	Gemeinsame Zielgestaltung anhand von Expertentum und Erfahrung
Umgang mit Komplexität	Verringerung von Komplexität auch unter Verlust der Qualität des Produktes	Anerkennung der Komplexität und ständige Anpassung, Neujustierung, um Produktqualität nicht aus dem Auge zu verlieren

91 Scrum Guide 2020. Wir verwenden hier den englischen Begriff, weil in der deutschen Übersetzung von einer »Einheit von Fachleuten« gesprochen wird. Während Fachleute eine fachliche Expertise haben, besitzen »Professionals« neben der fachlichen auch eine soziale Expertise, in einem Team zusammenzuarbeiten. Somit greift für uns die deutsche Übersetzung zu kurz.

Führungsaspekte	Klassisch	Agil
Hat Angst vor	Misserfolg, Scheitern, Versagen	Stehen bleiben
Moral	Wird von der Organisation vorgegeben, Ethik-Kodex	Wird in der Gruppe definiert
Macht	Bei Auftraggebenden und Projektleitung	Gewaltenteilung zwischen PO, SM, Team und Kunde für ein konstruktives Miteinander
Bild	Held oder Heldin	Integrator, Ideengebender, Inspiration
Bedingt Mitarbeiter, die … sind	zuverlässig, berechenbar, belastbar, effizient	überraschend, vielfältig, neugierig, selbstständig, effektiv, selbstverantwortlich

Tab. 8: Vergleich klassischer und agiler Führungsaspekte[92]

Begreift man das Führungsverständnis nur in Bezug auf Führungsrollen, springt man zu kurz. Führungsverhalten bedingt immer auch das Verhalten der geführten Mitarbeitenden. Wer immer einer klassischen Heldin oder einem klassischen Helden zugearbeitet hat, möchte vielleicht selbst einer werden und tritt in Konkurrenz zu diesem. Oder man fühlt sich in der Rolle der Zuarbeiterin oder des Zuarbeiters mit begrenzter Verantwortung wohl und hat sich in seinem begrenzten Handlungsspielraum wohlig eingenistet.

Mitarbeitende, die mit postheroischen[93, 94] Ideengebenden und Inspiratorinnen und Inspiratoren zusammenarbeiten und sich selbst und ihre Expertise einbringen können, werden automatisch mitgestalten wollen.

Je nachdem, wie weit die Projektleitung ihr Projektdesign in Richtung agil ausrichten möchte, desto mehr muss sie von einer heroischen zu einer postheroischen Führung schwenken und mit ihr auch ihr Team (s. Kap. 4.2 »Der Osten – Organisation«).

Aus dem Referenzprojekt in Kap. 1.3.3 »Referenzprojekt 3: Kreativ vielseitig«

Die Agentur ist von zwei Pionieren vor Jahren gegründet worden. Diese beiden Personen pflegen einen charismatischen, hierarchischen Führungsstil und sind sehr dominant und präsent in allen Bereichen des Unternehmens. Mit der Zeit stark angewachsen, kann die Führungsarbeit nun nicht mehr nur auf den Schultern dieser beiden Personen ruhen. Mittlerweile sind Teamleitung und Projektleitende ernannt, die als Managerinnen oder Manager hierarchisch agieren.

92 In Anlehnung an Witzer, B.: Die Zeit der Helden ist vorbei.
93 Baecker, D.: Postheroische Führung.
94 Hirschhorn, L.: Reworking Authority, Leading and following in the post-modern organization.

Mit der neuen Organisationsstruktur, die auch agile Rollen enthält, kommt ein neuer Führungsstil auf, der sich auf Augenhöhe der Mitarbeitenden befindet, und bei dem die Führungskraft eher die Rolle eines »Servant Leader[95]« einnehmen soll. Die Personen in den neuen agilen Rollen tun sich anfangs schwer, weil ihnen die Vorbilder in der Firma fehlen. Neue Mitarbeitende, die bereits in anderen agil aufgestellten Unternehmen gearbeitet haben, helfen ihnen dabei, sich in das neue Führungsverständnis einzufinden. Bewusstseinsarbeit der Firmengründer, ihre Erkenntnis und Bereitschaft, Macht abgeben zu müssen, und ständiges Üben an der Delegation von Führung hat ebenfalls geholfen.

Die Familienkultur der Agentur war diesem Wandel hinderlich, weil Konflikte eher eruptiv entladen wurden und konstruktive Konfliktlösung eher vermieden wurde, was zur Irritation vieler Unternehmensmitglieder geführt hat.

> »Unterwürfig, zögernd, zaghaft: Der Begriff der Demut ist in der Wirtschaft verloren gegangen, weil er negativ besetzt ist. Dabei ist die Demut gerade eine der Tugenden, die Führungskräfte am meisten brauchen. Denn führen heißt: dienen.«
>
> Benediktinermönch und Managementberater Anselm Grün

4.1.6.6 Und wie sollen wir jetzt hybride Projekte führen?

Wenn ich, Karen, im Rahmen eines Projektdesigns die Aufbauorganisation des Projektes erarbeiten soll, fange ich mit einer Bestandsaufnahme der Führungsqualitäten meiner Projektmitarbeiter an.

Rolle der Projektbeteiligten	Ausprägung der Führungsqualitäten, die vom Beratenden zur Ortsbestimmung abgefragt werden
Führungskräfte	Erfahrung, Präferenz für aufgaben- oder mitarbeiterbezogenen Führungsstil, klassische oder agile Vorbildung
Mitarbeitende	Fähigkeit zur Selbstorganisation (z. B. anhand der sieben Stufen nach Appelo, s. Kap. 3.3 »Ortsbestimmung der Organisation«), klassische oder agile Vorbildung, Wunsch nach persönlichem Wachstum, Bereitschaft zur Verantwortungsübernahme auch ohne Führungsposition
Organisation und Linienmanagement	Wie groß ist das Vertrauen in das Projekt und die Bereitschaft, Steuerung abzugeben? Wie groß ist die Bereitschaft zur aktiven Mitarbeit am Projekt in z. B. Anforderungsanalyse oder Reviews? Wie stark ist ein Framework durch die Organisation verbindlich vorgegeben?

Tab. 9: Bestandsaufnahme Führungsqualitäten

95 Servant Leader: zum ersten Mal von Robert Greenleaf, 1970, erwähnt, s. https://www.greenleaf.org/what-is-servant-leadership/. Dieser Führungsstil stellt die traditionelle Hierarchie auf den Kopf, indem die Führungskraft dem Team dient.

Dann würde ich mein Projekt mit seinen Ansprüchen an Führung analysieren, indem ich den Komplexitätsgrad bestimme (s. Kap. 3.4 »Komplexität des Projekts«) und ein passendes Framework aussuche.

Danach gilt es, die eventuell vorhandene Lücke zwischen dem Vorhandenen und den Anforderungen an das Projekt zu sichten. Wer seine Mitarbeitenden und Führungskräfte eher in einem klassischen Rahmen sieht, sollte von diesem ausgehen und kleine Schritte in Richtung Selbstorganisation und Verantwortungsdelegation ins Team vornehmen. Ein großes Projekt, unabhängig von der Projektart, mit einem Organisationsentwicklungsprojekt »Einführung von Scrum« zu verquicken, ist entweder sehr mutig oder nimmt das Scheitern des Projekts von vornherein in Kauf.

Werden geschulte und etablierte Vollblutprojektmanagerinnen und -manager zu Scrum Master:innen oder Product Owner:innen »degradiert«, weil sie hierdurch – wie oben beschrieben – ihre gewohnte alleinige Entscheidungsbefugnis verlieren – kann dies Konflikte hervorrufen. Auch hier sollte man eher an einem klassischen Führungsbild festhalten und es vorsichtig in Richtung agil erweitern.

Sind in der Firma bereits umfassende Erfahrungen in Sachen Agilität vorhanden und werden diese im positiven Sinne gelebt, dann macht es keinen Sinn, ein Projekt auf eine klassische Führung umzustellen. Dies würde wahrscheinlich auch zur Demotivation aller Beteiligten führen, wenn sie sich unter einer klassischen Führung in Verantwortungsübernahme und Selbstorganisation wieder einschränken müssten. Hier könnten die agilen Führungsaufgaben mit klassischen Methoden wie z. B. systematischem Stakeholdermanagement, Projektmarketing und Risikomanagement ergänzt werden.

Defizite in Sachen Führungserfahrung können durch Delegation von Führungsverantwortung in Frameworks abgefangen werden. Das kann z. B. durch die Vorgabe von Meetingformaten, Teamregeln, Abnahmeprozessen o. Ä. erfolgen, auf die sich ein Team einigt, sodass die Leitung durch die mit einer Beratung oder einem Coach entwickelten Rahmenbedingungen entlastet wird. Personen können gezielt auf die Führungsrolle vorbereitet werden. Führungscoaches können das Projekt begleiten und weiterführende Entwicklungsarbeit leisten.

Somit gilt es, im Projektdesign auch das Thema Führung mit zu berücksichtigen.

Kann man unabhängig von vorgegebenen Rollen wie PL, PO, SM agieren, dann kann die Führungsverantwortung auch von der Mitarbeiterzentrierung her definiert werden. Erinnern wir uns an das Aristoteles-Projekt von Google.

Das Sicherheitsgefühl der Teammitglieder gegenüber der Firma und den Mitarbeitenden ist als der Faktor identifiziert worden, der die Teamarbeit am meisten positiv beeinflusst. Das bedeutet für denjenigen, der leitet, entweder eine einzelne Person oder ein Führungsteam, dass das Team der Mitarbeitenden in Richtung Wertschätzung, Toleranz, gegenseitiges Verständnis hingeführt werden muss. Die Projektauftraggebenden müssen als Partner agieren, nicht als Autoritäten, die über das Bleiben oder Gehen von Teammitgliedern entscheiden oder Schuldige für Fehler oder das Scheitern des Projektes suchen. Die gesamte Organisation, in der das Projekt eingebettet ist, muss Vertrauen in das Projekt und seinen Beteiligten aufbringen und bei Kritik in einer Haltung agieren, nicht den Schuldigen zu suchen, sondern einem Team, welches sein Bestes gibt, zum Erfolg zu verhelfen.

Des Weiteren ist bei Google genannt worden, dass Arbeitsergebnisse verlässlich erbracht und Termine gehalten werden müssen, damit ein Team performt. Die Führungskraft muss als Vorbild vorangehen. Sie muss aber auch im Team dafür sorgen, dass alle Mitglieder sich daran halten. Je nach Grad der Selbstorganisation der Mitarbeitenden bedeutet dies, der Arbeit einen Freiraum zu geben, in dem sie verlässlich erledigt werden kann, oder klare Ansagen zu machen, in welchem Zeitraum was genau erledigt werden muss. Neben dem Fördern darf das Fordern und als letzte Maßnahme das Sanktionieren kein Tabu sein, um diesem wichtigen Bedürfnis der Mehrheit des Teams entsprechen zu können.

Um dem Bedürfnis der Struktur und Transparenz entgegenzukommen, bedarf es klar eingeführter Regeln, Rollen, Prozesse und Rituale.

Auch die Faktoren Sinnhaftigkeit und Wirkungsbewusstsein sollten in der Führung mit berücksichtigt werden, obwohl sie in der Bedeutung hinter den anderen zurückstehen.

Wie so oft gibt es keinen »10-Punkte-Plan« oder ein Kochrezept, welches zur richtigen Führung leitet, auch wenn manche Managementliteratur immer wieder versucht, dies vorzugeben. Erstens gibt es keine richtige Führung, sondern nur eine passende, und zweitens ist jede Situation anders. Wir hoffen, in diesem Kapitel aber einige Anregungen mitgegeben zu haben, aus denen die Lesenden eine passende Führung entwickeln können.

Wer sich noch mehr mit dem Thema Führung beschäftigen möchte, dem empfehlen wir das Buch »Manifest für menschliche Führung – 6 Thesen für eine neue Führung im Zeitalter der Digitalisierung« von Marcus Raitner[96], welches noch weitere Aspekte und Protagonisten, die sich um eine neue Führung Gedanken machen, zu Wort kommen lässt.

96 Raitner, M.: Manifest für menschliche Führung. Selbstverlag, ISBN 9781093473254.

4.1.7 Selbstorganisation

Bei der Selbstorganisation müssen wir mindestens zwei verschiedene Seiten berücksichtigen. Auf der einen Seite brauchen wir Mitarbeitende, die dazu befähigt (»empowered[97]«) sind, Eigenverantwortung zu erkennen, anzunehmen (das Wollen), und die angenommene Aufgabe auch erledigen können (das Können). Auf der anderen Seite brauchen wir Führungskräfte, die das nötige Vertrauen in ihre Teams haben, bereit sind, ihre Teams zu befähigen und zusätzlich auch selbst die Fähigkeit haben, loszulassen.

Eine interessante Aktualisierung zu diesem Thema hat der Scrum Guide zwischen Version 2017 und der aktuellen Version 2020 erfahren. Hier ist überall der Begriff »Selbstorganisation« durch »Selbstmanagement« ersetzt worden. Damit wollen die Autoren ausdrücken, dass »Selbstorganisation« zwar den Developer:innen ermöglicht, zu bestimmen, wer die Arbeit erledigt und wie gearbeitet wird. »Selbstmanagement« drückt zusätzlich noch die Freiheit aus, zu entscheiden, woran gearbeitet wird.

In einem hybriden Gebilde kann die Selbstorganisation nur dann umgesetzt werden, wenn die Führungskräfte zuerst die notwendigen Leitplanken setzen und den Mut besitzen, gezielt Macht und bestimmte Entscheidungen loszulassen, und wenn die Mitarbeitenden den Mut haben, Verantwortung zu übernehmen und sich die Selbstverpflichtung auferlegen, selbstständig zu arbeiten. Weiter sind eine offene Kommunikation und Begegnungen mit Respekt notwendig. Diese Bedingungen sind genau die Werte, die im agilen Wertesystem (s. Kap. 5.3 »Agile Herangehensweisen«) als Fundament des agilen Mindsets verstanden werden.

Wenn Führungskräfte mir erklären, sie möchten selbstorganisierte Mitarbeitende, am liebsten welche, die im Schwarm arbeiten, schaue ich erst einmal genau hin. Zuerst kläre ich, inwieweit eine Selbstorganisation für die zukünftige Arbeit hilfreich ist. Wer nur Routinearbeit anzubieten hat, kann selbstorganisierte Mitarbeitende auf einer Delegationsstufe 5 bis 7 nicht motivieren (s. Kap. 3.3 »Ortsbestimmung der Organisation«). In hochinnovativen Bereichen dagegen spielt die Fähigkeit zur Selbstorganisation eine wichtige Rolle.

Dann kläre ich den aktuellen Grad an Selbstorganisation der Mitarbeitenden. Dazu suchen wir gemeinsam typische Projektaufgaben und spielen dann mit den Mitarbeitenden und Führungskräften Delegation-Poker[98]. Je nach Gap zwischen vorliegender und benötigter Stufe der Selbstorganisation werden dann Personalentwicklungsmaßnahmen entworfen. (Karen)

97 Das in der Personalentwicklung verwendete englische Wort »empowerment« drückt neben der fachlichen Befähigung (die Person entwickelt die Fähigkeiten) noch die der Person mitgegebene »Macht« engl. »power« mit aus, welche eine weitergehende Qualität darstellt.

98 Appelo, J.: Management 3.0.

Aus dem Referenzprojekt in Kap. 1.3.1 »Referenzprojekt 1: Frischgemüse«

Anbei zeigen wir ein Beispiel, wie ein Team selbst Verantwortung übernimmt und sich besser organisiert.

Die Mitarbeitenden im Team Sonderblechbau haben das Problem, dass sie oft die falschen Zeichnungen zum Bau der Maschine von der Konstruktion erhalten. Um die richtigen Zeichnungen zu erhalten, müssen sie den Arbeitsplatz in der Produktionshalle verlassen und die Zeichnungen aus dem Büro holen. Somit wird ihr Arbeitsfluss unterbrochen. Zudem ist die Suche nach den Zeichnungen aus den Aktenordnern im Büro sehr zeitaufwendig und kann oft nur mit Unterstützung des Abteilungsleiters erfolgreich sein, der somit auch gestört wird.

Bei der Suche nach den aktuellen Zeichnungen stellt sich heraus, dass diese in der Regel digital vom Abteilungsleiter abgerufen und ausgedruckt werden müssen. Das Team bat also um eine eigene Workstation, einen ausreichend großen Monitor in der Produktionshalle und um eine Schulung, damit die Teammitglieder selbst die richtige Zeichnung im System suchen können.

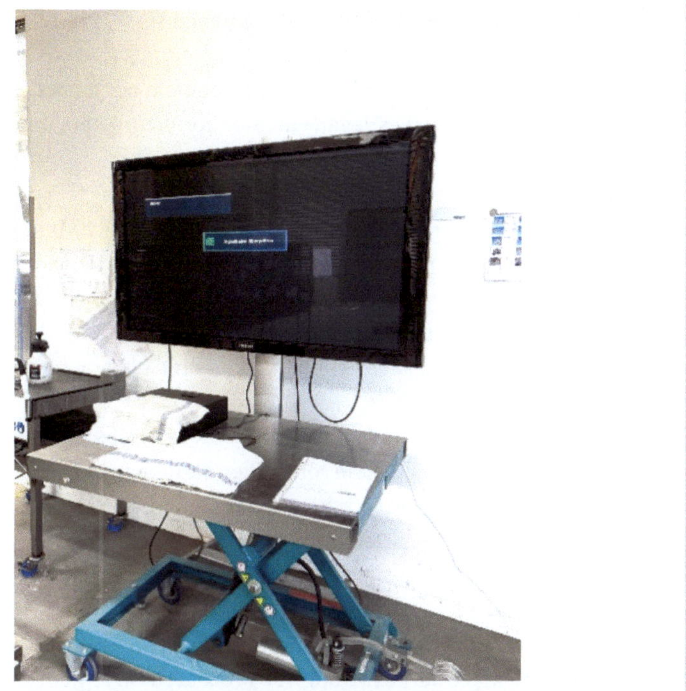

Abb. 46: Neue Workstation und Monitor in der Produktionshalle, statt ausgedruckte Zeichnungen

Aus dem Team heraus wurde außerdem ein Freiwilliger gefunden, der das Thema vorangetrieben hat. Innerhalb von zwei Wochen war das Equipment da, und Schulungen für die Zeichnungsanwendung wurden absolviert. Nach kleinen Adaptionen (z. B. musste die Arbeitsstation mit speziellen Vorrichtungen abgesichert werden, damit die Schweißarbeiten in der Nähe nicht zu Spannungsschwankungen führen, sowie künftig kleinere Monitore) wurden drei weitere Einheiten beschafft, damit das Team sich selbst helfen und somit besser organisieren konnte. Das Finden der notwendigen Zeichnungen für den Bau der Maschine stellt seitdem kein Problem mehr dar.

4.1.8 Kaizen und Lean Management (Achtsamkeit in Bezug auf Verschwendung)

Unter Kaizen ist wörtlich »Der Wandel (Kai) zum Besseren (Zen)« zu verstehen. Der Begriff kommt aus dem Japanischen und wird in der westlichen Welt als »kontinuierlicher Verbesserungsprozess« verstanden. Die Basis für diese Denkweise ist eine ständige Reflexion über das Bestehende bzw. über das Geschehene, einhergehend mit einer bewussten Selbstorganisation.

Das 5S-Prinzip, um Kaizen zu etablieren

Auf Organisationen übertragen bedeutet dies: Um Kaizen im Alltag praktizieren zu können, werden Verhaltensregeln erstellt, damit sich alle im Unternehmen daran orientieren können. Eine der bekanntesten Verhaltensregeln ist das sogenannte 5S-Prinzip[99]. Demnach sind folgende Schritte zu befolgen:

- **Seiri**: Entferne Unnötiges aus deinem Arbeitsbereich!
- **Seiton**: Ordne die Dinge, die nach Seiri geblieben sind!
- **Seiso**: Halte deinen Arbeitsplatz sauber!
- **Seiketsu**: Mach Sauberkeit und Ordnung zu deinem persönlichen Anliegen!
- **Shitsuke**: Mach 5S durch Festlegen von Standards zur Gewohnheit!

Eine typische und einfache Umsetzung dieser Regeln lässt sich in gut geführten Werkstätten beobachten. Dabei gilt insbesondere, dass die Werkstatt stets aufgeräumt ist und somit sowohl Hindernisse für die Arbeitsprozesse als auch die Anzahl von Verletzungen reduziert werden. Der Unterschied zwischen einer gut aufgeräumten Werkstatt und einer nach Kaizen geführten Werkstatt liegt vor allem in den Punkten vier (Seiketsu) und fünf (Shitsuke) aus der oben genannten Liste.

Wie stark die Gedankenweisen von Kaizen und von Lean Management zusammenhängen, zeigen wir auf, indem wir auf die von beiden Methoden verfolgten Ziele eingehen. Ein konkretes Beispiel, wie Kaizen in einem Unternehmen nachhaltig aufgesetzt werden kann, lesen Sie anhand des Referenzbeispiels aus Kapitel 1.3.1 »Referenzprojekt 1: Frischgemüse«.

Durch Kaizen wird unter anderem die Verbesserung von Produkten, von Serviceleistungen und allgemein die Verbesserung von Prozessen verfolgt.

- Die Kosten sollen gesenkt und die Zeit für den Ablauf der vorgesehenen Prozesse soll verkürzt werden.
- Die Steigerung der Leistung, das Einhalten der Liefertermine gegenüber dem Auftraggeber, die Vereinfachung der Umsetzung der vorgesehenen Aufgaben, sowie Vermeidung von Fehlern und die Verbesserung der Arbeitssicherheit sind weitere Ziele von kontinuierlichen Verbesserungen.

99 Bertagnolli, F.: Lean Management – Einführung und Vertiefung in die japanische Management-Philosophie.

Die Prinzipien des Lean Managements werden in der Literatur in vielfältiger Art erklärt, jedoch verfolgen sie immer das Ziel, Verschwendung zu vermeiden und Abläufe oder Organisationen schlanker zu gestalten. Nach Glatz[100] lauten diese Prinzipien wie folgt:

- Kundenorientierung. Alle Tätigkeiten sind auf die Kundinnen und Kunden ausgerichtet, die Strukturen sind dezentral, die Kundenorientierung ist ein internes Prinzip und Selbstverständnis im Unternehmen.
- Verlässlichkeit. Das Team ist befähigt, Eigenverantwortung übernehmen zu können. Alle Beteiligten im Unternehmen sind stets bereit für ständige Prozessverbesserungen. Die ständige Verbesserung der Qualität wird als höchste Maxime verstanden. Alle Beteiligten konzentrieren sich auf ihre Stärken und blicken nach vorn.
- Kommunikation und Führung. Die Transparenz von Informationen ist gewährleistet und es wird eine aktive Feedback-Kultur gelebt. Die Führung wird als eine Dienstleistung gegenüber den Mitarbeitern verstanden.

Bei der genauen Betrachtung von einzelnen Elementen in agilen Methoden (z. B. Reviews, Daily Scrum Meetings, Retrospektiven, Kanban-Board etc.) finden wir genau dort die konkrete Umsetzung dieser Prinzipien aus Kaizen und Lean Management. Für die Vertiefung in die jeweiligen Methoden sei auf die entsprechende Literatur (s. Literaturverzeichnis) verwiesen.

Aus dem Referenzprojekt in Kap. 1.3.2 »Referenzprojekt 2: Mögen die Räder und der Rubel rollen«

Bereits nach wenigen Wochen existierten je Teilprojekt mehrere sogenannte OPL (Offene-Punkte-Listen), die nur eine Richtung kannten, nämlich: wachsen. Kaum waren ein paar Punkte abgearbeitet, kamen neue hinzu. Die OPL, die in den Software-Teilprojekten erfasst wurden, wurden konsequent von den jeweiligen Scrum Mastern beobachtet.

Eine der Aufgaben der Scrum Master und Agile Coaches, welche das agile Teilprojekt E&E begleiteten, war es, die OPL zu bereinigen. Dabei haben sie nicht nur die OPL der eigenen Teilprojekte berücksichtigt, sondern auch die OPL der angrenzenden Teilprojekte und im Laufe der Zeit sogar die OPL der Fachbereiche.

Dabei ging es lediglich darum, dass wöchentlich die OPL durchgesehen und von Dubletten, Überschneidungen und Überflüssigem bereinigt werden. Für jeden offenen Punkt wurde ein »Owner« aufgenommen. Diese Owner wurden wöchentlich kontaktiert und gefragt, ob der offene Punkt noch dieselbe Priorität hat, wie in der Vorwoche. Dabei durfte jeder Owner nur maximal zehn offene Punkte in der Liste haben, die von 1 (höchste Prio) bis 10 priorisiert wurden. Alle Punkte nach Priorität 10 wurden aus der Liste entfernt.

Seiri (1. entferne Unnötiges) und Seiton (2. ordne das Verbliebene) sind hier vorerst nur im agilen Teilprojekt umgesetzt worden. Im Laufe der Zeit griffen die »Rituale« über auf die angrenzenden klassisch organisierten Teilprojekte und sogar auf einige Teilprojekte, die kaum Abhängigkeiten mit dem agilen Teilprojekt hatten.

100 Glatz, H.: Handbuch Organisation gestalten.

4.1.9 Erkenntnistheorie: Die Quelle

Bevor wir uns in den nächsten beiden Kapiteln mit der Fehler- und Lernkultur befassen, werfen wir einen Blick zurück in die Geschichte. Dabei fokussieren wir uns auf die Disziplin der Erkenntnistheorie bzw. der Epistemologie[101]. Dieser Blick ist notwendig, weil sowohl ich als auch meine Mitautorin davon überzeugt sind, dass die Aufarbeitung und die Lehre aus den Erkenntnissen im Projekt, eine immense Kraft und einen hohen Wert haben, der oft ungenutzt bleibt.

Für diese Analyse betrachten wir die Gegensätze der westlichen und der japanischen Philosophie im Umgang mit der Epistemologie.

Die westliche Philosophie

Die ersten gesicherten, philosophischen Auseinandersetzungen mit dem Wissen gehen ungefähr auf das Jahr 400 v. Chr. und auf Platon zurück. Platon führte bei seinen Gedanken und Lehren darüber, wie Wissen und Erkenntnis entstehen, den Dualismus zwischen Subjekt und Objekt ein. Somit trennte er klar zwischen dem Erkennenden und dem Erkannten. Basierend auf diesem Modell schuf Platon den Realismus.

Der Realismus (Platon) setzt darauf, dass Wissen nur deduktiv gewonnen werden kann.

Der Realismus sagt aus, dass Wissen durch logisches Denken entsteht. Platon ist überzeugt, dass somit Wissen »deduktiv«[102] erschlossen werden kann. Etwas vereinfacht ausgedrückt, ist die platonische Aussage über Wissen, dass man nur lang genug nachdenken möge, um Wissen zu erlangen.

Der Empirismus (Aristoteles) setzt darauf, dass Wissen nur induktiv gewonnen werden kann.

Sein berühmtester Schüler Aristoteles war jedoch anderer Meinung. Aristoteles widersprach seinem Meister und entwickelte die Idee des Empirismus[103]. Dieser Ansatz besagt, dass man Wissen »induktiv durch Sinneseindrücke« erlangen kann.

Diese beiden Ansätze haben bis heute Gültigkeit. Viele berühmte westliche Denker und Philosophen nach Platon und Aristoteles haben ihre Theorien darüber, wie Wissen erlangt werden kann, entweder auf den Realismus (z. B. Descartes – *ego cogito, ergo sum*, »Ich denke, also bin ich.«) oder auf den Empirismus (z. B. John Locke) bezogen. Beide Ansätze sind bis heute in unserer Gesellschaft allgegenwärtig. Die Bereiche der Ökonomie, Lehre (sehr ausgeprägt sind diese Ideen an den Hochschulen zu sehen), Management und Organisationstheorien sind entscheidend davon geprägt[104].

Der fortwährende Einfluss dieser Ansätze, der uns in der westlichen Welt seit mehreren Jahrhunderten prägt, hat einen erheblichen Nachteil, weil wir unbedingt eine

101 Ein Synonym für die Erkenntnistheorie.

102 Nonaka, I. et al.: Deutscher Titel: »Die Organisation des Wissens«.

103 Nicht zu verwechseln mit dem »Empirischen Prozess«!

104 Nonaka, I. et al.: Deutscher Titel: »Die Organisation des Wissens«.

Zusammenführung der beiden Ansätze brauchen, wenn wir wertvolle Erkenntnisse aus Vergangenem gewinnen und gewinnbringend einsetzen wollen. Ein gravierender Nachteil, der mir bei den heutigen Projekten immer wieder begegnet, ist die Tatsache, dass Projektmitarbeitende gerade bei ihren Ingenieurstätigkeiten der Meinung sind, dass alle Fehler vermeidbar wären, wenn man vorher genug logisch nachdenken würde. Ergo sind Fehler immer vermeidbar und vor allem das Ergebnis davon, dass jemand nicht genug nachgedacht hat. Somit sind Fehler negativ behaftet.

In all den Jahrhunderten sind die Versuche, die beiden Ansätze von Platon und Aristoteles zusammenzubringen, leider gescheitert[105].

Die japanische Philosophie

Der japanischen Philosophie, die sich mit der Epistemologie befasst, sind die Spannungen zwischen dem westlichen Realismus und Empirismus nicht bekannt. Viel mehr wird in Bezug auf Wissensgewinnung auf drei Merkmale gesetzt:

- Einheit von Mensch und Natur
- Einheit von Geist und Körper
- Einheit von Ich und anderen

Um den Einfluss der »Einheit von Mensch und Natur« auf unser Lernverhalten zu verstehen, muss vorerst betont werden, dass das japanische Verständnis von Raum und Zeit einem Zyklus, also einem zirkulären Ablauf entspricht, während wir im Westen eher eine sequenzielle Zeitauffassung haben. Somit bezieht sich das japanische Verständnis viel mehr auf den Augenblick und ist davon geprägt, dass die Konsequenzen dessen, was wir jetzt tun, wieder auf uns zurückkommen werden. Somit bilden nicht abstrakte Theorien die Grundlage der Erkenntnisgewinnung, sondern Lernen aus der eigenen Erfahrungswelt, dabei sind die besten Lehren aus unserem Umgang mit der Natur zu entnehmen.

Die »Einheit von Geist und Körper« bringt einen klaren Bruch mit dem westlichen Realismus. Der erste bekannte, theoretische Philosoph Japans, Kitaro Nishida, entwickelte in der Meiji-Ära (1868–1912) den Ansatz, dass nur durch reine Erfahrung Tatsachen angeeignet und somit Wissen entstehen kann. Wissen bedeutet außerdem für Japaner Weisheit und Weisheit basiert auf einer gefestigten Persönlichkeit, die eine Balance zwischen dem Geist und dem Körper voraussetzt. Daraus resultiert die klare Aussage Nishidas, dass wahres Wissen NUR durch Körper und Geist erlangt werden kann und nicht durch theoretisches Denken.

Wir müssen in unserer westlichen Vorstellung endlich den kartesischen Dualismus überwinden. (Mehrschad)

Der Bruch mit der westlichen Vorstellung muss sehr hart ausfallen, weil die westliche Philosophie den kartesischen[106] Dualismus als erwiesen ansieht. Demzufolge sind Kör-

105 Versuche dazu wurden unter anderem von Kant, Hegel und Marx unternommen.

106 Kartesisch kommt nach Renatus Cartesius, was der latinisierte Name von René Descartes ist. Somit entspricht das kartesische Denken dem deskartschen Denken.

per und Geist zwei voneinander unabhängige Substanzen, die lediglich eine Wechselwirkung aufeinander haben, sie bilden jedoch keine Einheit.

Die Bedeutung der »Einheit von Ich und anderen« bereitet uns aus dem Westen womöglich die größten Probleme. Wir in den westlichen Gesellschaften streben die Verwirklichung des Individuums an. Dies wird sogar in einigen Modellen als das höchste Ziel und die höchste Motivation des Einzelnen verstanden. Während das japanische Ideal das kollektive Ich hervorhebt und als Ziel ansieht. Dabei wird das harmonische Zusammenleben mit anderen als Ziel angestrebt und es gilt das unbedingte Verständnis, dass für andere zu arbeiten bedeutet, dass man für sich selbst arbeitet.

Wenn wir diese Erkenntnisse zusammenführen, wird sichtbar, dass das japanische Verständnis auf eine Weisheit (also Wissen) hinarbeitet, die eine Balance herstellen will. Diese Balance kann durch Erfahrungen aus der Vergangenheit entstehen, deren Konsequenzen uns in baldiger Zukunft wieder ereilen werden. Somit können wir diese Balance umso schneller erreichen, je kürzer wir die Lernschleifen halten. Die Umsetzung des empirischen Prozesses (s. ab Kap. 5.3.1 »Transparenz schaffen«) ist nur dann nachhaltig und führt zu echter Wissenserlangung, wenn diese Balance der japanischen Philosophie verstanden wurde. Dafür muss jedoch gezielt ein Muster, das unsere Haltung und Denkweise formt und uns seit Jahrhunderten begleitet, aufgebrochen werden. Das ist nicht unmöglich, aber alles andere als leicht.

An dieser Stelle können wir auch wieder an unser Systemdenken (s. Kap. 2 »Vom Vorteil, in Systemen zu denken«) anknüpfen, welches bewusst einen Gegenpol zum deskartschen Wirkungs-Ursache-Prinzip der trivialen Maschinen bildet. Die Erkenntnis, wie ein Team (soziales System) geführt werden soll, kann nicht durch langes Nachdenken entwickelt werden. Denken schadet zwar prinzipiell nie, aber ein Team zu führen bedeutet ständige Interaktion mit den Menschen und Reflexion und wieder einbringen des gerade Gelernten. Der einzig erkennbare Fehler, den eine Führungskraft machen kann, ist vielleicht das Verharren im Denken, statt in die Interaktion zu treten.

4.1.10 Fehlerkultur und Lernkultur

Der Begriff Fehlerkultur bezeichnet die Art und Weise, wie in einer Organisation ganzheitlich und grundsätzlich mit Fehlern umgegangen wird. In einer Organisation mit agilem Mindset stehen Fehlerkultur und Lernkultur sehr eng zusammen. Denn je komplexer die Projekte sind, desto weniger kann man auf Best Practice und Erfahrungswerte zurückgreifen. Und desto mehr muss man lernen, auf neue Aufgaben zu reagieren, was in der Unerfahrenheit unweigerlich auch mal »Fehler« nach sich zieht. Ja noch mehr: Eine Kultur der Fehlervermeidung würde das Team am Ausprobieren hindern und somit die Lösungsmöglichkeiten stark einschränken.

Bei der Fehlerkultur unterscheiden wir vier Fehlerkomponenten[107]:

Die vier Fehlerkomponenten der Fehlerkultur

- Die **Fehlerdefinition** ist je nach klassischer oder agiler Denkweise sehr verschieden. Im Klassischen ist das Nichterfüllen oder Mindererfüllen einer vereinbarten Leistung ein Fehler. Dabei können Schäden, Mängel oder Versagen von Bauteilen oder sogar Unfälle gemeint sein.
  Im Agilen gibt es keine vereinbarte Leistung, sondern eine Vision. Fehler beziehen sich auf die Nichteinhaltung agiler Grundpfeiler: Verschwendung vermeiden, ständige Verbesserung, Selbstorganisation, Fail-Fast (s. Kap. 5.3 »Agile Herangehensweisen«) und natürlich agile Prinzipien und Werte.
- **Fehlerrisiken** werden durch Personen hervorgerufen, welche Risiken nicht korrekt betrachten. Eine fehlende Betrachtung der Fehlerrisiken führt zu einem unbewussten Umgang mit Fehlern. Agile Praktiken, wie z. B. Pair Programming, Reviews, Retrospektiven, Risikoanalyse u. a. können das Risiko, Fehler zu machen, minimieren.
- **Fehlerfolgen** beschreiben den Umgang mit den Auswirkungen von Fehlern. Im Klassischen liegt die Hauptverantwortung zur Reduzierung der Fehlerfolgen bei der Projektleitung. Bei Scrum liegt sie je nach Verantwortungsbereich beim PO (Machen wir das richtige Produkt?), beim SM (Regeln und geschützter Raum fürs Entwicklungsteam) und beim Entwicklungsteam (Machen wir das Produkt richtig?). Passieren Fehler, geht es darum, die Ursache besser zu verstehen und daraus zu lernen. Die Förderung dieses Prinzips hat möglichst ganzheitlich zu geschehen. Die Fehlerkultur entwickelt und etabliert sich durch diese Erkenntnisquelle.
- **Fehlermoral**: Fehler werden in der (Projekt-)Arbeit immer gemacht und müssen nicht zu einer Schuld führen, die Konsequenzen hat und ausgeglichen werden muss. Es darf keine (persönliche oder hierarchische) Abwertung von Mitarbeitenden, die Fehler gemacht haben, geben. Nur so entsteht die moralische Motivation, zukünftig keine Fehler mehr zu machen. Andernfalls kann es passieren, dass aus Angst vor Konsequenzen Fehler verheimlicht werden, was womöglich zu einem noch größeren Schaden führt. Ein transparenter und offener Umgang mit Fehlern, Fehlerrisiken und Fehlerfolgen sowie ein aktives Fehlermanagement unterstützen die Entwicklung von Verlässlichkeit und Vertrauen bei den einzelnen Personen im Unternehmen. Wichtig ist auch ein grundsätzlich wohlwollender Umgang mit Fehlern, denn diese können eine wichtige Grundlage für die Weiterentwicklung des Unternehmens und der Belegschaft sein und dadurch Chancen beinhalten. Die bestehende oder fehlende Fehlerkultur im Unternehmen spiegelt sich auch in der Projektarbeit wider und unterstützt oder behindert die Projektarbeit entsprechend.

Eine positive Fehlerkultur bedeutet jedoch nicht, Fehler unbeachtet zu lassen oder gar zu ignorieren. Fehler sollten immer benannt werden und als Grundlage für Lernen dienen.

107 Dittmann, K. et al.: Projektmanagement (IPMA®), Lehrbuch für Level D und Basiszertifikat.

Je mehr man sich in einem dynamischen Umfeld befindet, desto wichtiger wird eine positive Fehler- und Lernkultur. Auch in klassischen, hierarchischen Projekten ist ein positiver Umgang mit Fehlern natürlich von Vorteil. Doch je innovativer, je unvorhersehbarer, je dynamischer und komplexer ein Vorhaben ist, und solche Projekte werden zumeist eher agil angegangen, desto mehr bin ich auf den offenen Umgang mit Fehlern angewiesen, um möglichst schnell zu lernen, wie ich es besser machen kann.

In meinen Beratungen zeige ich gerne die Bedeutung einer offenen Fehlerkultur, indem wir einfach »Memory« in drei unterschiedlichen Varianten spielen:

Gruppe 1 spielt es wie gewohnt: Karten werden verdeckt auf den Tisch gelegt, die aktuell Spielende deckt immer zwei Karten auf, für alle sichtbar und wenn sie nicht übereinstimmen, deckt sie sie wieder zu.

Gruppe 2 spielt wie Gruppe 1, aber die aufgedeckten Karten werden den anderen Spielern nicht gezeigt, sondern nur soweit umgedreht, dass die aktuell Spielende sie sieht.

Gruppe 3 spielt wie Gruppe 1 und 2, aber lässt die aufgedeckten, nicht zusammenpassenden Karten offen liegen.

Sie erraten es sicher: Gruppe 3 findet die Paare am schnellsten. Die Analogie zur Fehlerkultur ist offensichtlich. (Karen)

4.1.11 Fail-Fast-Kultur oder die Kraft des schnellen Scheiterns

Die älteste, überlieferte Idee zum Umgang mit Fehlern ist wohl aus dem »I Ging«[108] (heute: Yijing 易经), eine der ältesten chinesischen Überlieferungen, deren Entstehung bis ins 3. Jahrtausend vor Christus zurückgeht. Viele weitere Aussagen über den Umgang mit Fehlern lassen sich in der Philosophie finden. Von Konfuzius[109] über Hegel[110], Seneca[111] und Goethe[112] bis in die Neuzeit, mit Albert Yu[113] (Senior Vice President von Intel und Miterfinder des Intel-Prozessors Pentium IV) sind ähnliche Haltungen gegenüber Fehlern und Empfehlungen zum Umgang damit zu finden.

Im Projektmanagement kennen wir im Klassischen die Lessons-Learned-Sitzungen, und im Agilen die Kadenzen aus Kanban und die Rituale des Scrum-Frameworks: Daily, Re-

108 Die Interpretation des Werks auf Deutsch: Wilhelm, Hellmut: »Sinn des I-Ging«, München: Diederichs, 1995, 9. Auflage.

109 Mit angehängten Texten an das »I Ging« von Konfuzius bzw. seiner Nachfolger.

110 Hegels Satz: »... dass diese Furcht zu irren schon der Irrtum selbst ist.« kann man wahlweise im Stuttgarter Bahnhofsgebäude als Spruch lesen, oder in der Einleitung zur »Phänomenologie des Geistes«, wenn man sich tiefgehender mit der Thematik befassen möchte.

111 Wohl eines der bekanntesten Zitate von Seneca: »Errare humanum est« (Irren ist menschlich).

112 »Es irrt der Mensch solang er strebt« aus Goethes Faust.

113 »Failure is just part of the culture of innovation. Accept it and become stronger.« Albert Yu in der »Fast Company Magazine« vom Dezember 1998 – s. auch https://www.fastcompany.com/36355/innovation-albert-yu.

view und Retrospektive. Alle diese Meetings wirken auf das Prinzip des Fail-Fast-Gedanken. Bereits nach einem Tag soll auf der operativen Ebene unter den Developer:innen ein Überblick geschaffen werden, wo sich das Team befindet. Entsprechende Fehleinschätzungen vom Vortag (z. B. hinsichtlich des benötigten Aufwands oder der Komplexität einer User Story) sollen erkannt, besprochen und für den kommenden Tag optimiert werden. Je früher ein Fehler erkannt wird (letztlich ist das mit »schnellem Scheitern« gemeint), desto einfacher und kostengünstiger ist es, ihn aus dem Weg zu schaffen.

Wir empfehlen wärmstens, die Länge der Iterationen nicht zu lang zu wählen, umso dem »schnellen Scheitern« zur Wirkung zu verhelfen. Je mehr wir noch lernen müssen, um sicher handeln zu können, desto kürzer sollten die Iterationen sein, in denen wir Fehler provozieren und zum Gegenstand unserer Reflexionen machen.

Je schneller wir aus Fehlern lernen, umso besser können wir agieren.

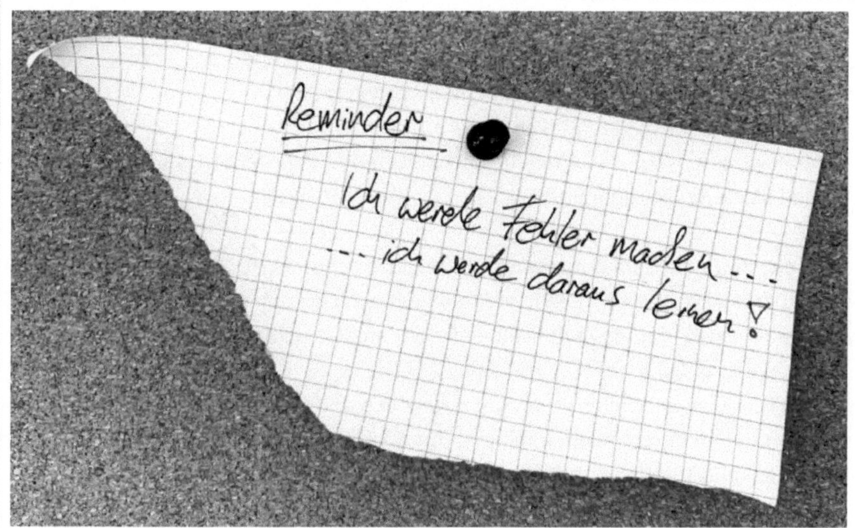

Abb. 47: Aus Fehlern Lernen

Eine sehr gängige Methode aus dem IT-Bereich, die sich mit Extreme Programming schnell ausbereitete, ist der Test-First-Ansatz[114]. Dabei wird zuerst ein Test (sogenannter Unit-Test[115]) geschrieben, der für einen bestimmten Input einen entsprechenden Output liefert. Erst dann wird die entsprechende Funktion implementiert und anhand des definierten Tests geprüft, sodass in einem sehr frühen Stadium der Entwicklung des Gesamtsystems schnell auf Funktionsebene erfasst werden kann, ob die Entwicklung in die richtige Richtung geht oder nicht.

114 S. Beck, K.: (2002). Test Driven Development: By Example.
115 S. dazu Khorikov, V.: Unit Testing Principles, Practices, and Patterns.

Um diese Idee aus der Software-Welt in andere Projekte erfolgreich zu übertragen, müssen wir statt des Unit Tests konsequent messbare Akzeptanzkriterien[116] für Anforderungen aufsetzen, und zwar schon, bevor die Anforderungen umgesetzt sind. Die Vorteile daraus sind:

- Schnellere Rückmeldungen: Bereits bei der Anforderungsdefinition kann anhand der aufgesetzten Akzeptanzkriterien die erste Prüfung objektiv vorgenommen werden und nicht erst in einer späteren Testphase oder gar erst im operativen Einsatz.
- Das Produkt tut, was es soll: Fehler können reduziert oder ganz vermieden werden, wenn Kundinnen und Kunden und Liefernde sich auf dieselbe Referenz beziehen. Die vorformulierten Akzeptanzkriterien stellen diese Referenz dar.
- Kontrollierbarer Zustand: Wenn Fehler erst spät erkannt werden, kann sich ein Produkt in eine falsche Richtung entwickeln, sodass eine Rückkehr zum Fehler, um ihn zu beseitigen, unkontrollierbare Kosten verursachen kann.

Wie könnte man also Fehler so schnell wie möglich erkennen und verbessern? Vielleicht indem man folgenden beiden Behauptungen folgt:

- Niemand ist perfekt.
- Wenn wir etwas tun, vor allem im komplexen Bereich, werden wir Fehler begehen (weil die Behauptung 1 gilt).

Falls die ersten zwei Behauptungen zutreffen, dann muss die Devise sein: Lasst uns die Fehler so früh wie möglich begehen, damit wir noch Zeit zur Reaktion haben, und lasst uns daraus lernen, damit wir denselben Fehler nicht zweimal begehen.

Diese Logik gilt selbstverständlich nicht für die Lesenden, bei der die erste oder die zweite Behauptung nicht gilt ;-)

Um dem Fail-Fast-Gedanken mehr Raum zu geben und diesen Gedanken auch konkret in die Planungen einzubeziehen, empfehlen wir eine Kreuzung von Risikowerten und Nutzwerten einzelner Backlog-Items bzw. PSP-Elementen.

Der Risikowert kann berechnet werden (s. dazu Kap. 4.3.2.2 »Qualitative und quantitative Risikoanalyse«), der Nutzwert für das Produkt muss in Abstimmung mit der auftraggebenden Person bestimmt und mittels einer geeigneten Skala (ähnlich wie die Quantifizierung von Schadenshöhen bei der quantitativen Risikoanalyse) quantifiziert werden. Die Kreuzung dieser beiden Werte, der Planungsindex, gibt uns einen guten Hinweis, wie wir das Projekt planen sollten.

116 Akzeptanzkriterien sind ein Set von Bedingungen, die erfüllt sein müssen, damit ein Backlog Item die Erwartung der Kund:in oder der Anwender:innen erfüllt. Sie werden vor allem im Agilen formuliert. Sie sind nicht zu verwechseln mit Abnahmekriterien, die eine rechtliche Rolle in einem Abnahmeprozess auf Werksvertragsebene haben. Hier kann die Abnahme eines Werks nur erfolgen, wenn die Abnahmekriterien des Projektes erfüllt wurden. Liegt die Abnahme vor, dann sind rechtlich die Schlusszahlung, der Gefahrenübergang und die Gewährleistungsfrist geregelt. Der Abnahmeprozess spielt vor allem im klassischen Projektmanagement eine Rolle und ist hier rechtlich bindend.

Die Logik dahinter ist einfach:

- Die Aufgaben mit dem höchsten Nutz- und Risikowert müssen auf jeden Fall gemacht werden. Also lasst uns diese so schnell wie möglich angehen.
- Sollten wir scheitern, haben wir noch genügend Zeit, aus den Fehlern zu lernen und die Aufgabe doch noch zu erledigen. Die notwendige Zeit dafür muss zur möglichen Anpassung des ursprünglichen Plans berücksichtigt werden.
- Sollten wir nicht scheitern, kann der Plan beibehalten werden.

Natürlich ließe sich der Planungsindex auch mit einer Formel berechnen. Unsere Empfehlung lautet aber, dass im ersten Schritt sowohl das Risiko als auch der Nutzwert eher qualitativ analysiert und bewertet werden sollte. Dies ermöglicht uns schnell und intuitiv unsere ersten Fail-Fast-Erfahrungen.

4.1.12 Die eierlegende Wollmilchsau

Das Wort »eierlegende Wollmilchsau«, das kannte ich gar nicht. Ich habe Jahre gebraucht, um das Wort überhaupt über die Lippen zu bringen. Das ist ein Konzept, das mir völlig fremd war. Im Iran ist man froh, wenn man Milch bekommt oder Eier. Du nimmst, was Du bekommen kannst. Und hier in Deutschland denkt man über die eierlegende Wollmilchsau nach. (Mehrschad)

Ich stelle mir gerade vor, wie man die agile eierlegende Wollmilchsau in Inkrementen ausliefert... Meine Schwester arbeitet in New York mit einem internationalen Team und hat dort den deutschen Gedanken des »egg-laying-wool-milk-pig« fest bei ihren Forschern integriert. Ich glaube auch als Antikonzept, als Erinnerung an alle, lieber in kleinen Schritten zu denken. (Karen) Hier ein Bild:

Die eierlegende Wollmilchsau gehört einfach verboten. Schon allein, weil man sie kaum aussprechen kann.

Abb. 48: Eierlegende Wollmilchsau (Quelle: © eosionist/ stock.adobe.com)

Dieses Wesen gibt mir ein Bild für den Effekt, den ich in Projekten oft sehe: ein Excelsheet, in dem 100 Punkte drinstehen, und 80 davon sind auf Prio 1 gesetzt. Und die anderen 20 Punkte sind dann nicht auf Prio 2 gesetzt, was schlimm genug wäre, sondern auf 1B. (Mehrschad)

Was wir damit aussagen möchten ist, dass weniger mehr ist. In der Philosophie stellen wir uns die Frage: Ist etwas perfekt, wenn ich nichts mehr hinzufügen kann, oder ist es perfekt, wenn ich nichts mehr entfernen kann? Das sind zwei grundlegend unterschiedliche Haltungen. Durch Eric Ries ist diese Idee erstmalig Anfang der 2000er Jahre für die Produktentwicklung formuliert worden. In seinem Buch[117] beschrieb er das MVP (Minimum Viable Product), welches eine erste Grundversion einer Minimalversion darstellt, die in sich lebensfähig als Produkt ist. Es bedarf auch Mut, mit einer minimalistischen frühen Version, wenn möglich als Erster, auf den Markt zu kommen. Doch davon später mehr (s. Kap. 4.1.14 »Und noch etwas über den Mut…«).

Ries propagiert, lieber in guter Qualität mit stark eingeschränktem Funktionsumfang auf den Markt zu gehen als umgekehrt. Reid Hoffmann, dem Co-Gründer von LinkedIn, wird das Zitat zugeschrieben: »Wenn dir die erste Version deines Produktes nicht peinlich ist, hast du es zu spät auf den Markt gebracht.« Qualität vor Schnelligkeit oder umgekehrt? Eine einheitliche Antwort wird es je nach Branche und Produkt nicht geben. Beide machen jedoch deutlich, dass die eierlegende Wollmilchsau nicht der Weg zum Erfolg sein kann.

Entwickelt man das MVP weiter, gehen wir über zum MMP (Minimal Marketable Product auch MSP – Minimal Sellable Product – genannt) über. Einfach ausgedrückt wird mit MVP versucht durch das Aufbringen von 20 % des Aufwands (Ressourcen und somit Geld und Zeit) 80 % des Nutzwertes zu erzeugen, der ein Produkt wertvoll macht.

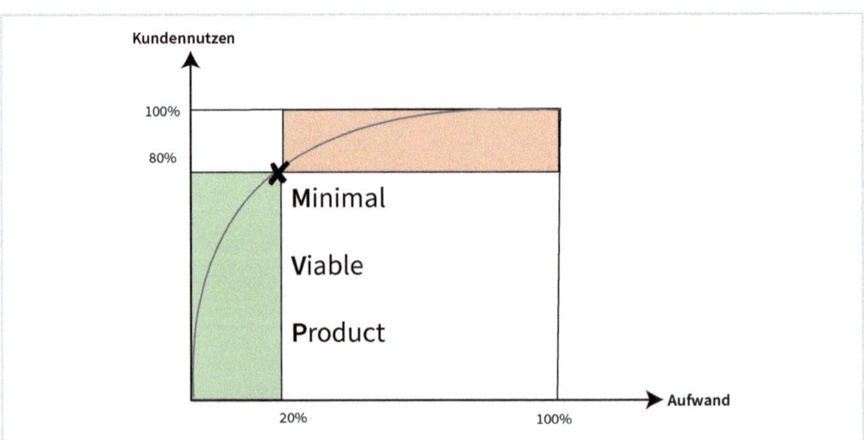

Abb. 49: Typischer Verlauf eines Projekts zur Produkterzeugung

Der Fokus der Planung sollte auf all diejenigen Anforderungen und Arbeiten gesetzt werden, die sich im grünen Bereich befinden. Der methodische Trick dazu ist denkbar einfach: Sämtliche Ziele werden durchgängig in Abstimmung mit der Kundin oder dem

117 Ries, E.: The Lean Startup.

Kunden priorisiert und bewertet. Die am höchsten priorisierten Arbeiten füllen die 80 % des Kundennutzens aus. Wogegen der rote Bereich am besten nie betreten werden sollte, es sei denn die Kundin oder der Kunde besteht darauf und ist sich über die Konsequenzen im Klaren (z. B. schlechteres Kosten-Nutzen-Verhältnis, größere Risiken usw.).

Anti-Verschwendungsgeschichte von Mehrschad:

Einige Jahre nach meiner Ankunft in Deutschland habe ich auch ein Jahr in Südafrika gelebt, und vor meiner Ankunft in Deutschland verbrachte ich ein Jahr in der Türkei. In keinem der Länder oder Sprachen, denen ich bisher begegnet bin, gibt es ein Pendant zur eierlegenden Wollmilchsau. Nicht nur, dass es in keinem dieser Länder einen entsprechenden Begriff dafür gibt, sondern auch das Konzept dahinter ist nicht verständlich. Es gilt nämlich, zu beachten: Wenn selbst die Natur es nicht geschafft hat, dieses Tier hervorzubringen, dann ist das vielleicht ein Hinweis darauf, dass es dieses Tier gar nicht braucht. Natürlich weiß ich, dass schon das Wort »eierlegende Wollmilchsau« in sich eine feine Ironie trägt, aber ich habe das Gefühl, dass sich etwas davon in manchen Köpfen eingeschlichen hat.

In einem meiner Projekte (in Deutschland) in einem weltweit agierenden Pharma-Unternehmen wurde ich mit dem Entwurf einer App beauftragt. Mit dieser App sollte eine bestimmte Funktion eines bereits bestehenden Produkts des Unternehmens digitalisiert werden.

Nach den ersten Gesprächen mit dem Topmanagement wurde mir klar, dass man bereits im ersten Wurf die App international auf allen existierenden Plattformen launchen möchte. Das Ziel war nichts Geringeres als »weltweiter Launch am Tag X«. Ich verwies darauf, dass wir hier besser im Sinne eines MVP denken sollten, und konnte erst nach dem Durchspielen der folgenden einfachen Skizze das Topmanagement für einen MVP-Ansatz erwärmen.

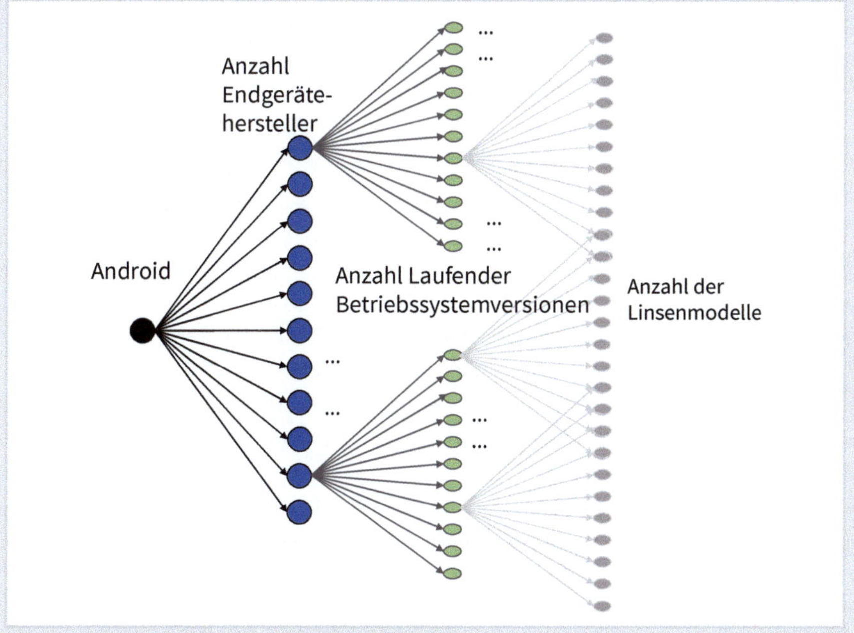

Abb. 50: Die Visualisierung eines möglichen MVPs

Wie so oft. Sobald wir dem MVP ein Gesicht geben (durch eine Visualisierung), wird sofort der (Un-)Sinn dahinter sichtbar. (Mehrschad)

Ich verwies auf die vielen Kombinationen von Endgeräten, auf denen die App getestet werden müsste, denn wenn wir alle Plattformen als Ziel haben, schließt dies alle Betriebssysteme ein. Also Android, iOS, Microsoft usw. Allein mit dem Android-Betriebssystem kämen wir auf ein paar Dutzend Hersteller, die die Geräte entwickeln, auf denen die neue App laufen soll. Vom Betriebssystem Android gibt es wiederum weltweit Dutzende Versionen, die im Einsatz sind. Es müsste berücksichtigt werden, dass Menschen in verschiedenen Ländern durchaus auch veraltete Versionen von Betriebssystemen einsetzen, deren Support schon lange aufgekündigt wurde. Dennoch befinden wir uns mit diesem Projekt in einem sehr stark regulierten Bereich, weil mit dem Produkt die Gesundheit von Menschen und auch Menschenleben tangiert werden, es müssten also auch die alten OS-Versionen bedient werden. Schließlich führte ich den Aspekt der unterschiedlichen Modelle von Linsen und Kameras an, die in den Smartphones verbaut sind. Dieser Punkt war entscheidend, weil der Einsatz der Kamera für dieses Produkt eine zentrale Rolle spielt. Allein die Hochrechnung aller möglichen Kombinationen und die notwendige Zeit, die das Projektteam bräuchte, um alle diese Kombinationen mit der App zu testen, war ausreichend, um das Management von der Notwendigkeit eines MVP zu überzeugen.

Das Ergebnis dieser Hochrechnung: Wenn wir zum Testen jeder einzelnen Kombination nur vier Stunden eingesetzt hätten, hätte allein die Testphase aller Kombinationen mehr als dreimal so viel Zeit und Ressourcen benötigt, wie uns Zeit und Ressourcen für das gesamte Projekt zur Verfügung standen.

4.1.13 Push versus Pull

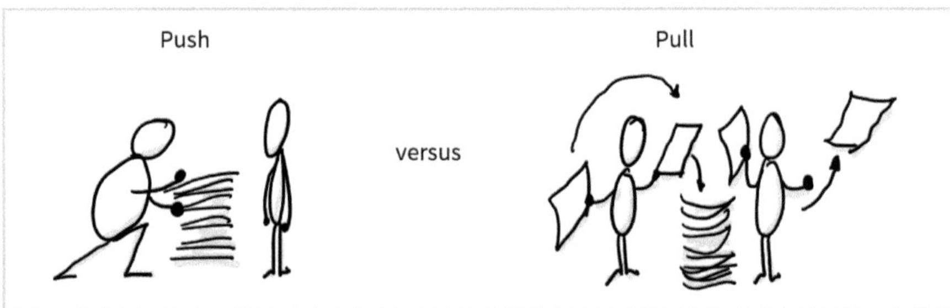

Abb. 51: Push versus Pull

Taiichi Ōno arbeitete seit den frühen 1930ern in den Toyota-Werken in Japan. Ab den 1950ern übernahm er immer mehr Verantwortung als Leiter der Produktion und konnte somit auch in die USA reisen, um dort in den Ford-Werken (Detroit) zu lernen und die Erfahrungen nutzen, um die Prozesse bei Toyota anzupassen.

In seinem Buch »Das Toyota-Produktionssystem[118]«, das bis heute als Standard in der Produktion gilt, erklärt er den Lesenden sehr anschaulich, welche Lehren er aus Det-

118 Ohno, T.: Das Toyota-Produktionssystem.

roit mitgebracht hat. Er bezeichnete die Arbeitsweise dort als das Push-System. Dessen Merkmale:

- Mehrere Produktionsstrecken und Fließbänder
- Je Produktionsstrecke gibt es einen »Aufpasser«, der die Geschwindigkeit des Fließbandes regelt.
- Die Mitarbeiter müssen ihre Arbeitsgeschwindigkeit der Geschwindigkeit des Fließbandes anpassen.
- Mitarbeiter können einen Knopf drücken, wenn das Band zu schnell ist. Das führt allerdings zum Stoppen der gesamten Produktionslinie und ist oft verbunden mit dem Verlust des Arbeitsplatzes.
- Dies führte unweigerlich dazu, dass die Mitarbeitenden eher dran interessiert waren, an der Qualität zu sparen und das Fließband laufen zu lassen, statt alles daran zu setzen, dass die Qualität stimmt, auch wenn dafür das Fließband stehen bleibt.

Achtsamkeit bei der Arbeit neu definiert: Wer die Arbeit schiebt, achtet auf sich. Wer die Arbeit nimmt, achtet auf andere.

Für Taiichi Ōno war klar, dass das Push-System kein gutes Beispiel für die Produktion sein konnte, die er zu verantworten hatte. Er war überzeugt, dass das Push-System unweigerlich dazu führt, dass die Qualität des Produkts leidet. Außerdem war er sich sicher, dass das Push-System die Menschen, die am Entstehen des Produkts beteiligt sind, brechen würde. Somit entwarf er das Konzept des Pull-Systems mit den folgenden Merkmalen:

- Anstelle eines Fließbandes gibt es Einzelstationen, an denen entsprechende Teile fertiggestellt werden.
- Jede Station verfügt über einen Knopf. Ist eine Person mit ihrer Arbeit an ihrer Station (Station A) fertig, drückt sie den Knopf und ein Licht an der Station schaltet auf grün.
- Das Licht ist ein Signal für die Person an der nächsten Station (Station B), damit sie an der Station mit dem grünen Licht (Station A) das fertige Arbeitsstück holen (pull) kann.
- Wartet ein Mitarbeiter an einer Station (Station B) darauf, bis die Arbeit an der Vorstation (Station A) fertiggestellt wird, entsteht die sogenannte Slack-Time. Die Entscheidung darüber, wie diese Slack-Time genutzt werden sollte, liegt bei jedem Mitarbeiter selbst.
- Die Rolle des Aufpassers war ab sofort obsolet. Eine vorgesetzte Person konnte somit diese Rolle ablegen und die freigewordene Zeit für andere Aufgaben einsetzen.

Entscheiden Sie selbst, welches System Sie bevorzugen und in welchem System Sie lieber arbeiten würden? Denn nicht jede Person möchte selbstverantwortlich arbeiten. Personen, die lieber auf Anweisung und ohne Slack-Time arbeiten wollen, würden sich in einem Pull-System nicht wohlfühlen.

Das Pull-Prinzip findet man in vielen der agilen Frameworks wieder, z. B. wenn es bei Scrum darum geht, dass man sich mit einem Task beschäftigt. Hier entscheiden die

Mitarbeitenden, welchen Task sie ziehen möchten, niemand weist den Mitarbeitern Aufgaben zu. Auch bei Kanban werden Aufgaben erst in den nächsten Prozessschritt gezogen, wenn in diesem wieder genügend Kapazitäten zur Bearbeitung frei sind.

4.1.14 Und noch etwas über den Mut …

> Ihre Zeit ist begrenzt, also verschwenden Sie sie nicht damit, das Leben eines anderen zu leben. Lassen Sie sich nicht von Dogmen in die Falle locken. Lassen Sie nicht zu, dass die Meinungen anderer Ihre innere Stimme ersticken. Am wichtigsten ist es, dass Sie den Mut haben, Ihrem Herzen und Ihrer Intuition zu folgen. Alles andere ist nebensächlich.
>
> Steve Jobs

»Habe Mut, dich deines eigenen Verstandes zu bedienen!« rief Immanuel Kant in der Aufklärung Ende des 17. Jahrhunderts aus.

Warum ist **Mut** so wichtig, für den Norden, das Mindset und die Haltung?

Wenn Organisationsentwickelnde das Mindset einer Organisation weiterentwickeln wollen, können sie das nicht planen. Jede Organisation ist ein soziales System, und wie wir in Kapitel 2.2 »Begriffsklärungen in und um Systeme« erfahren haben, ist damit die Ursache-Wirkungs-Beziehung außer Kraft gesetzt. Wir können also nur Rahmenparameter einsetzen und hoffen, dass das System sich danach so verhält, dass es in die von uns gewünschte Richtung geht. Aber sicher sein, dass es auch wirklich funktioniert, können wir nicht.

Bricht eine Organisationsentwicklung die klassische Führungsstruktur der Projektleitung in agile Rollen wie Product Owner:in, Scrum Master:in und selbstorganisierte Developer:innen auf, ohne diese explizit einzuführen, kann es auch passieren, dass alle führungslos vor sich hinarbeiten und auf der Stelle treten. Oder die selbstorganisierten Developer:innen atmen auf, weil sie nun endlich ungestört das machen dürfen, was sie am besten können, nämlich hochwertige Produkte erstellen, während die Scrum Master:in ihnen den Rücken frei hält, und die Product Owner:in die Anforderungen sammelt, ordnet und bewertet. Beide Szenarien sind möglich und noch viele andere mehr. Aufgrund unserer Erfahrung wie soziale Systeme auf Faktoren von außen reagieren können wir uns verschiedene Szenarien überlegen. Aber wir können das Verhalten nicht voraussagen.

Aus der Erfahrung in vielen Organisationsprojekten wissen wir, dass wenn wir uns in unserer Organisation weit aus dem Fenster lehnen und einen Mindsetwechsel vorschlagen, wir nicht mit hundertprozentiger Sicherheit sagen können, dass uns das gelingen wird. Und genau deshalb brauchen wir Mut, um uns auf einen Prozess einzulassen, der auch scheitern könnte.

Wir müssen uns unserer eigenen Kraft, der eigenen Wirkungsfähigkeit, bewusst sein. Wenn wir kein Selbstvertrauen haben, dass wir ein Vorhaben zum Erfolg bringen können, und es dennoch starten, dann sind wir nicht mutig, sondern höchstens tapfer oder tollkühn.

Neben dem Mut ist noch eine zweite Sache wichtig: das **Vertrauen**. Das Vertrauen in uns selbst, als Initiatorinnen und Initiatoren des Änderungsprozesses. Das Vertrauen, etwas Sinnvolles vollbringen zu können. Das Vertrauen in unser Team, dass es Verantwortung übernehmen und selbstorganisiert Leistung erbringen wird. Und das Vertrauen der Organisation in die Initiierenden der Veränderung, als Vorschuss gewährt dafür, dass eine Änderung des Mindsets nicht nur möglich, sondern auch erfolgreich sein wird.

Das Kompetenzelement der ICB4 (s. Kap. 4.4.2 »Persönliche Integrität und Verlässlichkeit«) betont hier noch einen dritten Aspekt: die persönliche Integrität der Beteiligten (zumindest der Key-Player im Änderungsprozess) und deren **Verlässlichkeit**. Vertrauen basiert auf diesen beiden Werten.

In einem meiner Kurse kam die Frage auf, wie eigentlich Vertrauen entsteht. Und da kam mir die Analogie des Urknalls in den Sinn. Unter den Astrophysikern gibt es die heiß diskutierte Frage, was am Anfang oder kurz vor dem Urknall passiert ist. Ich habe das Glück, zwei Astrophysiker zu kennen, und die erzählten mir, dass sie das Geschehen bis auf wenige Millisekunden nach dem Urknall bereits simulieren können, aber nicht wissen was davor stattgefunden hat. Das ist bisher noch immer ein Mysterium.

Sich dem Urknall zu nähern, um zu wissen, woher er kam, ist wie die Annäherung ans Vertrauen. Das Vertrauen kann nicht von Anfang an als selbstverständlich vorausgesetzt werden. Eine Zusammenarbeit startet im besten Fall mit einem Vertrauensvorschuss, der dann nach und nach durch Verlässlichkeit, integres Verhalten, Vorhersehbarkeit, Loyalität, Verbindlichkeit, Konsistenz und Transparenz ausgebaut werden sollte, um so eine solide Vertrauensbasis zu schaffen. Diese Vertrauensbasis kann dann die Grundlage für den Mut sein, den wir für Veränderungen brauchen. (Mehrschad)

Aus dem Referenzprojekt in Kap. 1.3.2 »Referenzprojekt 2: Mögen die Räder und der Rubel rollen«

Die in Kapitel 4.1.8 »Kaizen und Lean Management (Achtsamkeit in Bezug auf Verschwendung)« erwähnte Bereinigung der Offenen-Punkte-Listen durch die Scrum Master:innen durchzusetzen und zu echtem Leben zu erwecken, erforderte sehr viel Zeit und viel Überzeugungsarbeit. Am Anfang brauchten alle Beteiligten dafür den Mut und das Vertrauen, dass dies auch wirklich funktionieren und erfolgreich sein würde. Interessanterweise konnte niemand wirklich sagen, warum sie die Punkte nicht entfernen lassen wollten, obwohl klar war, dass sie niemals hätten abgearbeitet werden können. Es herrschte eine diffuse Angst davor, etwas falsch zu machen oder etwas zu verpassen. Es war also extrem mutig, die OPL einfach formal auf maximal zehn Punkte pro Owner:in zu beschränken.

Im Abschlussgespräch des Projekts freuten sich ausnahmslos alle Beteiligten darüber, dass wir die OPL so konsequent bereinigt hatten. Vertrauen und Mut haben sich ausgezahlt.

4.2 Der Osten – Organisation

4.2.1 Zusammenspiel zwischen Linienorganisation und Projekt

»Ein Projekt kommt aus der Linie und geht wieder in die Linie zurück«.[119] Diese Projektmanagementweisheit zeigt schon an, dass Linienorganisation und Projekt nicht nur parallel zueinander existieren, sondern einander bedingen. Eine strategische Aufgabe des Unternehmens wird in Projektform umgesetzt. Das Ergebnis wird an die Linie zurückgegeben und dort angewendet (z. B. eine neue Organisationsstruktur), eingesetzt (z. B. ein neues CRM-System) oder gewartet (z. B. ein neues Produkt).

Projekte können in unterschiedlicher Form in Unternehmen integriert sein. Die häufigste Organisationsform ist die Matrix-Projektorganisation. Hier gehen Projektmitarbeitende neben ihren Linienaufgaben auch Projektaufgaben nach. Daneben gibt es noch die Reine Projektorganisation bei der Projektmitarbeitende zu 100 % für die Projektdauer nur für das eine Projekt arbeiten. In einer Einfluss-Projektorganisation hat die Projektleitung kein dediziertes Team, sondern arbeitet mit »Freiwilligen« aus der Organisation, die die Projektleitung aufgrund ihres Einflusses (Beziehungsmacht, Informationsmacht) zur Mitarbeit motiviert.[120]

Je nach Projektcharakter können die unterschiedlichen Projektorganisationsformen passend sein.

	Organisationsform				
Kriterien	Einfluss-Projektorganisati	Matrix-Projektorganisation			Autonome Projektorganisa
		Schwach	Standard	Stark	
Strategische Bedeutung	gering	gering	mittel	groß	sehr groß
Projektumfang	gering	gering	mittel	groß	sehr groß
Zeitdruck	gering	gering	gering / mittel	groß	hoch
Komplexität	gering	gering	gering / mittel	groß	sehr groß
Bedürfnis der/ Bereitschaft zur Machtausstattung der Projektleitung	gering	gering	mittel	groß	sehr groß
Mitarbeitereinsatz	Teilzeit	Teilzeit	Teilzeit	Vollzeit	Vollzeit
Projektleitungseinsatz	Gering, Nebentätigkeit	Gering, Teilzeit	Ca. 50% der Arbeitszeit	Ca. 80% der Arbeitszeit	100% der Arbeitszeit

Abb. 52: Projektorganisationsformen aus Dittmann und Dirbanis, Projektmanagement[121]

119 Urheber unbekannt.
120 S. auch Fischer, R. et al.: Führen ohne Auftrag.
121 Dittmann, K. et al.: Projektmanagement (IPMA®), Lehrbuch für Level D und Basiszertifikat.

In Abhängigkeit von der Projektorganisationsform gestaltet sich auch das Zusammenspiel zwischen Projekt und Linienorganisation. Während in der Einfluss-Projektorganisation die Linienorganisation weitestgehend vom Projekt unberührt bleibt, weil die Prozesse und Rollen der Linie beibehalten werden, entsteht am anderen Ende der Skala, der reinen Projektorganisation, eine komplett neue Organisation mit eigenen Prozessen, Regeln und Rollen. Es kann sogar so weit gehen, dass eine komplett neue Firma gegründet wird, die nur für die Dauer des Projekts besteht (z. B. ARGE[122]). Die intensivsten »Grenzarbeiten« zwischen Projekt und Linie müssen in der Matrix-Projektorganisation vorgenommen werden, weil hier die Mitarbeitenden zwischen Linien- und Projektarbeit ständig wechseln. Mit der bewussten Wahl der Projektorganisationsform kann also die Zusammenarbeit zwischen Projekt und Linie gestaltet werden.

Wie wendet man das jetzt für ein hybrides Projektdesign an?

Drei Denkbeispiele:

- Das gallische Dorf

Mit Asterix und Obelix in die Schlacht ziehen

In Anlehnung an das berühmte gallische Dorf ganz im Westen der Bretagne in dem Asterix und Obelix mit den anderen Dorfbewohnern tapfer gegen die Römer bestehen, kann ein Projektteam sich auch als »gallisches Dorf« in seiner Linienorganisation betrachten. Unbeugsam den Römern (Linienorganisation) gegenüber, können sie mit dem nur ihnen zu Verfügung stehendem Zaubertrank[123] und dem nur ihnen eigenen Humor Dinge vollbringen, zu denen anderen nicht fähig sind.

Ich habe immer gerne in Projekten gearbeitet, weil wir dort in Abgrenzung zum Unternehmen, welches mir mit seiner Kultur nicht immer zusagte, quasi in einem gallischen Dorf eine eigene Kultur aufbauen konnten. Wir konnten wertschätzender miteinander umgehen, ich konnte Tools und Methoden einsetzen, die im Unternehmen nicht gerne gesehen waren oder nicht verstanden wurden. Auch in meinen Zertifizierungstrainings erlebe ich immer wieder erfahrene Projektleitende, die solche gallischen Dörfer errichten, um für sich und ihr Team Sinn zu stiften, gerade dann, wenn sie den Sinn in der Linienorganisation nicht oder nur bedingt finden. (Karen)

- Potemkinsches Dorf (sprich: patjomkin)

Als potemkinsche Dörfer werden Fassaden bezeichnet, die nach außen hin etwas anderes vorzeigen, als sich dahinter verbirgt.

122 ARGE, Abkürzung für »Arbeitsgemeinschaft«. Bezeichnet den Zusammenschluss natürlicher oder juristischer Personen, also auch Unternehmen, zu einer koordinierten, informativen Zusammenarbeit, z. B. zur Durchführung eines gemeinschaftlichen Projekts.

123 Der Zaubertrank von Majestix verleiht den Kriegern des gallischen Dorfs magische Kräfte, mit denen sie die Römer besiegen können. In der Projektwelt könnte er stehen für tolle Ideen, argumentative Durchsetzungskraft, Begeisterung für das Projekt oder andere Dinge, die ein Team »magisch« arbeiten lassen.

In einem meiner Kundenprojekte war von Kundenseite eine klassische Organisationsform nach dem V-Modell vorgegeben. Durch die Regulierungsbehörde, die ein Vorgehen nach GMP[124] verlangte, war diese Vorgabe nicht verhandelbar. Auf der anderen Seite hatten wir es mit einer hohen Komplexität und teilweise unklaren Anforderungen zu tun. Nach einigen Überlegungen haben wir uns dann im Projektteam entschieden, nach innen agile Methoden zu implementieren, während die Kommunikation und das Reporting an die Kunden-Organisation auf klassischem Weg gemäß dem V-Modell erfolgte. (Karen)

- Das widerständige Nest (Gerhard Wohland[125])

Befasst sich ein Team mit einer komplexen und dynamischen Aufgabe, dann braucht es eine geschützte Umgebung, in der es sich trauen kann, etwas Neues auszuprobieren und ungewohnte Wege zu gehen. Diese geschützte Umgebung bezeichnet Wohland als »Nest«. Hier kann gesponnen und experimentiert, können Ideen geäußert werden, ohne dass für Fehler, die dabei ganz natürlich gemacht werden (s. Kap. 4.1.10 »Fehlerkultur und Lernkultur«), Schuldige gefunden werden oder sich gerechtfertigt werden muss. Es geht darum, lernen zu dürfen. In einem hybriden Vorhaben kann dieses Nest für ein ganzes Projekt eingerichtet oder für eine bestimmte Projektphase zur Verfügung gestellt werden (z. B. für eine Vorstudie, die Prototypengenerierung oder in der Designphase).

Das Nest (als System) befindet sich in einem Unternehmen, welches an sich ebenso wiederum ein System darstellt. Systeme sind naturgemäß träge und leisten Widerstand gegen neue Ideen bzw. neue Projektergebnisse (s. Kap. 2.3 »Reaktion von Systemen«). Dieser Widerstand erfüllt seinen Zweck, indem es das Projektteam veranlasst, durch die Erzeugung von Qualität (Anwendungserfolg) den Widerstand so zu verringern, dass das Ergebnis von der Organisation angenommen wird. Der Widerstand der Organisation gegenüber etwas Neuem führt also dazu, dass auch in internen Projekten die Lieferobjekte »verkauft« werden und von der internen Kundin oder Kunden akzeptiert werden müssen. Zusätzlich ist aktives Projektmarketing gefragt und intensive Stakeholderarbeit.

BEISPIEL:

Das Projektteam führt aus Gründen der Datensicherheit ein neues CRM-System ein. Die Mitarbeitenden haben in ihrem Tagesgeschäft erst einmal keinen direkten Vorteil vom neuen System. Im Gegenteil, sie müssen sich auf eine neue Software einstellen, neue Prozesse lernen und einhalten und verlieren sogar einige Berechtigungen in der Datenpflege, da die neuen Sicherheitsrichtlinien viel restriktiver gehandhabt werden. Die Organisation leistet Widerstand.

124 Good Manufactoring Practice steht für: Gute Herstellungspraxis für Arzneimittel, Kosmetika, Lebensmittel u. Ä. Die GMP-Regeln sind offizielle Richtlinien des Qualitätsmanagements und in nationalen und internationalen Regelwerken festgeschrieben.

125 Wohland, G. et al.: Denkwerkzeuge für dynamische Märkte.

Das Nest hat die Insiderinformation über den Nutzen. Durch den Widerstand ist es gezwungen, sich mit der Akzeptanz durch die Mitarbeitenden auseinanderzusetzen.
Durch sorgfältige argumentative Vorbereitung und Kommunikation des Projektes (Projektmarketing), basierend auf einer Stakeholderanalyse, und ersten kommunizierten Quick-Wins, können die Widerstände so verringert werden, dass sie der Einführung nicht mehr im Weg stehen.
Das gelingt jedoch nur, wenn das widerständige Nest sich des potenziellen Widerstandes bewusst ist, ihn als wertvolle Informationsquelle anerkennt und ihn in seine Strategie mit einbezieht.

Es geht also darum, auf der einen Seite ein »Nest« bereitzustellen, in dem Ergebnisse innovativ und unter kalkuliertem Risiko erstellt werden können, und auf der anderen Seite den Widerstand der Organisation zu nutzen, um die Qualität so zu stärken, dass das Ergebnis anerkannt werden kann. Also nicht Projekt gegen Organisation, sondern das geschützte Projekt bringt das Unternehmen zusammen mit der Organisation vorwärts.

4.2.2 Linien- und Projektorganisation in projektorientierten Unternehmen

Linienorganisation und Projektorganisation verfolgen unterschiedliche Zwecke. Während in der Linie vor allem durch Prozessorientierung möglichst effizient und kontinuierlich ein Output mit der immer gleichen oder besser werdenden Qualität erzeugt werden soll, sind Projekte dazu da, Neues zu schaffen, komplexe Probleme zu lösen, Prozesse oder Bedingungen zu verändern oder ein einmaliges, spezifisches Ergebnis zu kreieren, weshalb ein Projekt nur ein einziges Mal abläuft.

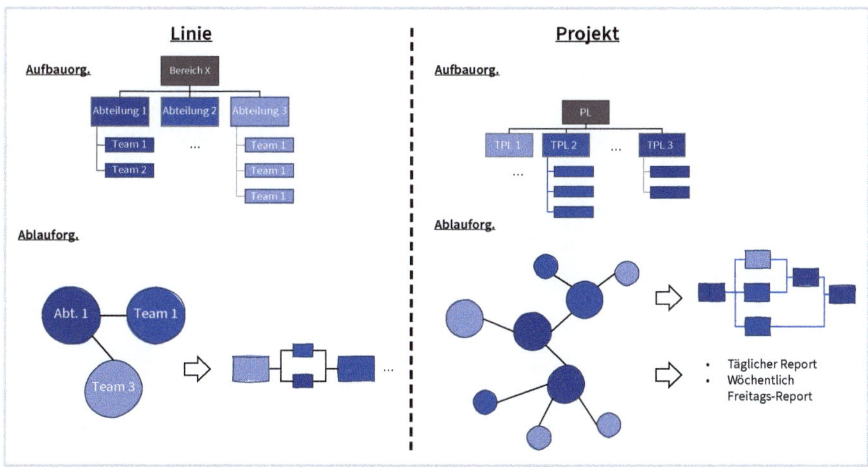

Abb. 53: Linie vs. Projekt – Ablauf- vs. Aufbauorganisation

Entsprechend haben eine Linienorganisation einerseits und eine Projektorganisation andererseits jeweils unterschiedliche Aufbau- und Ablauforganisationen. Während die Aufbauorganisation die hierarchischen Strukturen der Rollen und Einheiten definiert (oft als Organigramm dargestellt), regelt die Ablauforganisation den Arbeitsfluss und die Prozesse und bestimmt, wie miteinander gearbeitet werden soll.

So stark, wie sich Linienorganisation und Projektorganisation in ihrer Zwecksetzung unterscheiden, unterscheiden sich auch ihre jeweiligen Aufbau- und Ablauforganisationen. Sie sind für den jeweiligen Zweck ausgerichtet, und die Unterschiede sind oftmals so groß, dass man von zwei Kulturen sprechen kann.

Übersicht behalten in Aufbau- und Ablauforganisationen. Das ist die Kunst.

John Kotter beschreibt unter anderem in seinen Büchern »The heart of change«[126] und in »Accelerate«[127] sehr deutlich, warum beide Kulturen benötigt werden. Er spricht oft von zwei Betriebssystemen, die in einem Unternehmen laufen müssen. Kotter bezeichnet dabei die Linienorganisation als Betriebssystem I und die Projektorganisation als Betriebssystem II[128]. Wichtig ist zu wissen, dass jedes Unternehmen beide Betriebssysteme braucht.

Im Projektdesign muss gut abgewogen werden, wie die Kultur des Betriebssystems II (Projekt) aufgesetzt wird und wie die Schnittstellen zu Betriebssystem I gestaltet werden. Abhängig vom Innovationsgrad und von der Komplexität des Vorhabens kann das Betriebssystem II klassisch oder agil aufgesetzt werden. Diese Entscheidung hat immense Auswirkungen auf alle Himmelsrichtungen unseres Kompasses.

Sind sich die Haltungen in der Linien- und Projektkultur nah (z. B. ein rein klassisches Projekt in einem klassischen Unternehmen mit klassischen Rollen und klar getrennten Strukturen), bedarf es keiner großen »Übersetzungsarbeit« zwischen den beiden Kulturen bzw. Betriebssystemen. Falls aber in einem klassisch geführten Unternehmen ein rein agiles Projekt mit Scrum aufgesetzt wird, dann müssen die Beteiligten unverzüglich mit Kommunikation und Aufklärung starten, um die Basis der kommenden »Übersetzungsarbeit« vorzubereiten.

Hier einige Beispiele, die von der genannten »Übersetzungsarbeit« abgedeckt sein müssen:

- Wie lassen sich Rollen wie Scrum Master:in und Product Owner:in im Projekt einsetzen?
- Warum sollten Scrum Master:innen als Führungspersonen angesehen werden? Wie kann dies erzielt werden?

126 Kotter, J./Cohen, D. S.: The heart of change. Real-life stories of how people change their organizations.
127 Kotter, J.: Accelerate.
128 Er spricht nicht von Projektorganisation und Linienorganisation, beschreibt jedoch genau diese beiden Welten.

- Warum brauchen Scrum Master:innen und Product Owner:innen 80 bis 100 % ihrer Kapazität für die Arbeit? Wie kann dies bewerkstelligt und verargumentiert werden?
- Warum kann nicht bereits zum Start des Projekts dem Lenkungskreis und dem Management ein ungefähres Enddatum des Projekts in Aussicht gestellt werden?
- Was bedeuten die agilen Begrifflichkeiten wie z. B. Product Backlog, Sprint, Review etc.? Und wie wird dieses Wissen kommuniziert?
- Was um Himmels Willen sollen wir mit Story Points? Damit kann doch kein Mensch arbeiten!
- U. v. m.

Man kann also sagen, dass sich im »hybriden Design« das zweite Betriebssystem der Projektorganisation wiederum in zwei Projekt-Subkulturen aufteilt, eine klassische und eine agile. Somit wird die Übersetzungsarbeit nicht nur zwischen den beiden grundlegenden Betriebssystemen »Linie« und »Projekt« benötigt, sondern möglicherweise muss auch zwischen den beiden Subsystemen »klassisch« und »agil« eine Übersetzung stattfinden. Das agile Subsystem kann also von zwei Seiten, der Linie und dem klassischen Projekt, missverstanden wahrgenommen werden.

Zwischen den Kulturen brauchen wir Menschen, die übersetzen. Je erfahrener, desto besser. (Mehrschad)

Der große Unterschied einer agilen Projektorganisation zur Matrix-Projektorganisation besteht darin, dass hier die fachliche Führung durch das Team (Developer:innen und Product Owner:in) übernommen wird, während diese im klassischen Projekt in einer Matrix-Projektorganisation der Projektleitung als einzelner Person obliegt. Außerdem stehen beim agilen Teamzuschnitt Themen wie Cross-Funktionalität[129]und das T-Modell (s. Abb. 96 in Kap. 4.3.6.2 »Agile Personalplanung«) im Vordergrund.

Solche Unterschiede müssen bekannt gemacht, erläutert, kommuniziert und im Verständnis und Verhalten der Mitarbeitenden eingeübt werden, damit hybride Projektsituationen Erfolg haben können.

Gelingt es einem Unternehmen nicht, durch geeignete Schulungen und durch den Einsatz erfahrener Personen, die bereits mehrfach solche »Übersetzungsarbeiten« geleistet haben, die »Betriebssysteme« entsprechend aufzusetzen und für die richtige Übersetzungsarbeit zu sorgen, wird das hybride Projekt isoliert und sogar bekämpft.

129 Cross Funktionalität: Teams sind mit Personen aus unterschiedlichen Abteilungen und mit unterschiedlichen Expertisen zusammengestellt. In Zusammenhang mit dem T-Modell stellt die Expertise die Senkrechte des »T«s dar, während alle Teammitglieder auch an anderen Themen mitarbeiten können. Beide Prinzipien in einem Team abgebildet, stellen die Voraussetzung für autarkes Arbeiten in z. B. einem Scrum Developer Team dar.

Aus dem Referenzprojekt in Kap. 1.3.3 »Referenzprojekt 3: Kreativ vielseitig«

In der Werbeagentur aus unserem Referenzprojekt wird die Wertschöpfung sowohl in der Projekt- als auch in der Linienorganisation erbracht (vgl. Betriebssystem I und II).

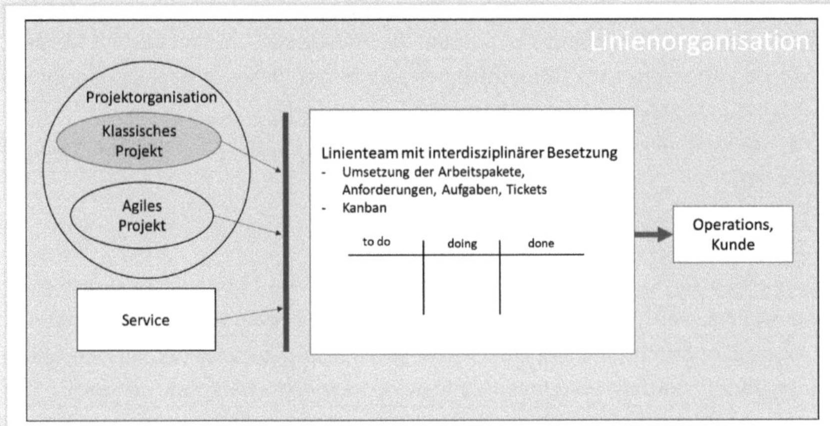

Abb. 54: Ablauforganisation im Projekt »Kreativ vielseitig« – Zusammenspiel Linie und Projekt

Während Anforderungsmanagement, Konzeption, Stakeholdermanagement in den Projekten betrieben werden, erfolgt die eigentliche Umsetzung in weitgehend projektübergreifenden interdisziplinären Linien-Teams. Diese interdisziplinären Teams organisieren sich mit dem Kanban-Framework und sind auf Flow fokussiert (s. Kap. 5.3.4.2 »Kanban«, Kap. 2.5.5.5 »Lernen anhand von Metriken«). Damit wollen sie ihren Durchsatz optimieren und schneller ausliefern können.

Die Schnittstellen zwischen Linie und Projekt sind somit klar definiert. Der Schwerpunkt der Arbeit liegt in der Linienorganisation. Das Projekt ist die Schnittstelle zu den Kundinnen und Kunden, indem es Anforderungsmanagement und Kommunikation übernimmt.

Die Herausforderung, zwischen den unterschiedlichen Betriebssystemen zu vermitteln, bleibt. Da Projekt und Linie in den Teams von jeweils fünf bis neun Personen vertreten sind, hilft die enge Zusammenarbeit, Verständnis zu schaffen.

4.2.3 Politische Entscheidungen

Dass strategische Rollen eher nach firmenpolitischer Zugehörigkeit besetzt werden als nach Kompetenz, kommt in beinahe jedem größeren Projekt vor. Um in der oben eingeführten Begrifflichkeit zu bleiben: Die Linienorganisation (Betriebssystem I) versucht sich Einfluss in der Projektorganisation (Betriebssystem II) zu sichern.

Eine politische Entscheidung muss nicht immer unvernünftig sein.

Wer die Product Owner:in stellt, kann sich Einfluss auf das Product Backlog, die Priorisierung der Backlog Items und damit auf die Produktgestaltung sichern. Wem die Projektleitung zugetan ist, kann durch sie das Stakeholdermanagement und damit die Projektkommunikation beeinflussen.

Solcher Einflussnahme kann durch transparente Karrierepfade in der Projektlaufbahn von Unternehmen entgegengetreten werden.

Einer meiner Kunden hat vor Jahren beschlossen, dass das Projektmanagement im Unternehmen professionalisiert werden muss, da die Wertschöpfung der Unternehmens-IT zum Großteil in Projekten erbracht wird. Neben der Möglichkeit, eine Führungskarriere oder eine Fachkarriere einzuschlagen, erhalten Mitarbeitende seitdem auch die Möglichkeit, einer Projektkarriere zu folgen. Nur wer festgeschriebene PM-Zertifizierungsstufen erfolgreich absolviert hat, kann Projekte bestimmter Größe und Komplexität leiten. Auch Neueingestellte, die mehrjährige Erfahrung mitbringen, müssen die Zertifizierung durchlaufen.

Darüber hinaus hat die Organisation einen abteilungsübergreifenden Projektleitenden-Pool eingerichtet, der dem Projektmanagementbüro der IT (PMO) zugeordnet ist. Hier findet das Senior-Projektmanagement sein Zuhause, welches dann abteilungsübergreifend in Großprojekten eingesetzt wird. (Karen)

Die Organisation von Projektleitenden in einem Pool erlaubt einen direkten Erfahrungsaustausch unter den Mitgliedern. Und: Wer keiner Fachabteilung angehört, kann auch weniger von den eigenen Vorgesetzten beeinflusst werden und viel leichter eine neutrale Position einnehmen.

4.2.4 Rollen und Verantwortungen

Ungeklärte Rollen und Aufgabenverteilungen sind eine der häufigsten Ursachen für Konflikte. Hält man sich dies vor Augen, kommt der Rollenklärung eine besondere Bedeutung zu. Das Thema Rollenklärung ist nicht ganz einfach, denn eine Rolle definiert sich über die Zuschreibung von mehreren anderen und sich selbst.

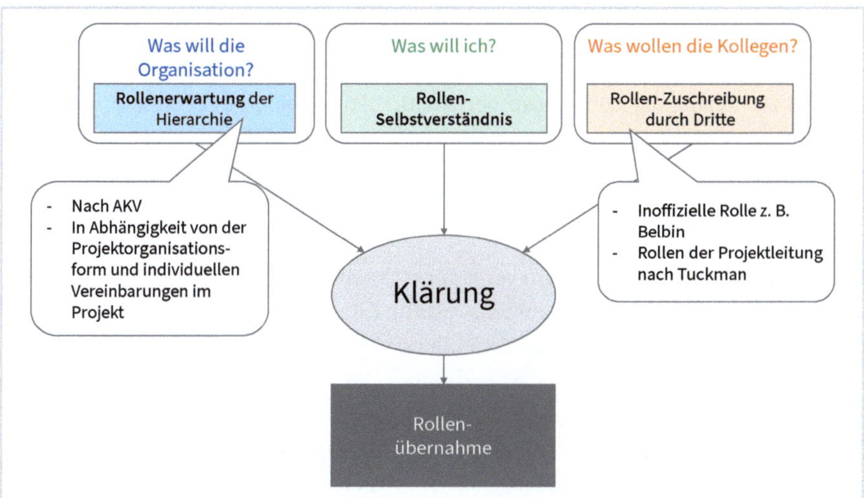

Abb. 55: Definition von Rollen

Erst wenn eine Klärung zwischen den unterschiedlichen Anforderungen der Organisation, ggf. anderen Beteiligten und mir selbst stattgefunden hat, kann ich eine Rolle so annehmen, dass sie von meinem System als stimmig empfunden wird.

Betrachten wir oben gezeigtes Schaubild, dann wird deutlich, dass Rollendefinitionen sich nicht nur auf die Anforderung des Unternehmens an den Mitarbeitenden beziehen. Was will das Unternehmen? Das ist meist die vorherrschende Fragestellung beim Rollenverständnis. Ob im Scrum Guide oder in Projektmanagement-Handbüchern, in den Richtlinien der IPMA® oder des PMI, überall werden Rollen so definiert, wie die Organisation sie erwartet. (Dass Erwartung und Wirklichkeit manchmal weit auseinanderklaffen, lassen wir im Sinne der Komplexitätsreduktion hier weg.) In der konkreten Anwendung gilt: Was ich will, und was meine Kolleginnen und Kollegen von mir erwarten, bedarf der Klärung, die durch die Personalabteilung mit mir zusammen stattfindet. Coaching oder Mentoring sind dafür sinnvolle Hilfsmittel. Diese Rollenklärung ist Teil der Personalentwicklung.

In meinen Beratungen kommen wir in jedem hybriden Projektdesign früher oder später zu dem Punkt, an dem wir Rollen definieren. Oft habe ich gesehen, dass dies in seitenlangen Excel-Tabellen endet, in denen nach AKV oder ***RACI*** *beschrieben wird, wer was zu tun hat. Leider verlieren diese Beschreibungen schnell an Übersichtlichkeit und überfordern alle Beteiligten. Dennoch ist das Bedürfnis an Klärung vorhanden. Deswegen haben wir hier einmal den Versuch unternommen, für ein klassisches Projekt und ein agiles Scrum-Projekt eine Rollendefinition vorzunehmen. Im Sinn von »inspect and adapt« soll sie eine Ausganglage und Erleichterung für eine Rollendiskussion in hybriden Projekten darstellen. (Karen)*

Rollendefinition

Versuchen wir, Projektrollen allgemein zu definieren. Im Englischen unterscheiden wir zwischen

- Accountability: Verantwortung im Sinne von Rechenschaftspflicht (weil ich für eine Nichterfüllung belangt werden kann, oder, populär gesprochen: »den Kopf hinhalten muss«)
- Responsibility: Durchführungsverantwortung (im Sinne von zuständig sein, sich darum kümmern müssen)

Unsere Tabelle haben wir insofern vereinfacht, indem wir lediglich die Verantwortung im Sinn der Accountability betrachten – was im Deutschen auch der üblichen Bedeutung des Begriffs »Verantwortung« bei Rollendefinitionen entspricht.

Aus dem Referenzprojekt in Kap. 1.3.3 »Referenzprojekt 3: Kreativ vielseitig«

Beim Aufbau der neuen Struktur nach dem Kanban-Framework kam die Frage auf, ob wir, wenn wir jetzt agiler werden, überhaupt noch Rollen brauchen. Agil bedeutet doch, dass wir nicht mehr so hierarchisch nach Rollen arbeiten sollen.

Antwort: Natürlich brauchen wir auch im agilen Kontext Rollen! Es sei noch einmal erwähnt: Nicht definierte Rollen und Aufgaben sind eine der häufigsten Ursachen für Konflikte. Auch in der agilen Arbeit ist es wichtig und sinnvoll, Verantwortungen und Befugnisse zu klären und transparent zu machen. Nur unterscheiden sich eben agile Rollen von klassischen genau in dieser Hinsicht.

Wir wollen die Führungsrollen anhand der vier unten beschriebenen Bereiche erklären, für die eine Führungskraft im Projekt Verantwortung (Accountability) übernimmt.

Rollen sind keine Frage der klassischen oder agilen Vorgehensweise.

	klassisch				Scrum				
Verantwortung (Accountability)	PL (starke Matrix, reine Projektorga.)	Auftraggebende, Lenkungskreis	Linien-Manager	Projektteam, AP-Verantwortliche	Developer:in	Auftraggebende, Kunde	Scrum Master:in	PO	Linien-Manager, Personalverantw.
für die Lieferobjekte									
Anwendungserfolg, Nutzen (nach Projektende)		x				x			
Kundenzufriedenheit		x				x		x	
Abnahme des Werkes		x						x	
für den Weg zur Projekt-Zielerreichung									
Abwicklungserfolg (mag. Dreieck)	x				x		x	x	x
Prozess/PM Handbuch/Framework	x						x		
für die Menschen in und um das Projekt									
Sinnstiftung Produkt, Vision	x							x	
Sinnstiftung menschliches Miteinander	x						x		
PE	x		x						x
formal ein zuhause geben	x		x						x
für die Integration Projekt in die Organisation									
SH Management	x						x	x	
Schnittstellenmanagement, Integration Unternehmen	x						x		
Abgleich mit Strategie des Unternehmens		x				x		x	

Abb. 56: Aufteilung der Verantwortung für Projekte auf Projektrollen (klassisch, Scrum)

Lieferobjekte

- **Anwendungserfolg, Nutzen**: Erreichen von Nutzungszielen, positive Validierung des Projektergebnisses, wirtschaftlicher Erfolg des Produktes
- **Kundenzufriedenheit**: misst sich in positiven Umfragewerten, Folgeaufträgen, schenken von Vertrauen, Aufbau einer partnerschaftlichen Zusammenarbeit Abnahme des Werkes (Summe aus vertraglich vereinbarten Lieferobjekten)

Weg zur Zielerreichung:
- **Abwicklungserfolg**: die kleine Schwester des Anwendungserfolges, in time, in scope, in budget und zur Zufriedenheit der wichtigsten Stakeholder, Budgetverantwortung;
- **Prozess/PM Handbuch/Framework**: Das gewählte Projektdesign mit seinem Aufbau und Ablauforganisation unterstützt das Projekt und wird deshalb akzeptiert und von allen eingehalten.

Menschen in und um das Projekt

Wir haben hier den etwas unscharfen Begriff der Sinnstiftung bzw. Sinnfindung verwendet. Diese Begriffe beschäftigen sich mit den Fragen »Wohin?«, »Wozu?«, »Warum soll ich mich dafür einsetzen und über das normale Maß hinaus mich engagieren?«. Für dynamisch anspruchsvolle Projekte haben diese Fragen eine besondere Bedeutung, weil sie bei aller Berücksichtigung der Work Life Balance besonderen Einsatz bedürfen.

Wir haben Sinnstiftung auf zwei Bereiche aufgeteilt, die eigentlich eine Einheit bilden sollten, um zur vollen Wirksamkeit zu gelangen, und die in Scrum auf zwei Rollen, PO und SM, aufgeteilt sind.

- **Produkt und Vision:** Sehe ich einen Sinn in dem, was wir hier machen?
- **Menschliches Miteinander**: Sehe ich einen Sinn darin, wer hier zusammenarbeitet und wie wir zusammenarbeiten? Sind Wertschätzung, Rücksicht, Miteinander vorhanden? Können wir konstruktiv mit Konflikten umgehen? Arbeiten wir so zusammen, dass wir Ergebnisse produzieren können? Haben wir Spaß zusammen?
- **Personalentwicklung (PE)**: Personalentwicklung im Sinne von fachlicher und persönlicher Weiterentwicklung über ein konkretes Projekt/Vorhaben hinaus;
- **Formal ein Zuhause geben**: Zugehörigkeitsgefühl zum Unternehmen/Abteilung über die Projektlaufzeit hinaus, Organisatorische Verortung, Konkretes Interesse an der Person selbst;

Integration des Projektes in die Organisation
- **SH Management**: SH identifizieren und in eine kommunikative Strategie einbinden.
- **Schnittstellenmanagement**: Verzahnung im Unternehmen;
- **Abgleich mit der Strategie des Unternehmens**: Folgt das Projekt der Strategie des Unternehmens/des Fachbereichs etc.

Bei klassischen Projekten hat die Projektleitung umfassende Verantwortung für die Bereiche Weg, Menschen und Integration in die Organisation. Lediglich beim Anwendungserfolg und beim Abgleich mit der Strategie des Unternehmens übernimmt die auftraggebende Person die Verantwortung. Da wir uns in klassischen Projekten oft in einer Matrix-Projektorganisation befinden, und die Projektleitung nur die fachliche, nicht aber die disziplinarische Führung innehat, hat das Linienmanagement Anteile in der Personalentwicklung.

In Scrum-Projekten sind die Verantwortlichkeiten viel weiter aufgefächert (s. Kap. 4.1.6 »Führungsverständnis«). Abwicklungserfolg: Hier ist das komplette Team verantwortlich für die erfolgreiche Durchführung des Projektes, die Scrum Master:in speziell für die Einhaltung des Scrum-Frameworks.

> The Scrum Team is responsible for all product-related activities from stakeholder collaboration, verification, maintenance, operation, experimentation, research and development, and anything else that might be required. They are structured and empowered by the organization to manage their own work. Working in Sprints at a sustainable pace improves the Scrum Team's focus and consistency.[130]

In den weiteren Ausführungen des Scrum Guides werden die Verantwortlichkeiten näher für die einzelnen Rollen heruntergebrochen und genauer erklärt.

Für ein hybrides Team könnte gemäß dem Vorbild Scrum die geteilte Verantwortung für den Abwicklungserfolg auf mehrere Rollen neu eingeführt werden, um so ein höheres Engagement der Beteiligten zu erreichen. Dies bedarf unter Umständen intensiver Personalentwicklungsarbeit, um die Verantwortungsübernahme auch wirklich gewährleisten zu können. Dabei knüpfen wir auch wieder an die Abbildung 56 oben an, wo wir gesehen haben, dass die Rollenklärung jedes Einzelnen nicht so trivial ist und begleitet werden sollte. Die formale Rollenklärung obliegt der Projektleitung. Die Entwicklung zur inhaltlichen Übernahme und zur Personalentwicklung ist die Aufgabe der Linienvorgesetzten und der Personalabteilung mithilfe von Mentoring und Coaching.

Der Bereich Mensch ist bei Scrum auch auf unterschiedliche Schultern verteilt. Die Sinnstiftung bezüglich des Produktes übernimmt die PO, Sinnstiftung hinsichtlich des menschlichen Miteinanders die SM.

> Scrum Masters are true leaders who serve the Scrum Team and the larger organization.[131]

Somit ist ein SM die einzige benannte Führungsperson in Scrum. Nimmt man dies ernst, geht die Rolle weit über die im Scrum Guide genannten Aufgaben »coachen«,

130 Sutherland, J. et al.: The Scrum Guide.
131 Sutherland, J. et al.: The Scrum Guide.

»unterstützen«, »beseitigen von Hindernissen« und »sicherstellen, dass die Scrum Events stattfinden« hinaus. Als Führungsrolle beinhaltet sie:

- Rollenklärung mit Product Owner:in, Developer:innen, Kundinnen und Kunden
- Teambuilding und Teamentwicklung
- Konfliktmanagement
- Anwendung von Führungstechniken und -modellen[132]
- Kulturbildung im Team
- u. v. m

Der Scrum Guide ist die weltweite Referenz zur Beschreibung der Scrum-Rollen.

Einige Führungsaufgaben werden in das Framework delegiert, wie z. B. Teambuilding, Reflexion und Konfliktmanagement in die Retrospektive. Diese Events müssen nicht von den Teammitgliedern oder einer auf Projektmanagement spezialisierten Leitung selbst konzipiert werden, sondern sind durch den Scrum Guide vorgegeben und werden bestenfalls adaptiert. Das erleichtert das Projektdesign.

Selbstorganisation und Beteiligung an der Verantwortung wirken motivierend und können für sich schon eine intrinsische Motivation und Sinnstiftung bei den Teammitgliedern hervorrufen.

Im Tagesgeschäft verbleiben aber viele Führungsaufgaben, die kontinuierliche Führungsarbeit bedeuten und nicht auf einen zwei- oder gar vierwöchentlichen Termin (Retrospektive) ausgelagert werden können. Eine Scrum Master:in führt diese Führungsarbeit ohne hierarchische Macht aus. Bilden wir aus einer klassischen Organisation heraus hybride Teams, sind wir gut beraten, diesen lateralen Führungsaspekt besonders zu berücksichtigen.

Die Scrum Master:in und die Developer:innen arbeiten täglich eng zusammen. Etwas weiter entfernt steht die Product Owner:in. Betrachten wir das Konstrukt mit der systemischen Brille:

- **Betrachtungsmöglichkeit 1:** Das System sind SM und Developer:innen. Die PO versucht das System »von außen« so zu beeinflussen (s. Kap. 2.1.2 »…zum System«) dass sie Rahmenparameter vorgibt, damit das System die gewünschten Ordnungsparameter ausbildet. Soll z. B. eine qualitativ bessere Bearbeitung der Backlog Items (Verantwortung Wertemaximierung) erzielt werden, dann können die Rahmenparameter vorgegeben werden (Verdeutlichung der Vision, Bedeutung des Kunden, Änderung der Priorisierung etc.), damit das Team die Ordnungsparameter (Qualitätssteigerung, Lernen, Fokussierung aufs Wesentliche etc.) umsetzt. Einen direkten Zugriff hat die PO nicht. Manche Product Owner:innen fühlen sich

132 Hier könnten zahlreiche Beispiele genannt und erörtert werden wie z. B. die »Teamentwicklung nach Tuckman«, das Modell der »5 level of leadership« nach J. Maxwell oder Ansätze, die Führung mit Hirnforschung verbinden – dies könnte dann ein neues Buch ergeben.

in der Rolle ohnmächtig und fangen an, in das Team hineinzuregieren. Bei einer hybriden Transition ist die Rollenfindung des PO sehr wichtig, um Frustration auf beiden Seiten und somit Konflikte zu vermeiden.
In dieser Betrachtung liegt die Sinnstiftung für das Produkt außerhalb des Systems. Über eine bewusste Kommunikation muss die PO den Sinn für das Produkt an das Team vermitteln. Die Scrum Master:in muss ihrerseits die PO in das Miteinander und den Teamspirit einbinden, um ein gemeinsames Vorwärtsschreiten zu ermöglichen und keine Fronten aufzubauen.
- **Betrachtungsmöglichkeit 2**: PO, SM und Developer:innen sind das System. Wie wir bereits in Kapitel 2.1.2 »... zum System« gelernt haben, sind Systeme träge. Haben sie sich einmal in einem Gleichgewicht eingefunden, dann sind sie nur noch schwer zu ändern. Wenn jedoch Änderungsbedarf aufkommt, z. B. weil die geforderte Qualität nicht geliefert wird, wer setzt dann von außen Rahmenparameter, damit das System neue Ordnungsparameter ausbilden kann? Hier steht die Kundin oder der Kunde einerseits und die Linie andererseits zu Verfügung. Je mächtiger diese sind, umso eher können sie das System bewegen und Missstände aufheben. Sie müssen sich ihrer Rolle als Systembeeinflussende bewusst sein und systemisch Einfluss nehmen. Genauso sollten sie wissen, dass ein gut funktionierendes System in Ruhe gelassen werden sollte. Offen bleibt, wer die Kundinnen und Kunden und Linienvorgesetzten in ihre Verantwortung nimmt. Dazu kann dem Projekt ein agiler Coach zur Seite gestellt werden, oder ein PMO (Projekt Management Office) oder in einem hybriden Projekt die traditionelle Projektleitung, die von außen steuernd mit den Kunden oder der Linie eingreift. Falls diese Rollen nicht zur Verfügung stehen, kann schnell ein Führungsvakuum entstehen.

Je nach eigener Situation kann die Betrachtungsweise 1 oder 2 hilfreich sein, um ein System zu verbessern. Oder Betrachtungsweise 3, die die Leserschaft mit dem nun selbst entwickelten Systemdenken aufstellen kann.

Im klassischen PM liegen die hier beschriebenen Verantwortlichkeiten ganz bei der Projektleitung. Die Transparenz der Führungsaufgaben ist somit höher. Gibt z. B. in einem hybriden Projekt die klassische Projektleitung in agilen Phasen Verantwortung an agile Rollen ab, muss sie oft erst Vertrauen fassen, dass das Framework und die Rollenteilung zwischen PO und SM die abgegebene Verantwortung auch wirklich aufnehmen. In diesem hybriden Wechselspiel der Führung muss auch auf der klassischen Seite Bewusstseinsarbeit geleistet werden. Die Frage ist dann: Übernimmt die klassische Projektleitung in den agilen Phasen die Rolle des PO oder des SM? Oder verbleibt sie ohne Rolle in der agilen Phase des Projekts und begleitet von außen? Auf diese Frage gibt es mal wieder keine klare Antwort, denn »es kommt darauf an«.

Mögliche Antworten haben wir bereits in Kap. 4.1.6.6 »Und wie sollen wir jetzt hybride Projekte führen?« gegeben und wir werden in Kap. 4.2.5 »Brauchen wir noch PLs?« weiter darauf eingehen.

Damit begeben wir uns zu einem Punkt in der Rollendiskussion, der uns besonders wichtig ist. Jedes Projektdesign muss bei der Gestaltung der Ablauf-(Prozesse) und Aufbauorganisation (Rollen) auf die jeweilige Situation angepasst werden. Deshalb sollen die von uns im Folgenden vorgestellten Erfahrungen auch keine »Kochanleitung« sein, sondern zum konzeptionellen Denken anregen, wie die Rollen im ganz konkreten Fall definiert werden können.

Aus dem Referenzprojekt in Kap. 1.3.1 »Referenzprojekt 1: Frischgemüse«

Die Haltung des Geschäftsführers, der mein Ansprechpartner ist, und das Commitment in der gesamten Geschäftsleitung zu unserem Vorhaben erleichterte ungemein die Arbeit, um in die klassisch geführte Organisation diejenigen agilen Elemente einzuführen, die wir auf dem Weg zum hybriden Ansatz brauchten.

Eine Rolle, die dringend gebraucht und neu erschaffen wurde, war die Rolle der »Moderatoren«. Moderatoren verantworten u. a. das Nachhalten von Gesprächen und Sitzungen. Daraus resultieren die folgenden Aufgaben:

- Aufnahme von Punkten, die verfolgt werden sollten und diskussionswürdig sind
- Aufsetzen von Meetings und Sitzungen
- Einladen der richtigen Ansprechpartner oder Partnerin zur Sitzung
- Moderation und Leitung der Sitzung mit einer Agenda und dem entsprechenden Timekeeping
- Herbeiführen einer Einigung, wer, bis wann, was zu liefern hat (To-do-Liste) noch in der Sitzung
- Festhalten der Ergebnisse und Verteilung der Ergebnisse an alle relevanten Personen

An dieser Stelle werden nicht alle Kompetenzen[133] aufgeführt, die benötigt werden, um die genannten Aufgaben meistern zu können. Diese Kompetenzen wurden ausführlich mit dem Geschäftsführer erläutert und besprochen. Entsprechende Schulungen und Begleitungen wurden geplant.

Aus dem Referenzprojekt in Kap. 1.3.2 »Referenzprojekt 2: Mögen die Räder und der Rubel rollen«

Ein hybrides Projekt kann durchaus zum Teil agil und zum Teil klassisch durchgeführt werden, wie das Teilprojekt E&E (Phase P3) aus diesem Beispiel. In diesem Fall standen drei Personen zur Verfügung, die die Teilprojektleitung hätten übernehmen können. Eine organisatorische Bedingung war, dass diese Person weiterhin als »Projektleiter oder Projektleiterin« bezeichnet werden sollte und nicht als Scrum Master.

133 Technische, methodische, soziale und organisatorische Kompetenzen (Fähigkeiten und Befugnisse).

Um zu entscheiden, wer die beste Eignung zur Leitung des Teilprojekts in der gesamten Phase mitbringt, haben wir ein Rollen-Mapping vorgenommen.

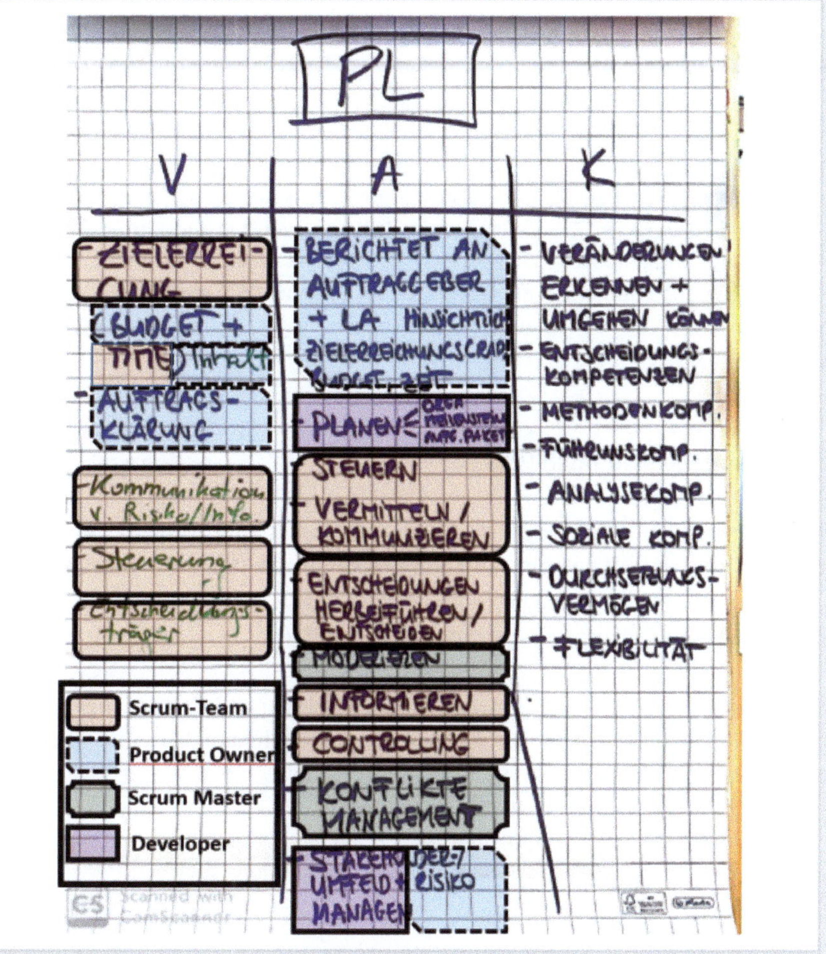

Abb. 57: Rollenmapping für Teilprojekt E&E (Phase P3), eigene Darstellung

Wie in der obigen Abbildung zu sehen ist, haben wir zunächst die Aufgaben, Kompetenzen und Verantwortungen einem Teilprojektleitenden aus der Rollenbeschreibung des Unternehmens aufgelistet. Anschließend haben wir diese den verschiedenen Rollen aus dem anzuwendenden agilen Framework (in unserem Fall Scrum) zugeordnet. Da der größte Anteil der Phase drei agil umgesetzt wurde, wurde aus den drei zur Verfügung stehenden Personen, die Person ausgewählt, die nach diesem Rollenmapping die größte Überdeckung mit der Scrum-Master-Rolle hatte.

»Eigentlich« hätte man sie dann als Scrum Master bezeichnen müssen, jedoch war organisatorisch gewünscht, dass die Rolle intern weiterhin als »Teilprojektleiter« bezeichnet wird. Nach diesem Prozess waren sich alle einig, dass diese Person ohne dieses Rollenmapping wohl kaum in die Teilprojektleitung aufgenommen worden wäre.

In hybriden Strukturen wird Rollenmapping benötigt und das ist nicht schwer. Es muss nur gemacht werden. (Mehrschad)

Aus dem Referenzprojekt in Kap. 1.3.3 »Referenzprojekt 3: Kreativ vielseitig«

Wie in einer agilen Organisation ist die Umsetzungsverantwortung in diesem Projekt auf mehrere Schultern verteilt:

- die Projektleitungen sind für das Anforderungsmanagement und die Kundenkommunikation verantwortlich;
- die Serviceabteilung für die Bearbeitung von Tickets;
- das interdisziplinäre Kanban-Team für die Umsetzung und die Qualitätskontrolle;
- Operations für die Auslieferung.

Eine zentrale Rolle spielt der Kanban-Master. Dieser ist der »Gate Keeper« zwischen mehreren Projekten, Service und dem Zufluss auf das Kanban-Board. Während Projektleitung, PO und Service Prioritäten anzeigen, nimmt das interdisziplinäre Kanban-Team die Aufgaben im Pull-Prinzip in den Bearbeitungsprozess. Bei Ressourcenkonflikten und Terminkollisionen tritt der Kanban-Master als Servant Leader auf und sorgt für Entscheidungen sowie die Beseitigung von Hindernissen.

4.2.5 Brauchen wir noch PLs?

Diese Frage schließt an das Kapitel 4.1.6 »Führungsverständnis« und an das vorherige Kapitel an und wird von uns mit der typischen Berateraussage beantwortet: »Es kommt darauf an!«. Je nachdem wie viele agile Anteile in das hybride Projekt übernommen werden, fällt die Antwort unterschiedlich aus.

Es wird auch nie die »richtige« Antwort geben, sondern nur Entscheidungen, die hoffentlich die gewünschten Wirkungen erzeugen. Deshalb simulieren wir drei unterschiedliche Fälle.

Wir gehen für unsere Simulation[134] von einer klassischen Organisation aus, die die Entwicklung eines neuen Produktes agil nach Scrum durchführen möchte.

4.2.5.1 Das Projekt bekommt eine traditionelle Projektleitung

Stellen wir uns vor: Wir befinden uns in einer klassischen Organisation, die seit Jahren Projektleitende ausbildet. Die Ausbildung dazu wurde von der Organisation ermöglicht und finanziert. Die Projektleitenden werden in ihrer Rolle wahrgenommen. Das Erreichen der Rolle Projektmanager ist ein Schritt auf dem Karriereweg der Mitarbeitenden, vom Ansehen her sowie von der Vergütung im Gehalt. Die Projektleitung arbeitet mit einem Projektteam, das sich nach Scrum organisieren soll. Sie nimmt sowohl die Rolle des Product Owner als auch des Scrum Masters ein.

---

134 Die nun folgenden Szenarien entstehen aufgrund unserer Erfahrung in unterschiedlichsten Beratungsaufträgen, stellen jedoch keine empirische Auswertung aufgrund von erhobenen Daten dar.

Wirkung auf … Simulationsvarianten	Fall 1: Projektleitung bleibt
Führungsstil	Bleibt wahrscheinlich weiterhin kollegial, da dies der häufigste Führungsstil nach unserer Erfahrung ist. Vielleicht auch situativ mit Ersatzführungsstil autoritär in kritischen Situationen oder Laisser-faire, wenn das Führungsverständnis noch nicht ausgeprägt sein sollte. Laisser-faire als bewusster Führungsstil für ein selbstorganisiertes Team ist eher unwahrscheinlich, weil wirkliche Selbstorganisation in einer klassischen Organisation wahrscheinlich bisher nicht gefördert wurde.
Selbstorganisation des Teams	Wie oben erwähnt ist je nach Entwicklungsgrad der Teammitglieder wahrscheinlich eher gering, da sie durch den klassischen Führungsstil nicht gefördert wird. Mit dem Ersatzführungsstil Laisser-faire könnte sich bei sehr erfahrenen Teammitgliedern eine Selbstorganisation ausbilden. Bei Unerfahrenen oder unselbstständig arbeitenden Mitgliedern entstehen eher unorganisierte oder chaotische Zustände. Die Teamentwicklung wird dann in der Forming- oder Storming-Phase (Tuckman) verbleiben und entsprechend wenig performen.
Kundenorientierung	Ist abhängig von der Unternehmenskultur und der Initiative Einzelner. Sie wird vom Führungsstil und den Führungsrollen nicht vorgegeben, da klassische Projektleitung den Erfolg von der Erfüllung vereinbarter Leistung (Pflichtenheft) ableitet, die zu Projektbeginn definiert wurde. Feedbackschleifen zur kontinuierlichen Prüfung der Kundenzufriedenheit sind erst einmal nicht vorgegeben. Ergeben sich während des Projektes sinnvolle Änderungen, müssen diese sich erst bewähren, bevor sie in den aufwendigen Prozess eines Änderungsmanagements im Projekt eingesteuert werden können (s. Kap. 5.2.4.1 »Änderungsmanagement«).
Einbindung des Projektes ins Unternehmen	Hoch, da die Projektleitung mit ihrem klassischen Mindset in einer klassisch geprägten Organisation gut andocken kann. Rollendefinitionen bleiben bestehen und so die damit verbundenen bereits ausgehandelten Kompetenzen und Statussymbole für die Projektbeteiligten und die Personen an den Schnittstellen. Schnittstellen können durch die Projektleitung bedient werden, auch wenn ein Übersetzen der agilen Berichtsstrukturen in die klassische Organisation erfolgen muss. Inwieweit eine klassische Projektleitung in der Lage ist, diese Übersetzungsarbeit zu leisten hängt nicht zuletzt von ihren Kenntnissen in agilen Methoden und Denkweisen zusammen.
Kommunikationsaufwand im Projekt	Auf der einen Seite hoch, da das Team und die Projektleitung nicht an Meetings mit Time Boxen wie z. B. das Daily gewöhnt sind und daher tendenziell zeitlich überziehen. Auf der anderen Seite fallen keine Kommunikationsaufwände an, neue Rollen auszuhandeln und zu etablieren.

Wirkung auf ... Simulationsvarianten	Fall 1: Projektleitung bleibt
Anpassungsanforderung für Mitarbeitende	Gering, nur auf neue Tools (z. B. Story Board statt PSP) und Events (z. B. Daily oder Review) bezogen. Wenn die Projektleitung im hierarchischen Führungsstil verbleibt, kann es sein, dass die agile Vorgehensweise von außen wie ein perfekt aufgeführtes Theaterstück erscheint, da von oben verordnet. Die Teammitglieder treffen sich täglich vor einem Kanban Board. Die Projektleitung fragt im Daily die vereinbarten drei Fragen. Es finden Meetings, wie Review oder Retrospektive statt, die jedoch zunehmend an Akzeptanz verlieren, da sie zu einer klassischen Führung der Projektleitung nicht passen. Die Vorteile einer agilen Vorgehensweise können nicht ausgeschöpft werden, weil die Selbstorganisation und das agile Mindset nicht entwickelt sind. Ein von oben hierarchisch verordnetes Review in einem klassischen Midset ruft oft folgende Symptome hervor: • Das Projektteam präsentiert so, dass möglichst wenig Änderungsaufwand entstehen kann, da am Plan festgehalten werden soll. • Die Auftraggeber und Stakeholder geben wenig Rückmeldung, aufgrund des Präsentationsstils des Projektteams. • Änderungsvorschläge enden in Schuldzuweisungen, wer diese Änderungen vergessen oder Aufgaben »falsch« umgesetzt hat, da sich alle zur Vermeidung von Kosten in Schutzhaltung zurückziehen und sich abgrenzen wollen. • Da das Meeting als unangenehm oder überflüssig empfunden wird, kommen immer weniger Teilnehmende, bis es abgesagt wird. Bei der Retrospektive tritt dieses Missverhältnis von gewünschtem und tatsächlichem Nutzen noch stärker hervor. Unter der Moderation einer hierarchischen Führung trauen sich Mitarbeitende oft nicht, Missstände anzusprechen oder eigene Fehler einzugestehen. Diese Bereitschaft muss jedoch vorliegen, um eine Retrospektive sinnvoll durchzuführen. Alleine das Spielen von »Agile Games« hilft hier nicht weiter und führt meiner Meinung nach zu Recht zur Einschätzung, dass die Retrospektiven überflüssig sind, denn keiner hat Zeit »mit Wattebällchen zu spielen«[135].

Tab. 10: Betrachtung klassische Führungsrolle in einem Projekt, welches weitgehend agile Methoden einsetzt

135 Steht hier als Metapher für Moderationsmethoden, die nicht fachlich fundiert eingesetzt werden und somit keinen Mehrwert für die Beteiligten erzielen.

Wie kann eine klassische Projektleitung dennoch ein hybrides Projekt mit agilen Methoden zum Ziel führen?

Die Aufgabe der Projektleitung, ein agiles Projekt in einer klassischen Organisation durchzuführen ist herausfordernd, aber nicht unmöglich. Warum herausfordernd? Weil neben dem eigentlichen Projekt (hier im Beispiel Produktentwicklung) zusätzlich ein Organisationsentwicklungsprojekt geleitet wird.

Die Organisationsentwicklung (OE) muss benannt werden. Zum einen, weil die entstehenden Aufwände in der Projektplanung ihre Berücksichtigung finden sollten. Zum anderen, damit das Projektteam und das Management informiert sind und in etwa abschätzen können, was auf sie ungewohnter Weise zukommt.

In Abgrenzung von dem der Organisation bekannten Projektmanagementhandbuch werden neu konzipiert und eingeführt:

- Kommunikation z. B. in einem klassischen Kommunikationsmanagementplan mit neuen Formaten wie Reviews und Retrospektiven
- Ablaufplanung mit Feedback-Zyklen, Reportingstrukturen
- Angewandte agile Werkzeuge wie z. B. Kanban Board oder User Stories

Initiiert und gesteuert wird all dies durch die Projektleitung. Sie ist gut beraten, die OE im Projekt transparent zu machen und dafür zu werben. Klassische Stakeholdermaßnahmen wie die bewusste Unterstützung durch Fach- und Machpromotoren helfen. Das beauftragende Management muss glaubhaft kommunizieren, dieses Projekt mit genau diesen organisatorischen Vorgaben durchführen zu wollen. Zögern und Zaudern von »oben« würde die Projektleitung allein im Regen stehen lassen.

Den Retrospektiven wird eine hohe Bedeutung zukommen, da sie das Forum sind, in dem Veränderung verhandelt wird. In meiner Rolle als Beraterin würde ich den Retrospektiven in der Anfangszeit eine externe Moderation mit Mediationsfähigkeiten »gönnen«. Sie erlaubt der Projektleitung, ihre eigene Rolle vertreten zu können, da sie nicht neutral parallel moderieren muss. Und sie stellt Professionalität in der Moderation her, auf die eine Projektleitung vielleicht nicht spezialisiert ist.

Damit die eingesetzten Werkzeuge »funktionieren« muss eine vertrauensvolle und wertschätzende Atmosphäre im Team vorherrschen. Ängste und unausgesprochenes Konkurrenzdenken führen zu einem Verhalten, welches das Arbeiten in einer offenen Fehlerkultur erschwert. Und diese brauchen wir, wenn agile Methoden einsetzen. Sonst wird das Kanban-Board zum Überwachungsboard und verliert seine Akzeptanz. Review und Retrospektive werden als überflüssig abgelehnt. Und die Mitarbeitenden haben in ihrer ablehnenden Reaktion recht, denn die agilen Werkzeuge können ihre Wirkung nicht entfalten.

Vertrauen muss auch gegenüber den Auftraggebenden aufgebaut werden, denn sie erhalten zu Beginn nicht mehr, DEN Plan, an dem sie den Erfolg des Projektes kontinuierlich in einem klassischen Reporting verfolgen können. Sie stellen ein Budget zu Verfügung, ohne genau zu wissen, was sie wann bekommen, auch wenn das in klassischen Projekten, die in dynamischem Umfeld durchgeführt wurden oft nur eine Scheingenauigkeit war.

Es obliegt der Führungsaufgabe der Projektleitung (mit der Betonung auf »Aufgabe«, also Arbeit) und der Unterstützung des oberen Managements, diese vertrauensvolle und wertschätzende Atmosphäre einzuführen, aufrechtzuerhalten und gegen alle Anfeindungen von außen wie Zeitdruck, Konkurrenz anderer Projekte, Lieferengpässe etc. zu verteidigen. Im Kapitel 4.1.3 »Klassische Werte« haben wir die Werte Zuverlässigkeit, Fairness, Respekt, Ehrlichkeit genannt. Diese können wir hier gut gebrauchen.

4.2.5.2 Die Projektleitung geht und wird durch PO und SM ersetzt

In diesem Ansatz gibt es keine Projektleitung mehr. Damit wird die klassische Hierarchie zwischen Projektleitung mit Weisungsbefugnis und Team aufgelöst. An ihrer Stelle tritt das Zusammenspiel unterschiedlicher Rollen wie Product Owner:in, Scrum Master:in und Entwicklungsteam. Der Vollständigkeit halber müssen wir auch noch die Linienvorgesetzten mit hinzunehmen, da bei ihnen die disziplinarische Verantwortung[136] liegt.

Die Organisationsentwicklungsarbeit zur Umstellung der Arbeitsweise auf agile Methoden obliegt der Scrum Master:in.

136 Im Sinn von persönlicher Weiterentwicklung mit Genehmigung von Schulungen, Urlaubsfreigabe sowie Kritikgesprächen bis hin zur Abmahnung.

Wirkung auf ... Simulationsvarianten	Fall 2: Projektleitung geht und wird durch PO und SM ersetzt
Führungsstil	Die Scrum Master:in agiert als True Leader im Team, die Product Owner:in nimmt die fachliche Führungsrolle ein. Die disziplinarische Führungsrolle verbleibt in der Linie. Da das Linienmanagement meist weit weg vom Projekt ist, der SM aber keine disziplinarische Führung hat, kann für die Mitarbeitenden ein disziplinarisches Führungsvakuum entsteht. Ein Problem, welches bei allen agilen Projekten auftreten kann und uns aus der schwachen Matrixprojektorganisation[137] der klassischen Projekte bereits bekannt ist. Der Führungsstil der Scrum Master:in ist der eines Servant Leader, eines dienenden Führenden. Wird die Rolle von einer Projektleitung aus früheren Projekten eingenommen, muss sie sich in ihrer Haltung auf eine Führung auf Augenhöhe umstellen. Nicht die Teammitglieder arbeiten für die erfolgreiche Abwicklung »ihres Projektes«, sondern die Projektleitung dient dem Team, damit alle zusammen das Projekt zum Erfolg bringen. Die Aufgabe der Product Owner:in kann als fachliche Führung verstanden werden. Im Bespielen der Schnittstellen zu Stakeholdern und insbesondere zum Auftraggebenden liegt bei ihr die Verantwortung für das Anforderungsmanagement, Refinement und die Konzeption. Sie führt kein Team und ist auf die Zusammenarbeit mit anderen, über die sie keine Weisungsbefugnis hat, angewiesen. Um in diesen Rahmenbedingungen erfolgreich zu sein, braucht sie sowohl fachliche als auch Beziehungsmacht. Wird die Rolle mit einem Projektleitenden aus früheren Projekten besetzt, mag sich die Person machtlos fühlen, was sie im Vergleich zu früher ja auch ist, weil ihr die disziplinarische Führung entzogen wurde. Eine Situation, auf die eine Product Owner:in empfindlich reagiert und die sie zum Mitregieren in der Umsetzung verleiten kann.

137 Bei einer schwachen Matrixorganisation hat die Projektleitung nur sehr schwache Weisungsbefugnis. Die Linienvorgesetzten haben mehr Macht als die Projektleitung.

Wirkung auf … Simulationsvarianten	Fall 2: Projektleitung geht und wird durch PO und SM ersetzt
Selbstorganisation des Teams	Diese hängt stark von der Ausgangslage und dem Potenzial des Teams ab. Sind die Teammitarbeitenden auf einem hohen Niveau der Selbstorganisation angekommen, dürfte bei der hier vorliegenden Rollenaufteilung die Selbstorganisation weiter auf hohem Niveau bleiben. Muss die Scrum Master:in im Team erst in die Selbstorganisation entwickeln, weil die Mitarbeitenden eine klassische Führung mit Ansagen gewohnt waren, hängt der Erfolg der Personalentwicklung von der Führungserfahrung der Scrum Master:in und vom Potenzial des zu Entwickelnden ab. »Menschen haben eine individuelle und unverwechselbare Motivstruktur, verfestigte, identitätsstiftende Werte, eine zur Person gehörende Talent- und Begabungsstruktur und nicht zuletzt eine kognitive Kraft, die ebenfalls nicht beliebig veränderbar ist.« (Rolf Meier)[138]. Nicht jeder ist für Arbeiten in Selbstorganisation geschaffen. Sind die Teammitglieder zum ersten Mal mit diesem Ansatz konfrontiert, müssen Wollen und Können von der Scrum Master:in erkannt werden. Mitarbeitende, die weder wollen noch können sind für diese Art der Organisation ungeeignet und sollten anders eingesetzt werden. Dann kommen die Linienvorgesetzten und die Auftraggebenden mit ins Spiel, um die Neubesetzung des Projektteams zu verhandeln.
Kundenorientierung	Hier erwarten wir ein hohe Kundenorientierung, da durch das agile Framework und die Besetzung agiler Rollen alle Vorbedingungen organisatorisch vorhanden sind und nicht von der Bereitschaft oder dem Können eines Einzelnen abhängen.
Einbindung ins Unternehmen	Die klassische Organisation wird sich am Anfang schwertun, die Rollen Projekt Owner:in und Scrum Master:in richtig zu adressieren. Mit welchem Anliegen muss ich zu wem gehen? Warum kann die Product Owner:in nicht zusichern, dass eine Anforderung im nächsten Sprint umgesetzt wird? Warum lässt mich die Scrum Master:in nicht mit dem Spezialisten oder Spezialistin im Projektteam sprechen, damit ich ihm oder ihr sagen kann, wie etwas umgesetzt werden soll?
Kommunikationsaufwand im Projekt	Höher, da agile Frameworks prinzipiell einen höheren Kommunikationsaufwand haben als klassische. Die Scrum Master:in muss die neuen Meetingformate einführen und einüben, sowie für deren Akzeptanz sorgen. Das Erlernen des Timeboxings spielt eine wichtige Rolle.
Anpassungsanforderung für Mitarbeitende	Hoch, da sie ihre Rolle und das Zusammenspiel ohne Projektleitung neu finden müssen.

Tab. 11: Auswirkungen auf ein Projekt, wenn die Projektleitung durch PO und SM ersetzt wird

138 Meier, R.: Das agile Mind-Set der Führungskompetenz, BoD Norderstedt, ISBN 978-3-7494-4634-6, 2019.

Wie kann die Konstellation agiles Projekt mit agilen Rollen ohne Projektleitung in einer klassischen Organisation dennoch gelingen?

Auch hier muss neben dem Projektentwicklungsprojekt parallel eine Organisationsentwicklung transparent gemacht und durchgeführt werden, s. o.

In dieser Konstellation ohne Projektleitung und mit agilen Rollen kommt dem Prozess der Rollendefinition eine besondere Bedeutung zu. Einem Team in dieser Konstellation würde ich für die Anfangszeit einen »agile Coach« gönnen, der die Personen in ihren Rollen einführt und begleitet, bis sie sich gefunden haben. Das hilft sowohl für den Fall, dass eine klassische Projektleitung eine der beiden agilen Rollen Projekt Owner:in oder Scrum Master:in einnimmt oder jemand aus dem Mitarbeitenden-Pool. Während eine ehemalige Projektleitung Kompetenzen abgeben lernen muss, muss eine Mitarbeitende Kompetenzen aufbauen.

Die größten Herausforderungen in der Rollenübernahme sehen wir bei der Scrum Master:in. Sie muss sowohl laterale Führungsqualitäten besitzen als auch Erfahrung in der Organisationsenwicklung haben und sich in das agile Framework Scrum einarbeiten. Wenn ich als Auftraggebender entscheiden müsste, wo ich meine ehemalige Projektleitung »unterbringe« dann würde ich sie auf die Rolle der Scrum Master:in setzen, denn hier wird eine erfahrene Führungskraft gebraucht. Das funktioniert jedoch nur, wenn die ehemalige Projektleitung zu einer lateralen Führung bereit ist. Dominante Personen mit ausgeprägtem autoritären Führungsstil und hohem Bedürfnis an Statussymbolen werden sich in dieser Rolle schwertun.

Übernimmt die ehemalige Projektleitung die Rolle der Product Owner:in, dann kann sie von ihrer Erfahrung im Anforderungsmanagement, in der Kundenbetreuung und im Stakeholdermanagement profitieren. Diese Aufgaben wären für einen Mitarbeitenden ohne Projektleitungserfahrung wahrscheinlich neu und müssten erst erworben werden. Hohe Fachkenntnisse reichen für die Übernahme einer Product Owner:in Rolle nicht aus. Die Product Owner:in muss jedoch auf die Weisungsbefugnis verzichten und kann nur indirekt und über Priorisierung steuern, was wann umgesetzt wird.

4.2.5.3 Es könnte auch alle geben!

Stellen wir uns vor, unser Produktentwicklungsprojekt in klassischer Umgebung mit agilen Methoden hat eine Laufzeit von zwei Jahren und die Umsetzung erfolgt in drei Projektteams mit je einer Scrum Master:in und einer Product Owner:in für das ganze Projekt. Wenn also die Komplexität durch die dynamischen Anforderungen und die Anzahl der Mitarbeitenden hoch ist, könnten auch alle drei Rollen besetzt werden: Product Owner:in, Scrum Master:in und Projektleitung.

Aufgaben der Projektleitung:
- Unterstützung der Scrum Master:innen bei Konflikten zwischen den Teams
- Unterstützung bei Konflikten zwischen Product Owner:in und Scrum Master:in
- Entscheidungen bezüglich Mitarbeitenden in Vertretung der Linienführung
- Vertretung des Projektes im Lenkungskreis sowie teamübergreifendes Berichtswesen
- Projektmarketing

Sowohl Scrum Master:in als auch Product Owner:in würden in ihren Rollen von der Projektleitung nicht beschnitten, sondern unterstützt werden. Damit die Projektleitung nicht »übergriffig« wird, sollten alle Rollen genau beschrieben und in den ersten Retrospektiven immer wieder auf ihre Ausrichtung und Einhaltung reflektiert werden.

Die Konstellation mit »Projektleitung« und Scrum Teams finden wir mit anderen Bezeichnungen und in verschiedenen Varianten bei skalierten agilen Frameworks:
- Release Train Engineer bei SAFe
- Integration Team bei Nexus
- Optionale Manager bei LeSS

Die nähere Betrachtung des Designs skalierter Frameworks können wir hier nicht leisten. Dies wäre in seinem Umfang wahrscheinlich ein neues Buch.

4.2.5.4 Fazit zur Frage, ob wir noch PLs brauchen

Prinzipiell kann man sagen: Je komplexer und dynamischer ein Projekt ist, desto eher muss sich die Leitung eines Projektes mit ihrem Führungsstil darauf einstellen. Ein hochdynamisches Projekt mit nur 14-tägigen Team-Meetings auf der Basis von Plänen führen zu wollen, wird an seine Grenzen stoßen. Eine einzelne Person als Projektleitung kann sich nicht mehr um alle Aspekte eines solchen Projekts zentral kümmern, wenn sich die Anforderungen in kurzen Zeitabständen ändern. Dann brauchen wir das Wissen und das Engagement aller Beteiligten, am besten dezentral, vor Ort und mit kurzen Kommunikations- und Entscheidungszyklen. Führung muss dann delegiert und koordiniert werden. Agile Vorgehensweisen berücksichtigen dies mit ihrer Ritual-Struktur, durch transparente Kanban-Boards, institutionalisierte Feedbackschleifen und die Aufteilung der Führung auf PO, SM und das selbstorganisierte Team. Die Komplexität der Managementseite wird durch ein streng reguliertes Framework reduziert, welches sogar die Dauer und Art der Meetings vorgibt (vgl. Scrum Guide), um so die zentrale Managementrolle einer klassischen Projektleitung zu kompensieren.

Je klassischer die Organisation und je größer das Projekt, desto eher sollte es zu den agilen Rollen eine zentrale Rolle mit Führungserfahrung geben, ähnlich der Rolle der

Projektleitung, auch wenn man sie anders nennen will. Dabei ist bei der Besetzung jedoch darauf zu achten, dass diese Projektleitung sich zurückhalten kann und die agilen Rollen nicht beschneidet.

Aus dem Referenzprojekt in Kap. 1.3.2 »Referenzprojekt 2: Mögen die Räder und der Rubel rollen«

Das Teilprojekt E&E (Phase P3) wurde hybrid umgesetzt. Die Antwort auf die Frage, ob noch die Rolle der Projektleitung benötigt wird: ein klares Ja.

Bei der Beantwortung dieser Frage müssen natürlich viele Details des Projekts berücksichtigt werden. Um nur ein paar Argumente für diese Entscheidung anzuführen:

- Das Teilprojekt E&E (P3) stellte eine von 23 Phasen des Gesamtvorhabens dar. Trotz des hybriden Charakters von P3 musste die Kontinuität im (klassischen) Gesamtvorhaben gewährleistet bleiben.
- Intensives und umfassendes Anforderungsmanagement mit vielen Stakeholdern – nach wie vor ist Stakeholdermanagement eine eher klassische Disziplin und daher bei einer Projektleitung gut aufgehoben.
- Die Berichterstattung gegenüber dem Lenkungskreis wurde von der Programmleitung erwartet.

Alle diese Argumente sind eher organisatorischer Natur und wurden auch von den Führungskräften in der Linienorganisation aufgebracht, um das Teilprojekt E&E klassisch aufzusetzen.

4.3 Der Westen – Technik und Methoden

Let's go west!

Beratern wird oft vorgeworfen: »Das ist doch die Theorie. Die Praxis sieht ganz anders aus!« Das stimmt im Prinzip, denn: »All models are wrong«, frei nach George Box[139]. Aber sein Satz hat noch einen zweiten Teil: »but some are useful.« Und dieses »useful« haben wir schon bei der Komplexitätsreduktion kennengelernt, indem wir Komplexität durch die Anwendung von Modellen verringert haben.

Die Einstellung, dass wir für die Bewältigung der Praxis keine Theorie bräuchten, hinkt noch an einer anderen Stelle. Wie kann ich einschätzen, ob Theorie helfen könnte, wenn ich sie gar nicht kenne? Oft treffen wir auf Projektmanagerinnen und Projektmanager, die viel Erfahrungswissen haben. Oder die an der Uni Netzplanrechnung gelernt haben, welche heute nur noch in ganz bestimmten Projekten sinnvoll ist (z. B. Bauprojekten), und diese dann Projektmanagement nennen. Projektleitende aus den jüngeren Generationen haben vielleicht eine zweitägige Scrum-Master-Zertifizierung hinter sich oder eine kurze Einführung in das klassische Projektmanagement in der

139 Box, G. E. P.: Science and statistics (PDF), Journal of the American Statistical Association, 71 (356), 791–799, doi:10.1080/01621459.1976.10480949.

Firma besucht. Damit haben sie aber noch keine Methodenkompetenz erworben, die ihnen tatsächlich beim Managen komplexer Projekte hilft.

Hier kommt die schlechte Nachricht: Projektmanagerin oder Manager zu sein ist ein Beruf, den man erlernen muss. Und zu diesem Beruf gehört heute sowohl eine komplette klassische sowie eine agile Ausbildung. Sinn- und wirkungsvolle Abkürzungen über ein paar YouTube-Videos oder das eine oder andere gelesene Fachbuch gibt es nicht.

Und nun die gute Nachricht: Am Ausbildungsmarkt werden zahlreiche Qualifizierungen angeboten, die genau diese Methodenkompetenz zum Inhalt haben. Dort lernen Projektleitende und -manager Methoden und Modelle, die sie zum Verfestigen vielleicht in ihren ersten Projekten eins zu eins einsetzen, um zu üben, die sie aber mit der Zeit an ihre Projekte anzupassen lernen. Und dann beginnt Meisterschaft.

Ich habe 2008 meine Ausbildung und Zertifizierung zum IPMA® Level D gemacht. Und dann habe ich immer darauf gewartet, dass mein Chef zu mir kommt und sagt: Mehrschad, jetzt wende das doch mal auf Deine Projekte an. Er hatte schließlich für die Ausbildung bezahlt. Doch dieser Satz kam nie. Eines Tages saßen wir in einer Sitzung mit ungefähr 20 Personen und uns fiel es unheimlich schwer, eine Linie zu finden und unsere Gedanken zu ordnen. Da bin ich einfach aufgestanden und habe gesagt: »Lasst uns eine Umfeldanalyse machen!« Alle haben mich fragend angeschaut, weil keiner die Methode kannte. Am Flipchart haben wir dann gemeinsam die Umfeldanalyse erstellt und einige Knoten gelöst. Genau in diesem Moment habe ich gemerkt, wie sehr so einfache Methoden wie eine Umfeldanalyse auf einem Flipchart uns dabei helfen, im Projekt zu führen. Es gehört für mich zum Handwerkszeug, dass ich die Führung übernehmen und Menschen Leitplanken geben kann, damit sie mir folgen können. Kurzum, dass ich ihnen helfen kann, Probleme zu lösen. (Mehrschad)

Das Managen eines Projektes zu beherrschen, ob klassisch oder agil, bedarf nicht nur theoretischen Wissens, sondern auch viel Erfahrung. In hybriden Projekten gehen wir noch einen Schritt weiter, indem wir mehrere Frameworks kombiniert und abgewandelt anwenden. Haben wir es bereits erwähnt? Hybrid ist die Königsdisziplin des Projektmanagements!

Hybrid ist die Königsdisziplin des Projektmanagements!

Im Folgenden werden wir beispielhaft an Projektmanagement-Methoden und -Werkzeugen aufzeigen, welchen Nutzen diese für ein Projekt erzeugen können, und auch, welches Vorwissen und welche Geläufigkeit bei einer Projektleitung vorhanden sein sollte, um diese anzuwenden.

Einige der Methoden sind »Klassiker«, andere sind Abwandlungen. Die einen können für die Arbeit im Team sorgfältig vorbereitet werden, andere können eher spontan je Besprechungssituation eingeworfen werden. Ganz nach Passung.

Aus dem Referenzprojekt in Kap. 1.3.1 »Referenzprojekt 1: Frischgemüse«

Die Vorbereitungen dieses hybriden Ansatzes, mit dem wir Ende 2019 begannen, wurden bereits 2016 auf den Weg gebracht. Das Erlernen der notwendigen Methoden und Techniken des Projektmanagements startete mit einer IPMA®-Zertifizierung des Leiters der Projektmanagement-Abteilung.

Nach der erfolgreichen Zertifizierung blieb der Kontakt erhalten, und knapp 1,5 Jahre später wurde die erste interne IPMA®-Zertifizierung innerhalb des Unternehmens angestoßen. Bei den Gesprächen im Vorfeld des Lehrgangs mit dem Leiter des Projektmanagements und dem Geschäftsführer wurde mir gezeigt, dass sich die gesamte Belegschaft bereits theoretisch und praktisch seit Monaten mit Kaizen beschäftigt. Als ich mir die »praktischen« Ergebnisse des aufgesetzten Prozesses zeigen ließ und die Sprache auch auf das agile Projektmanagement kam, dauerte es nur wenige Wochen, bevor die ersten Freiwilligen in ihrer ersten agilen Projektmanagementschulung saßen.

Kurz danach sprachen wir über eine mögliche Verbindung der Verfahren, den Einsatz der klassischen Methoden in kurzen Iterationen für zwei Teams, die nur an Sonderaufträgen arbeiten, mit dem Ziel, so einfach wie möglich dafür zu sorgen, dass Verschwendung im Prozess reduziert wird.

4.3.1 Ziele und OKR

Der Begriff OKR ist ein Akronym für Objectives an Key Results. Bereits im Jahr 1968 wurde dieses Werkzeug vom damaligen Präsidenten von Intel, Andy Grove, eingeführt, um zwei wichtige Fragen für sich und für das Unternehmen zu klären. Sie lauteten:

- Wohin möchte ich?
- Wie kann ich mein Tempo messen, um zu erfahren, ob ich je dort ankomme?

Das Werkzeug OKR hat somit nichts Spezifisches mit agilen Vorgehensweisen zu tun. Die Fragestellung ist kurz und prägnant. Des Weiteren wurden die ersten OKR-Sitzungen von Andy Grove und seinen Beratern in einer neuen Leichtigkeit auf höchster Management-Ebene moderiert, sodass weitere, führende Silicon Valley Unternehmen, aber auch schnell wachsende Startups das Werkzeug eingesetzt haben, um ihre Wachstumsstrategien umzusetzen.

Die erste Frage von oben sollte durch den Einsatz von Objectives beantwortet werden können. Dabei möchte ich einen führenden OKR-Experten, John Doerr,[140] zitieren, der sehr eindrucksvoll von seinen Gesprächen mit Larry Page und Sergey Brin, den Gründern von Google, aus dem Jahr 1999 berichtet:

> »An OBJECTIVE, I explained, is simply WHAT ist to be achieved, no more and no less. By definition, objectives are sigificant, concrete, action oriented and (ideally) inspiritional.«

140 Doerr, J.: Measure What Matters: The Simple Idea that Drives 10x Growth.

Wer SMART kennt, sollte hier nicht sonderlich überrascht sein.

Also frei übersetzt handelt es sich bei einem OBJECTIVE um das, was erreicht werden sollte. Es sollte konkret, handlungsorientiert und idealerweise inspirierend sein.

Zur zweiten Frage definiert Doerr auch den Begriff KEY RESULT folgenderweise: »Effective Key Results are specific and time-bound, aggressive yet realistic. Most of all, they are measurable and verifiable.«

Hier deutet er auf die Wichtigkeit der Messbarkeit und Überprüfbarkeit von Zielen hin, die mittels Key Results definiert werden sollten. Somit haben wir auch die sehr enge Beziehung zwischen OKR and den Zielen, die wir auch bereits durch Standards wie IPMA kennen. Hierzu muss man lediglich die OKR-Definition von oben mit der SMART-Definition zur Formulierung von Zielen vergleichen.

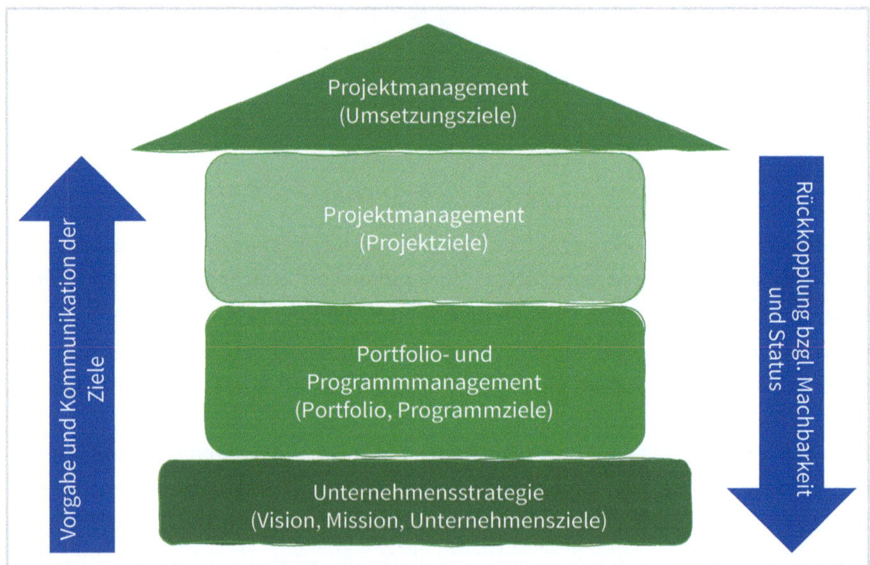

Abb. 58: Das Haus der Ziele: Die Unternehmensziele bilden das Fundament aller weiterer Vorhaben

Die Erreichung von Zielen und OKR eines Unternehmens kann man sich also wie ein Haus vorstellen (s. Abb. 58), dessen Fundament die breite Vision bzw. Mission des Unternehmens darstellt. Aufbauend darauf werden Ziele definiert, die das Umsetzen bzw. das Fortsetzen des Unternehmensportfolios abdecken. Diese wiederum werden durch das Portfolio- bzw. das Programmmanagement des Unternehmens initiiert, geplant und umgesetzt. Die Ziele dieser Portfolien und Programme bilden die Basis für Projekte. Das Besondere daran ist, dass auf allen diesen Ebenen nur das »WAS« definiert wird. Auf der Ebene 3 kann nun das »WIE« beschrieben und dessen Umsetzung durch das Projektmanagement geplant und verfolgt werden.

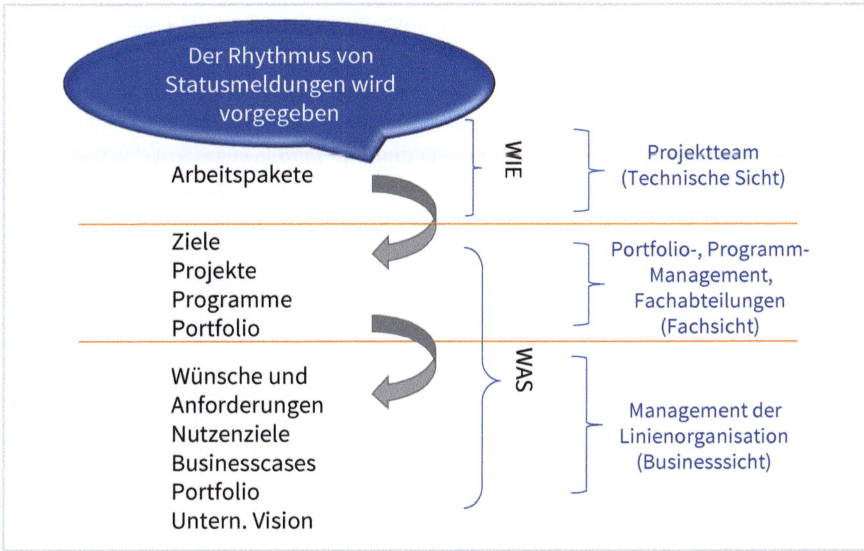

Abb. 59: Typische Begriffe, die uns in klassischen Projekten begegnen

In der Abbildung 59 wird skizziert, wie das »Haus der Ziele« typischerweise in einem Unternehmen aufgesetzt wird, das sich eher an den klassischen Begriffen und evtl. an der klassischen Art der Projektumsetzung orientiert.

Dabei ist bezeichnend, dass der Rhythmus von Berichterstattungen bzw. Statusmeldungen projektseitig definiert wird. Des Weiteren sehen wir Autoren auch bei den Zieldefinitionen den Push-Charakter. Der Termin und der Leistungsumfang werden festgelegt, aber eine saubere Definition der Zielsetzungen (z. B. bezüglich der Messbarkeit) liegt nicht vor, was aber für eine Rückmeldung notwendig wäre.

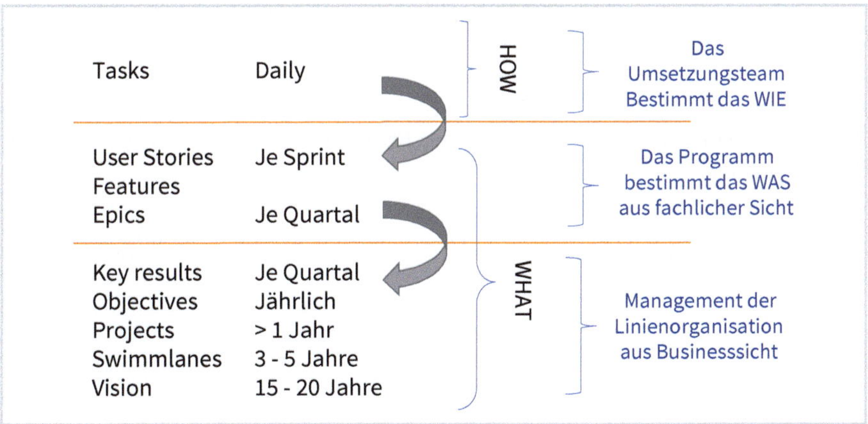

Abb. 60: Typische Begriffe, die uns in agilen Projekten begegnen

Abbildung 60 zeigt ein Beispiel der konkreten Umsetzung des »Haus der Ziele« mit OKR und agilen Frameworks (hier z. B. SAFe auf Programmebene und Scrum auf Team-Ebene).

Bei diesem konkreten Beispiel wurden die OKR mit dem Vorstand quartalsweise aufgesetzt. Diese OKR waren von strategischer Bedeutung und wurden in das Solution Backlog aufgenommen. In das Program Backlog werden entsprechende Epics und Features definiert, welche die OKR auf eine fachliche Ebene bringen und somit dem Programm (dem Train) eine Orientierung geben. Die Scrum-Teams wiederum zerlegen während der Planungssitzungen für ein Program Increment (hier mit 12 Wochen Laufzeit) die Epics und Features in User Stories. Also in »Häppchen«, die innerhalb eines Sprints geliefert werden können.

Bei diesem Aufbau (Pull-Prinzip) gibt der SAFe-Train eine Rückmeldung an den Vorstand, ob die gesetzten OKR (Quartalsziele) aus fachlicher und technischer Sicht umsetzbar sind oder nicht. Entsprechende Inspektionen (Dailys, Reviews, System Demos usw.) dienten als Rückmeldung an die nächste Ebene im Programm aber auch an das Management in der Linienorganisation (s. auch Kap. 4.2.2 »Linien- und Projektorganisation in projektorientierten Unternehmen«).

4.3.2 Risikomanagement

Als ich das erste Mal die Risikoanalyse nach IPMA® kennengelernt habe, ganz ehrlich, habe ich gedacht, das versteht kein Mensch. Ich tue mich sowieso schwer mit dem Begriff »Risiko«, und wenn ich so viele Zahlen, Tabellen und Berechnungen brauche, um all das zu verstehen, dann kann ich das auch gleich wieder vergessen.

Ungefähr ein halbes Jahr nach meiner Level-D-Zertifizierung durfte ich mich daran erinnern, als nämlich die Unternehmensleitung auf mich zukam und wissen wollte, was es genau kosten würde, einem bestimmten Risiko zu begegnen. Mir blieb nichts anders übrig, als die quantitative Risikoanalyse anzuwenden, die ich in meiner Qualifizierung gelernt hatte, um für das Management eine Entscheidungsgrundlage zu generieren. Seitdem bin ich ein großer Fan dieser Methode. (Mehrschad)

Wir unterscheiden mehrere Methoden der Risikoanalyse. Einige davon stellen wir Ihnen hier vor.

4.3.2.1 Risikoportfolio

Fangen wir mit einer einfachen Methode, dem **Risikoportfolio**[141], an.

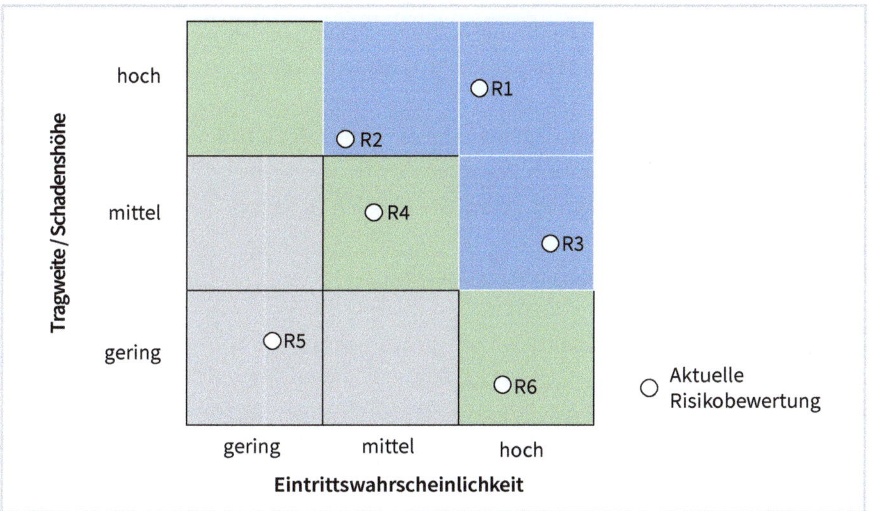

Abb. 61: Risikoportfolio

Eintrittswahrscheinlichkeit und Tragweite

Ein Risiko definiert sich durch zwei Größen:

- die Tragweite bzw. den Schaden, den es bei Eintritt anrichtet;
- die Eintrittswahrscheinlichkeit. Risiken haben immer eine Eintrittswahrscheinlichkeit von unter 100 %. Denn ist ihre Eintrittswahrscheinlichkeit 100 %, ist das Risiko bereits eingetreten. Dann habe ich eine Aufgabe, um die ich mich kümmern muss, und kein Risiko, bei dem ich noch überlegen kann, ob ich Vorsorge treffen sollte.

Das oben dargestellte Risikoportfolio eignet sich sehr gut für kleine Projekte, bei denen ein eintretender Schaden nur begrenzte Wirkung auf das Projekt hat. Als Projektleitung kann ich das Portfolio in einer Besprechung auf einem Flipchart aufzeichnen. Als Besprechungsgrundlage hilft, die »Wolke« aus möglichen Problemen (Risiken) näher zu beleuchten, die Risiken daraus zu identifizieren, einzuschätzen und Vorsorge zu organisieren (präventive Risikobegegnung).

141 Manchmal wird das Risikoportfolio auch der Quantitativen Risikoanalyse zugeordnet (s. u.). Hier betrachten wir es als eigenständige Methode für kleine Projekte, da weder ein Risikowert berechnet noch eine Abschätzung zwischen Kosten der präventiven Maßnahme und dem Risikowert stattfindet.

4.3.2.2 Qualitative und quantitative Risikoanalyse

Will ein Lenkungskreis oder eine auftraggebende Person konkrete Zahlen, Daten und Fakten, oder brauche ich als Projektleitung mehr Budget, um für ein paar kritische Punkte Vorsorge treffen zu können (Risikobudget), kann ich anders vorgehen, indem ich eine **qualitative und quantitative Risikoanalyse** anwende.

Der erste Schritt läuft etwas geordneter ab, als bei unserer kleinen Variante. Im ersten Schritt versuche ich, mit meinem Team möglichst viele Risiken zu identifizieren, um die Anzahl der blinden Flecken so gering wie möglich zu halten.

Mögliche Quellen der Risikoidentifikation sind:

- Projektumfeldanalyse
- Befragung von Projektleitenden ähnlicher Projekte
- Risikochecklisten meiner Organisation
- Risikoworkshops mit Kreativitätstechniken und einem repräsentativen Kreis der Teilnehmenden meines Projekts

Im zweiten Schritt beschreibe ich meine Risiken (**qualitative Risikoanalyse**) und versuche sie zur späteren Bearbeitung zu klassifizieren. Die Klassifizierung hilft mir, bei großen Projekten die zugehörige Stelle zu finden, die eine präventive Maßnahme durchführen kann und die den Risikowert später berechnet. Alle Risiken der Kategorie »juristisch« werden durch die Rechtsabteilung weiter behandelt, die Risiken der Kategorie »technisch« durch die Fachexperten usw.

Im dritten Schritt berechne ich den Risikowert, schätze die Kosten der präventiven Maßnahmen und treffe eine Entscheidung, ob es sich lohnt, präventiv tätig zu werden oder nicht (s. u.).

Risikoberechnung (quantitative Analyse)

Zur Einschätzung der Risiken und zum richtigen Umgang damit müssen die Risiken berechnet werden (auch wenn dies manchmal sehr schwierig ist). Auf dieser Grundlage lässt sich dann eine Risikovorsorge (Rückstellung für zu erwartende Projektrisiken) für das Projekt ermitteln (in der Beispieltabelle unten xxxx EUR). Werden außerdem präventive Maßnahmen überlegt und deren Kosten und Wirkung ebenfalls berechnet, so lassen sich Vorschläge ermitteln, für welche Risiken welche präventiven Maßnahmen ergriffen werden sollen.

- Mit EW (Eintrittswahrscheinlichkeit) wird die Wahrscheinlichkeit (in %) geschätzt, mit der der Eintritt des Risikos zu erwarten ist. Die Eintrittswahrscheinlichkeit liegt immer unter 100 %[142], sonst handelt es sich um eine Aufgabe und nicht um ein Risiko.

- Mit TW (Tragweite) wird die Schadenshöhe (in EUR) geschätzt, die sich im Falle des Eintritts des Risikos ergeben würde.
- Der Risikowert (RW) in EUR berechnet sich aus dem Produkt von Eintrittswahrscheinlichkeit und Tragweite, es gilt also RW = EW x TW.
- Es ist je Risiko eine präventive und/oder eine korrektive Maßnahme zu überlegen, durch die die Eintrittswahrscheinlichkeit und/oder die Tragweite des Risikos verringert werden kann.
- Die Kosten der präventiven/korrektiven Maßnahme sind abzuschätzen.
- Unter der Annahme, dass die präventive Maßnahme ergriffen wird, ist erneut der Risikowert RW_{neu} zu berechnen, in dem die Werte EW_{neu} und TW_{neu} geschätzt werden und daraus das Produkt RW_{neu} errechnet wird.
- Mit diesen Berechnungen kann der oder dem Auftraggebenden genau dann die Ergreifung einer Maßnahme empfohlen werden, wenn der ursprüngliche Risikowert größer ist als die Summe aus Kosten der Maßnahme und neuem Risikowert, also wenn RW > Kosten der Maßnahme + RW_{neu}.
  Im u. g. Beispiel gilt für R-1: 6.000 > (3.000 + 500), also sollte die vorgeschlagene präventive Maßnahme ergriffen werden.

Entsprechend sind zusammenfassend die Kosten der zu ergreifenden präventiven Maßnahmen und deren neue Risikowerte sowie die verbliebenen Risikowerte als Risikovorsorge auszuweisen.

Wie können wir Risiken fassbar machen?

Nr.	Risiko-Kurzbezeichnung	EW [%]	TW [EUR]	RW [EUR]	P: präv. Maßnahmen K: korrektive Maßnahme	Kosten d. Maßn.	EW_{neu} [%]	TW_{neu} [EUR]	RW_{neu} [EUR]	Umsetz. ja/ nein
R-1	Kundendaten lückenhaft	30%	20.000	6.000	P: Systematisch Altdaten aussortieren oder pflegen K: Neubewertung der Lage und nachträgliche Aktion zur Datenpflege	3.000	10%	20.000	2.000	Ja
R-2	Serverraum fängt Feuer	1%	1 Mio.	10.000	P: Abschluss einer Versicherung K:	2.000/ Jahr	1%	5.000 (Selbstbehalt)	50	ja
			Summen:	xxxx EUR		yyyy EUR			zzzz EUR	

Abb. 62: Quantitative Risikoanalyse

142 Ab wie viel Prozent Eintrittswahrscheinlichkeit ein Risiko ein Risiko und keine Aufgabe mehr ist, wird unterschiedlich gehandhabt. Aber ob man ab 10 %, 30 % oder 50 % Eintrittswahrscheinlichkeit noch von einem Risiko spricht, überlassen wir der einschlägigen klassischen Projektmanagementliteratur und den jeweiligen Denkschulen. Auf jeden Fall muss bei einem Risiko die Eintrittswahrscheinlichkeit unter 100 % liegen.

Im vierten Schritt summiere ich alle Kosten der präventiven Maßnahmen, die es sich lohnt durchzuführen, und ermittle somit das Risikobudget, welches ich mir vom Lenkungskreis genehmigen lassen möchte (yyyy EUR).

Als Argumentationshilfe zeige ich dem Lenkungskreis auf, wie sich der Risikowert neu (zzzz EUR) gegenüber dem initialen Risikowert (xxxx EUR) durch die präventiven Maßnahmen verringert.

Diese Vorgehensweise ist Grundlage für alle Risikobetrachtungen in größeren Unternehmen und in risikobehafteten Projekten. Auch im agilen Umfeld lohnt es sich, zu Beginn die schon sichtbaren Risiken auf diese Weise zu bearbeiten und die Risikoanalyse kontinuierlich fortzuführen. Weder in den gängigen Scrum-Master- noch in den PO-Ausbildungen werden diese Techniken vermittelt.

Systematische Herangehensweise an Risiken ist nur mit methodischen Mitteln möglich.

Erfahrungsgemäß haben viele Menschen Schwierigkeiten, die Risikoanalyse nach dem ersten Kennenlernen in der Praxis anzuwenden.

- Wie grenze ich Aufgabe und Risiko ab? Ab welcher Höhe der Eintrittswahrscheinlichkeit ziehe ich die Grenze vom Risiko zum bereits bestehenden Problem?
- Auf welcher Basis schätze ich die Schadenshöhe? Kann Gefahr für Menschenleben in Geldwerten geschätzt werden? Wie bewerte ich den Schaden in Geldwerten, wenn der Key-Note Speaker für meine Konferenz ausfällt?
- Ist das Risiko von zu hohen Herstellkosten meines Produktes ein Risiko, für das ich als Projektleitung verantwortlich bin, obwohl es erst nach Projektende eintreten wird?
- Wie soll ich die Zahlen vor meinem Lenkungskreis verantworten, wenn das alles subjektive Schätzungen sind?
- U. v. m.

Genau hier kommt eine gute Ausbildung ins Spiel, in der ich lerne, die Methoden anzuwenden und selbstbewusst, weil mir vertraut, in einer Organisation zu vertreten.

Aus dem Referenzprojekt in Kap. 1.3.1 »Referenzprojekt 1: Frischgemüse«

Die agil agierenden Teams wurden an dem im Sommer 2021 gewonnenen bisher größten Projekt der Unternehmensgeschichte beteiligt. Die Idee der Risikoanalyse oder gar des Risikomanagements war den Mitarbeitenden jedoch unbekannt.

Es gab zwar punktuell Sitzungen, in denen auch über allgemeine Risiken gesprochen wurde, und es folgten durchaus auch Maßnahmenplanungen zu den Risiken. Der Umgang mit Risiken war jedoch keineswegs systematisch.

Damit die Analyse und das Management der Risiken, also auch die Bewertung der Risiken und der Maßnahmen während des Projektverlaufs berücksichtigt und systematisch vorgenommen werden konnte, haben sich Moderation und Teams darauf geeinigt, zu Beginn jeder zweiten Iteration in einer Timebox von einer Stunde eine »Risikomanagement-Kadenz« abzuhalten. In dieser Sitzung wurden von der Moderation verschiedene Methoden eingesetzt, um die Teams besser während der Sitzung zu führen und gleichzeitig ihre aktive Beteiligung zu sichern.

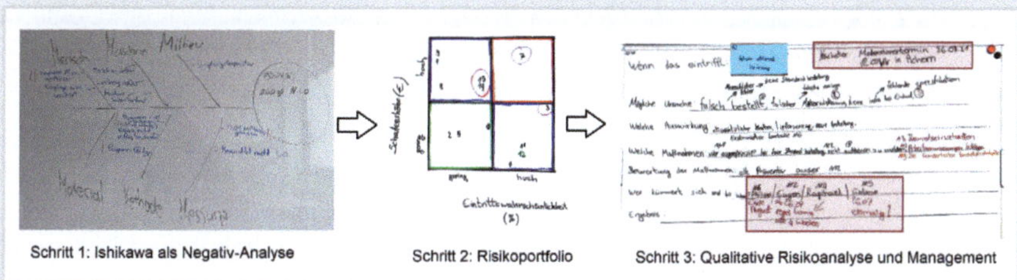
Schritt 1: Ishikawa als Negativ-Analyse
Schritt 2: Risikoportfolio
Schritt 3: Qualitative Risikoanalyse und Management

Abb. 63: Originalbilder einer Risikomanagement-Kadenz mit IPMA®-Methoden

Wie aus der obigen Abbildung zu sehen ist, wurde im ersten Schritt mit dem Ishikawa-Diagramm eine Negativanalyse durchgeführt. Das Ishikawa-Diagramm wird in der Regel benutzt, um auf mögliche Ursachen zu schließen, die zu einer Wirkung in der Vergangenheit geführt haben. Wir wollten jedoch auf mögliche Ereignisse in der Zukunft schließen, somit lautete eine typische, mögliche Wirkung in der Zukunft: »Was müssen wir tun, um XYZ NICHT zu schaffen«. Der Fantasie der Mitarbeitenden waren somit keine Grenzen gesetzt, und sie überboten sich förmlich darin, mögliche und neue Ursachen zu nennen, die zur genannten »Negativ-Wirkung« führen könnten.

Anschließend wurden die genannten Ursachen mithilfe eines Risikoportfolios (Schritt 2) bewertet. Im letzten Schritt wurde mithilfe einer qualitativen Risikotabelle (Schritt 3) dafür gesorgt, dass die kritischsten Risiken mit Maßnahmen und verantwortlichen Personen besetzt werden, die auf die Umsetzung der Maßnahmen und deren Wirkung achten.

4.3.2.3 FMEA (Failure Mode and Effects Analysis)[143]

Eine Variante der klassischen Risikoanalyse habe ich einmal in der Pharmaindustrie angewendet. Als Projektleitung einer Softwareeinführung für ein Versandsystem war es wichtig, nicht nur die Eintrittswahrscheinlichkeit und den Schaden zu kennen, den ein Risiko verursachen kann, sondern auch abzuschätzen, wie schwierig es ist, einen bestimmten Fehler (Eintritt des Risikos) zu entdecken.

Wir haben ein IT-System für eine vollautomatische Versandabwicklung eingeführt und haben uns gefragt, wie schwierig es ist, einen Fehler bei der Adressetikettierung zu erkennen. Wird eine Probe zu einem falschen Empfänger gesendet, anstatt bei der FDA (Food and Drug Ad-

143 Hering, E. et al.: Fehlermöglichkeits- und Einflussanalyse: Methode zur vorbeugenden, systematischen Qualitätsplanung unter Risikogesichtspunkten.

ministration) anzukommen, die diese Probe in einem bestimmten Zeitrahmen zur Medikamentenzulassung freigeben kann, dann kann die Schadenshöhe in die Millionen gehen, weil das Medikament erst Monate später auf den Markt kommt. Je automatisierter ein Prozess abläuft, desto geringer ist das Entdecken eines Fehlers, weil der menschliche Kontrollmechanismus nicht mehr greift. Also haben wir als präventive Maßnahme genau an dieser Stelle die Anzahl an automatischen Plausibilitätsprüfungen (z. B. Gewicht gegen Lieferscheindaten) erhöht, um die Eintrittswahrscheinlichkeit eines Fehlers zu reduzieren. Dabei hat uns die Methode der FMEA sehr geholfen. (Karen)

Die FMEA (Fehlermöglichkeits- und Einfluss-Analyse) half uns dabei, den Schwierigkeitsgrad zur Entdeckung des Fehlers mit in unsere Betrachtungen einzubinden. Sie findet vor allem Anwendung beim amerikanischen Militär, der Automobilindustrie und eben auch in der Pharmaindustrie, wo hohe Qualitätsstandards gelten. Aus der Eintrittswahrscheinlichkeit, dem möglichen Schaden und zusätzlich dem Schwierigkeitsgrad seiner Entdeckung, wird die Risikoprioritätszahl (RPZ) ermittelt, die anzeigt, wie kritisch das Risiko für einen Prozess ist. Sie hilft damit, Risikoprävention und Fehleranalyse zu priorisieren.

4.3.2.4 SWOT-Analyse[144] (Strengths, Weaknesses, Opportunities, and Threats)

*Die **SWOT**-Analyse habe ich zum ersten Mal in einem Projekt gesehen, bei dem ich hospitieren durfte. In den 60er Jahren ist die Idee entstanden, mit der SWOT-Analyse die Entwicklung von Unternehmensstrategien zu unterstützen. So wie ich sie jedoch im Projekt kennengelernt habe, hat der Projektleitende vor einem neuen Arbeitspaket seine Leute zusammengerufen und zu ihnen gesagt: »Lasst uns mal für das Arbeitspaket sehen, welche Stärken und welche Schwächen wir haben bezüglich Kompetenzen im Team, Werkzeugen, Erfahrungswerten etc.«. Wir haben dann Moderationskarten geschrieben, gesammelt, nach Stärken und Schwächen geclustert. Das ging so etwa 20 Minuten. Und dann haben wir eingeschätzt, welche Auswirkungen unsere Schwächen haben. Sind das eher Chancen oder sind das eher Risiken? Genauso sind wir mit den Stärken verfahren. Nachdem wir uns den Umgang mit den Schwächen überlegt hatten, sind wir auf die Chancen gegangen. Wir haben dann geschaut, welcher Meilenstein nach dem Abschluss des Arbeitspaketes erreicht werden soll und wie wir vielleicht durch die eingetroffenen Chancen früher fertig werden könnten. Mit diesem ausgewiesenen Puffer haben wir dann zusätzliche Verbesserungen auf-*

144 Wodetzki, M.: SWOT-Analyse – Stärken – Schwächen – Chancen – Risiken.

gelistet, die wir bei Eintritt der Chancen mit in den Leistungsumfang hinzunehmen konnten. Mir hat die Vorgehensweise sehr gut gefallen, weil sie eine Grundlage für den Austausch im Team gebildet hat und sie das Team in der Bearbeitung des Arbeitspaketes wirklich weitergebracht hat. (Mehrschad)

		... für die Ziele des Unternehmens	
		nützlich	schädlich
... aus der Sicht des Unternehmens	eigen/innen	S Stärken	W Schwächen
	fremd/außen	T Gefahren/ Risiken	O Möglichkeiten/ Chancen

Abb. 64: Beispiel einer SWOT-Matrix

Ich setze die SWOT-Analyse in einer sehr frühen Phase eines Projekts ein, nicht auf Arbeitspaketebene, sondern auf Projektebene, um zu klären, wo die Stärken und Risiken des Projekts liegen, und ob die Stärken und Chancen die Schwächen und Risiken aufwiegen. Also, bevor wir mit dem Projekt richtig anfangen und Ressourcen verbrauchen zu prüfen, ob wir das Projekt wirklich durchführen wollen. (Karen)

Wenn die Projektleitung das Raster der SWOT-Analyse im Kopf hat, wenn sie also die Methode beherrscht, dann kann sie einfach ans Flipchart treten und spontan die Methode einsetzen, wenn sie bei der Moderation eines Workshops merkt, dass die Methode hier helfen würde. Und das unabhängig davon, ob sie sich in einem agilen, einem hybriden oder einem klassischen Projekt befindet.

Mit Methodenkenntnis können wir Frameworks lebendig machen.

Viele Unternehmen, die ein agiles oder ein hybrides Framework einsetzen wollen, haben unserer Meinung nach noch nicht verstanden, was das Wort »Framework« bedeutet. Es ist eine Hülle, welche den Rahmen, die Leitplanken vorgibt. Den Inhalt müssen die Unternehmen selbst füllen, mit Methoden, Tools, Vorgehensweisen, die zu ihrem Unternehmen passen.

Der Scrum Guide empfiehlt diesen komplett und ohne Änderung anzunehmen. Die Autoren sind anderer Meinung. Sie sind überzeugt, dass auch Scrum angepasst werden kann, ja sogar sollte, damit die Passung zum eigenen Vorhaben hergestellt wird. Kanban weist sogar explizit darauf hin, das Framework im Sinne eines kontinuierlichen

Verbessrungsprozesses an die Organisation anzupassen und gibt nur einen Startpunkt vor: »Beginne dort, wo Du Dich gerade befindest«.

Unternehmen können ihre Projekte jedoch nur mit Methoden anpassen, die sie kennen. Und da sind wir wieder im Westen von unserem Kompass angelangt, der Technik und Methodenkenntnisse verlangt.

Aus dem Referenzprojekt in Kap. 1.3.2 »Referenzprojekt 2: Mögen die Räder und der Rubel rollen«

Die Theorie des Risikomanagements und die verschiedenen Strategien, um Risiken zu begegnen, wurden bewusst allen Teams, auch den agilen, beigebracht. Die hybride Form der »Risikobegegnung« hat ihren Namen verdient, weil zu Beginn jeder Iteration vor jeder Planungssitzung fachliche Risiken mit den Fachbereichen bewertet und analysiert wurden. Während der Planungssitzungen wurden die technischen Risiken bewertet und mit entsprechenden Maßnahmen versehen, die in der Regel in der darauffolgenden Iteration berücksichtigt und, wenn nötig, umgesetzt wurden.

4.3.3 Lebenszyklus strukturieren – Phasenplanung

Wir Menschen unterteilen unseren Lebensweg in Phasen: Kindheit – Jugend – Familienphase etc. Die Vorgehensweise, Phasen zu formulieren, entspricht unserer menschlichen Neigung, Komplexität in der Zeiteinteilung zu reduzieren. Somit hilft uns diese Art der Strukturierung auch dabei, den Überblick über einen Projektablauf zu gewinnen und eine erste Grobplanung aufzustellen.

Hier sind wir wieder mittendrin in der Komplexitätsreduktion. Zu einem sehr frühen Zeitpunkt im Projekt, zu dem uns noch keine Detailinformationen vorliegen, stellen wir eine erste Planung auf, um die Komplexität für uns zu reduzieren. Das Ergebnis ist:

- Das Team kann sich ein Bild vom Projekt machen und mit anderen darüber reden.
- Eine erste Aufwands- und Kostenschätzung kann mit dem Lenkungskreis diskutiert werden.
- Ich schaffe eine einfache Planung, die mich über das ganze Projekt begleitet und mir sagt, wo ich mich gerade im Projekt verorten kann.

Ein Phasenplan besteht aus den Elementen Phase, Meilenstein und Zeitachse.

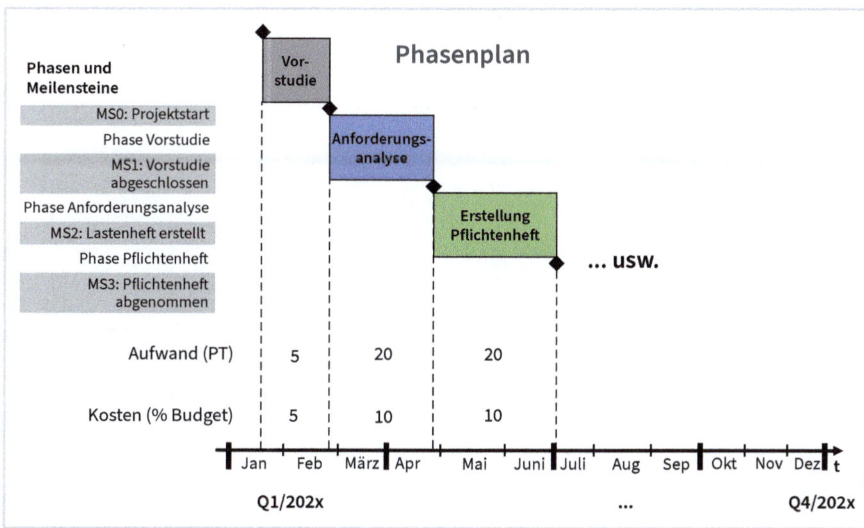

Abb. 65: Phasenplan (Dittmann und Dirbanis, Projektmanagement[145])

Nach DIN 69901:2009 ist eine Phase ein zeitlicher Abschnitt eines Projektablaufs, der sich sachlich gegenüber anderen Abschnitten abgrenzt. Während der Auftragsklärung sind andere Tätigkeiten zu verrichten als während der Planungsphase. Phasen können überlappen oder auch parallel zueinander liegen und werden üblicherweise als Balken dargestellt.

Was ist eine Phase?

Ein Meilenstein wird als »besonderes Ereignis« im Projekt definiert. Wird eine Phase abgeschlossen oder startet sie, ist das ein besonderes Ereignis. Somit finden sich Meilensteine oft am Anfang oder am Ende einer Phase. Jedem Meilenstein werden Kriterien zugeschrieben, welche erfüllt sein müssen, damit der Meilenstein als erreicht gewertet wird. Meilensteine werden als Rauten oder Diamanten dargestellt.

Was ist ein Meilenstein?

Die Zeitachse zeigt kalendarisch den Lebenszyklus eines Projekts an. Phasen zeigen sich zu ihr zeitproportional in ihrer Größe, Meilensteine werden zeitlich verortet.

4.3.3.1 Phasenplanung in der Praxis

Wenn ich in Beratungen das Projektteam beim Erstellen eines Phasenplans unterstütze, fange ich oft mit einer kleinen Aufstellung an. Mit Seilen legt das Team den Projektlebenszyklus auf dem Boden aus. Symbole, Bildkarten und handgeschriebene Kommentare ergänzen das

145 Dittmann, K. et al.: Projektmanagement (IPMA®), Lehrbuch für Level D und Basiszertifikat.

Bild. Dies hilft dem Team, einen Einstieg ins Thema zu finden und ist nach anfänglicher Skepsis eine gern angenommene Kommunikationshilfe.

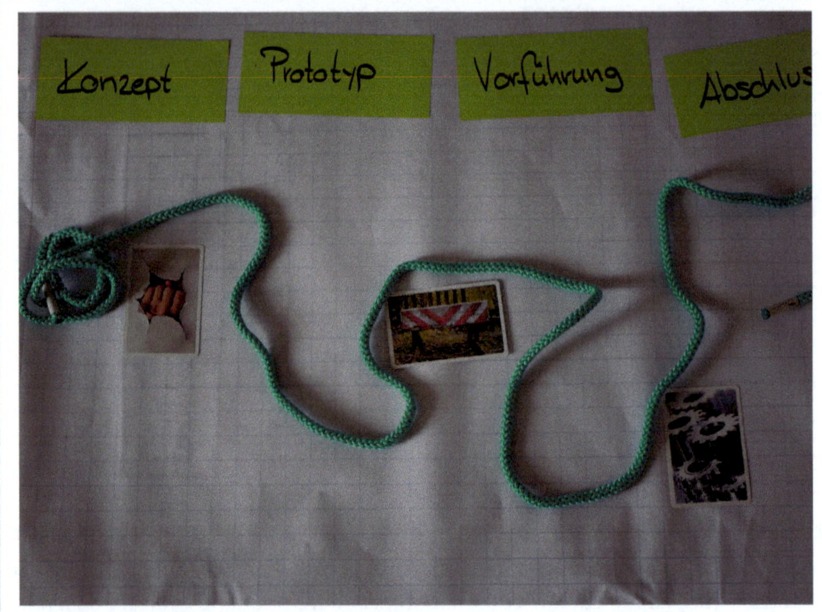

Abb. 66: Systemaufstellung Projektphasen (Quelle Karen)

Aus dieser konkreten ersten Phasenplanung können noch weitere Erkenntnisse gewonnen werden:

- Die Zieldefinition kann schnell erarbeitet werden.
- Stakeholdermanagement und Abstimmung des konkreten Projektauftrags scheinen schwierig zu werden (Risiken, Stakeholdermanagement, Kommunikationsplanung beachten).
- Die Planungsphase wird mühsam sein und lange dauern.
- Die Umsetzung dagegen wird kurz und knackig. Vorsicht, wir dürfen keinen Ressourcenengpass riskieren.
- Aber dann sollte alles in trockenen Tüchern sein.

Aus einer simplen Phasenplanung, die zwar beim Team als überflüssig galt, aber vom Management als gefordert angesehen wurde, entstand ein aussagekräftiges Modell, um den Einstieg ins Projektdesign zu finden. (Karen)

Doch nicht jeder weiß, wie er das Modell zielführend einsetzen kann. Neben nichtssagenden Power-Point-Folien im schicken Firmen-Layout, die die Projektleitung am Vorabend der Sitzung schnell allein zusammengeklickt hat, um der Pflicht Genüge zu tun, können noch andere Fehler begangen werden:

- Oft besteht das Missverständnis, dass ein Meilenstein an einem bestimmten Datum erreicht werden wird. Das stimmt so nicht. Das Datum sagt lediglich, dass der Meilenstein mit seinen Kriterien zu einem bestimmten Zeitpunkt erledigt sein könnte, (s. Kap. 5.2.2 »Definition«).

- Phasen werden alle in gleicher Größe dargestellt. Dies suggeriert, dass alle die gleiche Dauer haben, und verfälscht damit das Bild.
- Übersichtlichkeit ist oberstes Gebot: Nur eine übersichtliche Planung wird von den Stakeholdern auch verwendet und ist somit hilfreich. Das bedeutet: fünf bis maximal neun Phasen, sechs bis maximal zehn Meilensteine, bei Bedarf Mikromeilensteine zur Strukturierung einer längeren Phase.
- Es gibt keine Start- oder Abschlussphasen. Ohne definierten Start und gemeinsamen Abschluss inklusive Lernen wird der Projektlebenszyklus nur unvollständig dargestellt.
- Verwendung nicht sprechender Namen: Bleiben die Phasenbezeichnungen zu abstrakt (z. B. Phase 1, Phase 2 etc.), dann verliert der Phasenplan stark an Informationsgehalt. Ich will mir mit dem Plan ein konkretes Bild vom Projekt machen. Dieses Bild bleibt leer, wenn die Phasenbezeichnungen nichtssagend sind.
- Meilensteine liegen zu weit auseinander. Wenn Meilensteine sechs oder mehr Monate auseinanderliegen, befinde ich mich zwischendrin im Blindflug. Dann sollte ich die Phase entweder aufteilen oder Mikromeilensteine einfügen.

4.3.3.2 Meilensteine

Während Phasen und Zeitachse in einem Phasenplan rein informativen Charakter haben, misst man den Meilensteinen besondere Funktionen bei.

Meilensteine sind Checkpunkte. Erreicht man im Projekt einen geplanten Meilenstein, überprüfen Projektleitung und Lenkungskreis, ob die vereinbarten Leistungen bisher umfänglich erbracht wurden. Wenn ja, gibt der Lenkungskreis den Start der nächsten Phase frei. Wenn nein, dann muss das Projektteam die vereinbarte Leistung nachliefern und darf erst dann, nach verzögerter Freigabe, die nächste Phase beginnen, oder die Nacharbeiten werden parallel zum Beginn der nächsten Phase erledigt (Überlappung der Phasen).

Es gibt auch Meilensteine, die als von außen kommende Ereignisse vorliegen, wie z. B. der Brexit, der Einfluss auf unsere Projektplanung haben kann. Dann enthalten die Meilensteinkriterien alle bis zu diesem Ereignis zu erfüllenden Kriterien (z. B. Szenarioanalyse muss vorliegen, Ressourcenplanung für die unterschiedlichen Szenarien verabschiedet etc.), sodass zu diesem Meilenstein mit dem von außen zugefügten Ereignis alle Entscheidungen vorbereitet sind und durchgeführt werden können.

Meilensteine haben auch motivierende Wirkung. Regelmäßige Haltepunkte zum »Unterbrechen und Überdenken« helfen der Projektleitung dabei, das Team bei der Stange zu halten. Jeder Meilenstein kann gefeiert werden. Es ist viel einfacher, sich in

Zeitabständen von ein bis zwei Monaten zu organisieren, als auf einen Termin, der in ein bis zwei Jahren liegt, konzentriert und zielstrebig hinzuarbeiten.

Funktionen von Meilensteinen

Des Weiteren können Meilensteine als Synchronisationspunkte eingesetzt werden, um mehrere Stränge eines Projektes immer wieder zusammenzuführen. Diese Synchronisationspunkte zeigen allen Beteiligten die Abhängigkeiten zwischen den einzelnen Teilen (Phasen) des Projektes auf und vermitteln, welche Auswirkungen Verzögerungen hätten.

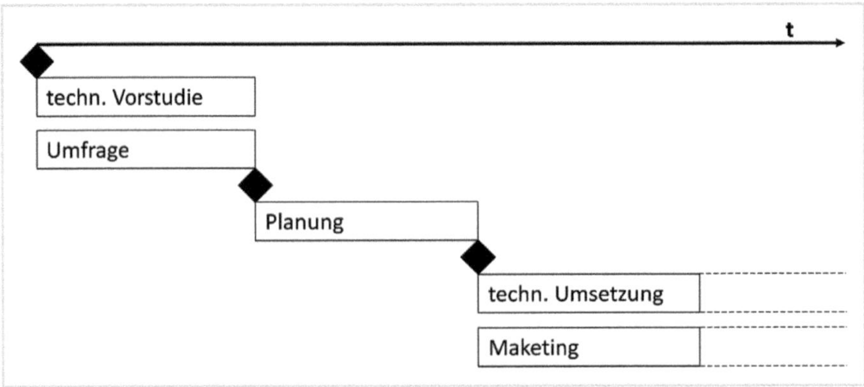

Abb. 67: Beispiel Phasenplan mit Synchronisationspunkten

Die technische Vorstudie (s. o.) und die Umfrage sind zwei separate Phasen mit unterschiedlichen Inhalten und verschiedenen Personen. Beide Phasen müssen zusammen abgeschlossen sein, bevor mit der Planung angefangen werden kann. Sehen die Projektmitglieder diese Abhängigkeiten, können sie ein besseres Verständnis für Termineinhaltung und Zusammenarbeit entwickeln.

Die Phasenplanung dient als erste zeitliche Grobplanung zur Orientierung und wird als Management-Zeitplan über das gesamte Projekt weitergeführt, damit sich die Mitglieder des Lenkungskreises im Phasenplan zeitlich verorten können. Im klassischen Projektmanagement erstellt die Projektleitung den Phasenplan individuell für genau dieses Projekt.

4.3.3.3 Phasen im Klassischen und im Agilen

Wir wollen jetzt etwas machen, bei dem strenggläubige Agilistinnen oder Agilisten auf die Barrikaden gehen werden: Wir wollen im agilen Projektmanagement über Phasenplanung sprechen! Aber wir erklären ja, warum wir das tun, also hoffe ich, dass sich die Entrüstung schnell wieder legen wird. Außerdem wollen wir hybrid denken lernen, also Gemeinsamkeiten und Unterschiede in den klassischen und agilen Vorgehensweisen herausarbeiten zu einer bewussten Synthese.

Auch sind wir immer noch bei dem Thema der Komplexitätsreduktion durch den Einsatz von Modellen und Methoden. Und so wollen wir den Lebenszyklus eines Projektes nun unter dem Blickwinkel der Phasenplanung betrachten und diese für klassische und agile Projekte vergleichen.

Phasen als zeitliche Abschnitte, die sich inhaltlich unterscheiden, finden sich in allen Projekten, ob klassisch oder agil.

Phase	Inhalt klassisch	Inhalt agil
Initialisierung	Das Terrain erkunden, Ideen sammeln, Allianzen schmieden, Möglichkeiten ausloten, Rolle von Auftraggeber und/oder Kunde etabliert sich	
Auftragsklärung	Auftraggebende Person formuliert einen **Auftrag** z. B. • Nach IREB[146]-international RE Board • Durch Kundenauftrag Steckbrief, Kundenauftrag und/oder **Lastenheft** dokumentieren die Anforderungen. Das **Pflichtenheft** dokumentiert das Was, Wann und Wie.	Auftraggebende Person formuliert eine **Vision** auf der Basis von z. B.: • Design Thinking • MVP, MMP, MSP • Systemischer Fragestellung: Was soll anders sein? Woran erkennst du, dass das Projekt ein Erfolg sein wird? Wie grenzt es sich von anderen Produkten ab? Was ist der unfaire Vorteil deiner Lösung? Die zukünftige PO setzt mit dem Kunden ein **initiales Product Backlog** auf, in dem die Kundenwünsche (**Was – Anforderungen**) erfasst werden. Erste Teammitglieder arbeiten am initialen Product Backlog mit.
Planung	Projektleitung wird vom Auftraggebenden ernannt. Spätestens jetzt wird ein Team zusammengestellt. Projektleitung plant mit dem Team: • **Was (Leistungsumfang)** • **Wann** (Zeitpläne) • **Wie** (Kosten, Ressourcen, Projektorganisation, Zielpriorisierung anhand des magischen Dreiecks, Kommunikationsmanagement, Projektmarketing etc.)	**Initiale Planung:** • Zusammensetzung des interdisziplinären **Teams**, PO wird benannt, SM wird benannt, Kunde wird über die Mitwirkungspflicht informiert. • Auswahl des agilen **Frameworks** (Scrum, Kanban, ExP, etc.) Länge der Iterationen (z. B. Sprints), WIP-Limits (bei Kanban) werden bestimmt.

146 IREB® – International Requirement Engineering Board, hält einen Standard in RE nachdem zertifiziert werden kann.

Phase	Inhalt klassisch	Inhalt agil
Umsetzung	**Einmalig:** • **Abarbeitung des Plans:** Erstellung von Lieferobjekten • Dokumentation, Einplanung und Umsetzung von Änderungen • **Monitoring und Steuerung** durch z. B. EVA, KTA, MTA[147], kennzahlenbasiert	**In n Iterationen:** • **Planning** 1 (Was?) und Planning 2 (Wie?): Definition und Erstellung von Lieferobjekten • **Kontinuierlicher Verbesserungsprozess (KVP)** durch z. B. Reviews und Retros oder Anpassung der WIP-Limits. • **Monitoring und Steuerung** durch Burndown Charts und CFD • **Kontinuierliche Teilauslieferungen** üblich. Integration der Produkterstellung in DevOps möglich.
Abschluss	Projekt ist abgeschlossen, wenn alle Lieferobjekte vom Auftraggebenden abgenommen vorliegen (**Produktabnahme und Übergabe**). • Abschlusskalkulation • **Lessons Learned für nächstes Projekt** • Projektauflösung • Party	Projekt wird abgeschlossen, wenn Auftraggebender/Kunde sagt, dass das Produkt den Anforderungen entspricht (z. B. **MMP**), oder wenn die **Timebox** zu Ende ist (Release).

Tab. 12: Vergleich der Projektmanagementphasen – klassisch vs. agil

Vergleich der Projektmanagementphasen im Agilen und Klassischen

Wenn wir die oben aufgestellte Tabelle betrachten, können wir also die unterschiedlichen Zeitabschnitte (Phasen) für klassische Projekte genauso wie für agile Projekte herausarbeiten. Darüber hinaus findet die Umsetzungsphase in agilen Projekten vorwiegend iterativ statt. Sie teilt sich in viele kleine Einheiten auf (»Mini Wasserfälle«), die nach dem Muster »Planung, Umsetzung, Abschluss« ablaufen.

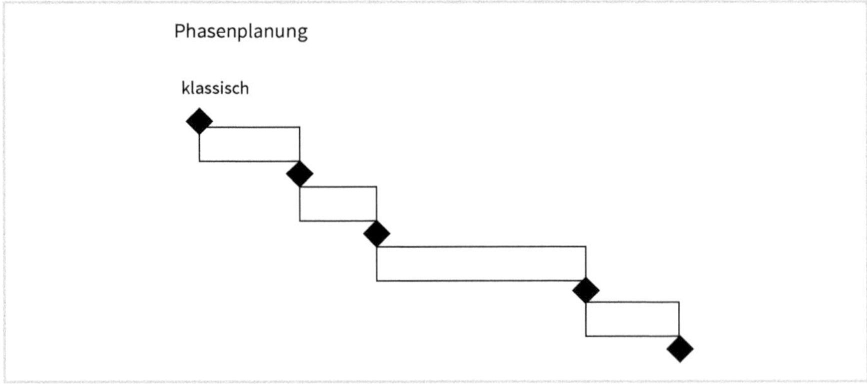

Abb. 68: Phasenplanung klassisch nach Wasserfall Modell

147 EVA – Earned Value Analyse, KTA – Kosten Trend Analyse, MTA – Meilenstein Trend Analyse.

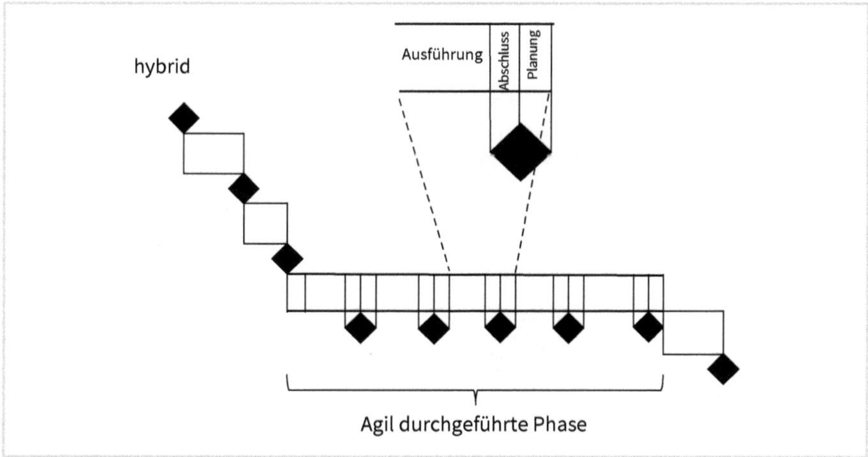

Abb. 69: Phasenplan hybrid

In rein agilen Projekten ist der Informationsgehalt einer Phasenplanung mit kurzer Auftragsklärung, initialer Planung, langer Umsetzungsphase und wiederum eher kurzer Abschlussphase sicherlich begrenzt. In hybriden Projekten finden wir sie jedoch wichtig, aus den oben genannten Gründen der Komplexitätsreduktion für die beteiligten Personen. (Weitere Beispiele für Phasenpläne gibt es in Kapitel 4.4 »Der Süden – Praktische Ausführung und Geschichten«.)

4.3.4 Projektinhalt (PSP[148] und Story Map)

Sowohl das klassische als auch das agile Projektmanagement haben Pläne, um den Projektinhalt zu dokumentieren. Während im klassischen Projektmanagement der Projektstrukturplan (PSP) den vereinbarten Projektumfang genau festlegt, folgt das agile Projektmanagement einem generischen Ansatz. In einer Story Map des Projektes werden alle bekannten Anforderungen gesammelt. Die Abarbeitung folgt der Priorität. Anforderungen mit geringer Priorität können unbearbeitet bleiben.

Für klassische, agile, und umso mehr für hybride Projekte ist es essenziell, eine gute Planung des Projektinhaltes aufzustellen. Wobei das Attribut »gut« für klassisch und agil sehr unterschiedlich interpretiert werden muss. Während ein guter PSP bei klassischen Projekten sich vor allem durch vollständige Beschreibung aller definierten Lieferobjekte (Bezug zum Pflichtenheft) auszeichnet, zeigt eine gute agile Story Map Verständlichkeit, Transparenz und Bewertung der Anforderungen (im Sinne eines Lastenhefts).

148 Projektstrukturplan

4.3.4.1 Der PSP

Der Projektstrukturplan (PSP) ist das Kernstück einer jeden klassischen Projektplanung. Es gilt: Was im PSP beschrieben ist, muss geliefert werden. Oder andersherum: Was im PSP nicht beschrieben ist, wird auch nicht gemacht. Der PSP beschreibt detailliert alle Aktivitäten im Projekt und bewertet sie anhand von Dauer (Stunden, Tage, Wochen, Monate), Aufwand (in Personalstunden oder -tagen) und Kosten (Personal und Material).

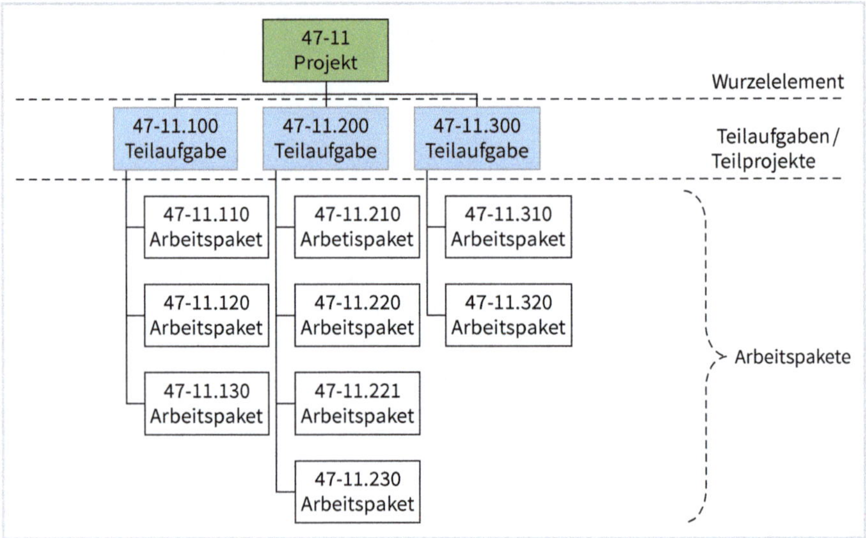

Abb. 70: Beispiel PSP (Dittmann und Dirbanis, Projektmanagement[149])

Der PSP wird auch als die Mutter aller Pläne bezeichnet.

Der PSP ist hierarchisch aufgebaut und besteht aus seinem Wurzelelement, der obersten Gliederungsebene »Teilaufgabe (TA)« und der kleinsten Gliederungsebene, den »Arbeitspaketen (AP)«. Alle Elemente enthalten einen eindeutigen Code, der die Zuordnung von Kosten, Aufwand, Dokumenten, Rechnungen etc. zu dem jeweiligen Arbeitspaket ermöglicht.

Dem Arbeitspaket mit der Nummer 47-11.130 werden so z. B. folgende Elemente zugeordnet:

- Arbeitspaketbeschreibung
- Kostenrechnung für dieses Arbeitspaket
- Alle technischen Zeichnungen bezüglich dieses Bauelements
- Aufwandschätzung und Ressourcenplanung für alle Arbeiten des Arbeitspaketes
- Statusbericht des Arbeitspaketes

149 Dittmann, K. et al.: Projektmanagement (IPMA®), Lehrbuch für Level D und Basiszertifikat.

In der klassischen Projektplanung geht man davon aus, dass alle Lieferobjekte zu Beginn des Projektes bekannt sind und deren Umsetzungen somit planbar ist. Dadurch kann die Projektleitung eine komplette Aufstellung der AP ausarbeiten und der jeweiligen Arbeitspaketverantwortlichen (AP-Verantwortlichen) zuweisen.

Für jedes Arbeitspaket wird eine AP-Beschreibung erstellt. Dieses Arbeitspaket enthält alle Informationen, die ein AP-Verantwortlicher zur Bearbeitung braucht. Ähnlich wie der Steckbrief zwischen auftraggebender Person und Projektleitung, stellt die AP-Beschreibung eine Art Vertrag zwischen der auftraggebenden Person des AP (meist Projektleitung) und der AP-Verantwortlichen dar.

AP-Name:	**PSP-Nr.:**
Projektname:	**Datum: tt.mm.jjjj**
Inhalt (ggf. Verweis auf Kapitel Pflichtenheft):	**Version:**
	Blatt:
	Verantwortlich AP:
	Auftraggeber AP:
	Start:
	Ende:
Abnahmekriterien (bei Statusschrittmethode auch % erreicht/Status):	
Schnittstellen zu anderen Arbeitspaketen oder Dokumenten:	
Vereinbarte (Zwischen-) Termine:	
Voraussetzungen, Vorarbeiten (Einsatzmittel, Dokumente, etc.)	**Risiken:**
Dauer (Tage, Wochen, Monate):	**Fortschrittsgradmessung Methode:**
Aufwand (PT):	
Kosten (T€):	
Anlagen:	

Abb. 71: Beispielformular Arbeitspaketbeschreibung (Dittmann und Dirbanis, Projektmanagement)[150]

150 Dittmann, K. et al.: Projektmanagement (IPMA®), Lehrbuch für Level D und Basiszertifikat.

Ein Formular zur Arbeitspaketbeschreibung

Die Verteilung der Arbeit wird also hierarchisch durchgeführt von Auftraggebendem über die Projektleitung hin zur/zum Arbeitspaketverantwortlichen.

Je nach Projektgröße kann der PSP sehr umfangreich sein. Die Projektleitung und das Team arbeiten oft mit einem tabellarischen PSP in Form einer Excel-Tabelle oder einem PM-Tool. Dort werden auch gleich Ressourcenbedarf und Kosten eingetragen, sodass der PSP dann weit über die Funktionalität einer reinen Projektstrukturierung hinausgeht und oft als Termin-, Ressourcen- und Kostenplanung weitergeführt wird.

		Monate	Tage		Ressourcen			
		Dauer	**Aufwand**	**Owner**	**PL**	**Tec**	**Progr.**	**Vorgänger**
Code	Name AP							
01.0	**Projektmanagement**							
01.1	Projektmanagement	9	9	PL	9			MS0, endet mit MS5
02.0	**Detailplanung**							
02.1	Projektplanung	1	9	PL	5	2	2	MS0
02.2	Feinabstimmung Fachkonzept	2	32	PL	12	12	8	MS0
03.0	**Realisierung**							
03.1	Modul 1	3	27	Tec	1	13	13	02.1, 02.2
03.2	Modul 2	2	20	PL	2	10	8	02.1, 02.2
03.3	Anbindung an SAP System	1	18	Progr.	1	2	15	03.2
04.0	**In Betriebnahme**							
04.1	User Acceptance Tests	1	10	Tec	1	9		03.3
04.2	Integrationstests	2	14	Progr.	1	2	11	03.3
04.3	Inbetriebnahme & Einführungsunterstüzung	1	12	PL	5	6	1	04.2
05.0	**Abschluss**							
05.1	Projektabschluss	1	4	PL	4			04.3
05.2	Technische Restarbeiten	1	10	PL	2	4	4	04.3

Abb. 72: Beispiel tabellarischer PSP und Ressourcenplanung

Die meisten klassischen Projektleitenden haben als AP-Verantwortliche begonnen. In dieser Rolle kann die zukünftige Projektleitung sich ausprobieren und im Kleinen lernen, wie Kosten geschätzt, Risiken benannt, Fachabteilungen involviert und der Fortschrittsgrad bestimmt werden, denn das AP kann wie ein kleines Projekt betrachtet werden.

Die größte Planungsungenauigkeit beim Erstellen eines PSPs entsteht durch das Vergessen von Arbeitspaketen. Deshalb erstelle ich den PSP immer im Team und in der ersten Version immer mit Post-its, sodass jeder sich einbringen kann. Post-its sind auch flexibel genug, um geteilt, ergänzt, zusammengefügt oder weggelassen zu werden, solange bis der PSP eine Stabilität erreicht, und dann in eine tabellarische Form überführt werden kann. (Karen)

Einen guten PSP aufzustellen, gehört zu den herausforderndsten Aufgaben eines klassischen Projektteams. In ihm vereinen sich abstraktes Vorstellungsvermögen, Fantasie und Erfahrung. In diesem Planungsschritt werden die Anforderungen des Lastenheftes in machbare Aufgabenpakete des Pflichtenheftes überführt und gleichzeitig abarbeitbar strukturiert. Der PSP stellt eine inhaltliche Simulation des kompletten Projektes dar, so wie es umgesetzt werden soll. Eine große Herausforderung. Vielleicht sind den Autoren deshalb nur wenige Projektmanagerinnen oder -manager, die diese Disziplin beherrschen, bekannt.

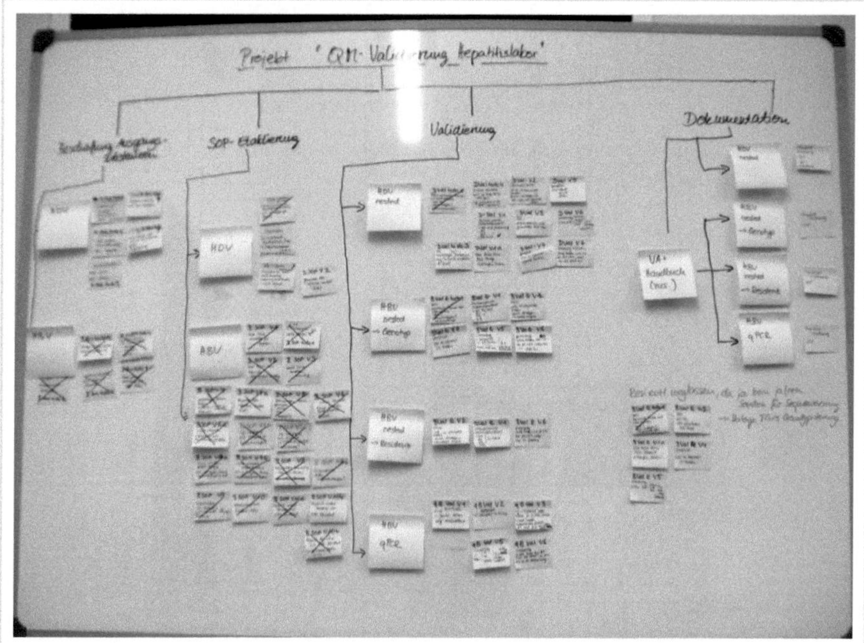

Abb. 73: Beispiel PSP Quelle Dittmann

4.3.4.2 Die Story Map

Anders als der PSP bildet die Story Map nicht die geplante Umsetzung, sondern die gewünschten Anforderungen ab, hat also eher »Lastenheft-Charakter«.

Bei einer **Story Map** werden User Stories nach zwei Dimensionen geordnet. In der horizontalen Dimension wird die Priorität oder die logische Reihenfolge des Systemaufbaus beschrieben, üblicherweise von links nach rechts.

Story Map versus PSP

In der vertikalen Dimension sortiert man nach Definitionsgrad der Stories (welche sind bereits ›ready to process‹?) oder nach Releases (Auslieferungszyklen).

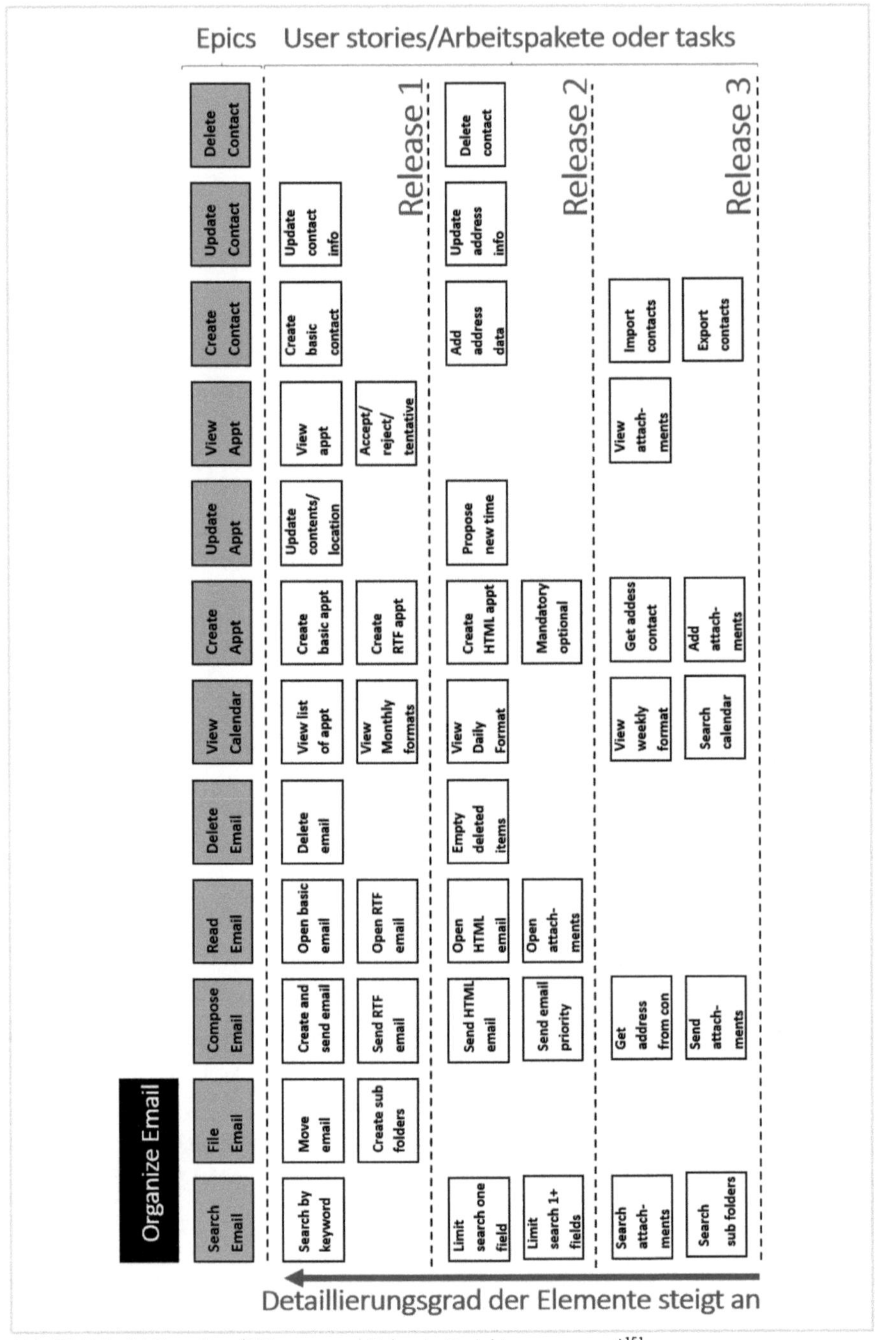

Abb. 74: Beispiel Story Map (Dittmann und Dirbanis, Projektmanagement)[151]

151 Dittmann, K. et al.: Projektmanagement (IPMA®), Lehrbuch für Level D und Basiszertifikat.

4.3.4.3 Hybride Planung des Projektinhaltes

In hybriden Projekten können wir eine Mischung aus Anforderungen und Aufgaben antreffen.

- Anforderungen (Was): User Stories, Lastenheft, Epics etc. beschreiben die Wünsche meiner Kundinnen und Kunden. Sie stellen ein in der Zukunft angefordertes Produkt, Teilprodukt oder einen Zustand dar. Der Lösungsweg ist noch nicht bekannt. Das Finden und Festlegen des Lösungswegs ist Bestandteil der Umsetzung. Sie liegt in der Verantwortung des Entwicklungsteams. Das Entwicklungsteam disponiert Anforderungen zur Umsetzung in einen Sprint oder eine Kadenz oder eine Wochenplanung und setzt die Anforderungen dann in konkrete Aufgaben um.
- Aufgaben (Wie): Arbeitspakete, Teilaufgaben, PSP, Pflichtenheft etc. sind vereinbarte Lieferobjekte, im externen Kundenverhältnis oft auf der Basis eines Werkvertrags. Diese müssen geliefert werden, so wie in den oben beschriebenen Dokumenten festgelegt. Der Lösungsweg ist bekannt und muss eingehalten werden. Die Verantwortung für die Festlegung des Lösungsweges liegt in der Verantwortung der Projektleitung, ggf. des Systemarchitekts oder anderer Fachleute. Diese Aufgaben liegen bereits zu Beginn des Projektes vor und können als Aufgaben eingeplant werden.

Je nach Projekt gibt es einen hybriden PSP oder eine hybride Story Map.

Ein hybrider PSP kann entweder einzelne Teilaufgaben haben, die agil abgearbeitet werden, oder einzelne Anforderungen, vielleicht in Form von User Stories, die neben

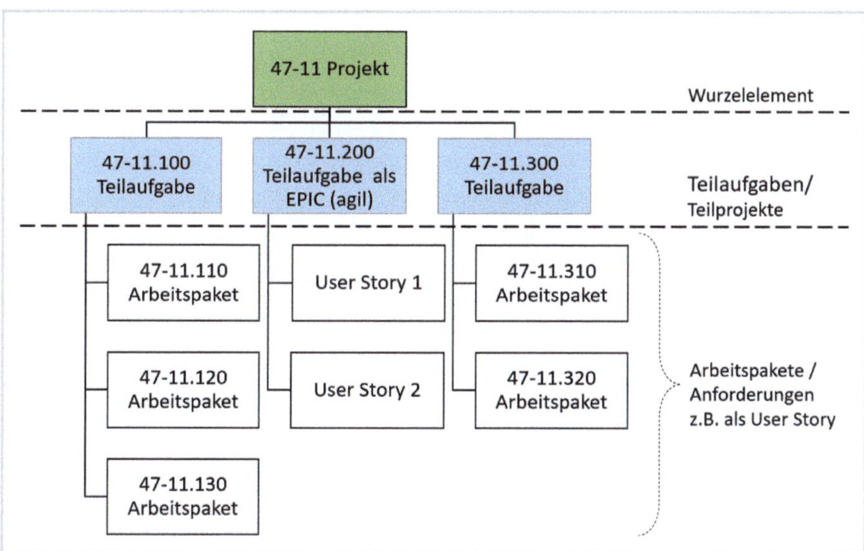

Abb. 75: Hybrider PSP

Arbeitspaketen beschrieben werden. Ob Anforderung oder Aufgabe hängt davon ab, in wieweit der Umsetzungsweg beim Erstellen des PSP bekannt ist. Bei bekanntem Umsetzungsweg kann die Aufgabe in Form eines Arbeitspaketes beschrieben werden. Wenn der Umsetzungsweg noch nicht bekannt ist, wird die Anforderung als »Platzhalter« notiert, und später in Nähe des Umsetzungszeitpunktes analysiert, beschrieben und geplant (ggf. auch in Iterationen).

Handelt es sich in obigem Beispiel um einen phasenorientierten PSP, dann wird die Phase 47-11-300 agil durchgeführt.

Bei einem objektorientierten PSP ist dies schon schwieriger. Wir erinnern uns: User Stories sind Anforderungen, die Umsetzung ist also noch nicht bekannt. Kommen wir von der klassischen Seite her, dann könnte man diese als Arbeitspakete behandeln, die noch nicht definiert wurden. Erste Umsetzungsideen wurden schon dokumentiert und eine sehr grobe Aufwandschätzung vorgenommen. Diese ersten Ideen sollen jedoch keinen verbindlichen Charakter, wie den eines Arbeitspaketes annehmen (in Bezug auf Abnahme Werkvertrag). In externen Kundenprojekten kann man diese User Stories als Angebotspunkte »nach Aufwand« anbieten mit einem geschätzten Arbeitsumfang. Wenn dieser nicht ausreichen sollte, wird die Kundin oder der Kunde informiert und man beschließt zusammen, wie mit der Anforderung weiter verfahren werden soll. In internen Projekten muss dieser Formalismus eines Angebots sicher nicht eingehalten werden. Hier sollte trotzdem eine Größenordnung initial geschätzt werden, um bei deutlichem Überschreiten bewusst über ein weiteres Fortsetzen der Arbeiten im Team und mit der Kundin oder dem Kunden entscheiden zu können.

Der agile Anteil des hybriden PSP wächst während des Projektverlaufs, der klassische Anteil kann mit einem vorgeschalteten Konfigurationsmanagement auch wachsen.

Der hybride PSP als Grundlage für die Ressourcenplanung und die Kostenplanung kann, wie der klassische PSP, nur Schätzungen abgeben. Je mehr agile Elemente im hybriden PSP vorhanden sind, desto ungenauer werden die Schätzungen, da der Umsetzungsweg bei Epics und User Stories noch nicht bekannt ist, und somit die Schätzungen viel ungenauer ausfallen müssen als bei einem klar definierten Arbeitspaket mit konkreter Umsetzungsplanung.

Nähern wir uns der Inhaltsplanung von der agilen Seite her, sollte der hybride PSP eher an eine Story Map angelehnt sein. Die Anforderung »Was nicht im PSP beschrieben wurde, findet im Projekt nicht statt« muss für die Story Map aufgehoben werden. Anforderungen enthalten keinen Lösungsweg, sondern nur den Wunsch der Kundin oder des Kunden, dem entsprochen werden kann, oder auch nicht (wenn z. B. technisch nicht umsetzbar oder nicht sinnvoll).

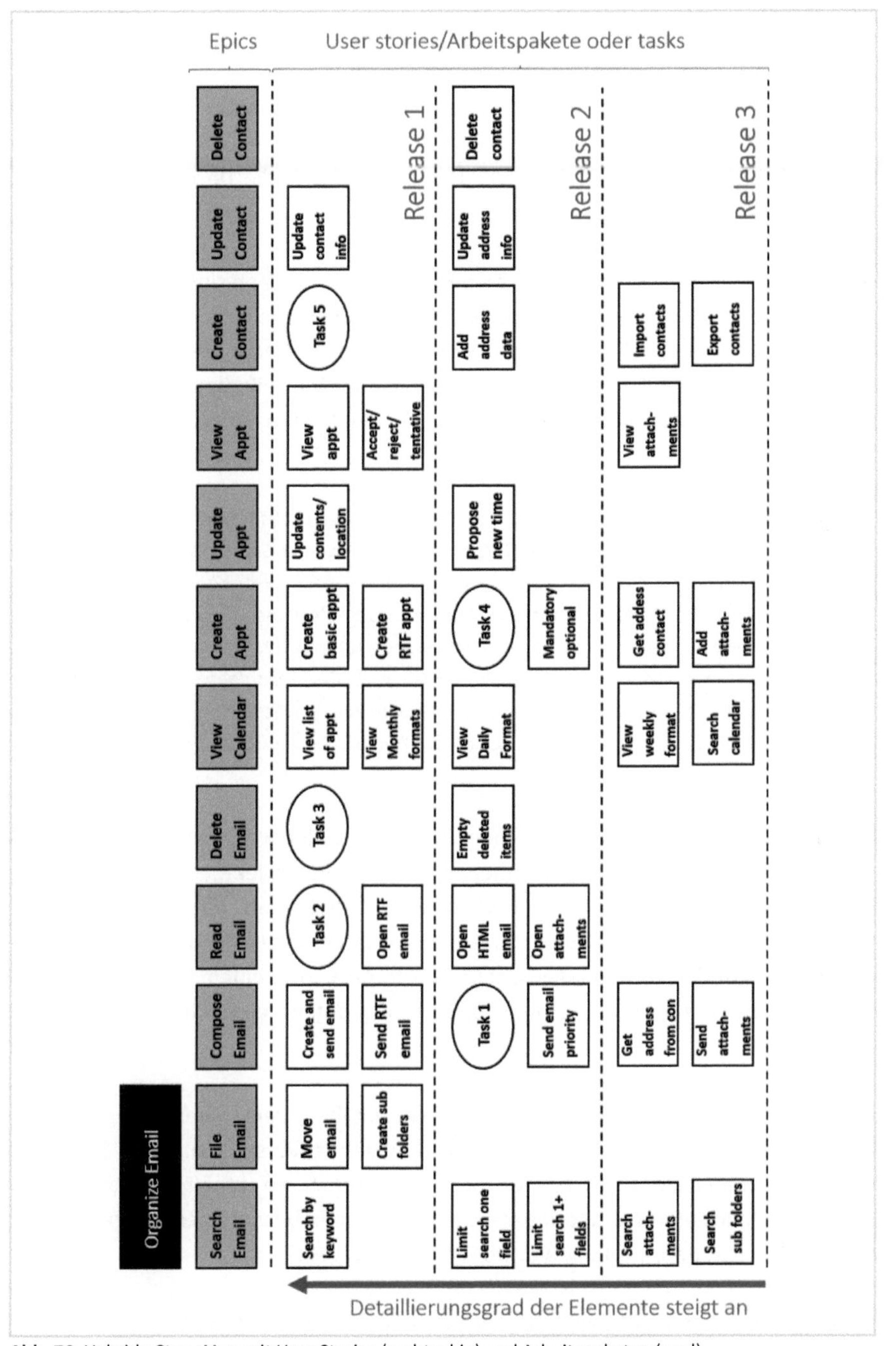

Abb. 76: Hybride Story Map mit User Stories (rechteckig) und Arbeitspaketen (oval)

In einem vorwiegend agil organisierten hybriden Projekt können in der Story Map einzelne Aufgaben enthalten sein, deren Bearbeitungsweg bereits vollständig definiert und verbindlich festgelegt wurde. Dies kann gelten für Aufgaben, deren Umsetzung von Kunde oder Product Owner:in bereits genau beschrieben wurde. In der Story Map sollten diese Aufgaben deshalb markiert werden, damit die Developer:innen dem Kundenwunsch entsprechen können.

Die Übergänge zwischen klassischem PSP und einer Story Map sind in hybriden Projekten fließend. Wünschen die Auftraggebenden eine möglichst verbindliche Kosten- bzw. Terminplanung, sollte eher ein PSP mit möglichst vielen ausformulierten und konzipierten Arbeitspakten aufgestellt werden. Einzelne Teilaufgaben oder Arbeitspakete können im Vertrag ausgeklammert und in der Kostenschätzung nach Aufwand angeboten werden.

Auswirkungen der Story Map auf das Vertragsmanagement

Bei der Einführung von Standard-Software in einem gewohnten Umfeld fiel es mir immer leicht, Kosten und Termine zu planen, weil viele Erfahrungswerte vorlagen. Sollte die Standard-Software aber über Schnittstellen mit anderen Systemen Daten austauschen also mit anderen IT-Systemen kommunizieren, habe ich diese Teilaufgaben bzw. Arbeitspakete immer nach Aufwand angeboten, mit einer groben Aufwandsschätzung und mit dem Hinweis versehen, dass beim Überschreiten der Schätzung der Kunde informiert werden wird. Diese Teilaufgaben waren wie eine Blackbox für uns, weil wir die Systeme der Kundinnen und Kunden nicht kannten. Es konnte alles Mögliche passieren, und wir wollten das Risiko nicht komplett bei uns sehen. (Karen)

Bewegen wir uns in einem dynamischen Umfeld mit vielen wechselnden Anforderungen, dann können die Auftraggebenden eine klassische Projektplanung und so viele Kosten- und Terminpläne verlangen, wie sie wollen. Diese Pläne haben aufgrund zahlreicher Änderungen nur eine sehr kurze Halbwertszeit und bieten nur eine Scheinsicherheit. Das Änderungsmanagement ist überfordert. In so einem Fall sollten wir die Umsetzung der Anforderungen mit einer Story Map organisieren, die auf die Dynamik eingestellt ist.

Gibt es bei diesen Projekten schon konkrete Aufgaben, deren Umsetzungsweg bekannt ist, dann macht es keinen Sinn, diese Aufgaben künstlich als User Stories zu formulieren, damit sie formal in eine Story Map passen. Dann enthält die hybride Story Map neben Epics und User Stories eben auch, wie oben beschrieben, Aufgaben oder Arbeitspakete (s. Kap. 4.4.1.5 »Hybride Erfolgsfaktoren«).

Aus dem Referenzprojekt in Kap. 1.3.3 »Referenzprojekt 3: Kreativ vielseitig«

In der Werbeagentur sollen alle Projekte und alle dazu anfallende Arbeiten über Kanban organisiert werden. Somit stellte die Agentur eine Story Map auf, die sowohl User Stories, Arbeitspakete aus ihren klassischen Projekten als auch Tickets aus dem Service-Bereich des Teams enthielten. Diese Arbeiten waren entsprechend gekennzeichnet, sodass die Bearbeitenden wussten, ob sie für den Lösungsweg Verantwortung übernehmen sollten oder nicht.

Es gibt viele Herausforderungen, die gelöst werden müssen, bis eine solche Story Map aufgesetzt ist. Dabei sprechen wir nicht nur von methodischen oder organisatorischen Herausforderungen, sondern es gibt zwei weitere wichtige Punkte, die oft übersehen werden.

- Weder der hybride PSP noch die hybride Story Map ist je »vollständig«. Das sollte nicht weiter überraschend sein, da auch ein Product Backlog nie »fertig« ist. Diese Tatsache muss jedoch sowohl vom Projektteam als auch von den Projektauftraggebenden verinnerlicht worden sein, um zu verstehen, dass es keine abschließende Planung mit z. B. fixer Kostenallokation geben kann. Des Weiteren müssen die Projektauftraggebenden den Linienverantwortlichen (z. B. dem Management) und auch den installierten Projektgremien (z. B. einem Lenkungskreis) dies erklären können. Die methodische Sicherheit der Projektverantwortlichen, der Mut, sich auf diese hybride Planung bewusst einzulassen und praktische Griffe (wie z. B. eine gute Teamzusammenstellung, um Cross-Funktionalität in Teams zu erhöhen und somit Abhängigkeiten zu reduzieren) sind also Voraussetzungen, um die Umsetzung einer hybriden Planung so erfolgreich wie möglich zu gestalten.

Häufige Missinterpretation eines hybriden PSP

- Das Fundament der agilen Elemente (wie z. B. Epics oder Features) in einem hybriden PSP oder in der hybriden Story Map sind die Vision des Top Managements und die OKR des Mittleren Managements (s. Kap. 5.3.1 »Transparenz schaffen«). Sie werden durch das Management aufgesetzt, priorisiert und in der Linie unbeirrt verfolgt. Schafft eine Organisation den »Handshake« zwischen Vision, OKR und Projekt nicht, wird der hybride PSP oder die hybride Story Map zwar gut aussehen, aber sie wird nicht »leben«. Diese Grundlagen müssen aber lebendig sein, weil sie sonst nur ein falsches Gefühl vermitteln, dass man das Projekt im Griff habe, während sich Prioritäten beliebig ändern und die Bedeutung dieser Planungselemente aushöhlen.

Häufig fehlendes Fundament eines hybriden PSP

Unsere wärmste Empfehlung an unsere Lesenden ist die Beachtung dieser Punkte. Sollten entsprechende Erfahrungen fehlen, sollte unbedingt der Rat von Personen eingeholt werden, die bereits praktische Erfahrungen (s. dazu die Südseite unseres Kompasses in Kap. 4.4 »Der Süden – Praktische Ausführung und Geschichten«) in hybriden Projekten mitbringen.

4.3.5 Terminplanung

Der klassische vernetzte Balkenplan, das Gantt-Chart für die Terminplanung, sind wahrscheinlich das bekannteste Erzeugnis des Projektmanagements. Wann immer Projekte visuell dargestellt werden, wird ein Balkenplan gezeigt, der sich wasserfallartig über eine ganze Wand ergießen kann. In diesem Kapitel werden wir über Sinn und Unsinn solcher Pläne sprechen, und wie wir im Klassischen und im Agilen damit umgehen.

4.3.5.1 Klassische Zeitplanung

In einem klassischen Projekt interessiert die involvierten Menschen nicht nur die Frage, was zu tun ist (das definiert der PSP), sondern auch wann und wie lange. Also brauchen wir Terminpläne, um hierüber Auskunft zu geben. Der Balkenplan ist eine Weiterführung des Phasenplans mit größerer Detailtiefe. Liegt bereits ein Phasenplan vor, sind die Arbeitspakete aus dem PSP bekannt, sind erste Schritte in die Richtung Zeitplanung unternommen, kann der Balkenplan leicht erstellt werden. Aus dem Phasenplan übernehmen wir die Meilensteine und aus dem PSP die Arbeitspakete[152].

Zusammen bilden diese Elemente mit den **Anordnungsbeziehungen** den **Terminplan.**

Dauer versus Aufwand

Im klassischen Projektmanagement unterscheiden wir Dauer und Aufwand.

Die **Dauer** ist der Zeitraum, in dem das Arbeitspaket bearbeitet wird. Man nennt sie auch Bruttozeit. Die Dauer wird in Tagen, Wochen, Monaten oder Jahren gemessen. Die Dauer ist damit Bestandteil der Terminplanung.

Der **Aufwand** ist der Zeitaufwand, der erbracht werden muss, um eine Aufgabe/ein Arbeitspaket zu bearbeiten. Man nennt ihn auch Nettozeit. Der Aufwand wird in PT (Personentagen) oder Ph (Personenstunden) gemessen. Er ist ein Element der Ressourcenplanung.

Obwohl für unterschiedliche Planungen vorgesehen, hängen beide Elemente eng miteinander zusammen und führen deshalb bei Neueinsteigern zu Konfusion. Will man mit Zeitplänen arbeiten, muss man diese beiden Größen sicher unterscheiden können.

---

152 Formal korrekt formuliert gibt es in einer Terminplanung keine Arbeitspakete, sondern nur Vorgänge. Im Sinne der Komplexitätsreduktion lassen wir diesen Aspekt hier bewusst beiseite.

Zwei Personen sollen ein Loch graben und schätzen, dass sie dazu zwei ganze Tage Zeit brauchen.

Dauer: 2 Tage

Aufwand: 4 PT insgesamt, 2 PT pro Tag

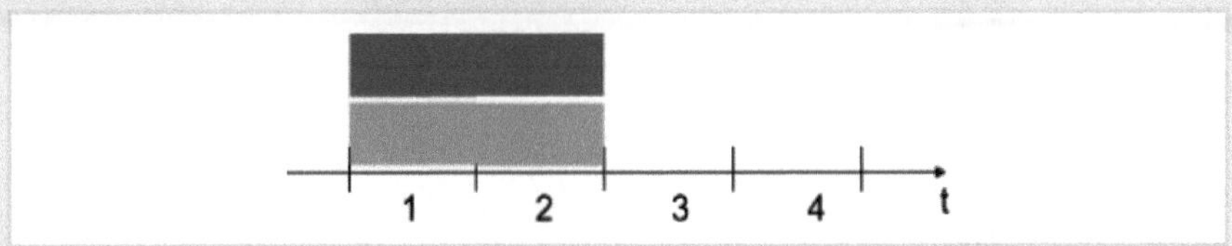

2 Tage Dauer 2 Personen je 2 PT-Aufwand

Doch dann verletzt sich eine Person vor Beginn der Arbeit, sodass die andere Person das Loch alleine graben muss.

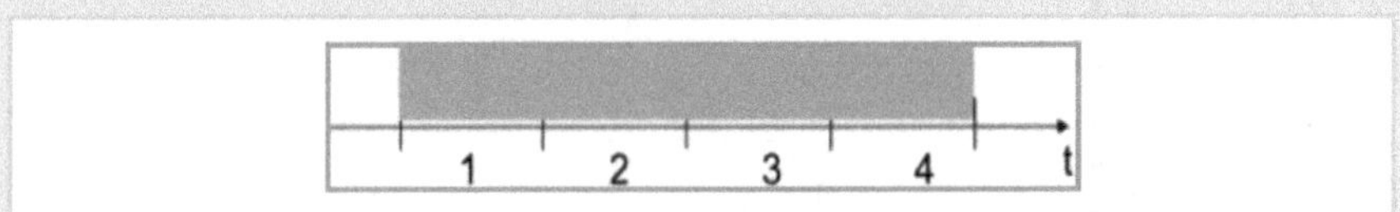

Dauer: 4 Tage

Aufwand: 4 PT insgesamt, 1 PT pro Tag

4 Tage Dauer 1 Person 4 PT Aufwand

Dauer und Aufwand bedingen sich indirekt gegenseitig. Je höher der Aufwand eines AP, desto mehr Zeit für seine Bearbeitung (Dauer) muss man einplanen.

Während der Aufwand (Menge an Arbeit) die Grundlage für die Ressourcenplanung ist, muss für das Erstellen detaillierter Zeitpläne die Dauer der Arbeitspakete bestimmt werden.

Da wir uns hier mit Zeitplänen befassen und hierfür nur die Dauer relevant ist, bleiben wir erst einmal bei dieser.

Der Balkenplan ist die Visualisierung einer Terminplanung

Für die Erstellung eines Balkenplans wird die Dauer der jeweiligen Arbeitspakete geschätzt, also wie viel Zeit deren Bearbeitung in Anspruch nimmt oder nehmen darf. Die zeitproportionalen Balken ordnet die Projektleitung so auf dem Zeitstrahl an, dass sie eine Bearbeitungsabfolge abbilden. Daraus können die Projektmitarbeitenden erkennen, in welchem zeitlichen Zusammenhang die ihnen zugeordneten Arbeitspakete stehen.

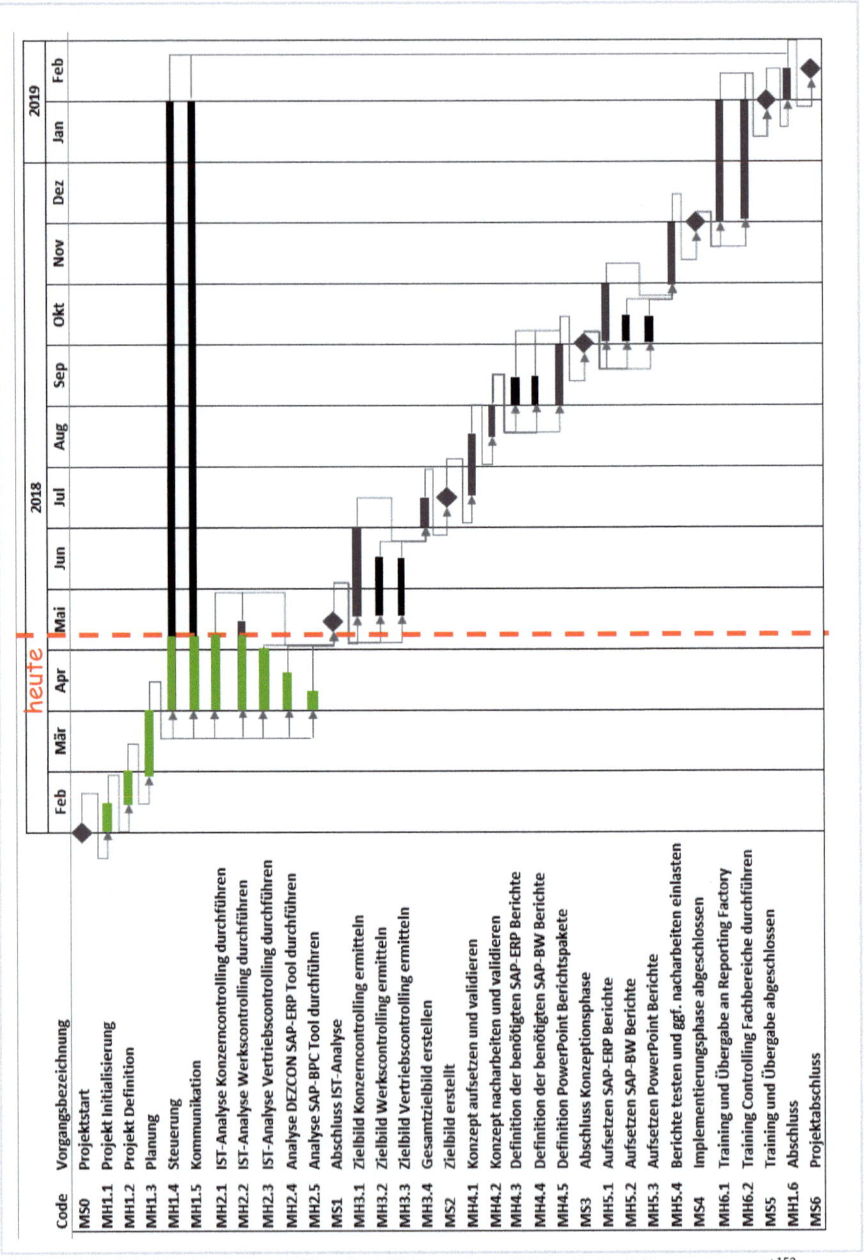

Abb. 77: Beispiel eines vernetzten Balkenplans (Dittmann und Dirbanis, Projektmanagement)[153]

153 Dittmann, K. et al.: Projektmanagement (IPMA®), Lehrbuch für Level D und Basiszertifikat.

Rot markierte Arbeitspakte zeigen den kritischen Pfad an. Er stellt die Abfolge derjenigen Arbeitspakte dar, zwischen denen keine Pufferzeit ausgewiesen werden kann, weil sie direkt an einen Nachfolger angrenzen. Auch diese Information ist für die Projektbeteiligten wichtig. Liegt ein AP auf dem kritischen Pfad, und verzögert es sich, dann verschiebt sich das komplette Projektende nach hinten, weil die Verschiebung nicht durch Puffer ausgeglichen werden kann. AP-Verantwortliche für AP auf dem kritischen Pfad müssen also besonders auf die Einhaltung der Dauer in ihrem Arbeitspaket achten, um den Projektendtermin nicht zu gefährden.

Typische Stolperfallen der Planung

Die Auflistung von Arbeitspaketen und Meilensteinen klingt erst einmal einfach. Im konkreten Projekt ergeben sich bei ungeübten Projektmanagenden jedoch mehrere Schwierigkeiten:

- Die Verwechslung von Aufwand und Dauer ist einer der Hauptgründe, warum unerfahrenen Projektleitenden die Erstellung einer brauchbaren Terminplanung schwerfällt.
- Ein weiterer Fallstrick ist, Terminplanung und Ressourcenplanung in einen Schritt zu integrieren. Wir werden später noch sehen, dass zuerst die Terminplanung vorliegen muss, um die Ressourcenplanung aufsetzen zu können. In Iterationen werden die beiden Pläne dann optimiert.

Sollen zeitliche Puffer dargestellt werden? Wie gehe ich damit um, wenn alle Arbeitspakete auf dem kritischen Pfad liegen? Was mache ich, wenn mein Projekt laut Planung zu lange dauert? Wie detailliert soll ich den Plan darstellen?

Manchmal sehe ich »Planungstapeten«, also Terminpläne über mehrere Seiten, die wie eine Tapete eine komplette Wand einnehmen und in denen genau festgelegt ist, dass am zweiten Dienstag im Mai in zwei Jahren ein bestimmtes Arbeitspaket beginnt. Solche Pläne bieten eine Scheingenauigkeit, die dem Planungsvorgang nicht hilft. Detaillierte Termin- und Ablaufpläne sollten nur für einen Zeitraum erstellt werden, der simuliert werden kann. Je nach Komplexität und Dynamik des Projekts kann dieser zwischen einem und sechs Monaten liegen.

Planung kostet Zeit. Je detaillierter Pläne sind, desto öfter müssen sie der neuen Realität angepasst werden, und desto höher sind die Aufwände für die Überarbeitung der Planung. Meine Faustformel lautet: Je dynamischer und komplexer ein Projekt, desto grober die Planung. In manchen meiner Projekte verzichte ich deshalb ganz auf eine Termin- und Ablaufplanung und komme nur mit einem Phasenplan aus. Oder ich erstelle eine Termin- und Ablaufplanung nur für bestimmte Phasen, in denen viele Parteien aufeinander abgestimmt arbeiten. Ein typisches Beispiel ist die Testphase in einem Softwareprojekt. Hier müssen Entwickler, Techniker, Tester in voneinander abhängigen Schritten zusammenarbeiten. Eine detaillierte Termin- und Ablaufplanung für diese sechswöchige Testphase ist dann sehr hilfreich. (Karen)

4.3.5.2 Zeitplanung in agilen Projekten

Die Zeitplanung im agilen Umfeld

Zeitplanung in agilen Projekten dagegen ist relativ einfach, weil hier die Gesamtdauer fest definiert und vorgegeben sein sollte. Einige Elemente, die für die Zeitplanung und Steuerung dienen sind:

- Timebox bezogen auf das Gesamtprojekt. Die Auftraggebende gibt für das Projekt die Gesamtdauer vor (z. B. ein Jahr), und das bis dorthin bearbeitete Ergebnis (das vereinbarte MVP) wird dann genommen und das Projekt wie vereinbart beendet, oder, falls die Auftraggebenden es wünschen, kann eine weitere Timebox vereinbart werden.
- Timebox im Sinne von Iterationen, in die die Gesamtprojektdauer unterteilt wird. Das sind Releases und Sprints bei Scrum, Kadenzen bei Kanban, Releases und PI (Program Increment) bei SAFe usw.
- Extrapolation des CFD Charts (Cumulative Flow Diagram), s. Kap. 2.5.5.5 »Lernen anhand von Metriken«.
- Backlog Burndown Charts in Kombination mit Burnup Charts mit Sicht auf das Gesamtprojekt.

Als Berater beobachten wir immer wieder die Aussage, dass ja die Vorgabe einer Projektdauer ohne klare Anforderungen und »nur« mit einer losen Vision nicht realistisch sei. An dieser Stelle möchte ich auf die vielen Hunderte und Tausende Start-ups hinweisen, die »nichts« anderes haben als eine Vision und Mitstreitende, die von dieser Vision überzeugt sind und ihre Energie und Zeit dafür einsetzen möchten. Das Geschäftsmodell von professionellen Investoren ist genau das:

Die Führung von Projekten und Programmen anhand von Visionen ist keine blanke Theorie.

Sie hören sich persönlich die Vision an, sie klopfen natürlich die Idee und die Fähigkeiten der Vortragenden und den Markt vorher ab, aber dann einigt man sich auf eine Timebox (Wochen, Monate oder gar Jahre) und auf einen bestimmten Betrag (bei großen Start-ups sprechen wir hier durchaus von mehreren hundert Millionen EUR oder USD). Diese Festsetzung der Zeit und der Kosten bei gleichzeitiger Ungenauigkeit der Anforderungen ist ein Merkmal agiler Ansätze (s. dazu Kap. 3.1.7 »Agil«). Außerdem einigt man sich darauf, dass sich alle nach dem Ablauf jeder Timebox treffen und sich die Ergebnisse anschauen, um das weitere Vorgehen zu besprechen.

Diese Fakten und existierende Firmen kann niemand mehr für »Theorie« halten.

4.3.5.3 Ablaufplanung in hybriden Projekten

Umgang mit Phasenplänen in hybriden Projekten

In hybriden Projekten habe ich bisher nur mit Phasenplänen gearbeitet. Wurde für eine klassisch durchgeführte Phase eine detaillierte Zeitplanung benötigt, dann wurde dieser Ablaufplan nur für diese spezielle Phase (z. B. Testphase s. o.) aufgestellt. Aber nie für das komplette Projekt.

Die agile Phase kann dann entweder als Timebox definiert werden, oder man erhält sich die Flexibilität, indem ein möglicher »Puffer« von z. B. n Wochen eingebaut wird. Dieser »Puffer« kann dann nach Absprache für weitere Iterationen verwendet werden (s. Kap. 4.4.1.4 »Phasenplanung«).

Die Zeitplanung in hybriden Projekten kann sich nun durch zwei Konstellationen ergeben:

Konstellation 1:

Das Gesamtprojekt wird klassisch geführt, lediglich Teilprojekte werden agil umgesetzt.

- In diesem Fall wird die Zeitplanung anhand der üblichen Phasen- und Ablaufplanung vorgenommen. Zur Umsetzung der agilen Teilprojekte wird eine Timebox festgelegt, die mit einer definierten Minimallösung (MVP) erarbeitet wird.

Konstellation 2:

Das Gesamtprojekt wird agil geführt und ausgesuchte Teilprojekte werden klassisch umgesetzt.

- Für diese Konstellation ist für das Gesamtprojekt eine Timebox festgesetzt. Diese kann einen Zeitraum von einigen Monaten bis zu mehreren Jahren umfassen. Sämtliche Teilprojekte, die klassisch umgesetzt werden sollen, werden in diese Timebox integriert. Dabei ist zu beachten, dass entsprechende Meilensteine mit den Inspektions- und Adaptionsrunden (z. B. Kadenzen, Reviews, Retrospektiven etc.) synchronisiert sind.

4.3.6 Ressourcen

Ressourcen für ein Projekt können materiell oder personell sein. Manchmal macht es auch Sinn, Dienstleistungen, Finanzmittel und Wissen als Projektressourcen zu betrachten, die eingeplant werden müssen. Der Einfachheit halber sprechen wir hier nur von personellen und materiellen Ressourcen.

4.3.6.1 Klassische Personalplanung

In der klassischen Welt gehen wir von einer starken Arbeitsteilung aus. Beim Hausbau wird die Elektrikerin oder der Elektriker sich nur um die Elektrik kümmern und nicht dem Fliesenleger aushelfen, wenn dieser länger braucht als vorgesehen. Selbst wenn der Elektriker dem Fliesenleger helfen wollte, kann er das vielleicht gar nicht, weil er nicht weiß, wie Fliesenlegen geht.

Ziel einer Ressourcenplanung ist, die spezialisierten Mitarbeitenden mit der jeweiligen Qualifikation zum richtigen Zeitpunkt an den vorgesehenen Ort zu bringen. Dazu müssen die Planenden wissen, wie viel Arbeit (Aufwand in PT) anfällt und wann.

Das »Wann« kennen wir schon, wir haben ja den kalendarischen Balkenplan. Jetzt müssen wir uns noch um das »Wieviel« kümmern.

Mengenschätzung von Material ist im klassischen Projektmanagement relativ einfach. Stellen wir uns den Bau eines Krankenhauses vor. Wollen wir wissen, wie viel Fenster bestellt werden müssen und wie viel das kostet, hilft ein Blick in die detaillierten Baupläne, aus denen die Anzahl der Fenster entnommen und mit dem Preis multipliziert werden, woraus sich dann die Kosten für die Fenster ergeben. Nun, etwas komplizierter als gerade beschrieben ist es schon, aber ich denke, das Prinzip wird deutlich.

Schwieriger wird es bei der Aufwandschätzung von Arbeit. Es gibt schnelle, motivierte und erfahrene Personen, solche, die es nicht sind, und viele irgendwo dazwischen. Dazu kommen noch Ausfälle durch die Grippewelle, Urlaub, Elternzeit etc. Vielleicht hat man auch noch keine Erfahrung mit einer im AP anzuwendenden Methode und muss sich erst einarbeiten. Vielleicht ist dies der Grund, weshalb wir so viele Aufwandschätzmethoden unterscheiden (Motzel[154]):

Aufwandschätzmethoden

- **Expertenbefragung**, Schätzungen durch ausgewählte Fachleute auf der Basis eigener Erfahrungen, ggf. unter Einbeziehung der ausführenden Stellen (z. B. Planning Poker, Delphi, Dreipunktschätzung). Basis ist immer der PSP mit seinen Arbeitspaketen.
- **Analogieschätzungen** (Analogie-Methoden), auf der Basis gesammelter Erfahrungswerte aus abgewickelten Projekten, z. B. in Erfahrungsdatenbanken.
- **Berechnungen** auf der Basis vorgegebener branchen- oder unternehmensspezifischer Kalkulationsschemata, ggf. in Verbindung mit Standards (z. B. Standardleistungsbuch), Richtzeitenkatalogen, Arbeitswerttabellen etc. Die Vielzahl dieser analytischen Methoden kann in drei Kategorien eingeteilt werden:
  - **Parametrische Methoden**, bei denen ein formelmäßiger Zusammenhang (Algorithmus) zwischen messbaren Ergebnisgrößen und dem dafür erforderlichen Personalbedarf hergestellt wird, z. B. COCOMO, Function-Point-Methode,

154 Motzel, E. et al.: Projektmanagement Lexikon.

- **Vergleichsmethoden**, bei denen Ausgangsdaten, Leistungsmerkmale, Randbedingungen etc. des zu realisierenden Projekts mit denen abgewickelter Projekte verglichen werden und so auf den zu erwarteten Aufwand geschlossen werden kann,
- **Kennzahlenmethoden**, bei denen aus abgeschlossenen Projekten bereits (vergleichbare) Kennzahlen vorliegen, die direkt zur Aufwandsermittlung geeignet sind. Die Aufwandsschätzmethoden werden in der Praxis häufig derart modifiziert, dass anstelle von »Punktschätzungen« sogenannte »Bereichsschätzungen« berücksichtigt werden, bei denen für einen gesuchten Wert mehrere Schätzungen erfolgen, z. B. Dreipunkt-Schätzung.

• **Schätzklausur,** (Synonym: Expertenschätzklausur), Verfahren der iterativen Schätzung durch Expertenbefragung in Gruppenform, z. B. zur Aufwandsermittlung von Projektaufgaben, ggf. unter Einbeziehung der (später) Ausführenden.

Je nach Methode wird die Aufwandschätzung durch die Projektleitung allein oder zusammen mit dem Team durchgeführt. Basis ist immer das AP des PSP. Geschätzt wird für jede Qualifikation getrennt.

EIN BEISPIEL:

Für das Arbeitspaket »Flyer für Musikfestival erstellen« brauche ich drei Qualifikationen: Eine Musikredakteurin oder Redakteur, eine Grafikerin oder Grafiker und eine Übersetzerin oder Übersetzer, da der Flyer in zwei Sprachen erscheinen soll. Für alle drei Qualifikationen schätze ich den Aufwand mit der Expertenschätzung, indem ich mich mit jemandem zusammensetze, der bereits Flyer erstellt hat (Schritt 1 in der Abbildung).

Qualifikation	Schritt 1: Aufwand gesamt (PT)	Schritt 2: KW 21	Schritt 2: KW 22	Schritt 2: KW 23
Musikredakteur	2	1	1	
Grafiker	1	0,5	0,5	
Übersetzer	1		0,5	0,5

Tab. 13: Ressourcenplanung nach Qualifikationen

Ist ermittelt, wie viel jede Rolle an Arbeit zum Flyer beitragen muss, dann können die entsprechenden Aufwände (PT) auf dem Zeitstrahl verteilt werden (hier auf die Kalenderwochen KW 21 bis 23). Der Musikredakteur und der Grafiker fangen zusammen an. Wenn die ersten Texte fertig sind, dann kann der Übersetzer parallel loslegen (Schritt 2).

Da all diese Personen auch noch für andere Aufgaben vorgesehen sind, muss ich ihnen genau sagen können, wann sie mit ihrem Einsatz für dieses Arbeitspaket rechnen können. Ohne diese Information können sie sich diese Zeit nicht für mein AP reservieren. Auch ist z. B. die Information für den Übersetzer wichtig, weil er sich mit dem Musikredakteur und dem Grafiker absprechen muss, da er auf deren Arbeit aufsetzen wird.

Vorgehen bei der Ressourcenplanung

Wird diese Ressourcenplanung mit der von anderen APs abgeglichen oder mit der von anderen Projekten, in denen die Personen auch noch mitarbeiten, dann können Ressourcenkonflikte frühzeitig aufgedeckt und verhandelt werden. Dies hat den positiven Effekt, dass die zeitliche Verschiebung von AP auf dem kritischen Pfad, und damit die Verspätung des ganzen Projekts, präventiv behandelt werden kann. Ressourcenplanung erhöht die Planungssicherheit des Projekts. Sie ist also eine sehr sinnvolle Vorgehensweise im Umgang mit Spezialisten.

4.3.6.2 Agile Personalplanung

In agilen Frameworks wurde die Komplexität der Ressourcenplanung durch zwei Maßnahmen deutlich reduziert.

- Konstante Kernteams (z. B. Entwicklungsteams bei Scrum) von drei bis fünf Personen, die als Einheit über die gesamte Laufzeit des Projekts und im Idealfall zu 100 % zusammenarbeiten. Wenn man mit fünf Personen im Team über eine Projektlaufzeit von sechs Monaten rechnet, lässt sich der Gesamtbedarf an Ressourcen leicht bestimmen.
- Interdisziplinarität des Teams, sodass jedes Teammitglied auch in anderen Fachgebieten aushelfen kann (im Beispiel oben wäre das ein Fliesenleger, der auch Steckdosen anbringen kann und auch dazu bereit ist, hierbei auszuhelfen). In agilen Frameworks bewegt man sich klar vom Spezialistentum weg, hin zum Generalistentum. Dabei verfolgt die Personalentwicklung das sogenannte T-Modell: Jedes Teammitglied beherrscht eine Spezialdisziplin als Expertin oder Experte (Bein des »T«) und kann gleichzeitig bei weniger Tiefe viele Themen in der Breite abdecken (»Arme«).

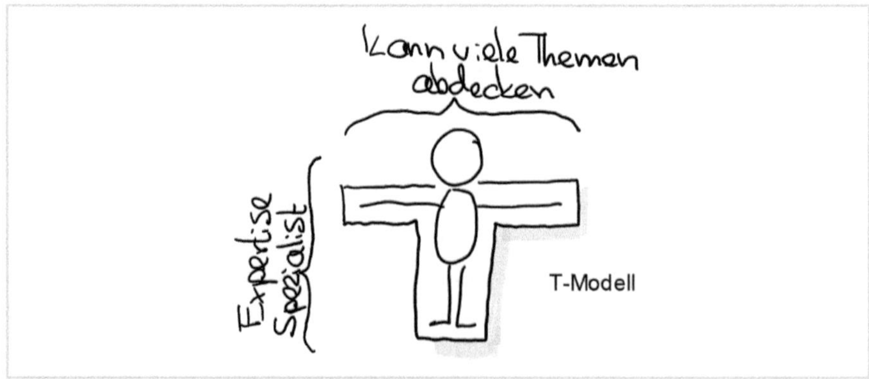

Abb. 78: T-Modell der Qualifikation (eigene Darstellung)

Beide Maßnahmen kann eine Projektleitung in rein klassischen Organisationen nur schwer umsetzen. Weder sind Akzeptanz und Handlungsspielraum der Linienmanager vorhanden, auf Mitarbeitende für mehrere Monate zu 100 % zu verzichten und sie nur einem einzigen Projekt zu Verfügung zu stellen. Noch wird in der Personalentwicklung auf eine Interdisziplinarität der Mitarbeitenden hingearbeitet. Im Gegenteil: In der Personalführung werden sogenannte Kopfmonopole, also die Ansammlung von Spezialwissen bei einzelnen Mitarbeitern, Einzel-Expertentum, geduldet und sogar gefördert. Denn Wissen ist Macht. Und wer das Wissen hat, ist unentbehrlich. Stellvertreterregelungen, sorgfältige Dokumentation oder Zeit für Wissenstransfer fallen Sparmaßnahmen zum Opfer. Dazu kommt die Befindlichkeit mancher Expertinnen und Experten, sich zu schade zu sein, Arbeiten unterhalb des eigenen Niveaus oder außerhalb des eigenen Fachgebiets auszurichten.

Im Fachgruppenabend von Projektmanagerinnen und Projektmanagern fragte ich eine Laborleiterin, die in ihrem Forschungslabor Kanban einsetzt, wie sie denn mit Situationen umgeht, bei denen der Prozess an Ressourcenengpässen hängen bleibt. »Wenn nicht weitergearbeitet werden kann, weil ein Bearbeitungsschritt im Rückstand ist, müssen alle mit ran. Da muss dann auch mal ein hochdotierter Wissenschaftler der technischen Hilfskraft beim Pipettieren helfen.« Auf die Nachfrage, ob diese hochdotierten Wissenschaftlerinnen und Wissenschaftler sich dazu herablassen, antwortete sie: »Bei der ersten Widerrede gibt es ein ernsthaftes Gespräch, beim zweiten Mal müssen sie gehen. So etwas gibt es bei uns nicht.« Eine klare Ansage. (Karen)

4.3.6.3 Planung materieller Ressourcen in agilen Projekten

In klassischen Projekten werden materielle wie personelle Ressourcen geplant (s. Kap. 4.3.6.1 »Klassische Personalplanung«). Da wir idealerweise eine stabile Ausgangslage haben, die eine Planung auf Arbeitspaketebene ermöglicht, ist das Planen materieller Ressourcen nicht so schwierig. Art, Anzahl und Liefer- bzw. Investitionsdatum können aus Plänen erschlossen werden.

In agilen Projekten ist das anders. Zum einen haben wir keine vordefinierten Arbeitspakete für das komplette Projekt, und auch keine Terminplanung auf deren Ebenen wir Ressourcen bestimmen und planen. Zum anderen enthalten agile Frameworks wie z. B. Scrum keinerlei »Anleitung«, wie ein Beschaffungswesen in agilen Projekten durchgeführt werden kann. Hier können wir also nur auf Best Practice hinweisen und beziehen uns auf verschiedene Szenarien.

Szenario 1 – Kleines Projekt mit vorwiegend Personal als Ressource und wenig Material:

In diesem Fall sind hoffentlich genug Energie und Gedanken bereits darin eingeflossen, wie sich das Team zusammensetzt. Es kommt immer wieder die Frage auf, wie ein

Crossfunctional Team aufgesetzt werden sollte, wenn Teammitglieder nur zu einem geringen Prozentsatz am Projekt beteiligt werden können. In diesem Fall sollte entsprechend geprüft werden, ob die Person wirklich ein Teil des Teams sein muss und dafür eher als eine Person mit Spezialwissen nur dann vom Team angefragt wird, wenn ihr Wissen benötigt wird. Genau diese Anfrage sollte aber rechtzeitig passieren, also vor dem Planning, z. B. im Refinment des vorangegangenen Sprints oder vielleicht sogar, wenn möglich in Vorplanungen zwei oder drei Sprints, bevor die Person benötigt wird.

Der Rest des Teams ist ohnehin (hoffentlich) fix und ändert sich nicht ständig, sodass eine ganz einfache Kapazitätsplanung (wie im Klassischen) ausreicht für laufende Sprints.

Szenario 2 – Kleines Projekt mit Personal und viel Materialeinsatz:

Wenn die Beschaffung des Materials kurzfristig (maximal so lang, wie eine Iteration, z. B. Sprint, dauert) kann ebenfalls spätestens in der Refinement-Sitzung eines Sprints für den Folgesprint die benötigte Ressource mit geplant werden. Dies muss nicht in der Refinement-Sitzung passieren, kann aber auch dort vorgenommen werden.

Sollte jedoch die Beschaffung des Materials länger brauchen als die Dauer einer Iteration, dann müssen wiederkehrende Sitzungen einberufen werden, die regelmäßig stattfinden und in denen mit dem Team Prognosen und Schätzungen abgegeben werden, damit der Einkauf bereits bestellen kann. Dies geschieht genauso, wie auch Aufwandabschätzungen vorgenommen werden. Die Unsicherheit ist natürlich genauso groß, wie bei Aufwandabschätzungen in den ersten Iterationen, aber dies gelingt umso besser, je mehr Raum für den Austausch im Team geschaffen wird. Hier zählt fachliches Wissen genauso viel dazu wie der Mut und Offenheit der Mitarbeitenden im Team.

Szenario 3 – Große Projekte:

In großen Projekten gehen wir genauso vor, wie in den Szenarien 1 und 2. Der einzige Unterschied ist, dass wir hier von Planungen mit viel größeren Iterationen sprechen. Im Beispiel von SAFe ist diese Iteration das Program Increment (PI). Am Ende des PIs steht der sogenannte Innovation and Planning Sprint, der einen idealen Zeitpunkt anbietet, um eine mittelfristige Materialplanung für mehrere Sprints in der Zukunft anzugehen. Langfristige Materialplanungen würden auf Solutionebene vorgenommen werden.

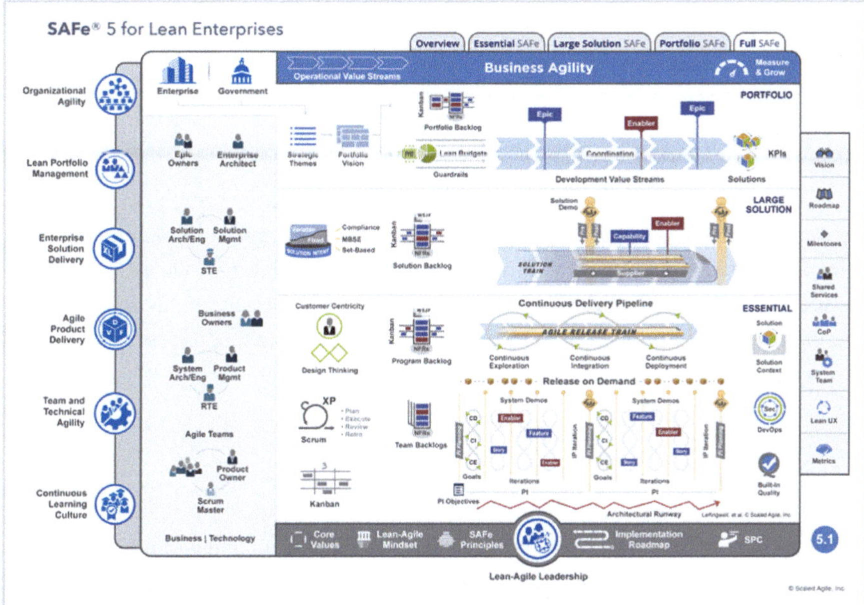

Abb. 79: SAFe Übersichtsbild

Die obige Abbildung[155] verdeutlicht, wie die SAFe-Ebenen in einem »Lean-Enterprise« aussehen sollten. Auf der Essential-Ebene (unterste Ebene, die sich mit dem Program Backlog auf Programmebene bewegt) werden PIs geplant und umgesetzt und jedes PI umfasst mehrere Sprints und kann somit über mehrere Monate gehen. Somit eignet sich diese Ebene für mittelfristige Entscheidungen.

Für noch längerfristige Planungen und Beschaffungen ist die Large-Solution-Ebene (die mittlere Ebene) eine geeignete Ebene, auf der entsprechende und auch langfristige Entscheidungen getroffen werden.

Im Skalierungsframework Nexus könnte die Materialplanung entsprechend während des Cross-Team-Refinements vorgenommen werden. Hier ein direkter Auszug aus dem deutschsprachigen »2021-Nexus-Guide-German.pdf«, der erklärt, was der Gegenstand dieser Sitzung ist:

155 Quelle: https://scaledagileframework.com.

»Teamübergreifendes Refinement des Product Backlogs im skalierten Umfeld dient zweierlei Zwecken:

- Es hilft den Scrum Teams zu prognostizieren, welches Team welche Product-Backlog-Einträge liefern wird.
- Es identifiziert Abhängigkeiten zwischen diesen Teams.«[156]

Die Beschaffung von mittelfristigen Beschaffungen und Ressourcenplanungen kann beim Prognostizieren der zu liefernden Einträge vorgenommen werden. Für langfristige Beschaffungen gibt Nexus nicht direkt eine Antwort. Empfehlenswert wären hier Entscheidungsrunden mit Personen, die auch über längere Zeiträume als nur ein Sprint planen.

4.3.7 Kosten

Auftraggebende, die meist auch das Budget bereitstellen, wollen wissen, wie viel das Projekt kosten wird. Sie möchten zu einem frühen Zeitpunkt im Projekt abwägen können, ob sich das Projekt rentieren wird, und ob genügend Geld bis zum Ende der Durchführung bereitgestellt werden kann. Um diese Frage zu beantworten, benötigt die Projektleitung im klassischen Projekt eine Bottom-up-Planung, wie sie in den vorangegangenen Kapiteln beschrieben wurde.

Manchmal lobt der Auftraggebende auch ein bestimmtes Budget aus (z. B. 1 Mio. EUR) und die Projektleitung muss erkennen und verteilen, wie viel und welche Leistung mit dem Budget erbracht werden kann. Ein solches Herunterbrechen eines Budgets auf den Leistungsumfang wird auch als Top-down-Planung bezeichnet).

Wir beschreiben zwei wichtige Szenarien, die eine Kostenplanung erfordern:

4.3.7.1 Klassische Kostenplanung

Das Aufstellen einer Kostenplanung verlangt viel Detailarbeit im Voraus:

- Was soll gemacht werden? Eine möglichst vollständige Auflistung aller Anforderungen (Auftragsklärung)
- Welche Arbeiten sind dazu nötig? (PSP als Dokumentation des Leistungsumfangs)
- Wann sollen die Arbeiten erbracht werden? (Ablauf- und Terminplan)

156 Kann unter https://www.scrum.org/resources/nexus-guide heruntergeladen werden.

- Wie viel Aufwand wird pro Arbeitspaket und dann kumuliert für das gesamte Projekt pro Qualifikation gebraucht, und wie viel Material muss eingekauft werden? (Ressourcenplanung)
- Wie viel Kosten werden erzeugt und wann fallen sie an? (Kostenplanung)

Man kann also auch sagen, alles, was wir bisher an Planungen erstellt haben, gipfelt in der Kostenplanung. Oder andersherum: wenn ich eine klassische Kostenplanung aufstellen möchte, muss ich alle Planungsschritte vorher durchlaufen.

Kostenplanung bedarf auch der Mitarbeit vieler unterschiedlicher Personen:

- Die auftraggebende Person muss den Leistungsumfang definieren, Rede und Antwort stehen, Entscheidungen treffen was »in scope« oder »out of scope« ist (scope als englischer Begriff für »Leistungsumfang«).
- Die Projektleitung bringt die Planungskompetenz mit und sorgt dafür, dass sich alle an einen Tisch setzen.
- Die Expertinnen und Experten schätzen Personalaufwände, die Fachabteilungen erstellen Pläne, aus denen man den Materialbedarf ableiten kann.
- Der Einkauf steuert die Kosten für die Materialien und Geräte bei.
- Im Falle einer Fremdfinanzierung errechnet die Finanzabteilung vielleicht auch noch die Kapitalkosten.

Dies alles erzeugt ein komplexes Gebilde an Zahlen, Daten und Fakten, welches die Grundlage für die Kostenplanung eines Projekts darstellt.

Beispiel Kostenplanung

Schauen wir uns eine sehr einfache Kostenplanung für ein Arbeitspaket an, um das Prinzip zu sehen. Wir erinnern uns – es soll ein Flyer für ein Musikfestival erstellt werden.

Qualifikation	**Aufwand (PT)**	**KW 21**	**KW 22**	**KW 23**	**Kosten (€)**
Musikredakteur KS1:500E/Tag	2	1	1		2xKS1=1.000
Grafiker KS2: 450 €	1	0,5	0,5		1xKS2=450
Übersetzer KS2: 450 €	1		0,5	0,5	1xKS2=450
Druckkosten (€) 5.000 Stück				500	500
Kostenanfall/ Woche (€)		**1xKS1+ 0,5xKS2 = 725**	**1xKS1+ 1xKS2 = 950**	**0,5xKS2+ 500 = 725**	**Kosten AP gesamt: 2.400 €**

Tab. 14: Beispiel Kostenplanung

Damit wissen wir nicht nur, wie viele Kosten das Arbeitspaket erzeugen wird, sondern auch, wann welche Kosten anfallen und wie viel auf die unterschiedlichen personellen und materiellen Ressourcen entfallen.

Summieren wir entsprechend die Kosten für alle Arbeitspakete, erhalten wir die Gesamtprojektkosten.

Die Kostenplanung auf AP-Ebene hat aber noch eine weitere wichtige Funktion, neben der Berechnung der Gesamtkosten und Auskunftsfähigkeit gegenüber dem Auftraggeber. Sie bildet die Grundlage für das Kostencontrolling. Aber dazu kommen wir später noch.

4.3.7.2 Agile Kostenplanung

Beim agilen Vorgehen werden in der Regel der Kosten- und der Zeitrahmen festgelegt. Die angestrebte Leistung wird anhand einer gemeinsam definierten Vision zu Beginn grob beschrieben und von Iteration zu Iteration verfeinert. Nicht nur vertikal, sondern auch horizontal in einer Story Map können neue Aspekte der Leistung definiert werden.

Wir gehen davon aus, dass der Personalbestand und somit die Personalkosten durch das Vollzeitteam konstant bleiben. Somit können durch die Verfeinerung der Elemente im Backlog auch die Kosten für das benötigte Material von Iteration zu Iteration immer besser und genauer geplant und überblickt werden. Selbstverständlich kann auch im Agilen auf mehrere Iterationen in Voraus geblickt und die Kosten geschätzt werden.

4.3.7.3 Hybride Kostenplanung

Die hybride Kostenplanung erfolgt auf der Basis eines hybriden PSP bzw. einer hybriden Story Map (s. Kap. 4.3.4.3 »Hybride Planung des Projektinhaltes«).

Komme ich von der klassischen Seite her mit einem hybriden PSP, bei dem ein oder mehrere Phasen agil geplant werden, dann führe ich eine klassische Kostenplanung durch. Die Kosten der agilen Phasen werden anhand des Personalbedarfs und der voraussichtlichen Anzahl der Iterationen, also des Zeitbedarfs, geschätzt. Dieser Schätzwert wird dokumentiert und geht in die klassische Kostenplanung mit ein. Zeichnet sich ab, dass die geschätzten Kosten nicht ausreichen werden, entsteht Gesprächsbedarf und die Notwendigkeit zur Neuverhandlung des Budgets.

Manchmal kann man auch auf einer groben Ebene Kosten planen. In kleineren Projekten oder bei geringer Priorität der Kosteneinhaltung im magischen Dreieck wird man keine Kostenplanung auf der Ebene der Arbeitspakete durchführen. Dann reicht eine Grobplanung auf der Ebene des Phasenplans.

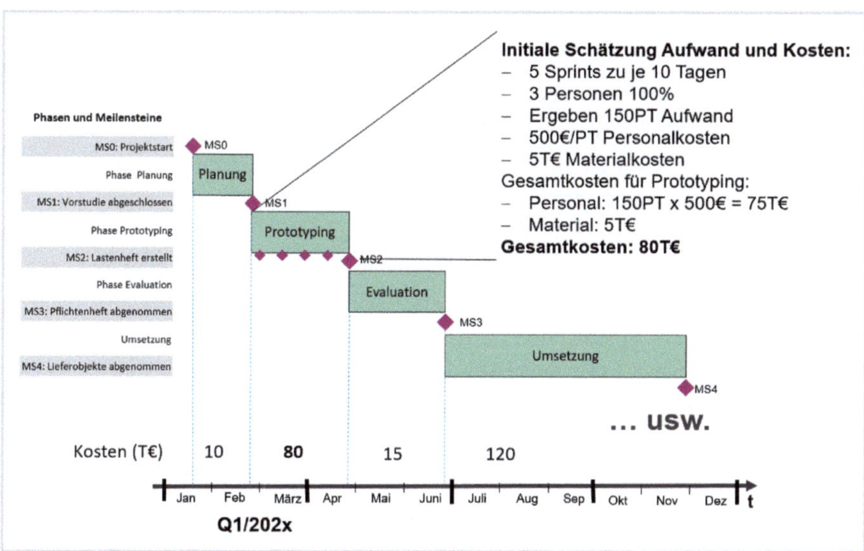

Abb. 80: hybrider Phasenplan als Basis einer groben Kostenplanung

Komme ich von der agilen Seite her, mit einer hybriden Story Map mit einzelnen Aufgaben, deren Kosten ich wie bei einem Arbeitspaket schätzen kann, dann fließen diese in meine agile Kostenplanung auf der Ebene der Epics mit ein.

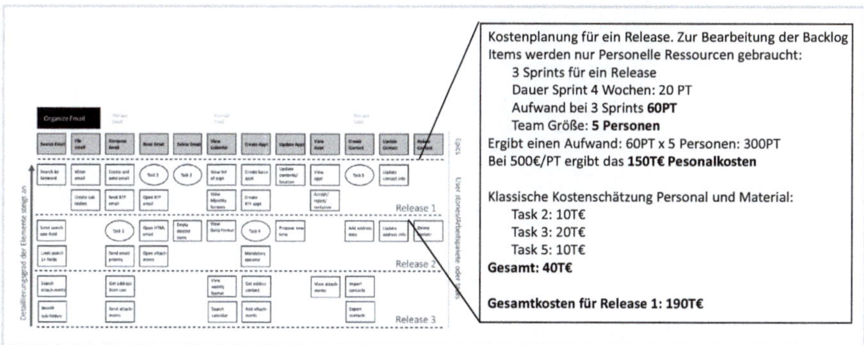

Abb. 81: hybride Kostenplanung auf der Basis eines hybriden Story Map

Wir sehen bei beiden Beispielen, wie eine klassische Projektmanagement-Ausbildung uns bei hybriden Projekten hilft, Kostenplanungen aufzustellen. Dies führt uns wieder zu der Aussage, und ich spreche hier für Mehrschad und Karen: Hybrides Projektmanagement ist die Königsdisziplin, weil ich sowohl das agile als auch das klassische Projektmanagement beherrschen muss.

4.3.8 Planen, überwachen und steuern

Unter agiler Steuerung verstehen wir einen echten Lernprozess. Dieser Lernprozess, und mit welchen Mitteln wir in der agilen Welt das Lernen und das Lenken ermöglichen, kann in Kapitel 2.5.5.5 »Lernen anhand von Metriken« nachgelesen werden. Der Steuerung geht im klassischen wie im agilen Projektmanagement immer eine Soll-Analyse der Überwachung voraus.

Die Ergebnisse der Analyse werden dann genutzt, um im Klassischen vor allem organisatorisch einzugreifen (z. B. Ressourcen zu erhöhen). Die klassische Projektleitung wird oft als Kapitän des Projektes beschrieben. Also ist ihr Platz am Steuerrad genau der richtige. Was für einen Kapitän Kompass, Stundenglas und Astrolabium sind, stellen für eine Projektleitung Meilenstein-Trend-Analyse (MTA), Kostentrendanalyse (KTA) oder Fortschrittsgradmessung und Earned-Value-Analyse (EVA) dar.

Können wir lernen, können wir steuern. Sonst ...

Im Agilen sollen Lerneffekte erzielt werden, die unser Handeln für die Zukunft beeinflussen. Somit ist im Agilen eine »echte« Steuerung nur möglich, wenn ein Prozess etabliert ist, der Lerneffekte zulässt.

Hier werden nun exemplarisch zwei klassische Lernmethoden beschrieben, bevor agile und dann hybride vorgestellt werden.

4.3.8.1 Meilenstein-Trend-Analyse

Diese Analysemethode wird auch die »Fieberkurve« des Projekts genannt.

Zu Beginn des Projekts werden die Plan-Fertigstellungstermine der Meilensteine aus dem Phasenplan auf einer Zeitachse aufgetragen (senkrecht/y-Achse). Zu den vorgegebenen Berichtszeitpunkten (waagrecht/x-Achse) schätzen dann die Projektbeteiligten (PL und Team) in regelmäßigen Abständen, ob der Plan-Termin eines Meilensteins gehalten werden kann, oder ob und wohin er sich verschieben wird. Diese Trend-Analyse wird bei jedem Berichtszeitpunkt fortgeschrieben, und es entsteht ein Trend-Diagramm. Aus diesen »Fieberkurven« können Rückschlüsse über den Zustand des Projektes gezogen werden:

Das engagierte Projekt

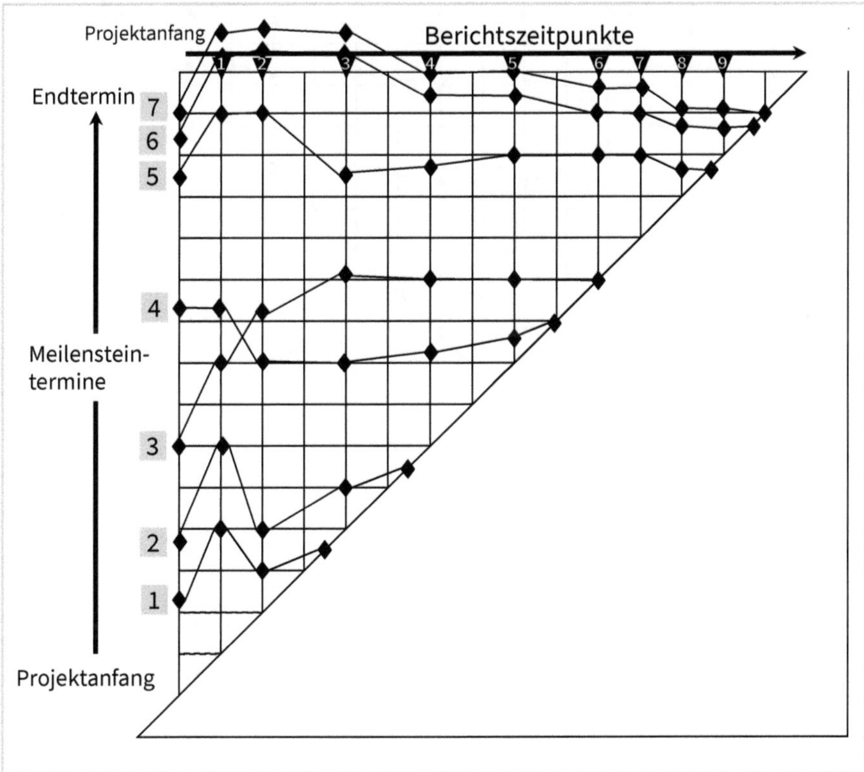

Abb. 82: MTA zum engagierten Projekt

Ab dem zweiten und dritten Berichtszeitpunkt »normalisiert« sich die Trendkurve der Meilensteine, die fast alle gleich zu Beginn als »verzögert« gemeldet wurden. Es zeigt sich im Projektverlauf, dass es tatsächlich nur geringfügige Meilensteinverschiebungen gegeben hat (mit der Ausnahme M3, der stark verzögert abgeschlossen wurde), und dass M4 sogar früher abgeschlossen werden konnte als ursprünglich geplant. Die Einschätzungen der ersten zwei Berichtszeitpunkte zeigen, dass die zu Beginn geplanten Termine für die Meilensteinerreichung nicht mehr gelten. Die Projektleitung muss den Beteiligten ein Forum bieten, um zu stabileren Planwerten zu kommen und diese dann in der aktualisierten Planung berücksichtigen.

Meilenstein Trend-Analyse

Das ruhige Projekt

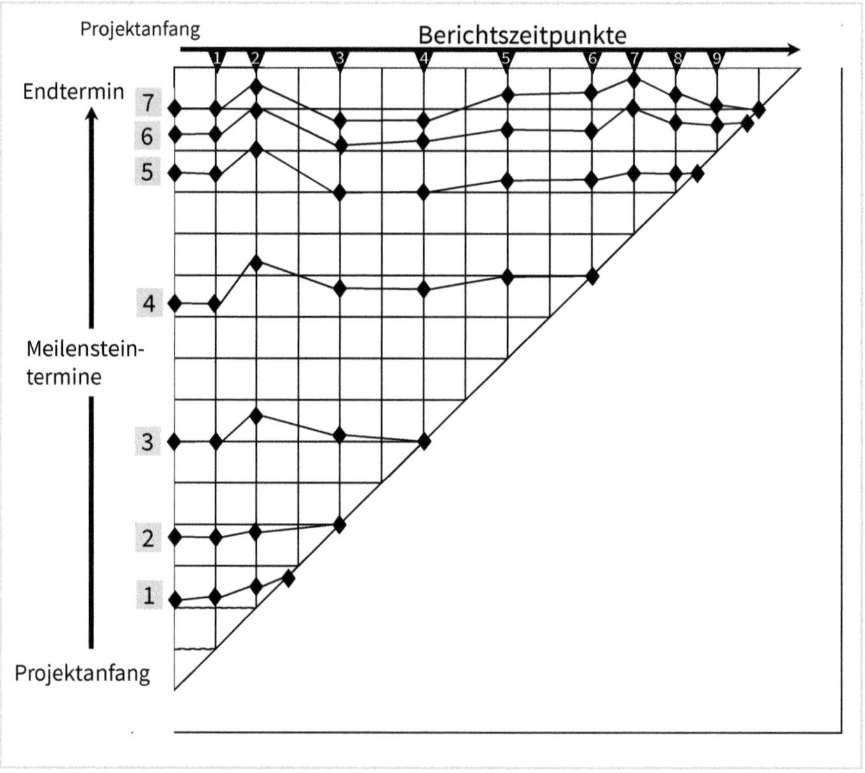

Abb. 83: MTA zum ruhigen Projekt

Das tote Projekt

Die Fieberkurve des Projekts

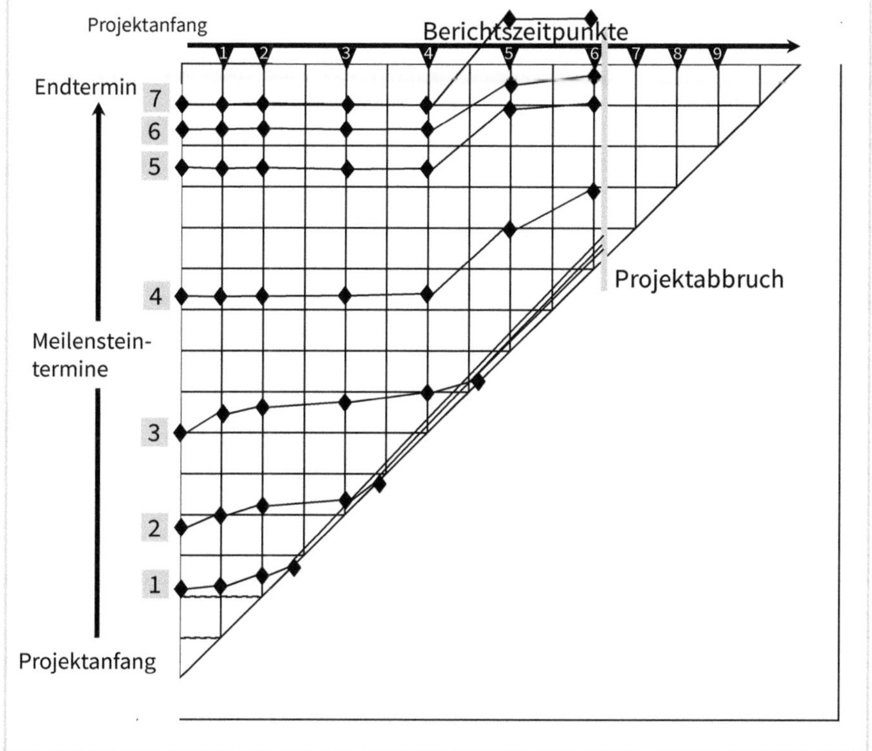

Abb. 84: MTA zum toten Projekt

Hier hat die Überwachung und Steuerung durch die Projektleitung offenbar nicht stattgefunden. Obwohl keiner der geplanten Meilensteintermine eingehalten wurde, und nicht mal ein einziger bis zum sechsten Berichtszeitpunkt abgeschlossen wurde, sind keine Steuerungsmaßnahmen der Projektleitung erkennbar. Der Projektabbruch wurde durch den Lenkungskreis beschlossen. Hier könnte man hineininterpretieren, dass er das Vertrauen in die Projektleitung verloren hat. (Eine Projektleitung kann nie ihr eigenes Projekt abbrechen. Diese Befugnis hat nur der Lenkungskreis, der über der Projektleitung steht.) Die finale Steuerung des Projektes (Projektabbruch) fand schließlich hier durch den Lenkungskreis statt.

Die MTA ist ein typisches Analyse-Element, welches durch das Projektteam erzeugt und dem Lenkungskreis vorgelegt wird. Das Team erarbeitet dann intern oder zusammen mit dem Lenkungskreis Maßnahmen, deren Durchführung bis zum nächsten Berichtszeitpunkt eingeplant werden.

4.3.8.2 Fortschrittsgradmessung

Fortschrittsgradmessung, um den Ist-Zustand zu erkennen

Aufgabe der Projektleitung ist es, zu jedem Zeitpunkt im Projekt darstellen zu können, wo das Projekt gerade »steht«, also wie viel des geplanten Leistungsumfangs bereits erbracht werden konnte. Dieser Projektfortschritt wird üblicherweise in Prozent angegeben, der Wert ist der Fortschrittsgrad.

Also: Steht das Projekt bei 10 %, 50 % oder 90 % Fortschritt? Diese Frage zu beantworten, ist gar nicht so leicht. Auf was sollen sich die Teammitglieder beziehen?

Die Dauer

Ein Projekt hat die Dauer von zehn Monaten. Sind dann zum Ende des fünften Monats automatisch 50 % der Leistung erbracht?

Die Experten

Meine Fachexperten sagen mir, die Hälfte der Lieferobjekte ist bereits fertig. Ist damit die Hälfte meines Projektes fertig? Haben sie in ihrer Einschätzung auch berücksichtigt, dass nach Erstellung der Lieferobjekte noch getestet und eingeführt werden muss? Erzeugen alle Lieferobjekte den gleichen Aufwand, oder haben wir mit den einfachen angefangen und brauchen jetzt für die verbleibenden, komplexeren, umso länger?

Die Kosten

50 % meines Budgets sind aufgebraucht. Ist damit auch die Hälfte meiner Leistung erarbeitet?

Man kann leicht erkennen, dass diese Fortschrittsschätzungen zwar Zahlen liefern, dass aber die Wahrscheinlichkeit, dass wir mit ihnen sinnvoll unser Projekt steuern können, begrenzt ist. Wie können wir also vorgehen?

Zuerst kommen wir auf die Ebene der Arbeitspakete zurück. Diese haben wir auf der Zeitachse positioniert und somit können wir auch sagen, welche zu einem Stichtag X bereits abgeschlossen sind, und welche nicht.

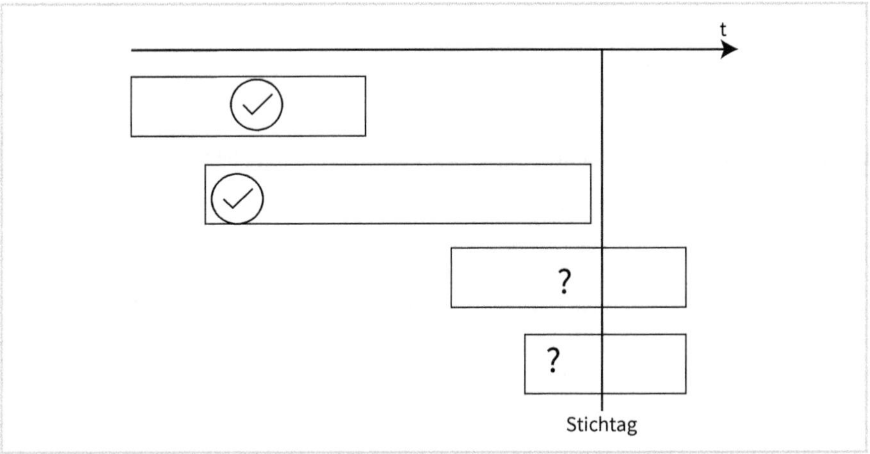

Abb. 85: Projektfortschritt bestimmen. Abgeschlossene und angefangene Arbeitspakete auf der Zeitachse.

4.3.8.3 Earned-Value-Analyse

Für Arbeitspakete, die zum Stichtag noch nicht abgeschlossen sind, wird der Fortschrittsgrad geschätzt. Kumuliert man den Fertigstellungsgrad für das Projekt proportional über alle Arbeitspakete, dann erhält man den Fortschrittsgrad des kompletten Projektes.

Dieser Fortschrittsgrad ist wichtig für die Berechnung des sogenannten Earned Value, den Fertigstellungswert (FW), eines Projekts.

Earned-Value-Analyse

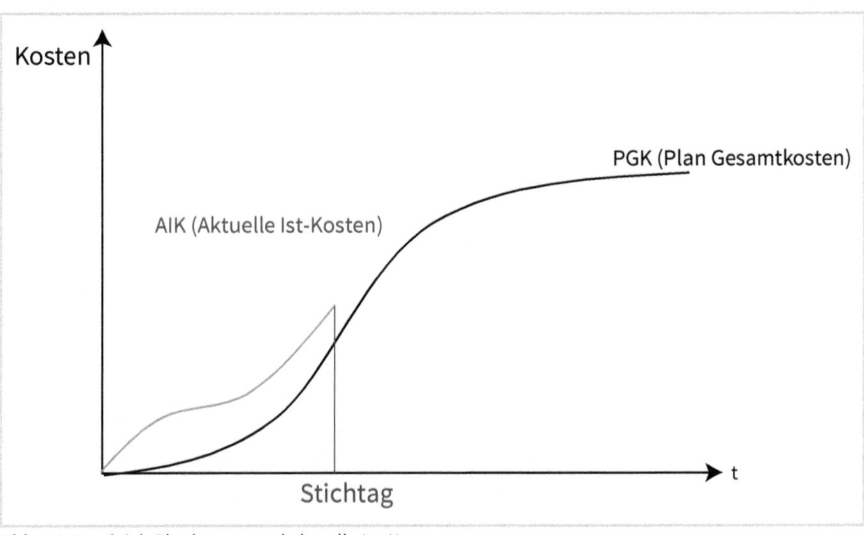

Abb. 86: Vergleich Plankosten und aktuelle Ist-Kosten

Trägt man die Kosten eines Projekts über den Zeitverlauf auf, erhält man obenstehende Kurve (Kostensummenlinie mit Plankosten zu jedem einzelnen Zeitpunkt des Projekts). Im Verlauf des Projekts schreibt die Projektleitung die aktuellen Ist-Kosten (AIK) fort und kann somit anzeigen, welche Ist-Kosten zu einem bestimmten Stichtag des Projekts angefallen sind. Diese Ist-Kosten werden mit den Plan-Kosten verglichen. Liegen sie über den Plankosten, wurde mehr Geld ausgegeben als bis zu diesem Zeitpunkt eingeplant war. Zwei Szenarien können zu dieser Situation geführt haben:

- Entweder: Das Projekt ist bisher teurer als geplant verlaufen, weil z. B. mehr Materialien als veranschlagt benötigt wurden.
- Oder: Das Projekt ist schneller als geplant verlaufen und somit wurden bereits mehr Materialien verbraucht und Aufwände erbracht und damit auch mehr Leistung erzielt.

Beide Szenarien werden wahrscheinlich zu komplett unterschiedlichen Steuerungsmaßnahmen führen. Also sollte man wissen, welche die Realistische ist.

Hier kommt jetzt der Fortschrittsgrad ins Spiel. Mithilfe des Fortschrittsgrades kann ich berechnen, wie viel ein Projekt zu einem bestimmten Zeitpunkt wert ist. Diese Größe nennt man dann den Fertigstellungswert (oder, auf Englisch: Earned Value, nach dem dieses Verfahren benannt wurde).

Für die Planwerte setzen wir den Fertigstellungswert (FW) und die Plankosten zum Stichtag gleich. Denn zu einem bestimmten Stichtag sollte der Plan-Fertigstellungswert auch der Plan-Kostenwert sein.

Den Ist-Fertigstellungswert berechne ich aus dem bestimmten Fortschrittsgrad zum Stichtag und den Gesamtkosten (PGK).

Liegt der Fertigstellungswert-Ist unter den AIK, haben wir ein Problem, denn dann ist unser Projekt teurer als geplant, denn wir haben noch nicht so viel Leistung erbracht, aber mehr Geld ausgegeben als geplant.

Dies entspricht dem oben erwähnten Szenario 1. Bei Szenario 2 wäre der Fertigstellungswert-Ist gleich den AIK, oder sogar höher als die AIK. Was bedeuten würde, dass wir früher als erwartet mehr Leistung für die geplanten Kosten erbracht haben.

Basierend auf der Kostenplanung haben wir also ein mächtiges Tool zu Verfügung, welches uns angibt, ob wir im Plan, hinter dem Plan oder sogar vor unserem Plan liegen. Eine wichtige Information für die Kapitänin oder den Kapitän zum Steuern. Auf der Basis der Earned-Value-Analyse (EVA) können noch weiterführende Kennzahlen zur Steuerung erzeugt werden. Diese sollen jedoch hier nicht weiter ausgeführt werden und können in einschlägigen Werken zur Projektsteuerung nachgelesen werden.

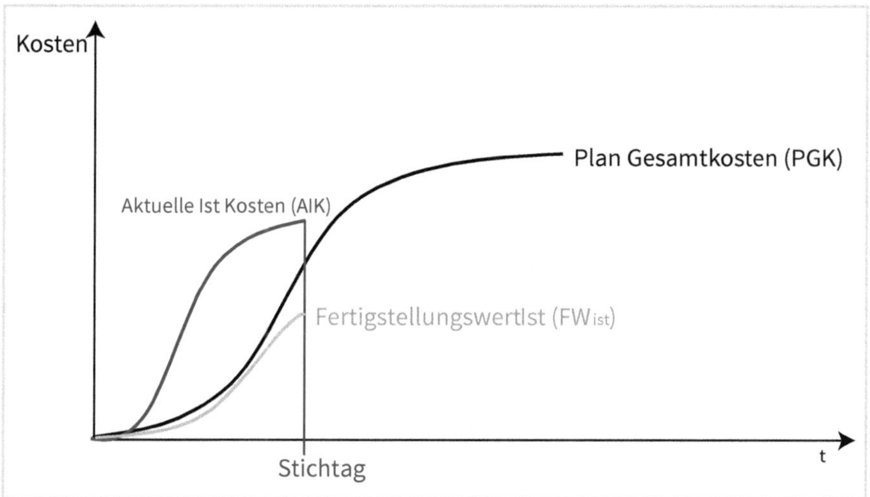

Abb. 87: Plan-, Ist-Kosten und aktueller Fertigstellungswert

All dies funktioniert, solange wir in der Lage sind, zu Beginn des Projektes eine komplette und wenig änderungsanfällige Planungskurve zu erzeugen. Haben wir zu Beginn des Projektes noch keinen Überblick über die zu erbringenden Leistungen, funktioniert diese Betrachtung nicht, da uns die Bezugsgrößen fehlen.

Änderungen in begrenztem Umfang können jedoch dann gesichert berücksichtigt werden, wenn ein verlässliches Änderungsmanagement durchgeführt wird, welches die Bezugswerte kontrolliert anpasst.

Anhand des Änderungsmanagements wird der Unterschied zwischen der klassischen und der agilen Projektsteuerung sehr klar. Das Änderungsmanagement im Agilen wird ganz einfach durch den vierten Eintrag im Agilen Manifest festgeschrieben. Er lautet:

> »[We value] Responding to change [over] following a plan«[157]

157 [Wir schätzen] das Reagieren auf Veränderung [mehr als] das Befolgen eines Plans.

Aus dem Referenzprojekt in Kap. 1.3.2 »Referenzprojekt 2: Mögen die Räder und der Rubel rollen«

Zur Steuerung des Gesamtprojekts wurde die Earned-Value-Analyse eingesetzt. Zur hybriden Steuerung wurde in allen klassischen Teilprojekten ebenfalls mit der Earned-Value-Analyse gearbeitet. Im Teilprojekt E&E wurden nach anfänglichen Schwierigkeiten[158] Story Points und Burnup-Diagramme eingesetzt.

Eine große Hürde, die genommen werden musste, war der ehrliche Austausch mit der Führungsmannschaft (aus dem Projekt und aus der Linie, vor allem dem Lenkungskreis), damit sie nachvollziehen können, warum wir in den ersten drei bis fünf Sprints kaum eine valide Prognose treffen konnten, wann wir fertig sein würden. Hier halfen mehrere Sitzungen, in denen immer wieder die Idee vorgestellt wurde, dass die Geschwindigkeit des agilen Teams vorerst empirisch gemessen werden muss, bevor eine Hochrechnung stattfinden kann.

Ich muss ehrlicherweise gestehen, dass die Damen und Herren keineswegs überzeugt waren, sondern anhand meiner Ausführungen eher erste Zermürbungserscheinungen aufzeigten, uns jedoch Vertrauen schenkten und uns gewähren ließen. Wahrscheinlich waren sie durch die bisherigen Misserfolge paralysiert und ließen uns gewähren. Das ist nicht der Idealfall, hat uns in diesem Moment aber geholfen.

Nachdem diese Hürde genommen war, führten wir zwei einfache Schritte ein, um die klassischen Steuerungswerkzeuge im Gesamtprojekt möglichst gut zu bedienen.

Erster Schritt:

Als Fortschrittsgrad des E&E-Teilprojekts meldeten wir ab dem Ende des ersten Sprints das Verhältnis der gelieferten Story Points zu den gelieferten Story Points multipliziert mit der Anzahl der verfügbaren Sprints.

Entsprechen der Anzahl der Abhängigkeiten zu anderen Teilprojekten je Sprint und den vorhandenen Risiken, wurden die Sprint Backlogs unterschiedlich gewichtet, sodass das Verhältnis und somit der gemeldete Fortschrittsgrad nicht einfach linear wuchs.

Der »Wahnsinn« mit den Story Points

Zweiter Schritt:

Wir versprachen, dass für die Projektsteuerung keine zusätzliche Arbeit entstehen wird, um aus Story Points entsprechende Zahlen zu erhalten, die für eine Prognose der Liefertermine notwendig sind. Dazu lieferten wir für Zeitprognosen immer eine Übersetzung unserer Burnup-Rechnung mithilfe der berechneten Velocity Factors (s. Kap. 2.5.5.5 »Lernen anhand von Metriken«).

158 Die Schwierigkeiten betrafen zum einen die reine Theorie, also das Verständnis dafür, warum die Leistungsmessung in einem agilen Kontext nicht auf den geplanten Aufwänden und der Dauer, sondern auf den erledigten Story Points aufsetzt. Zum anderen (und das war bei weitem die größere Hürde) mussten mehrere Sprints »durchlitten« werden, bevor die Häme über Story Points und Burnup-Diagrammen verstummte und sich ein Erfolgsgefühl einstellte.

4.3.8.4 Das CFD bei Kanban

Kanban ist ein Framework, welches auf die Optimierung des Durchflusses der Arbeit ausgelegt ist. Je besser die einzelnen Prozessschritte (z. B. Konzeption, Entwicklung, Testen, Auslieferung) aufeinander abgestimmt sind, desto schneller kann die Bearbeitungszeit einzelner Aufgaben abgeschlossen werden. Der Durchfluss wird über die sogenannten WIP-Limits gesteuert (s. Kap. 2.5.5.5 »Lernen anhand von Metriken«).

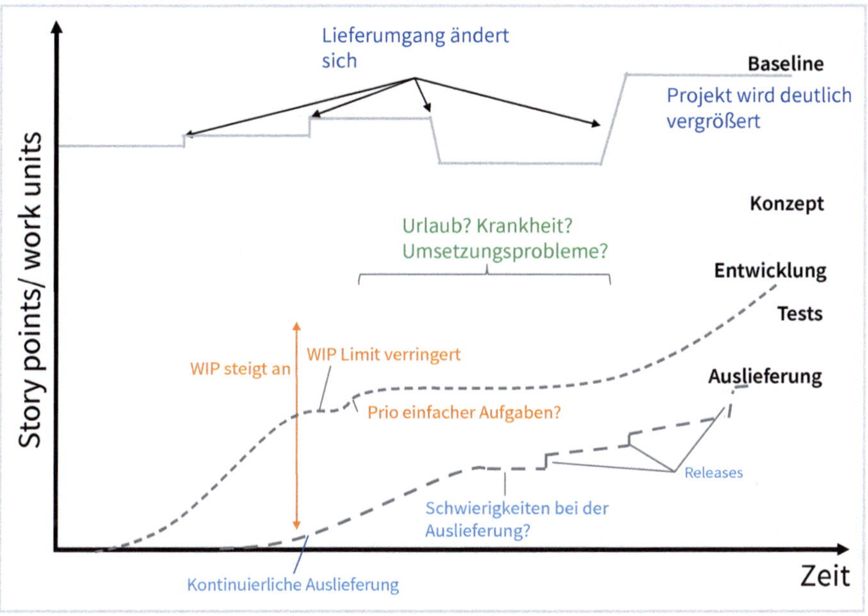

Abb. 88: Interpretation eines Cumulative Flow Diagramms (CFD)

Anhand des CFDs (Cumulative Flow Diagram) können wir Projekte, die nach dem Kanban-Framework durchgeführt werden, steuern.

Steuerung mit CFD Charts

Der erstrebenswerte Zustand des CFD ist, dass die Linien, die die Prozessschritte anzeigen, möglichst im gleichen Abstand voneinander verbleiben. Dies bedeutet einen optimalen Flow der Arbeit.

Wird der Abstand zwischen den Linien größer, dann werden mehr Aufgaben angefangen als abgearbeitet. Schädliches Multitasking ist die Folge. Die Anzahl paralleler Aufgaben in einem Prozessschritt muss verringert werden.

- Wird der Abstand zwischen den Linien deutlich geringer, dann ist die Bearbeitung schneller als der Zufluss neuer Aufgaben. Dann müssen entweder neue Aufgaben definiert oder Bearbeitungskapazitäten abgebaut werden.
- Bildet sich ein Plateau, dann stockt die Bearbeitung. Gründe für das Stocken können eine Krankheitswelle sein, Abzug von Ressourcen aus dem Team, Schwierigkeiten in der Umsetzung etc. Die Klärung der Situation muss angeleitet werden.
- Die Basislinie zeigt den Lieferumfang an. Wird die untere Linie (hier Auslieferung) extrapoliert, kann am Schnittpunkt mit dem Lieferumfang das voraussichtliche Ende-Datum des Projektes simuliert werden (s. Abb. 20 »Beispiel Cumulative Flow Diagram«).

Also auch in agilen Frameworks, wie z. B. Kanban, können Systeme gesteuert werden.

Aus dem Referenzprojekt in Kap. 1.3.3 »Referenzprojekt 3: Kreativ vielseitig«

Das Kernstück der operativen Abwicklung ist in jedem Team (die wir »Squad« nennen) ein Kanban Board. In diesem werden alle eingesteuerten Aufgaben, Tickets, Arbeitspakete, Vorgänge etc. unabhängig von ihrer Herkunft von einem interdisziplinären Team abgearbeitet. Es gibt drei Teams (Squads) mit drei separaten Kanban Boards und separaten Kundenstämmen.

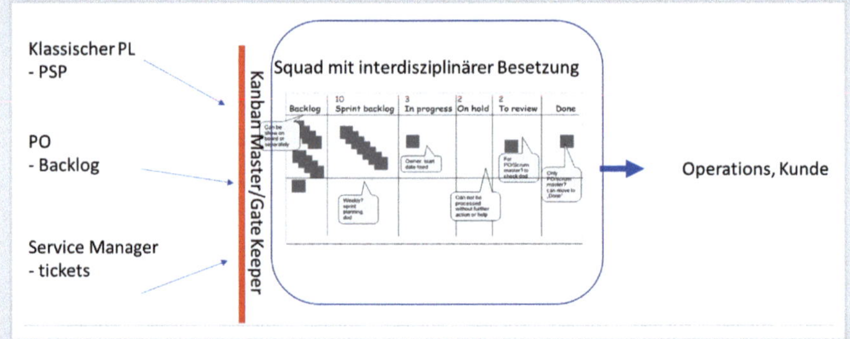

Abb. 89: Organisationseinheiten, die Aufgaben auf das gemeinsame Kanban Board einsteuern

»Gatekeeper« über die Einsteuerung der Aufgaben, Backlog Items und Tickets ist der Kanban Master. Er kommt von außerhalb der Teams und ist für alle drei Boards zuständig. In enger Zusammenarbeit mit PL, PO und Service Manager pflegt er die anstehenden Aufgaben, priorisiert sie und gibt sie für die Aufnahme ins Kanban-Backlog frei. Er achtet auf die passende Größe der eingesteuerten Aufgaben, reguliert den Flow, löst Engpässe auf, gibt spontane »Express-Aufgaben« frei und stellt die Übergabe nach Operations bzw. zu den Kundinnen und Kunden sicher.

Ein weiteres Beispiel zur Erschaffung von mehr Transparenz durch Kanban:

Aus dem Referenzprojekt in Kapitel 1.3.1 »Referenzprojekt 1: Frischgemüse«

Die Verbesserung des Durchflusses von Aufträgen war schon sehr oft der Gegenstand von mehr oder minder hitzig geführten Diskussionen gewesen. Von wöchentlichen Sitzungen, über Besprechungen mit dem Abteilungsleiter und den einzelnen Mitarbeitenden, bis hin zur Einführung von digitalen Kalendern wurde viel probiert, um Aufträge an das Team zu übergeben und nachhaltig zu prüfen, ob die Termine eingehalten werden konnten. Das Team war jedoch mit der aktuellen Lösung nicht zufrieden. Entsprechend waren die Auftragsübergabe und Auftragsabarbeitung ein Thema, das das Team mit mir gemeinsam angehen wollte.

Nach einigen Gesprächen mit dem Team und mit der Abteilungsleitung hat sich herausgestellt, dass schlicht und einfach die Transparenz fehlt. Es war nicht ersichtlich, wann genau die Sondermontagearbeiten an einer Maschine fertig sein müssen, damit diese zum Versand gesendet werden können. Man hatte zwar einen digitalen Kalender eingeführt, dort war jedoch erstens nur der Versandtermin eingetragen und nicht rückwirkend die »Meilensteine«, z. B. für interne Abnahmen etc., und zweitens war der elektronische Kalender nicht an den Arbeitsplätzen in der Produktionshalle verfügbar, sondern im Büro des Abteilungsleiters. Um den Kalender einzusehen, mussten die Mitarbeitenden den Arbeitsplatz verlassen. Somit war jeder Kontrollblick mit einer Unterbrechung des Arbeitsflusses verbunden.

Um die Transparenz direkt am Arbeitsplatz in der Montagehalle zu erhöhen, wurde zuerst gemeinsam der gelebte Arbeitsfluss mit entsprechenden Markern für die Meilensteine (interne Abnahmen etc.) aufgemalt, damit alle dasselbe Verständnis davon haben, wie die Auftragsabarbeitung organisiert sein sollte.

Abb. 90: Skizze des neu vereinbarten Workflows

Das Commitment: Der Abteilungsleitende bringt die Aufträge erst, wenn klar ist, dass alle nötigen Daten und Teile zur Abarbeitung des Auftrags auch tatsächlich vorliegen. Er trägt dann den Versandtermin ganz rechts ein und rechnet in Abstimmung mit dem Team rückwärts, um entsprechende Termine für alle Meilensteine (die Spalten vor dem Versandtermin) einzutragen.

Alle Teammitglieder erhalten Namensschilder. Jede Person, die an einem Auftrag arbeitet, schiebt ihr Namensschild in die entsprechende Zeile und Spalte.

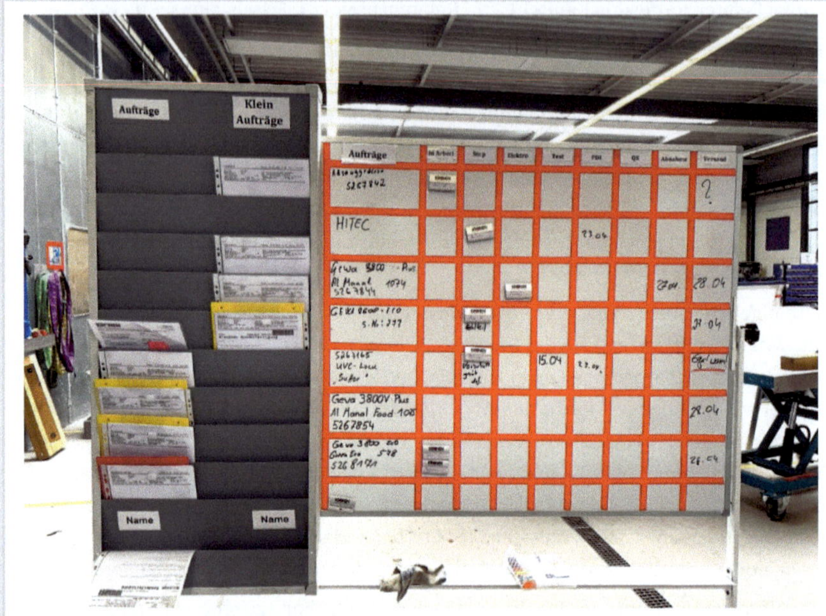

Abb. 91: Der abgebildete Workflow zwei Wochen später

Im Register links werden die Aufträge (große links, kleine rechts) platziert. Die Tafel rechts stellt ein Kanban-Board dar, das den genauen Workflow abbildet, der eingehalten werden soll.

Das Board und das Register bilden eine Einheit und sind direkt so in der Produktionshalle an der Wand untergebracht, damit sie nicht im Weg stehen. Bei Bedarf kann die Einheit verschoben werden.

Natürlich ist das Board allein nicht die Lösung. Aber flankiert durch die Methoden-Schulung und das Coaching, das das Team bekommen hat (der Westen unseres Kompasses – Technik und Methoden) und die aktive Unterstützung des Geschäftsführers und des Abteilungsleiters (der Norden – Mindset, und der Osten – Organisation) konnten schnell und unkompliziert alle benötigten Hilfsmittel bereitgestellt und eingesetzt werden. Gleichzeitig wurde sehr offen über organisatorische Probleme und Widerstände gesprochen. Nicht um andere zu diskreditieren, sondern um gemeinsam besser zu werden.

Zum Schluss wurde noch ein Wochenplan aufgestellt. Also der Entwurf einer typischen Woche mit allen notwendigen Abstimmungsrunden zwischen Team und dem Abteilungsleitenden, für die teaminterne Abstimmung und auch zwischen den Teammitgliedern und den angrenzenden Teams, die als Lieferanten bzw. Abnehmer des Sondermontagen-Teams agieren. Die hier gemeinsam festgelegten Termine wurden mit allen Beteiligten fest vereinbart, sodass sie sich daran orientieren konnten. Wir konnten den Ablauf der Auftragsdisposition und -abwicklung durch diese Transparenz entscheidend verbessern.

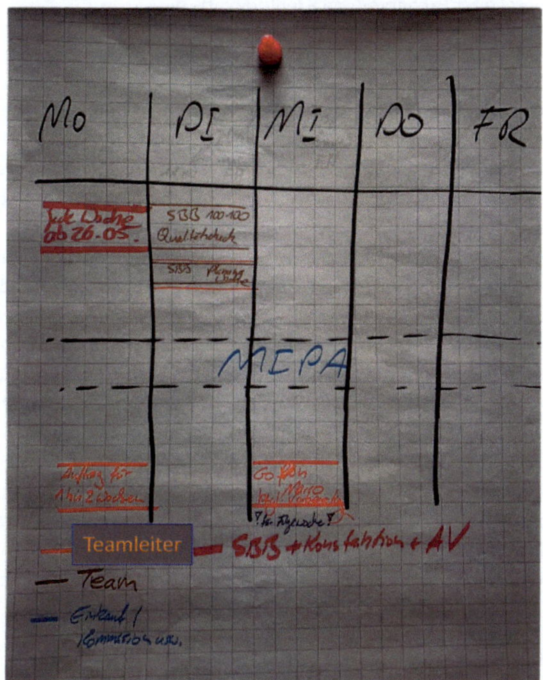

Abb. 92: Der Wochenplan aus Inspektionssicht

Die handgezeichneten Bilder mögen nicht schön sein. Aber es sind die Original-Flipcharts, die während der Sitzungen entstanden sind.

4.4 Der Süden – Praktische Ausführung und Geschichten

Hier wollen wir ein konkretes Beispiel mit der hybriden Brille analysieren. Das Projekt wurde in einer deutschen Filiale eines englischen Bankhauses durchgeführt.

4.4.1 Projektsteckbrief

<table>
<tr><td colspan="2">Projektbezeichnung: Kreditvergabe Neu</td><td>P-Nr./Kürzel: KV01
Projektleitung: Herr Freundlich</td></tr>
<tr><td colspan="3">Projektauftraggeber: Leiter Fachabteilung Kreditvergabe A
Projektauftragnehmer: Herr Freundlich, Projektleiter-Pool der Bank</td></tr>
<tr><td colspan="3">Projektumfeld (WO, WARUM):
Es handelt sich um ein internes Projekt in der deutschen Filiale eines englischen Bankhauses. Aktuell wird in Deutschland der Auszahlungsprozess für Kredite hauptsächlich manuell und papiergebunden dezentral durchgeführt. Die Prozesse unterscheiden sich in den fünf Vertriebsbereichen. Um die Wachstumsstrategie der Bank weiterhin zu forcieren, ist eine weitestgehende Digitalisierung des Auszahlungsprozesses erforderlich.
Zudem sind die gewachsenen Strukturen der Prozesswelt zu vereinheitlichen und zu automatisieren. Dazu muss die Fachabteilung engagiert beitragen, bevor ein Konsens über die Vereinheitlichung erzielt werden kann. Auch sind die Prozesse komplexer als zunächst angenommen, sodass die Erstellung eines formalen Lastenheftes in der Vergangenheit mehrfach gescheitert ist.
Bei Nichteinhaltung von Regularien im Bankgeschäft, wie z. B. KWG, Basel II+III, MaRisk etc., drohen nicht unerhebliche Sanktionen. Damit entsteht bei der Projektdurchführung ein erhöhter Prüf- und Rechercheaufwand.
Da vorherige Versuche, das Projekt umzusetzen gescheitert sind, wird vom oberen Management vorgegeben, das Projekt agil aufzusetzen. Es werden zwei Teilprojekte ausgerufen, auf die sich die fachlichen Schwerpunkte verteilen. Dazu werden ein Product Owner, zwei Entwicklungsteams und zwei Scrum Master installiert.
Die angestrebte SW-Lösung soll Pilotcharakter für andere Filialen auf dem europäischen Festland haben.</td></tr>
<tr><td colspan="3">Projektinhalt (WAS):
Automatisierung, Optimierung und Standardisierung des gesamten Auszahlungsprozesses fachabteilungsübergreifend. Damit verbunden ist die Digitalisierung des Posteingangs, die Entwicklung und Einführung einer Vorgangssteuerung sowie die Anpassung der Rule Engine und des Archivsystems. Zusätzlich soll mit der Lösung auch die Autokreditvergabe für Kleinkredite als neuer Prozess eingeführt werden.
Das Projekt fängt mit dem Schreiben des Project Charters (ca. fünfseitiges Dokument) an und endet mit der Abnahme des Systems durch die Bankenaufsicht und die Betreuung einer dreimonatigen Einführungsphase am Standort in Deutschland.
Nichtziel ist die Übernahme auf andere kontinentaleuropäische Filialen.</td></tr>
<tr><td>Laufzeit: 2 Jahre</td><td colspan="2">Projektbudget: 2,5 Mio. EUR</td></tr>
<tr><td colspan="3">Projektrisiken / Behinderungen:
• Gewachsene und verschachtelte Strukturen und Prozesse mit zu vielen Sondervarianten/-fällen, die neu zu designen sind.
• Veraltete Technologie, die ausgetauscht werden muss. Damit verbunden erhöhter Abstimmungsbedarf mit dem Steuerungsteam und externen Partnerinnen und Partnern.
• Paralleler OE[159]-Prozess zur Umstellung der Projektabwicklung auf Scrum.</td></tr>
</table>

Tab. 15: Steckbrief, Stand MS1 Beauftragung

159 OE steht als Abkürzung für Organisationsentwicklung.

4.4.1.1 Projektklassifizierung nach dem Diamantmodell

Im Kapitel 3.4.3 haben wir das »Diamantmodell nach Shenhar und Dvir« der Fallstudie Kreditvergabe kennen gelernt. Diesem Modell folgend haben wir das Projekt in zwei wesentliche Vorgehensweisen aufgeteilt:

- Agil: für die Einführung von Scrum und die Vereinheitlichung und Umsetzung der Prozesse
- Klassisch: für die Einhaltung der Regularien im Bankengeschäft.

4.4.1.2 Klassische Elemente von der Organisation vorgegeben

Denkt man an das Bankgeschäft, verbindet man es normalerweise nicht mit agilen, hochinnovativen dynamischen Vorgehensweisen. Man bringt es eher mit planbasiertem, vorausschaubarem und somit vertrauensbildendem Verhalten in Zusammenhang. Zumindest wünscht man es sich.

Rahmenbedingungen aus der klassischen Organisation

Dies spiegelt sich in unserem Fallbeispiel in den klassischen Elementen der Projektvorgehensweise wider, die von der konservativen Organisation vorgegeben wurden:

- Projektportfoliomanagement der Bank mit einmaliger Jahresplanung und Einlastung der Projekte in die Organisation im September. Damit verbunden ist die Projektbeantragung mittels einer detaillierten Projektbeschreibung (Project Charter). Diese kann nur für bestimmte Teile des Projektes geleistet werden, die zum Zeitpunkt der Projektbeantragung bereits bekannt sind, z. B. die einzuhaltenden Regularien und deren Umsetzung.
- Berichtswesen: Der Lenkungskreis verlangt einen monatlichen Statusbericht mit den klassischen Kennzahlen des magischen Dreiecks, Risiken, Meilensteinen und ihrem Erreichungsgrad. Nur mit solchen Daten ist er gewohnt, den Projektfortschritt zu bewerten.
- Im Unternehmen liegt ein klassisches Standard-Vorgehensmodell nach Wasserfall mit definierten Ergebnistypen pro Meilenstein vor, welches laut PMO auch mit Scrum einzuhalten ist.
- Die IT-Abteilung verlangt eine enge Koppelung an deren Rolloutplanung. Releases müssen vom Projektteam für die Übernahme von Zwischenständen bei der IT beauftragt werden. Auch sind Prüfungen gesetzlicher Vorgaben an die Zyklen der IT gekoppelt. Eine gute Planbarkeit, wann welche Lieferobjekte zur Prüfung wann ausgeliefert werden können, wird eingefordert.

Die Organisation der Bank funktioniert noch weitgehend planbasiert. Die Schnittstellen zum Projekt wie Lenkungskreis oder IT-Abteilung wollen wie bisher mit konkreten Zahlen, Daten, Fakten zu einem frühen Zeitpunkt versorgt werden, um das Projekt wie alle anderen parallelen Projekte in ihr Tagesgeschäft einordnen zu können.

Aus diesem traditionellen Denken wurden auch Entscheidungen bezüglich der Rollendefinition getroffen:

- Es gibt keine offizielle Projektleitung mehr. Die Budgetverantwortung wird vom bisher üblichen Projektleitenden auf die beiden Scrum Master übertragen. Ebenso wird mit den Themen Stakeholdermanagement, Vertragsmanagement und Projektleitung verfahren. Damit geht die Projektleitungsrolle auf die Scrum Master über. Die Selbstorganisation des Teams und die im agilen besondere Verantwortungsübernahme für die Umsetzung der Aufgaben wird durch diese Konstruktion nicht gefördert, jedoch je nach Verhalten der Scrum Master auch nicht explizit ausgeschlossen. Der Product Owner gestaltet die Kommunikation mit seinen Stakeholdern nur mit der Unterstützung der Scrum Master und wird von weiteren Schnittstellenarbeiten wie z. B. Vertragsmanagement entlastet.
- Traditionelles Kundenverständnis: Kunde des Projekts ist der Leiter der Fachabteilung Kreditvergabe A, nicht die Endkundinnen und Kunden (also die Kundschaft der Bank). Somit wird ein wichtiges Prinzip der agilen Produktentwicklung verhindert, welches die Endkundin oder den Endkunden zufriedenstellen möchte. Die Fachabteilung muss die Verantwortung übernehmen, die Wünsche des Endkunden genau zu kennen und ggf. über ihre eigenen zu stellen, damit das Projekt am Markt erfolgreich angenommen wird.
- Die Projektabnahme erfolgt durch ein internes Gremium mit Beteiligung der Abteilungen Recht, Compliance und Datenschutz sowie der internen Revision. Dies ist verständlich, da ohne deren fachlichen Abnahme das Produkt nicht freigeschaltet werden kann. Doch wird auch hier der Endkunde nicht berücksichtigt.

Um das Projekt in das weiterhin traditionelle Umfeld der Bank möglichst unaufgeregt einbinden zu können, sind die oben genannten Entscheidungen verständlich. Sie erhöhen die Komplexität des Projektes jedoch zusätzlich, was die Scrum Master vor zusätzliche Schwierigkeiten stellt.

4.4.1.3 Von der Organisation geforderte agile Elemente

Zur Rechtfertigung eines neuen Versuchs für die Projektumsetzung und weil man dem Glaubenssatz folgt, dass agil schneller ist, forciert das obere Management die agile Vorgehensweise nach Scrum. Damit startet es parallel zum bereits komplexen fachlichen Projekt ein Organisationsentwicklungsprojekt (OE-Projekt), welches die Komplexität weiter erhöht.

Auf der anderen Seite bietet eine vorsichtig agile Herangehensweise an komplexe Fragestellungen auch die Chance, fachliche Knoten Stück für Stück (in Iterationen) zu lösen. Dies könnte die Wahrscheinlichkeit eines Projekterfolges erhöhen.

Vom oberen Management gefordert wurde:

- »Es muss Scrum draufstehen und auch drin sein!«
- Damit verbunden die Aufteilung der Projektleitungsrolle in Product Owner:in und Scrum Master:in
- Stetige Lieferung von Funktionalität zur Zufriedenheit des Sponsors (Leiter Fachabteilung Kreditvergabe A).

Nicht berücksichtigt wurde, dass mit den plangetriebenen und agilen Vorgaben zwar stetig geliefert, jedoch nur bedingt verbindlich vereinbart werden kann, was wann geliefert wird.

4.4.1.4 Phasenplanung

In der Phasenplanung haben die beiden Scrum Master einen Kompromiss zwischen dem plangetriebenen Standard-Vorgehensmodell der Bank gefunden und den agilen Anforderungen an die Umsetzung.

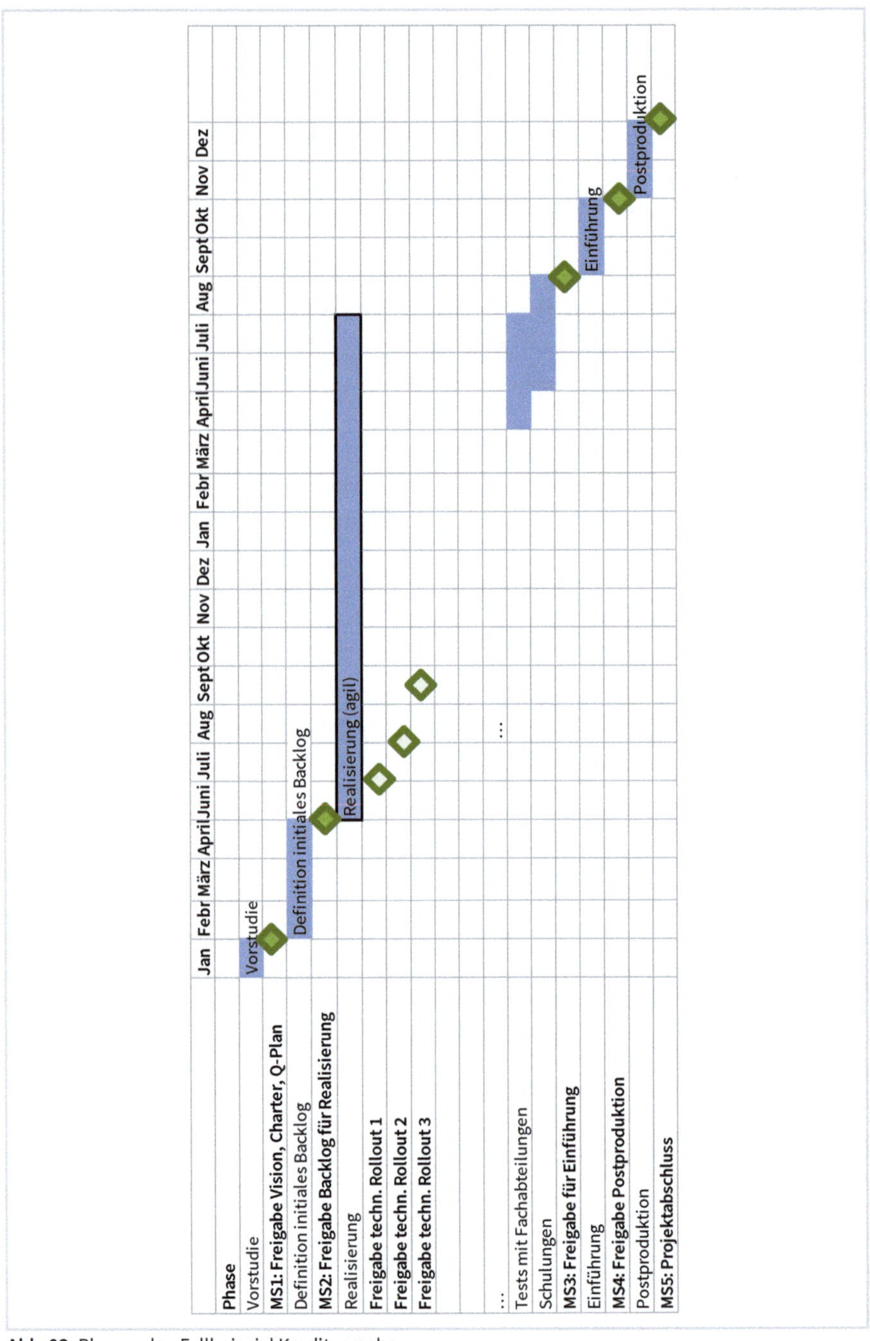

Abb. 93: Phasenplan Fallbeispiel Kreditvergabe

Fast alle Phasen wurden aus dem Standard-Vorgehensmodell dem Namen nach übernommen. Nur die Standardphasen Spezifikation und Design wurden in der Phase »Definition initiales Backlog« umbenannt und zusammengefasst. Die Phase »Test mit Fachabteilung« wurde so terminiert, dass sie nach dem Abschluss des letzten Rollouts starten soll. Hier hat sich die IT-Abteilung flexibel gezeigt, in einem Zeitraum von zwei bis drei Monaten die ankommenden Releases in den Regelprozess einsteuern zu können.

Forderungen nach mehr Agilität

4.4.1.5 Hybride Erfolgsfaktoren

Die rechtlichen Vorgaben behandelte der PO in seinen Anforderungen **klassisch**. Er beschrieb sie mithilfe der Rechtsabteilung in der Vorstudie genau und nahm sie als klassische Arbeitspakete ins Backlog auf. Bei der Rolloutplanung disponierten die SM jeweils einen realistisch umsetzbaren Umfang an Rechtsthemen pro Sprint ein, sodass die Fachexperten sich gut planbar an die Rolloutzyklen halten konnten.

Aufteilung des Projektes in klassische und agile Vorgehensweisen

Ebenso klassisch wurde eine umfangreiche Risikoanalyse durchgeführt. Dazu gingen der PO, Vertreter der Scrum-Teams und des Lenkungskreises in einen zweitätigen Workshop. Die Risikoanalyse erfolgte nach Grundsätzen der IPMA®. Präventive Maßnahmen flossen in das Stakeholdermanagement mit ein oder gingen als Aufgaben in das Backlog.

Aus rechtlichen Gründen musste das Projektergebnis von verschiedenen Instanzen des Unternehmens abgenommen werden. Das Abnahmegremium setzte sich aus den Abteilungen Recht, Compliance und Datenschutz sowie der internen Revision zusammen. Nach Freigabe durch die Fachabteilungen (gewünschte Funktionalität weitestgehend vorhanden) führte dieses Gremium die Abnahme nach einem klassisch definierten Abnahmeprozess durch (Einhaltung der Regularien im Bankengeschäft).

Der Bereich »Vereinheitlichung und Umsetzung Prozesse Kreditgeschäft« wurde **agil** behandelt. Die Länge der Sprints lehnte sich an die Rolloutplanung des Unternehmens an. Innerhalb der Sprints arbeitete das Team rein nach Scrum mit agiler Rollenverteilung und Sprintplanung sowie nach von Kundenseite (Fachabteilung) vorgegebener Priorität.

Auch die »Vorgehensweise nach Scrum« führten die SM auf agile Weise schrittweise in das Unternehmen ein.

Hybride Faktoren

- Das klassische Berichtswesen mit Kennzahlen nach magischem Dreieck wich der Berichterstattung anhand von Burndown Charts und Maßnahmen aus der Retrospektive.
- Die Organisation stabilisierte das Scrum-Team, indem nicht mehr monatlich Personal ausgewechselt wurde.

- Die SM (nicht der PO!) entwickelten das Kundenverständnis immer mehr dorthin, dass nicht der Sponsor, sondern die einzelnen Fachabteilungen und die Kreditnehmenden der Bank als Kunden definiert werden.
- Es wurde erkannt, dass der sehr fachlich orientierte Product Owner die Aufgaben Projektmarketing, Budgetverantwortung und Stakeholdermanagement nicht übernehmen kann. Diese Aufgaben wurden auf die Scrum-Master und den Sponsor verteilt.

Während sich am Anfang des Projekts die agile Vorgehensweise noch wie ein Fremdkörper in der klassischen Organisation des Unternehmens anfühlte, konnten die agilen Prinzipien mehr und mehr erfolgreich und »smooth« in das Unternehmen integriert werden.

Beteiligung

Die Mitarbeitenden außerhalb des Projektteams waren sich nicht bewusst, welche Aufgaben in einem agilen Projekt auf die Kundin oder Kunden (in unserem Fall Sponsor und Fachabteilungen) zukommen. Somit war keine Bereitschaft vorhanden, zusätzlich zum üblichen Tagesgeschäft bei der Anforderungserhebung und in den Reviews aktiv mitzuwirken, also Anforderungen zu definieren, zu priorisieren und Ergebnisse abzunehmen.

Die ersten Reviews bestritt das benannte Gremium zur Freigabe von Meilensteinen. Dann ging man schrittweise dazu über, mit den Fachabteilungen und dem Fachpersonal der einzelnen Kreditabteilungen vor Ort gesonderte Reviews durchzuführen.

Nach anfänglichem Misstrauen und Widerstand nahm die freiwillige Mitarbeit der Fachabteilungen zu. Sie erkannten, dass ihre Verbesserungsvorschläge tatsächlich in neuen Versionen berücksichtigt wurden (Wertschätzung) und sie die neue Software dadurch tatsächlich mitgestalten konnten (Erfahrung von Selbstwirksamkeit).

Bewusste Komplexitätsreduktion

Die Vorgabe des Unternehmens, dieses Projekt agil nach Scrum durchzuführen, hat den Komplexitätsgrad deutlich erhöht, da neben der SW-Einführung und der Änderung des Prozesses der Kreditvergabe zeitgleich auch ein Change durchgeführt wurde, nämlich die Einführung von Scrum. Dieser Change tauchte aber nicht als offizielles Organisationsprojekt auf (»U-Boot-Projekt[160]«).

Diese Komplexitätserhöhung führte vor allem in der Anfangsphase des Projekts zu chaotischen Zuständen, die es nicht zuließen, einen emergenten[161] Zustand aufrechtzuerhalten.

---

160 Name für Projekte, die inoffiziell durchgeführt werden, ohne in einem Projektportfolio mit allokiertem Budget genannt zu werden.

161 S. Kap. 2.2 »Begriffsklärungen in und um Systeme«. Emergenz beschreibt den Zustand eines Systems, bei dem das System mehr leistet, als es die Summe seiner Bestandteile vermuten lässt. In einem Team könnte man das z. B. auch mit dem Zustand der Performing Phase nach Tuckman gleichsetzen.

Nur durch gezielte Komplexitätsreduktion konnte das System »Projekt« wieder in einen emergenten Zustand zurückversetzt und somit das Zuviel an Komplexität reduziert werden. Komplexitätsreduzierend wirkten:

Maßnahmen zur Reduktion der Komplexität

- Die bewusste Aufteilung in klassisch und agile Vorgehensweisen. Die klassischen Vorgehensweisen waren im Unternehmen eingespielt und gaben den Beteiligten Sicherheit. Die agile Vorgehensweise half dabei, mit der komplexen Anforderungssituation umzugehen.
- Regelmäßige Retrospektiven. Sie halfen dabei, schrittweise und maßgeschneidert das Projekt zu steuern. Da in chaotischen Systemen kleine Veränderungen große Wogen schlagen können, war es wichtig behutsam vorzugehen, um die Handhabbarkeit des Systems noch gewährleisten zu können.

Die zwei Scrum Master nahmen inoffiziell die Rolle der Change Agents ein und erfüllten einen herausragenden Job, indem sie im agilen Sinne auf der Beziehungsebene agierten: Sie sorgten für Beteiligung und Wertschätzung, leisteten Bewusstseinsarbeit und sorgten damit für die Weiterentwicklung der Organisation in ein agiles Mindset bis in die höheren Managementebenen hinein.

4.4.1.6 Fazit

Die Steuerung des Projekts als System und nicht als Prozess nach standardisiertem Ablaufplan ermöglichte den Projekterfolg.

Als systemische Steuerungsmechanismen können gesehen werden:

- Analyse des Systems nach Komplexität (Diamantmodell) und abgeleitet davon Maßnahmen wie z. B. die Definition klassischer und agiler Phasen, je nach Bedarf des Projekts.
- Ein Projekt ist ein soziales System, welches durch Kommunikation entsteht (s. Kap. 2.2 »Begriffsklärungen in und um Systeme«). Der außergewöhnliche kommunikative Einsatz der beiden Scrum Master hat geholfen, das System zu bilden und im Sinne des Projektziels zu steuern. Dazu zählen Bewusstseinsarbeit im oberen Management, Zurücknahme der Überforderung des PO genauso wie die Durchführung der Reviews in den Fachabteilungen.
- Bewusste Komplexitätsreduktion zur Wiederherstellung eines emergenten Projektzustandes.

Die Fähigkeit, systemisch zu denken und der Mut neue Wege zu gehen, waren die ausschlaggebenden Erfolgsfaktoren dieses Projektes.

4.4.2 Einsatz des Kompasses in einem konkreten Beratungsprojekt

Ein Startup hat die Forschungsphase hinter sich gelassen und geht in die Produktionsphase über. Zu diesem Zeitpunkt hat das Management erkannt, dass eine andere Art der Zusammenarbeit wichtig wird. Das Unternehmen hat sich stark vergrößert, die Projekte zur Einführung einer Produktionsinfrastruktur werden komplexer. Es beschließt in die Einführung von professionellem Projektmanagement zu investieren, in Beratung und Ausbildung der Mitarbeitenden.

Der Auftakt in diesen organisatorischen Change wurde in Form eines World Cafés begangen (s. Kap. 2.5.5.6 »Lernen in großen Gruppen«). Zum Auftakt der Diskussionen wurde der Projekt-Kompass bezogen auf die konkrete Firma dargestellt. Hier ein Auszug aus der Vorstellung.

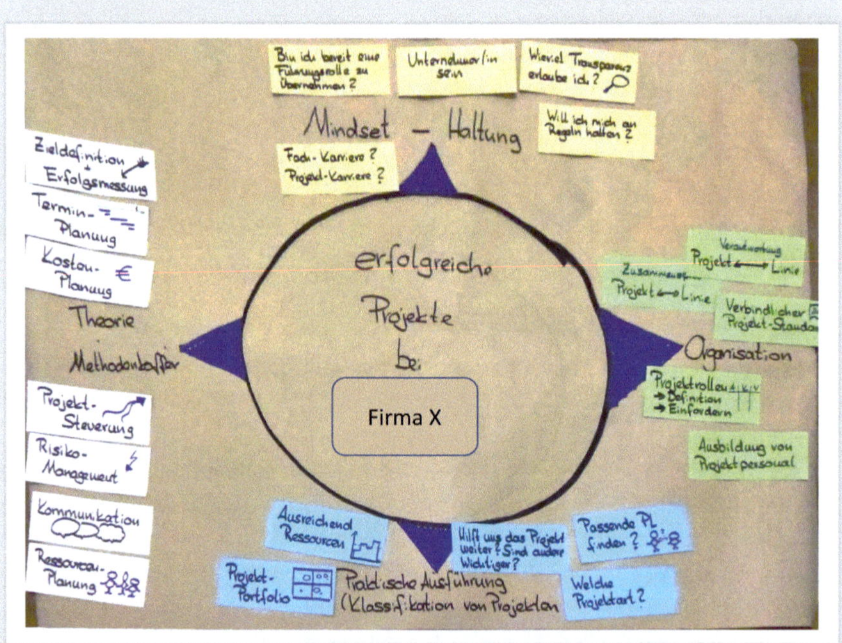

Abb. 94: Bodenbild eines Projektkompass (Quelle: Karen Dittmann)

Der Westen:

»Wenn ihr an Projektmanagement denkt, dann wahrscheinlich zuallererst an einen Methodenkoffer: Terminplanung, Kostenplanung, Kommunikation, Ressourcenmanagement... Und zu Anfang war bei euch in der Firma auch die Idee, sich auf diesen Bereich zu beschränken und einfach eine Standard-Schulung für Projektmanagement für alle MA in Projekten durchzuführen. Nach ein paar Gesprächen wurde schnell klar, dass wir hier zu kurz springen, wenn wir uns lediglich auf die Einführung eines Methodenkoffers beschränken.«

Der Süden:

»Wir müssen uns auch überlegen, was wollen wir mit der Einführung von professionalisiertem und standardisiertem Projektmanagement bei euch erreichen? Als Ziele wurden genannt, dass die Ressourcen besser geplant werden müssen. Dazu muss es einen Überblick geben, welche Projekte in der Organisation durchgeführt werden, also brauchen wir ein geregeltes Projektportfolio. Ein Portfolio funktioniert nur, wenn es Kriterien zur Priorisierung der Projekte gibt und eine einheitliche Vorgehensweise, um Projekte vergleichen zu können. Nur ausgebildete Projektleitende, die zuverlässig standardisierte Kennzahlen liefern können, bringen die Qualität an Input, um ein Projektportfolio steuern zu können.

Wir haben auch unterschiedliche Projektarten bei euch. Es wird weiterhin Forschungsprojekte geben neben Organisationsprojekten und auch Investitionsprojekten. Diese haben eine unterschiedliche Vorgehensweise. Während bei Forschungsprojekten agile Methoden sinnvoll sind, überwiegen wahrscheinlich in Organisations- und Investitionsprojekten klassische Methoden. Wir müssen eure Standards so gestalten, dass sie zu den Projekten passen.« (s. Kap. 3.3 »Ortsbestimmung einer Organisation«)

Der Osten:

»Haben wir einen oder mehrere passende Standards entwickelt, dürfen wir die Integration der Projekte in die bestehende Linienorganisation nicht vergessen. Projektauftraggebende müssen ihre Rolle kennen und sich ihrer Verantwortung bewusst sein.

Es macht keinen Sinn, Projektleitende zu schulen, wie sie Zielsetzung und Entscheidungen von den Auftraggebenden einfordern, wenn die Auftraggebenden ihre Rolle nicht kennen und die Projektleitenden im Regen stehen lassen.

Die Projektstandards müssen geschult und ihre Anwendung eingefordert werden. Wer fordert ein? Wer wird geschult? Wer entscheidet darüber? Diese Fragen deuten auf die Einrichtung eines Projektmanagement Office hin, welches das Thema Projektmanagement im Unternehmen vorwärtstreibt. Das bedeutet, dass ihr eine Stelle PMO-Leitung schaffen müsst, die sich mindestens zu 50 % um das Projektportfolio und um Standards kümmert.«

Der Norden:

»Das Thema Mindset und Haltung ist am schwierigsten zu fassen. Wenn Mitarbeitende bei euch geschult werden, dann befürworten das bestimmt die meisten. Bürstet man jedoch etwas gegen den Strich, können sich bei den einzelnen Personen schwierige Fragen ergeben. Wie viel Transparenz möchte ich in meinen Projekten zulassen? Sollen die Auftraggeber auch von Fehlern erfahren, wenn ich berichte? Habe ich genügend Vertrauen zu den Kollegen oder den Auftraggebenden, dass ich auch bereit bin, von Fehlern zu berichten?

Bisher habe ich Projekte so gemacht, wie ich sie für richtig hielt. Das hat ja auch meistens ganz gut funktioniert. Will ich meine Arbeitsweise jetzt auf einen Firmen Standard umstellen, den ich erst einmal kennenlernen muss?

Bisher habe ich Forschungsprojekte gemacht. Jetzt geht es zunehmend darum, auch profitabel zu sein. Will ich in die Rolle eines Unternehmers im eigenen Unternehmen schlüpfen?

Unsere Forschungsprojekte haben wir in einer kleinen Gruppe unter Gleichgesinnten durchgeführt. Will ich als Projektleitung in die Rolle einer Führungskraft auf Zeit gehen? Muss ich das?« (Karen)

Viele der im Kompass aufgeworfenen Fragen und Themen wurden während des World Café von über 30 Mitarbeitenden reflektiert. Wünsche wurden dokumentiert und an das Projektteam übergeben, welches das Organisationsprojekt »Einführung Projektmanagement« durchführt. Das Projektteam selbst bekommt eine umfassende Projektmanagement-Ausbildung (angefangen mit IPMA® Level D) und entwickelt begleitend zur Ausbildung mit einer Beraterin den zukünftigen Standard für dieses Unternehmen. Dieser Standard wird sicherlich hybrid sein!

Durch die Perspektiverweiterung mithilfe des Kompasses konnten alle, auch die Geschäftsleitung, überzeugt werden, dass eine Methodenschulung (der Westen) zu eng gedacht war, um das Thema Projektmanagement nachhaltig weiterzuentwickeln und zu professionalisieren.

5 PM-Wissenskiste als Nachschlagewerk

5.1 Grundlegendes über Projektmanagement

Sie wollen ein neues Krankenhaus bauen? Ein Musikfestival veranstalten? Ein neues Medikament auf den Markt bringen oder eine App entwickeln? Dann könnte Ihnen Projektmanagement helfen.

Zugegeben, auch mit dem gesunden Menschenverstand lassen sich viele der oben aufgezählten Vorhaben organisieren. So wie sich eine Buchhaltung auch mit Bleistift und Taschenrechner durchführen lässt. Bei einem Kleinstunternehmen ist das vielleicht auch noch sinnvoll, weil der Aufwand dafür, ein Buchhaltungstool einzuführen und bestimmte Prinzipien der Buchhaltung anzuwenden, ein unnötiger Overhead wäre. Doch schon ein Handwerksbetrieb oder gar ein mittelständisches Unternehmen verzichten auf den Bleistift und haben eine institutionalisierte Buchhaltung im Unternehmen integriert. So passt denn auch die handgeschriebene To-do-Liste zu einer einwöchigen Ferienreise, während die Anwendung von professionellem Projektmanagement die Erfolgschancen einer App-Entwicklung eher erhöht.

Die Kombination aus gesundem Menschenverstand und Organisationsfähigkeiten ist der Schlüssel zum Erfolg.

Kurzum: Je größer das Vorhaben, je komplexer, neuartiger, wichtiger, desto mehr sollten wir unseren gesunden Menschenverstand nicht allein lassen und durch vorgegebene Best Practice ergänzen – also Projektmanagement einsetzen.

Betrachtet man das Ganze nicht aus der Perspektive derjenigen, die Projektmanagement einsetzen wie oben beschrieben, sondern derjenigen, die ein Vorhaben organisiert bekommen wollen, also von Kunden: Sponsoren-, Auftraggebenden-Seite (im Folgenden zusammenfassend Auftraggebende genannt) aus, dann ergibt sich schlicht und einfach die Forderung nach dem Erfolg dieser Vorhaben. Schließlich geben diese Auftraggebenden viel Geld dafür aus und investieren in das Projekt in der Hoffnung oder mit der Notwendigkeit, einen Nutzen zu erzielen: Die Stadt investiert in ein neues Krankenhaus, um ihre Bürgerinnen und Bürger medizinisch besser versorgen zu können. Der Kulturverein möchte sich mit dem Musikfestival profilieren und, wenn möglich, mit den Einnahmen die Kosten der Veranstaltung decken. Ein Pharmaunternehmen möchte sich mit dem neuen Medikament am Markt behaupten. Und es gibt noch viele Gründe mehr, warum ein Projektauftraggebender ein Projekt ins Leben ruft.

Die Kombination aus gesundem Menschenverstand und Organisationsfähigkeiten ist der Schlüssel zum Erfolg. Statistisch gesehen sinken die Chancen auf Projekterfolg jedoch mit steigender Größe und Komplexität eines Projekts. Projekte dauern länger als geplant. Die Auftraggebenden sind mit den Ergebnissen nicht zufrieden oder es wird mehr Geld ausgegeben als geplant. Bei kleinen Projekten, wie z. B. der Neuanlage eines Hausgartens, kann das Scheitern ärgerlich sein. Der eine oder andere Busch geht vielleicht ein, und der Gartenteich verbleibt im Zustand des Rohbaus und wird nie fertiggestellt. Ansonsten werden die Folgen jedoch überschaubar bleiben. Bei Großprojekten wie Krankenhausbau, Produktenwicklung eines Pharmaunternehmens oder Ähnlichem kann das Scheitern für die Organisation existenzgefährdend werden.

Vielleicht ist das ein Grund, warum es weltweit einige Projektmanagement-Organisationen gibt, die sich mit Methodenstandards, Frameworks, Qualitätsanforderungen und Ausbildung von Projektpersonal befassen.

Im Folgenden wollen wir drei prinzipiell unterschiedliche Ansätze von Best Practices des Projektmanagements vorstellen und die Organisationen benennen, die diese Ansätze vertreten:

Der kompetenzbasierte Ansatz

Beim kompetenzbasierten Ansatz werden unterschiedliche Projektmanagement-Themen zu einem Bündel an empfohlenen Best Practices definiert und beschrieben. Am Beispiel des Themas Risikomanagement: Welche Arten des Risikomanagements gibt es? Wer ist an der Risikoanalyse beteiligt? Welche Voraussetzungen müssen erfüllt sein, um Risiken bearbeiten zu können? Welche Standards sind in der Wirtschaft vorhanden? Und wie hängt das mit den Themen Governance und Compliance zusammen? Die Projektleitung ist für die passende Gestaltung und Ausführung des Risikomanagements verantwortlich, entsprechend geht es hier um die Erweiterung der individuellen Kompetenz von Projektpersonal.

Die IPMA® ist ein Vertreter dieses Ansatzes. Ihr Projektmanagement-Standard, die ICB (Individual Competence Baseline), umfasst in der aktuellen Version ICB4 insgesamt 28 Methoden-, Kontext- sowie persönliche und soziale Kompetenzen.

Der prozessorientierte Ansatz

Vertreter dieses Ansatzes sind das PMI und PRINCE2. Diese delegieren Verantwortung für die Qualität des Projektes in definierte Prozesse oder Knowledge Areas. In diesen wird die konkrete Vorgehensweise im Projekt in unterschiedlichen Prozessgruppen beschrieben. Die Projektleitung ist für die Durchführung und die Ergebnisse der jeweiligen Projektprozesse verantwortlich. Ihre Gestaltung ist weitgehend vorgegeben. Diese Ansätze umfassen im Wesentlichen nur Methodenkompetenzen.

Der agile Ansatz

Empirischer Prozess

Hier steht konsequent ein Gedanke im Mittelpunkt, der empirische Prozess. Er besagt, dass in aufeinanderfolgenden Iterationen Transparenz geschaffen werden sollte, um festzulegen, WAS getan werden sollte, was man in der Iteration erreichen möchte, und WER in welcher Rolle die Arbeit leistet. Das WAS wird immer priorisiert. Es wird geprüft, wie viel vom WAS in der folgenden Iteration umgesetzt werden kann. WIE man vorgehen will, wird gemeinsam besprochen und bei Bedarf angepasst.

Aufbauend auf dieser Transparenz wird gearbeitet. Am Ende der Iteration werden sowohl das gelieferte Ergebnis als auch der gelebte Prozess überprüft (Inspektion). Stärken werden gesichert, Schwachstellen werden mit Maßnahmen versehen, die in der nächsten Iteration umgesetzt werden. Adaption des Gelernten führt dazu, dass alle Beteiligten gemeinsam lernen und Fortschritte machen.

Über jeden dieser Standards existieren mehrere Bücher, Ausbildungen, zahlreiche Blogs. Deshalb soll hier nicht tiefer in die Theorie eingestiegen werden. Wichtig für das Verständnis dieses Buches ist jedoch, dass jeder dieser Ansätze seine Licht- und Schattenseiten hat. Der eine Ansatz ist nicht per se besser als der andere. Und jeder Ansatz kann etwas bieten, was in einer bestimmten Situation hilfreich ist.

Wir sagen das als überzeugte akkreditierte Trainerinnen und Trainer des kompetenzbasierten IPMA®-Standards, da wir unsere Herkunft im klassischen Projektmanagement haben. Wir haben uns bewusst für den Standard der IPMA® entschieden, nicht für die prozessbasierten Standards von PMI und PRINCE2. Gründe für unsere Ausrichtung waren der breitere Blickwinkel des IPMA®-Standards über PM-Methoden hinaus, der auch den Projektkontext (z. B. rechtliche Aspekte, Organisationseinbindung,

Kultur und Werte) und den Umgang mit den Menschen im Projekt durch persönliche und soziale Kompetenzen einbezieht. Trotzdem erkennen wir auch bei den anderen Standards Ansätze, die für unsere Projekte hilfreich sein können. Darüber hinaus sind wir auch in mehreren Rollen nach Scrum zertifiziert; Rollen und Ansätze, die eine klassische Projektmanagementausbildung sehr hilfreich ergänzen.

In der Vergangenheit haben wir immer wieder erlebt, dass sich sogenannte »Agilisten« über die »Alten Klassiker« lustig gemacht oder abfällig geäußert haben. »Traditionalisten« hingegen haben den agilen Ansatz nicht ernst genommen und gar als Bedrohung für ihre »alte Schule« gesehen. Die Entscheidung für PMI oder IPMA® wurde als Glaubensfrage diskutiert. Ein PRINCE2-Trainerkollege bezeichnet sich sogar als »PRINCE2-Jünger« und wunderte sich, dass der Ball eines »IPMA-Jüngers« von uns nicht aufgenommen wurde.

Viele hatten so ihr ganz eigenes Königreich des Wissens aufgebaut, in dem sie sich wohl und kompetent fühlten. Die Zertifizierungsurkunde wurde als Krone gefaltet und die jeweiligen einschlägigen Fachbücher als Zepter auf den Schreibtisch gestellt. Fatal war das vor allem dann, wenn sich innerhalb eines Unternehmens mehrere Königreiche etablierten und in voller Montur im Projektraum gegeneinander angetreten wurde. Dabei versickerte viel Energie in Diskussionen, die den Projekterfolg gar nicht im Fokus hatten.

Wir sollten darauf achten, dass Projektmanagementdiskussionen nicht zu einem neuen Religionskrieg verkommen.

Wenn wir heute Projekte durchführen, und wir sprechen hier von den Vorhaben, die wir nicht allein mit gesundem Menschenverstand und Organisationstalent durchführen können, dann haben wir es *immer* mit zu wenig Zeit, zu wenig Geld, einer ungenauen Anforderungsbeschreibung und mit vielen Stakeholdern mit unterschiedlichsten Interessen zu tun. Deshalb sollten wir es uns nicht mehr leisten, Königreiche vor den Projektfokus zu stellen. Vielmehr sollten wir die Diversität unserer Projektstandards nutzen! Sie einsetzen zum Wohl des Projekts, es bewusst mit all den diversen Prinzipien, Tools und Rollen gestalten, um es zum Nutzen seiner Auftraggebenden und Mitwirkenden zum Erfolg zu bringen.

Und da sind wir also: Mitten im Thema hybrid und mitten im Thema Projektdesign.

Nachfolgend ziehen wir einen großen Bogen über klassische und agile Methoden und versuchen sie in ihrem Framework einzuordnen. Dies soll zum Nachschlagen und Erinnern dienen, wenn die Lesenden oben erwähnte Methoden, Begriffe oder Vorgehensweisen noch einmal auffrischen wollen.

Einige Themen der obigen Kapitel, vor allem von Kap. 4.3 »Der Westen – Technik und Methoden« werden hier noch einmal aufgegriffen und z. T. wiederholt. Dies soll bewusst geschehen, damit noch nicht so Methodenerfahrene die Wissenskiste zuerst lesen können, bevor sie sich mit den oberen Kapiteln befassen.

5.2 Klassische Herangehensweisen

Die klassische Herangehensweise in Projekten ist geprägt von folgenden Prinzipien:

- Die auftraggebende Person definiert das Projekt, die Projektleitung verantwortet die operative Durchführung.
- Das Projekt beginnt mit der Definition des Leistungsumfangs. Die Leitung und das Team arbeiten den definierten Umfang nach Plan sequenziell ab (plangetriebene Vorgehensweise). Das Projekt ist zu Ende, wenn alle vereinbarten Lieferobjekte vorliegen oder der Lenkungskreis das Projekt vorzeitig beendet.
- Die auftraggebende Person gibt die Strategie der Umsetzung anhand der Priorisierung des magischen Dreiecks an. Sie bestimmt, ob die Leistungserfüllung, die Kosten- oder die Termineinhaltung die höchste Priorität haben. Die Projektleitung steuert die Umsetzung entsprechend.

Wenn die Entscheidung gefallen ist, dass der klassische Ansatz der Passende ist, dann gelten diese Prinzipien über Branchen, Firmenkulturen und Projektarten hinweg. Wird klassisches Projektmanagement eingesetzt, werden sie in Softwareprojekten genauso angewendet, wie in Bauprojekten, Operninszenierungen und internationalen Vorhaben aller Art.

5.2.1 Initialisierung

Bei der Initialisierung wird die Projektidee geboren.

Jedes Projekt hat eine Initialisierungsphase, welche dem eigentlichen Projekt vorangeht. Das kann ein feuchtfröhlicher Abend sein, bei dem zwei Freunde in einer Kneipe ihr Geschäftsmodell für ihre Eine-Million-Dollar-Geschäftsidee auf die berühmte Papierserviette skizzieren. Das können endlose politische Debatten sein, die sich über Jahrzehnte hinziehen, bis letztendlich mit dem Bau eines neuen Bahnhofs in der Landeshauptstadt begonnen wird. Oder auch nur Stunden, in denen eine Hilfsorganisation entscheidet, ob sie nach einem Erdbeben vor Ort helfen wird. Vertragsverhandlungen zwischen einem Softwarehaus und seiner Kundin oder seinem Kunden eine neue Standard-Software einzuführen, zählen ebenso zur Initialisierungsphase eines Projektes. Alles, was dazu führt, dass ein Projekt gestartet wird, rechnen wir der Initialisierung zu, auch wenn diese Aktivitäten mangels konkreter Daten in keiner Planung auftauchen.

Warum wird sie dennoch benannt? Was am Anfang eines Projektes diskutiert, besprochen und vereinbart wird, die politischen Ränkespiele im Vorfeld oder der Vertrauensaufbau zwischen Auftraggebenden und späterer Kundin oder Kunden wirken noch lange in das nachfolgende Projekt hinein und müssen deshalb mit beachtet werden.

Die Initialisierung gilt als abgeschlossen, wenn sich Auftraggebende und Projektleitung über den groben Projektinhalt geeinigt haben, inklusive erster Budgetschätzung, Zieldefinition und -gewichtung und einer ersten Voraussage, bis wann das Projekt beendet sein soll.

5.2.2 Definition

Die Summe aus dem, WAS getan werden soll, also die Klammer um die Anforderungen der Stakeholder und die gesetzten Ziele, und der Festlegung, WIE man diese Ziele erreichen möchte, bildet das Fundament des Projekts. Dieses Fundament muss das gesamte Projekt tragen können und dem Projekt die nötige Stabilität geben. Risse in diesem Fundament führen unweigerlich zu Konflikten und Krisen während des Projekts und im schlimmsten Fall gar zu Unzufriedenheit und sogar zu Rechtsstreitereien weit nach dem Abschluss des Projekts.

5.2.2.1 Zieldefinition

Ziele beschreiben den Zustand oder das Ergebnis, welches sich zum Ende oder nach dem Ende des Projektes einstellt. Sie werden verwendet, um eine Richtung vorzugeben, um ein gemeinsames Verständnis zu erzeugen und um den Erfolg des Projektes bewerten zu können.

Nach Dittmann und Dirbanis (2020) ist für die Überprüfung der Zielerreichung wichtig, dass für jedes Ziel Messkriterien definiert werden. Dies nennt man Operationalisierung von Zielen. Die Messkriterien müssen eindeutig sein:

- Kennzahlen (z. B. 95 % Ausfallsicherheit)
- Abnahmen (z. B. Planung von Lenkungskreis abgenommen)
- Umfrageergebnisse (z. B. die Anwenderzufriedenheit muss mindestens mit Note 2 angegeben werden)
- Zeit (z. B. Projektlaufzeit von 9 Monaten darf höchstens um 4 Wochen überschritten werden)
- Kosten (z. B. Materialkosten in Höhe von 50.000 € dürfen nicht überschritten werden)

Darüber hinaus gibt die Zielpriorisierung des magischen Dreiecks die Strategie des Projektes vor und erlaubt damit ein Steuern auf höchster Ebene (s. auch die Kapitel in 3.1 »Generelle Projektmanagementansätze«).

Im klassischen Projektmanagement spricht man von einer Zielkonkurrenz zwischen den drei Ecken des Dreiecks:

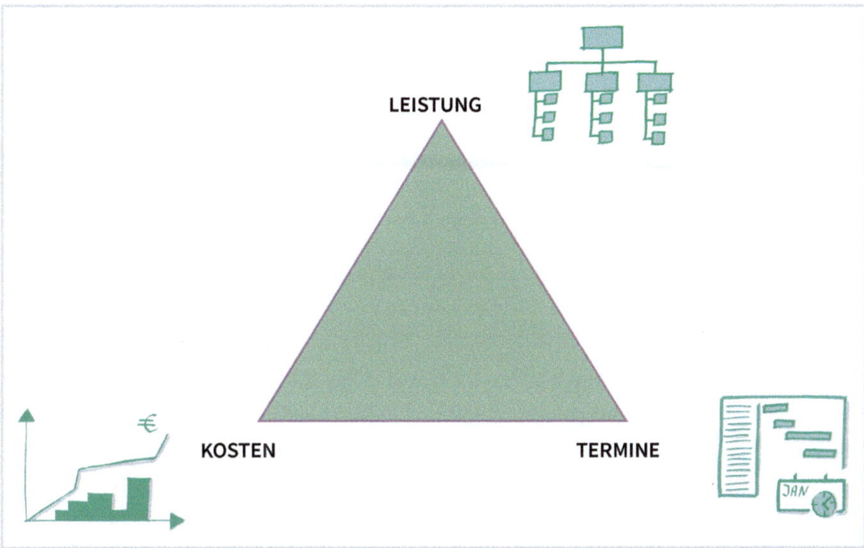

Abb. 95: Zieldreieck (magisches Dreieck) nach Dittmann und Dirbanis, Projektmanagement[162]

Stehen die Leistungserbringung und die Qualität im Vordergrund, kann die oder der Auftraggebende einer Terminverschiebung nach hinten zustimmen sowie bei Bedarf das Budget erhöhen, um die volle Leistung/Qualität erbringen zu können. Muss das Projekt zu einem bestimmten Zeitpunkt abgeschlossen sein (z. B. Messetermin), dann können Leistung/Qualität reduziert und/oder das Projektteam vergrößert werden (mehr Kosten). Haben wir es mit einem Festpreisangebot zu tun, dann werden Projektleitende zusätzliche Anforderungen abblocken.

Die Zielprioritäten im Magischen Dreieck werden vom Auftraggeber oder der Auftraggeberin vorgegeben und im Projektsteckbrief dokumentiert. Sie gelten für das komplette Projekt, bis er bzw. sie eine andere Entscheidung trifft und kommuniziert. Diese Strategie steuert auf oberster Ebene die Entscheidung aller Projektbeteiligten:

- Sollen wir die Qualität des Produktes über das Verlangte hinaus noch verbessern?
  - Bei Leistung Prio 1: ja
  - Bei Termine Prio 1: nur, wenn der Termin nicht gefährdet wird
  - Bei Kosten Prio 1: nein, da die Kostenminimierung oberste Priorität hat und eine weitere Verbesserung die Kosten wahrscheinlich steigern würde

162 Dittmann, K. et al.: Projektmanagement (IPMA®), Lehrbuch für Level D und Basiszertifikat.

- Sollen wir externe Mitarbeitende einstellen oder mit dem eigenen Personal bei angespannter Ressourcensituation arbeiten?
  - Bei Leistung Prio 1: ja, wenn dadurch die Leistung/Qualität vollumfänglich erbracht werden kann und somit nicht durch gestresste eigene Mitarbeitende gefährdet wird
  - Bei Termine Prio 1: ja, damit der Termin unter allen Umständen gehalten werden kann
  - Bei Kosten Prio 1: nein, da externe Mitarbeitende meist teuer sind und somit die Budgeteinhaltung gefährden könnten

Wird die Zielpriorität des Magischen Dreiecks festgelegt und kommuniziert, können alltägliche Entscheidungen entsprechend bis in hohe Detaillierungsgrade hinein berücksichtigt werden, ganz ohne Mikromanagement des Projektleitenden.

Die Möglichkeit, zwischen der höchsten Priorisierung der drei Ecken bewusst zu entscheiden gibt dem klassischen Projektmanagement die Möglichkeit, flexibel die passende Strategie für das jeweilige Projekt festzulegen und zum Steuern des Projektes zu verwenden.

Oder andersherum gesagt, wird die Zielpriorität nicht festgelegt, kann dies zu schweren Konflikten zwischen den Projektbeteiligten führen: Priorisieren Auftraggeber die Kosten an höchster Stelle, die Projektleitung die Zeit, um ein interessantes Folgeprojekt pünktlich übernehmen zu können, und die Mitarbeitenden die Leistung/Qualität, um sich im Code zu verwirklichen, kann das Projekt nur in schweres Fahrwasser geraten. Hier müssen unbedingt von der Projektleitung die »hidden targets«[163] erkannt, benannt und diskutiert werden.

Als Moderation habe ich einmal den Projektabschluss Workshop zwischen Auftraggebenden und Projektteam eines ambitionierten Softwareprojektes geleitet. Das Projektteam war stolz auf seine Leistung. Der Auftraggeber betrachtete das Projekt jedoch als nicht erfolgreich, obwohl das Ergebnis hervorragend war, weil die Kosten deutlich überschritten waren. Da zu Beginn des Projektes nie eine Ziel-Priorisierung vorgenommen wurde, herrschte Enttäuschung auf allen Seiten: Die Mitarbeitenden sahen ihre Arbeit als nicht gewürdigt an und der Auftraggeber ärgerte sich über ein weiteres zu teures Projekt. Dies hätte durch eine professionelle Ziel-Priorisierung und Kommunikation am Anfang des Projektes vermieden werden können. (Karen)

163 Nicht offen ausgesprochene und kommunizierte Ziele, die unter der Oberfläche wirken, jedoch innerhalb des Projektes in unterschiedliche Richtungen steuern.

5.2.2.2 Anforderungsmanagement

In der Definition wird die erste Grobplanung des Projekts erstellt. Danach kann man beantworten: lohnt es sich, das Projekt wirklich durchzuführen?

IREB: International Requirements Engineering Board

IREB[164], eine Non-Profit-Organisation wurde 2006 gegründet und verfolgt die Vision »Requirements Engineering auf ein professionelles Fundament zu stellen, um dieser Disziplin den Stellenwert und die Ausprägung zu geben, die ihrem Mehrwert für die Industrie entspricht«.

Dieses Board hat das Zertifizierungs- und Qualifizierungskonzept des CPRE[165] entwickelt und etabliert. Beim Requirements Engineering (Anforderungsmanagement) handelt sich also um eine eigene Disziplin, deren Einsatz und Verständnis mindestens genauso viel Aufmerksamkeit und Zeit brauchen, wie die Disziplin des Projektmanagements. Diese Disziplin muss separat gelernt, verstanden und verinnerlicht werden. Außerdem muss eine eigene Rolle in Projekten definiert werden (z. B. die Anforderungsanalysierenden, die sich professionell um diese wichtige Aufgabe kümmern).

In sehr vielen Projekten gibt es die Analyse-Phase. Ein wichtiges Ergebnis dieser Phase ist das sogenannte Lastenheft – ein Speicher von allen definierten Anforderungen der Stakeholder, die kategorisiert und priorisiert vorliegen sollten. Die Konzeptionsphase, die in der Regel nach der Analyse-Phase vorgenommen wird, liefert als ein wichtiges Ergebnis das Pflichtenheft. Das »PH« (Pflichtenheft) ist ein Speicher, der das Konzept und die Ideen beinhaltet, wie das »LH« (Lastenheft) umgesetzt wird. Das Pflichtenheft ist die Grundlage der Leistungsdefinition und somit sowohl Vertragsbestandteil bei externen Kundenprojekten als auch Messlatte für die Erfolgsmessung bei allen Projekten.

Das Konfigurationsmanagement des Projekts richtet sich nach diesen Dokumenten aus. Die Änderungen während des Projekts werden immer im Abgleich mit dem Lastenheft betrachtet und im Abgleich mit dem Pflichtenheft bewertet. Die Bewertung sagt aus, inwieweit die Änderungswünsche zu einer Änderung des Gesamtkonzepts führen. Je nach Grad der Auswirkung auf das Gesamtkonzept kann eine Aussage über die Machbarkeit der Änderung vorgenommen werden.

Die folgenden Zahlen beziehen sich auf die Anzahl der Kurse aller Anbieter[166], mit denen M. Zaeri seit 2013 als Trainer und Coach zusammenarbeitet. Diese Anbieter bieten sowohl Projektmanagement- als auch Anforderungsanalyse-Kurse im gesamten deutschsprachigen Raum an:

164 International Requirements Engineering Board (https://www.ireb.org/de).

165 Certified Professional for Requirements Engineering.

166 Ein herzliches Dankeschön an alle Anbieter, die mir ihre Zahlen geliefert haben und hier nicht namentlich genannt werden möchten.

Jahr 2019	Anzahl der angebotenen Seminare (Alle Level)	Anzahl der Tage des Seminars	Anzahl der Teilnehmer:innen insgesamt
Projektmanagement (PMI, IPMA und PRINCE2)	42	2 bzw. 3	3240
Agiles Projektmanagement	23	1 bis 3	1350
Anforderungsmanagement	3	2 bzw. 3	85

Tab. 16: Relation der Anfragen für Projektmanagement vs. Anfragen für Anforderungsmanagement

Rein nach Datenlage ist eine große Lücke zu sehen. Viel mehr Teilnehmende wollten ihr Verständnis im Projektmanagement erweitern bzw. verbessern als Personen, die sich mit Anforderungsmanagement in Projekten befassen wollten. Es kann nun angenommen werden, dass das Verständnis zur Erhebung von Anforderungen schon vorhanden wäre. Dazu können wir hier nicht auf ermittelte Daten zurückgreifen, jedoch sehen wir in unseren Projektmanagement-Trainings deutlich, dass gerade in der Definitionsphase der Bedarf an einem systematischen Vorgehen zur Ermittlung der Anforderungen sehr groß ist. Die These lautet also: Die Ursache vieler Planungsfehler ist bereits in der Definitionsphase und in der Anforderungsanalyse zu finden.

5.2.3 Planung

Sind zum Ende der Definitionsphase die Ziele definiert und der Leistungsumfang in einer ersten Version umrissen, kann auf dieser Basis die Planung des Projektes aufgesetzt werden. Schließlich will nicht zuletzt die auftraggebende Person am Ende der Planungsphase genauer wissen, wie lange es dauern und was es kosten wird.

Manchmal kommen Projektleitende zu mir und sagen: »Karen, ich habe aufgehört zu planen. Ich mache das nicht mehr. Denn ich stecke so viel Aufwand in die Planung, und versuche so sorgfältig zu planen, wie ich nur kann, doch es kommt immer anders. Keines meiner Projekte verläuft so, wie ich es mal geplant hatte. Wozu also?«. Hier liegt ein grundlegendes Missverständnis vor, was Planung eigentlich bedeutet. Planung ist eine Simulation, wie mein Projekt in Zukunft ablaufen könnte, keine Vorhersage. Ich zumindest kann nicht in die Zukunft blicken, und sie schon gar nicht vorherbestimmen. Also kann ich nur simulieren, wie mein Projekt ablaufen könnte, mit all den Informationen, die mir zu diesem Zeitpunkt vorliegen. Je mehr gesicherte Information vorliegt, und je stabiler meine Umgebung sich verhält, desto näher wird wahrscheinlich der tatsächliche Verlauf meines Projekts an der Realität, also an meinen geplanten Ergebnissen (Lieferobjekten), Terminen und Kosten liegen. (Karen)

Ohne Planung erkennen wir auch nicht, wenn wir vom Plan abweichen. Geschieht dies, gibt es zwei Möglichkeiten. Entweder wir kehren durch Maßnahmen zum Plan zurück, weil der Plan immer noch die beste Simulation darstellt. Oder wir erkennen, dass das Projekt sich geändert hat, und passen den Plan an. Im zweiten Fall verabreden wir den neuen Leistungsumfang mit der auftraggebenden Person und überarbeiten die Zieldefinition. Mit diesem Commitment zwischen Auftraggebendem und Projektleitung wird der neue Plan zu unserer neuen Simulation, an der wir das Projekt ausrichten und auf deren Grundlage wir es steuern.

Ohne Plan wird es schwierig

Ziel ist, zu jeder Zeit Klarheit und Transparenz über den aktuellen Projektstand zu haben, und damit Verbindlichkeit bei den beteiligten Personen zu erzeugen. Wir sprechen dabei im klassischen Projektmanagement von Planungssicherheit. Dies funktioniert wunderbar, wenn zu Projektbeginn genügend Informationen zum Projektinhalt vorliegen und diese weitgehend bis zum Projektende Gültigkeit haben werden. Ist dies nicht der Fall, befinden wir uns in einer VUCA-Welt[167], dann sollte man besser agile Herangehensweisen verwenden – dazu später. Hier ist es uns jedoch wichtig, die nach wie vor bestehende Aktualität der klassischen Vorgehensweise zu betonen. Auch wenn in einer immer dynamischeren und unvorhersehbareren Welt die agilen Vorgehensweisen immer wichtiger werden.

5.2.3.1 Integration des Projekts in das Unternehmen

Zwischen dem Projekt und seinem Umfeld besteht ein enger Zusammenhang, sowohl auf der personellen als auch auf der inhaltlichen Ebene (s. Kap. 4.2.1 »Zusammenspiel zwischen Linienorganisation und Projekt«). Personen in klassischen Unternehmen sind sich der Integration ihres Projektes in das Unternehmen stark bewusst und haben zahlreiche Pläne, Vorgehensweisen, Prinzipien entwickelt, um mit ihm in Interaktion zu stehen.

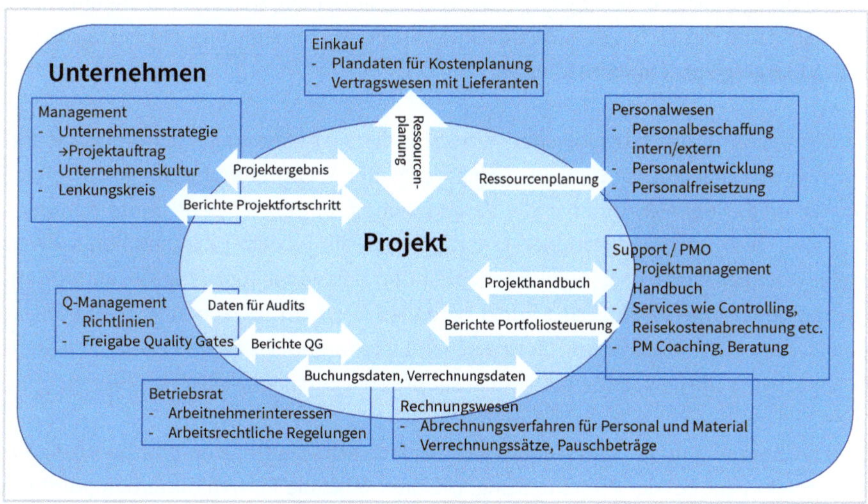

Abb. 96: Das Projekt und seine Schnittstellen ins Unternehmen

167 Zur Erinnerung: VUCA steht für Volatilität, Unsicherheit, Komplexität, Mehrdeutigkeit (Ambiguity), s. Kap. 2.5.3 »Weiche Themen und Softskills«.

Verzahnung mit dem Management

Ein Beispiel:

Ein mittelständisches Unternehmen aus dem Maschinenbau möchte sich strategisch neu ausrichten und in Zukunft nicht nur Premiumprodukte, sondern auch Standardprodukte zu deutlich niedrigeren Preisen anbieten. Aus dieser Entscheidung des Managements resultiert der Projektantrag, eine kostengünstige und standardisierte Variante ihres Produktes A zu entwickeln. Damit soll der Markt in Osteuropa, Schwellenländern und China ausgebaut werden. Die Märkte sind bekannt, das Produkt ist bekannt. Die Aufgabe besteht darin, einen in seiner Funktion reduzierten Standard zu definieren, zu entwickeln und schnellstmöglich zur Serienreife zu bringen. Die Konkurrenz schläft schließlich nicht!

Schulterschluss zwischen Projekt und Organisation

Der Projektantrag mit geschätzten groben Planzahlen wird im Projektportfolio eingereicht und anhand der Kriterien geprüft:

- Entspricht der Unternehmensstrategie? Ja.
- Haben wir genügend Ressourcen? Noch zu klären, müssen evtl. von extern zugekauft werden.
- Haben wir die finanziellen Mittel zur Durchführung? Ja, ein anderes kostenintensives Projekt wird zurückgestellt.

Der Lenkungskreis als Verbindungsglied zwischen Management und Projekt wird eingerichtet. Berichtsstrukturen werden vereinbart. Der Lenkungskreis wird vom Abteilungsleiter Produktion geleitet. Ein Manager aus dem Bereich Vertrieb und die Werksleitung sowie ein Manager aus der Qualitätsabteilung sitzen dem Lenkungskreis bei. Damit sind die wichtigsten Vertreter der Unternehmensführung involviert, um das Projekt strategisch lenken zu können.

Die Firmenkultur des schwäbischen Mittelständlers ist auf exzellente innovative und hochwertige Ingenieursarbeit ausgerichtet. In der Wahrnehmung der Mitarbeitenden waren die Ingenieurinnen in der Vergangenheit für den Erfolg des Unternehmens verantwortlich, nicht die Manager. Entsprechend fällt es dem Unternehmen schwer, Projektmanagerinnen und Projektmanager mit mehr Macht auszustatten, als sie dem Fachpersonal zugestehen. Das Projekt wird also in einer schwachen Matrixorganisation (s. Kap. 4.2.1 »Zusammenspiel zwischen Linienorganisation und Projekt«) durchgeführt, in der die Mitarbeitenden ein ausgeprägtes Entscheidungsrecht haben.

Die Führungsstrukturen sind traditionell hierarchisch. Die Gesamtverantwortung für das Projekt liegt bei der Projektleitung. Die hierarchische Firmenkultur bestimmt die Projektkultur. Dies zeigt sich unter anderem am kaskadierenden Berichtswesen von unten nach oben über mehrere Hierarchiestufen.

Lenkungskreis und Projektleitung sind sich der Firmenkultur bewusst. Sie sehen, dass sie im Projekt Gefahr laufen, aufgrund des Perfektionismus der Ingenieure für die Produktentwicklung zu lange zu brauchen. Auch die hierarchisch organisierte Kommunikation über mehrere Stufen birgt die Gefahr von Missverständnissen und langen Entscheidungswegen.

Sie verabreden daher, die höchste Zielpriorität im Magischen Dreieck auf die Zeit zu legen, gefolgt von den Kosten (Prio 2) und der Leistung (Prio 3). Somit ist die Vorgabe prominent platziert und kann ihre Wirkung sowohl in der Ablauf- als auch in der Aufbauorganisation des Projekts erzielen:

Eine bewusste Machtverteilung zwischen den Projekten und dem Unternehmen muss etabliert werden, um bessere Projektergebnisse zu bekommen.

- Regelmäßige Kommunikation mit dem Lenkungskreis in kurzen, gut moderierten Feedbackschleifen statt weniger langer Meetings.
- Die Entscheidungsbefugnis für alle operativen und fachlichen Fragen liegt beim Projektteam, nicht beim Lenkungskreis.
- Klare Kompetenz- und Verantwortungsaufteilung zwischen Projektleitung und Fachabteilung. Auch hier gibt es regelmäßige, gut moderierte Abstimmungsmeetings in kurzen Abständen.
- Ideenwettbewerb im Projekt, zur Einsparung von Produktionskosten des neuen Produktes. Jede und jeder darf sich einbringen.

Verzahnung mit Projektmanagementbüro (PMO)

Das PMO stellt eine Projektleitung aus dem Projektleiterpool zur Verfügung. Diese setzt auf Basis des internen Projektmanagementhandbuchs[168] die erste Projektplanung auf. Auf der Basis der Ressourcenplanung stellt die Projektleitung in Absprache mit den Linienvorgesetzten das Team zusammen.

Services wie Unterstützung im Controlling oder bei den Reisekostenabrechnungen können von der Projektleitung beim PMO zusätzlich beantragt werden.

Die Projektleitung vereinbart auch mit dem PMO regelmäßige Statusberichte, damit das PMO über den Projektfortschritt unterrichtet ist, und weiß, wenn zu Projektende wieder Ressourcen für die nächsten Projekte frei werden.

PMOs sollten nicht als »Schreibhilfen« oder »Excel-Dompteure« verstanden werden.

Verzahnung mit dem Personalwesen (HR)

Berührungspunkte von Projekten und Unternehmen – Teil I

Auf der Basis der Ressourcenplanung fragt die Projektleitung bei HR externe Ressourcen an. HR schreibt Stellen aus und stellt externe Berater zur Verfügung. Für einen spanischen Projektmitarbeiter werden Deutschstunden vereinbart, damit er der vorwiegend deutschen Kommunikation im Projekt besser folgen kann.

168 Organisationsinterne Leitlinie zur Standardisierung von Projekten.

Verzahnung mit dem Rechnungswesen

Die Projektleitung fragt Pauschalsätze für ihre Kostenplanung an. Diese liegen bei 750 €/PT. Damit können die Plankosten für das Projektpersonal errechnet werden. Kostenstellen werden genannt. Eine Routine zur Verrechnung der Ist-Kosten vereinbart.

Verzahnung mit dem Einkauf

Für die Produktion im Werk muss eine neue Produktionslinie aufgestellt werden. Die Projektleitung und ihre fachliche Beratung liefern dem Einkauf genaue Angaben zu den Maschinen. Der Einkauf schreibt aus, bewertet die Lieferanten, verhandelt und schließt die Kaufverträge ab.

Berührungspunkte von Projekten und Unternehmen – Teil II

Verzahnung zum Qualitätsmanagement

Das Qualitätsmanagement gibt Richtlinien zur Produktneugestaltung vor und definiert Quality Gates (QG), zur Sicherung der Produktqualität. Ein Berichtswesen zum Projektfortschritt wird vereinbart, damit die Freigabe der QG eingeplant werden kann. Die Qualitätsabteilung kündigt ein Produktaudit zur Hälfte der Projektlaufzeit an.

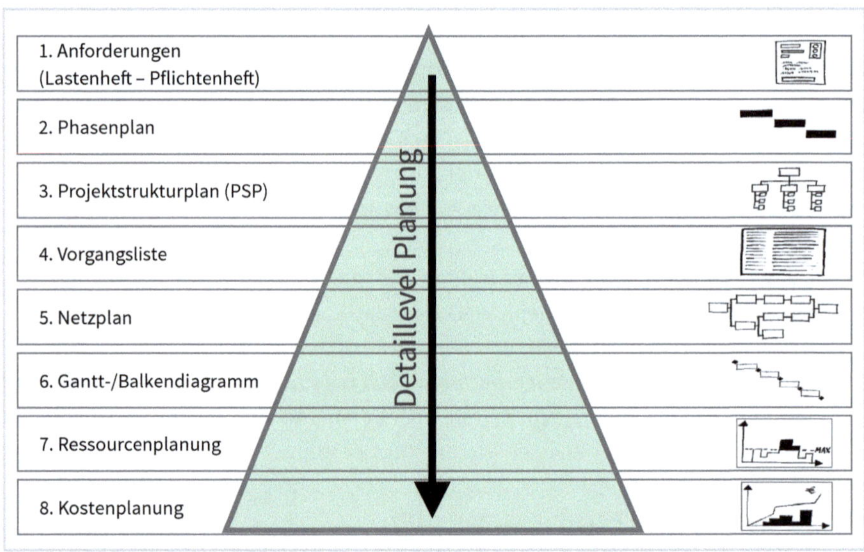

Abb. 97: Planungsschritte klassisches PM (Quelle: Dittmann, K. et al.: Projektmanagement (IPMAR®), Lehrbuch für Level D und Basiszertifikat (GPM), Freiburg, Haufe Verlag, 1. Auflage)

Die zahlreichen Abhängigkeiten zwischen Linienorganen und Projekt bedürfen einer engen Zusammenarbeit. Basis dafür sind Pläne, die Transparenz über Termine und Abhängigkeiten darstellen (PSP, Terminpläne, Kostenplanung, Ressourcenplanung).

5.2.3.2 Umfeld, Risiken, Stakeholder

Wie gerade gezeigt, ist das Projekt immer in sein Umfeld eingebunden: die Organisation, die das Projekt ins Leben ruft, andere Firmen, die mit dem Projekt in Beziehung stehen, wie Lieferanten, Dienstleistende oder der Wettbewerb. Manchmal beeinflusst auch die Öffentlichkeit das Projekt, weil sie vom Projektergebnis betroffen ist. Auf ein Projekt wirken also viele sogenannte **Umfeldfaktoren** ein.

Aus diesen Umfeldfaktoren lassen sich Risiken und Stakeholder ableiten.

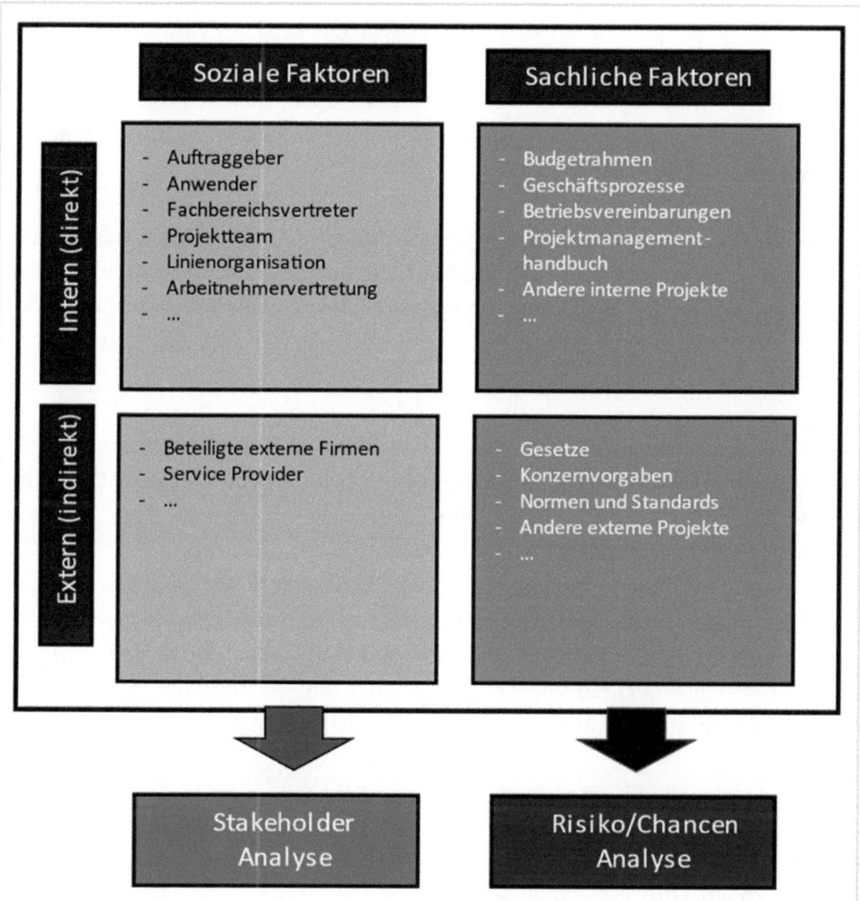

Abb. 98: Umfeldfaktoren eines Projekts, unterteilt in fachlich/sozial, extern/intern[169]

169 Dittmann, K. et al.: Projektmanagement (IPMA®), Lehrbuch für Level D und Basiszertifikat.

Die systematische Annäherung an das Projektumfeld

Fangen wir zuerst mit den Risiken an. Risiken sind Ereignisse, die den Projekterfolg gefährden könnten. Mit Glück könnten wir auch ohne Risikomanagement ein erfolgreiches Projekt abliefern – oder eben auch nicht. Wir wissen nicht, ob Risikomanagement helfen wird. Das ist die Natur des Risikos. Es hat eine Eintrittswahrscheinlichkeit unter 100 %.

Sinn des Risikomanagements ist, systematisch Risiken zu identifizieren und anschließend zu entscheiden, ob sie präventiv oder korrektiv behandelt werden sollten und die passende Strategie auf sie anzuwenden (akzeptieren, verringern, verlagern, vermeiden). Da man nicht auf alle Risiken reagieren kann, weil man sonst nur noch mit Risikomanagement beschäftigt wäre, müssen Risiken nach ihrer Eintrittswahrscheinlichkeit und der Tragweite ihres Schadens bei Eintreffen priorisiert werden. Somit soll die Gefahr eines negativen Einflusses auf den Projekterfolg verringert werden bei gleichzeitiger Schonung der Ressourcen, indem man sich auf die »wichtigsten« Risiken konzentriert.

In unserem Produktentwicklungsprojekt wird als ein Risiko identifiziert, dass der Einsatz eines kostengünstigeren Kunststoffteils, die Belastbarkeit des Produktes stark verringern könnte. Man weiß nicht, ob das wirklich so ist, denn man hat weder mit dem Lieferanten des kostengünstigeren Kunststoffteils noch mit dem Teil selbst Erfahrung.

In der Risikoanalyse schätzt man die Eintrittswahrscheinlichkeit des Risikos als hoch ein, ebenso den Schaden, falls der Ruf des neuen Produktes durch die deutlich geringere Belastbarkeit Schaden nehmen sollte.

Als präventive Maßnahme vereinbart das Team, Muster mehrerer Hersteller zu ordern und einen Belastungstest des Musters in den Projektumfang mit aufzunehmen. Das Risikobudget für die zusätzlichen Aufwände wird vom Lenkungskreis genehmigt. Allerdings nur für drei der ursprünglich vorgesehenen fünf Hersteller, da Zeit und Kosten in der Zieldefinition eine höhere Priorität als die Qualität haben.

Risikomanagement hilft also, einen möglichen Schaden vom Projekt abzuwenden. Dazu werden Risiken z. B. auf der Basis der Umfeldanalyse identifiziert. Checklisten, Erfahrungsdatenbanken oder auch das kollektive Wissen des Teams sind andere sehr mächtige Quellen für die Risikoidentifikation.

Die Risikoanalyse ist eine typische Methode des klassischen Projektmanagements. Denn, wenn klassisches Projektmanagement vorzugsweise bei stabilen Anforderungen und wenig Dynamik im Projektgeschehen angewendet wird, so ist doch allen bewusst, dass immer etwas Unvorhergesehenes passieren kann, welches einen negativen Einfluss auf den Projekterfolg haben könnte. Im plangetriebenen klassischen Projektmanagement ist das Risikomanagement ein Regulativ, um den Projekterfolg abzusichern.

Die sozialen Faktoren der Umfeldanalyse stellen die Stakeholder eines Projektes dar. Sehen wir uns die Definition von Stakeholdern einmal genauer an:

Personen oder Gruppen, die am Projekt

- beteiligt
- interessiert
- oder von den Auswirkungen betroffen sind.

Der Begriff Stakeholder umfasst also eine große Menge von Personen, die Einfluss auf das Projekt nehmen: vom Projektteam (beteiligt) über den Lenkungskreis (interessiert) bis hin zur Öffentlichkeit, Kolleginnen und Kollegen, Qualitätsbeauftragte etc. (von den Auswirkungen des Projekts betroffen).

Stakeholder – Projektbeteiligte

Stakeholder mit ihren unterschiedlichen Bedürfnissen, Interessen und Befürchtungen, ihrem Konfliktpotenzial und Machtpotenzial, können auf unterschiedliche Weise analysiert werden. Ziel dieser Analyse ist immer, eine kommunikative Strategie aufzustellen, wie mit ihnen im Rahmen des Projekts umzugehen ist.

Die Projektleitung und unser Projektteam nehmen sich zwei Stunden Zeit, um zusammen eine Stakeholderanalyse durchzuführen. Auf Basis dieser Analyse soll ein Kommunikationssystem im Projekt eingerichtet werden, mit dem Stakeholder gezielt und ihrer Bedeutung entsprechend angesprochen werden. Zuerst werden Personen oder Gruppen in der Firma (s. Kap. 5.2.3.1 »Integration des Projekts in das Unternehmen«), dann auch außerhalb der Firma aufgelistet und gemäß ihrer Bedeutung bewertet. Auf dieser Grundlage wird verabredet, welche Meetings, Reports und Informationsveranstaltungen während des Projektes stattfinden sollen. Dieser Projektkommunikationsplan wird an alle Beteiligten verteilt, sodass alle wissen, wie sie in das Projekt integriert sind.

Abb. 99: Stakeholderidentifikation mit Systemaufstellung (hier in der Tischvariante mit Knöpfen) (Quelle: Karen Dittmann)

Stakeholderanalyse hat eine sachliche und eine emotionale Ebene, wie immer, wenn Menschen mit im Spiel sind. Wenn die Emotionalität zu hoch ist, oder wenn das Projektteam in der Methode noch unerfahren ist, wende ich oft die Methode der Systemaufstellung an, um dem emotionalen Aspekt Raum zu geben, oder den Sinn der Stakeholderanalyse griffiger darzustellen. In der Mitte steht dabei immer das Projekt. Um es herum gruppiert das Projektteam die ihnen bewussten Stakeholder. Dabei können sich Grüppchen ergeben; besonders engagierte Stakeholder werden ganz nah am Projekt aufgestellt, während andere in weiter Entfernung zum Projekt platziert werden. Findet das Projektteam keine weiteren Stakeholder mehr, beginnt die Analyse. Sind die Grüppchen sinnvoll? Manche Stakeholder zu engagiert? Andere zu wenig motiviert, um im Projekt mitzuarbeiten? Welche Abstände würden den Projekterfolg unterstützen? Welche Maßnahmen zum Ändern der Abstände könnten ergriffen werden? (Karen)

Kommunikation ermöglicht soziale Systeme

Ein Projekt ist ein soziales System. Laut Luhmann[170] besteht ein System so lange, wie Personen in ihm miteinander kommunizieren. Im Umkehrschluss bedeutet das, dass sobald die Kommunikation in einem Projekt aufhört, dieses Projekt stirbt. Wir haben es vielleicht schon immer geahnt, dass Kommunikation in einem Projekt hilft. Hier ist also die wissenschaftliche Untermauerung.

170 Luhmann, N.: Reden und Schweigen.

Alle kommunikativen Maßnahmen werden auf Basis der Stakeholderanalyse von der Projektleitung geplant und im Kommunikationsmanagementplan festgehalten.

Komm.-Mittel	Beteiligte Stakeholder	(Wichtige) Inhalte	Turnus	Dauer/Umfang	Verantwortlich
P-Team-Meeting	PL + P-Team	• Status • Neuigkeiten • nächste Schritte • Open Points	Wöchentlich	1–1,5 h	PL
P-Team-Protokoll	PL, P-Team, S1, S2	Status, Neuigkeiten, akt. Open Point-Liste	Wöchentlich	2–4 Seiten	wechselnder Protokollant
Projekt-Wand	PL, S4	Aktueller Stand des Projektes, Beispiele Projektergebnisse, Kommentare der Leser	Monatlich	Pinnwand Kaffeeküche	S4

Tab. 17: Kommunikationsmanagementplan

Kommunikationsplanung ist im klassischen Projektmanagement von zentraler Bedeutung. Ihre Aufrechterhaltung obliegt der Projektleitung, welche die Planung zusammen mit dem Team auf Basis der Stakeholderanalyse individuell für das jeweilige Projekt erstellt.

5.2.3.3 Teamarbeit

Wir befinden uns immer noch relativ am Anfang des Projekts. Neben all der Planung und dem Managen von Stakeholdern hat die Projektleitung jetzt auch die Aufgabe, ein funktionierendes Projektteam aufzustellen. Wenn wir hier von Team sprechen, dann von einer Gruppe von Leuten, die maßgeblich an der Projektarbeit beteiligt sind.

Immer wieder treffe ich auf sogenannte Projektteams, in denen 10 bis 15 Personen zu jeweils 3–7 % ihrer Arbeitszeit mitarbeiten. Parallel dazu sind die Personen in entsprechend vielen Projekten genauso »unterwegs«. So kann sich kein performantes Team bilden, da sich Personen mit einem derart geringen Arbeitsanteil nicht mit dem Projekt identifizieren können. Von einem echten Team spreche ich erst, wenn die Teammitglieder zu mindestens 50 % und nicht mehr als an zwei Projekten gleichzeitig arbeiten. Nur dann kann sich echte Teamarbeit mit all ihren Synergien entfalten. (Karen)

Beim Bilden des Teams ist Führungsarbeit gefragt, mit der Betonung auf Arbeit, denn das Team findet nicht von selbst in einen gut funktionierenden Arbeitsmodus. Die Teammitglieder müssen sich gegenseitig kennenlernen, im Konsens und im Dissens. Sie müssen lernen, Konflikte zu verhandeln und Mehrheitsentscheidungen zu ertragen. Die Projektleitung spielt hier eine wichtige Rolle, indem sie als Vorbild agiert und das Team sich finden lässt.[171] Ziel der Teamarbeit ist, ein gut funktionierendes Team zu formen, welches dann weitgehend selbstorganisiert agiert. Hat die Projektleitung dies geschafft, kann sie sich in Sachen Teamarbeit erst einmal zurücklehnen und das Team sich selbst überlassen.

»Wer ein Orchester leiten will, muss andere spielen lassen.« (Herbert von Karajan)

In meiner Anfangszeit als Projektleiterin habe ich Projekte geleitet, in denen es mir schwerfiel, ein Team zu formen. Es entstand kein Teamzusammenhalt. Ständig musste ich an Termine erinnern, immer wieder das Gleiche erklären, darauf achten, dass auch alle zu den Meetings kommen etc. Erst das Näherrücken des Abgabetermins brachte den nötigen Druck, sodass sich alle zusammenrauften und an einem Strang zogen.

Heute agiere ich von Anfang an aktiver als Führungskraft. Von Anfang an fordere ich mein Team auch auf der Beziehungsebene, damit es lernt, auch in schwierigen Situationen miteinander zu arbeiten. Früh vereinbarte Teilauslieferungen zum Kunden helfen den Teammitgliedern dabei, sich zusammenzufinden. Frühe Teammeetings mit provozierenden Themen fördern das Kennenlernen und die Konfliktlösungsfähigkeit als Team. Damit dies trotzdem in Wertschätzung und gegenseitigem Vertrauen stattfinden kann, bedarf es einiger Erfahrung aufseiten der Führungsperson. (Karen)

In unserem Produkterstellungsprojekt werden der Teamleitung von den Fachabteilungen zwölf Mitarbeitende zugesagt. Jedoch können acht davon nur zu max. 10 % mitarbeiten und die anderen vier rotieren innerhalb der Abteilung, je nachdem, wer gerade Zeit hat. Unsere Projektleitung möchte aber mit einem konstanten Kernteam arbeiten und eskaliert deshalb an den Lenkungskreis, mit dem Vorschlag zur Teamgestaltung von nur sechs Kernteammitgliedern, die zu 80 % für das Projekt abgestellt werden, und zwei Experten, die situativ dazugeholt werden können. Der Lenkungskreis setzt sich mit den Linienvorgesetzten in Verbindung und verhandelt die Ressourcenbereitstellung. Das Kernteam besteht danach aus fünf festen Mitgliedern zu 80 % und drei situativ hinzuziehbaren Expertinnen oder Experten auf Abruf.

Kleine Schritte mit großer Wirkung für eine bessere Zusammenarbeit

Ein Projektarbeitsraum wird eingerichtet, in dem alle physisch zusammensitzen. Es folgen Teambuilding, Definition von Regeln der Zusammenarbeit und ein Biergartenbesuch zum ausgedehnten Mittagessen, um den Start des Projekts gebührend zu begehen und sich auch privat besser kennenzulernen.

171 Vgl. das Modell der Teamuhr nach Tuckman. U. a.: Dittmann, K. et al.: Projektmanagement (IPMA®), Lehrbuch für Level D und Basiszertifikat.

5.2.4 Steuerung

»Je planmäßiger ein Mensch vorgeht, desto wirksamer vermag ihn der Zufall zu treffen«. Dieses Zitat von Friedrich Dürrenmatt erweist sich für das klassische Projektmanagement sehr hilfreich. Obwohl Dürrenmatt sicherlich nicht Projektmanagement im Sinn hatte, sagt es doch generell aus, dass Planung etwas Sinnvolles ist. In der Phase der Durchführung richten wir unser Handeln an den Plänen aus, wohl wissend, dass es Abweichungen geben wird.

»Je planmäßiger ein Mensch vorgeht, desto wirksamer vermag ihn der Zufall zu treffen« (Friedrich Dürrenmatt)

Die wichtigste Arbeit führt die Projektleitung in der Planungsphase aus. Hier werden die Strukturen geschaffen, anhand derer in der Durchführungsphase gearbeitet werden kann:

- Der PSP gibt die Struktur vor, um Kostenabweichungen zwischen Plan und Ist zu erkennen.
- Der PSP gibt die Baseline an, um Änderungen ausweisen zu können.
- Der Zeitplan gibt Orientierung für Termine und Zeitverzögerungen.
- Das Team ist funktionsfähig und kann weitgehend selbstorganisiert arbeiten. Die Projektleitung lässt sich regelmäßig informieren, um den eigenen Handlungsbedarf zu erkennen. Das Team weiß, wann es Unterstützung von der Projektleitung einholt.

Hat die Projektleitung zu Beginn einen »guten Job« gemacht, bricht jetzt für sie die ruhigste Phase im Projekt an. Sie sollte sie genießen, denn zum Projektabschluss kommt erfahrungsgemäß wieder mehr Arbeit auf sie zu.

In der Steuerungsphase spielen vor allem das Änderungsmanagement und das Reporting eine wichtige Rolle.

5.2.4.1 Änderungsmanagement

Das klassische Projektmanagement basiert auf einer festgeschriebenen Planung. Da trotzdem immer, auch in den bestgeplanten Projekten, Unvorhergesehenes passiert, müssen solche Änderungen organisiert werden. Dies geschieht durch den Prozess des Änderungsmanagements.

In unserem Produktentwicklungsprojekt informiert unsere Qualitätsabteilung die Projektleitung darüber, dass es neue gesetzliche Anforderungen vom TÜV gibt, die bei der Zulassung des Produkts berücksichtigt werden müssen. Diese Anforderungen umzusetzen, erfordert zusätzlichen Aufwand und ist in der bisherigen Planung nicht berücksichtigt. Das Projektteam konzipiert die Änderungen. Die Projektleitung schreibt einen Änderungsantrag, den sie beim Lenkungskreis einreicht und um Genehmigung

Änderungsmanagement: Kontrollierte und kontinuierliche Anpassungen am bestehenden Plan

einer Budgeterhöhung zur Umsetzung der Anpassung bittet. Zeitverzögerungen können mit einem zusätzlichen Mitarbeiter für zwei Monate vermieden werden.

Die Prozessschritte des Änderungsmanagements

Der Lenkungskreis genehmigt die Änderung. Das Projektteam passt die Planung (Kosten, Ressourcen, Konfiguration[172]) entsprechend an.

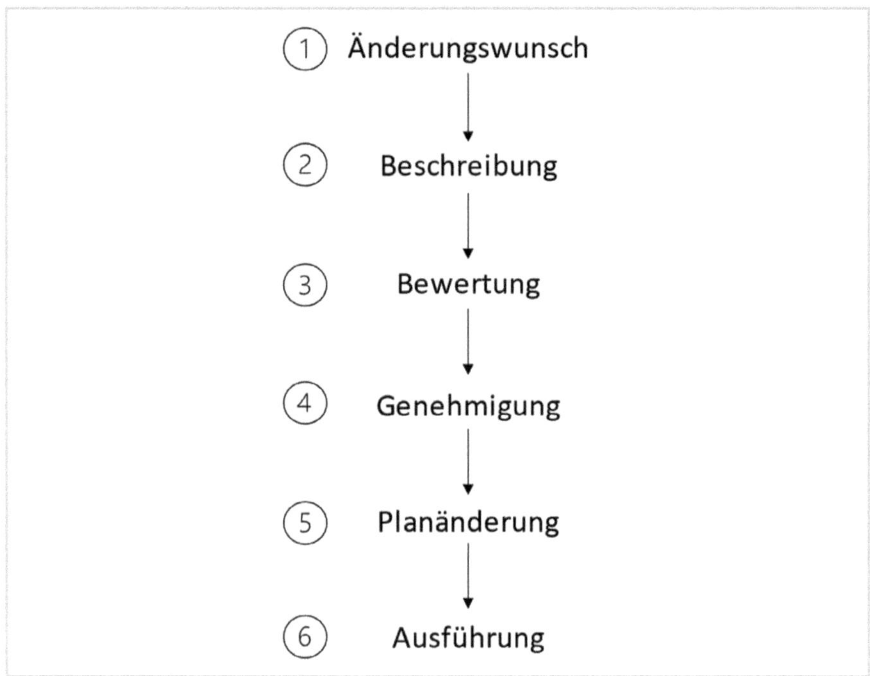

Abb. 100: geregelter Änderungsprozess

5.2.4.2 Berichtswesen

Das klassische Berichtswesen läuft hierarchisch von unten nach oben: Die Arbeitspaketverantwortlichen berichten der Projektleitung, die Projektleitung berichtet an die Auftraggebenden bzw. den Lenkungskreis. Typische Dokumente sind Statusberichte, die auf Arbeitspaket- oder auf Projektebene erstellt werden.

Das klassische Berichtswesen basiert auf dem Vergleich von Plandaten mit Ist-Daten. Werden Abweichungen erkannt, werden diese analysiert und bewertet und eine Prognose für die Zukunft des Projekts wird erstellt.

172 Konfiguration oder »Baseline« eines Projekts. Beschreibt den genehmigten Leistungsumfang.

In unserem Projekt stellen wir fest, dass die Aktuellen Ist-Kosten (AIK) am Stichtag X über den Plankosten liegen. Das Projektteam ist besorgt. Müssen wir jetzt unser Projektbudget überziehen? Auf der Basis der bereits abgeschlossenen Arbeitspakete stellt die Projektleitung fest, dass mehr Arbeitspakete abgeschlossen wurden, als zum Stichtag geplant waren. Der aktuelle Fortschrittsgrad ist also höher, als er geplant war. Das erklärt die höheren Ist-Kosten, da mehr Materialien und mehr Arbeitszeit als geplant verbraucht worden sind. Zur Freude aller könnte das sogar auch bedeuten, dass sie mit dem Projekt früher fertig werden.

Abb. 101: Berichtskette

Die Projektleitung dämpft die Freude etwas mit dem Hinweis, dass immer noch Unvorhergesehenes passieren und den Projektverlauf verlangsamen kann, freut sich jedoch auch über den erarbeiteten Puffer (s. Kap. 4.3.8.3 »Earned-Value-Analyse«, Abb. 103 »Vergleich Plankosten und Aktuelle Ist-Kosten«).

Im nächsten Lenkungskreismeeting informiert die Projektleitung über den aktuellen Stand im Projektstatusbericht. Der Puffer wird erst einmal nicht noch nicht erwähnt, um keine Erwartungen zu wecken.

5.2.5 Abschluss

Der klassische Projektabschluss beginnt, wenn alle definierten Lieferobjekte vorliegen. Dazu informiert die Projektleitung den Lenkungskreis und beruft ein Meilensteinmeeting ein. In diesem Meeting lässt sich die Projektleitung die Steuerungsphase abnehmen und holt die Erlaubnis ein, jetzt die Abschlussphase zu beginnen.

Zum Abschluss werden die Projektbeziehungen aufgelöst und das Geschaffene wertgeschätzt.

5.2.5.1 Projektlernen

Ein Pflichtprogramm des klassischen Projektabschlusses ist das Projektlernen. Hier sollen alle Beteiligten zusammenkommen und zusammentragen, was man beim nächsten Projekt besser machen kann. Auf dem Papier klingt das doch erst einmal ganz gut, oder?

Aber man erkennt vielleicht an meiner Ausdrucksweise, dass ich, Karen, keine Freundin dieses Punktes bin. Denn die Erfahrung zeigt, dass die wenigsten Projekte dieses Lernen durchführen, und wenn, dann ist es meist eine recht müde Veranstaltung.

Dies ist verständlich, wenn man betrachtet, dass man in das nächste Projekt vielleicht gar nicht eingebunden sein wird; dass dieses vielleicht noch Monate in der Zukunft liegt. Oder ganz anders aussehen wird als das Vergangene. Wer will schon Energie zum Lernen aufbringen, für etwas, von dem er selbst nicht mehr profitieren wird?

Bei den agilen Herangehensweisen werden die klassischen Lessons Learned durch Retrospektive und Review abgelöst. Beide können in einer hybriden Vorgehensweise auch im vorwiegend klassischen Umfeld eingesetzt werden.

5.2.5.2 Party

Die Wirkungen einer Abschlussparty

Die Abschlussparty darf bei einem klassischen Projekt nicht fehlen. Wir haben zwar gelernt, dass man das Erreichen jedes Meilensteins auch feiern darf. Aber die Meilensteine liegen bei einem mehrjährigen Projekt oft mehrere Monate auseinander, sodass die Dichte der Partys wahrscheinlich eher gering ausfallen wird. Die Abschlussparty für ein klassisches Projekt ist enorm wichtig.

- Sie bringt die Wertschätzung der auftraggebenden Person (oft auch der Geschäftsleitung) zum Ausdruck, die dafür ein paar Euros zu Verfügung stellt.
- Bei einem Organisationsprojekt, bei dem eine Firma die andere übernommen hat, können Wunden durch das gemeinsame Feiern geschlossen werden.
- Letzte reinigende Gespräche können in geselliger Runde besser geführt und verarbeitet werden als in der nüchternen Atmosphäre eines Büros.
- Die Abschlussfeier ist ein Zeichen dafür, dass das Projekt nun wirklich vorbei, zu Ende, abgeschlossen ist und nicht wiederkommt. Eine Party hilft dann entweder beim Trauern über das Ende oder auch beim Feiern des lang ersehnten Abschlusses.

5.2.5.3 Projektauflösung

Zum Projektabschluss löst die Projektleitung die Verzahnung mit der Organisation, die sie zu Beginn hergestellt hatte, wieder auf.

- Die Projektnachkalkulation, erstellt von der Projektleitung, erhalten Lenkungskreis, PMO und die Finanzabteilung.
- Personalrückführung: Fachabteilungen erhalten ihre Mitarbeitenden wieder und externe Beratungsverträge werden gekündigt.
- Die Qualitätsabteilung nimmt das Projektergebnis ab.

- Der Einkauf wird über die Abnahme der Produktionslinie mit den neuen Maschinen informiert und kann die Schlussrechnung für die Lieferanten freigeben.
- Das PMO kann die Projektleitung aus dem Projektleiterpool wieder für neue Projekte einplanen. Die Ergebnisse der Lessons Learned fließen in die Erfahrungsdatenbank ein.
- Ab einem vereinbarten Stichtag zu Projektende unterbindet das Rechnungswesen die Verbuchung von Projektkosten auf die bereitgestellten Kostenstellen.

Das Projekt ist nun abgeschlossen.

5.3 Agile Herangehensweisen

Das Wort »agil« kommt aus dem Lateinischen, »agilis«, und bedeutet lenksam, rasch. Abgeleitet davon bezeichnet das Adjektiv »agil« etwas Flinkes, Wendiges und Bewegliches. Diese Bezeichnungen dürfen nicht mit Begriffen wie Beliebigkeit, Willkür oder mit situativem Vorgehen zusammengebracht werden, da sie eine nicht geregelte chaotische Zusammenarbeit suggerieren würden. Agilität im Zusammenhang mit Management bezeichnet eine streng geregelte, komplexitätsreduzierte und gleichzeitig bewegliche Vorgehensweise, die in ein besonderes Mindset eingebunden ist.

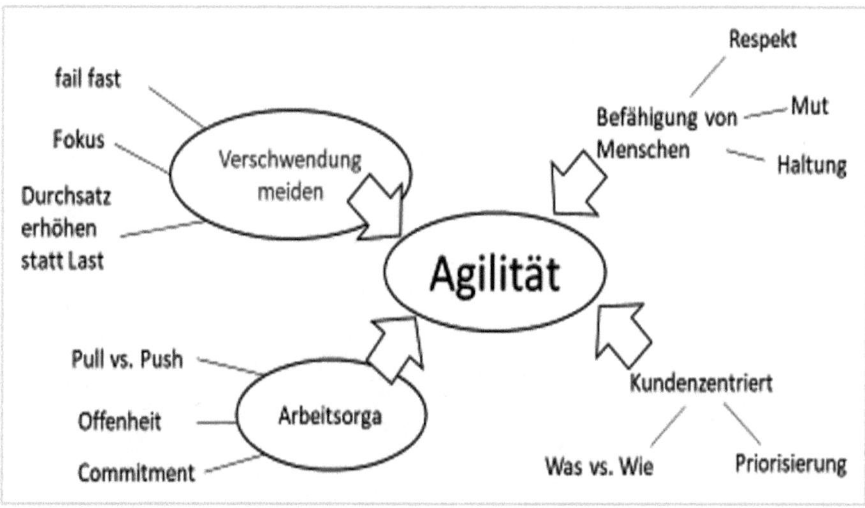

Abb. 102: Agile Herangehensweise

Agilität ist auch eine Philosophie und eine besondere Haltung, mit der wir unserer Arbeit nachgehen und uns organisieren.

Arbeiten im agilen Mindset soll Menschen in ihrer Persönlichkeit und Professionalität wachsen lassen. Gemeinsame Reflexionen, Freiräume zum kreativen Denken und definierte geteilte Verantwortung führen im besten Fall zu einer zunehmenden Selbstorganisation des Teams und zu höherwertigen Produkten. Dies ist das Ziel von agiler Zusammenarbeit.

Was Agilität bewirken kann und sollte

Im ersten Teil der »Phänomenologie des Geistes« aus seinem Werk »System der Wissenschaft[173]« beschäftigte sich bereits der deutsche Philosoph Hegel mit der »Dialektik von Herrschaft und Knechtschaft«. Eine der Erkenntnisse aus seinen Überlegungen kann verkürzt so dargestellt werden:

> *»Der Herr ist nur dadurch Herr, weil er sich als Herr sieht und weil es gleichzeitig Knechte gibt, die ihn als Herr anerkennen.« frei nach Georg Wilhelm Friedrich Hegel*

Ohne dieses gegenseitige Verständnis gäbe es also keine Herren und keine Knechte. Die Basis des modernen Arbeitsrechts strebt nach der Emanzipation des »Knechts«. Wenn man dieser Haltung folgt, wird klar, dass das Konzept des »Command & Order« sehr alt sein muss und in heutigen Projekten nicht mehr zum bestmöglichen Ergebnis führen kann. Ein Umdenken ist angesagt.

Das Formulieren des WAS liegt allein bei der Kund:in

Das alte hierarchische Denken hat dazu geführt, dass den Expertinnen und Experten zugesprochen wurde, sie allein wüssten, was die Kundin oder der Kunde braucht. Im agilen Mindset dagegen wird die Kundin oder der Kunde aktiv mit in die Auftragsklärung einbezogen und sogar in die Verantwortung genommen, indem sie in regelmäßigen Feedbackschleifen aktiv mitarbeiten muss.

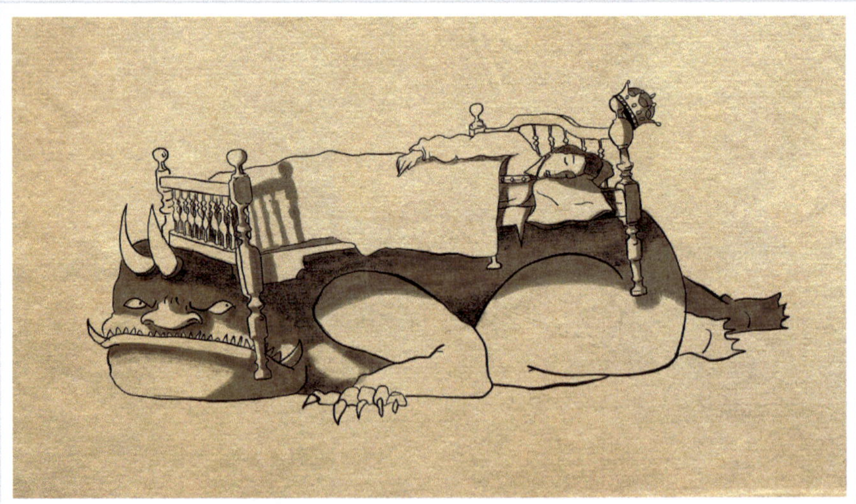

Die Transparenzschaffung könnte das Monster unter dem Bett sichtbar machen

173 Hegel, G.: System der Wissenschaft.

In Zeiten von zunehmendem Umweltbewusstsein und höherem Kostendruck erlangt die Vermeidung von Verschwendung von Ressourcen eine größere Bedeutung, was im Management durch Aspekte des »Lean Management« Einzug gehalten hat.

Zurücktretende Hierarchien, Verantwortungsübernahme aller Beteiligten, Vermeidung von Verschwendung, persönliches Wachstum fördern und selbst persönlich wachsen – all das kann nur geschehen, wenn in einer Atmosphäre von Offenheit und Vertrauen miteinander gearbeitet wird.

In diesem Buch beschäftigen wir uns auch mit agilem Projektmanagement. Das agile Projektmanagement strebt nach dem höchsten Reifegrad des selbstorganisierenden Projektteams. Oft wird postuliert, dass das Einführen von agilem Projektmanagement immer mit einem Change verbunden sei. Das ist so nicht ganz korrekt – das agile Projektmanagement *ist* der Change.

Agile Werte

Prüfen Sie deshalb anhand der agilen Werte[174] für sich selbst, wie es um diese Werte in Ihrer Umgebung steht, bevor wir uns mit den Techniken des agilen Projektmanagements auseinandersetzen. Die agilen Werte sind:

- **Vertrauen durch Offenheit und Respekt:** Nicht nur zwischen den Teammitgliedern, sondern auch zu den Führungskräften. Ganz wichtig: Auch das Vertrauen zwischen dem Team und dem Auftraggebenden kann nur etabliert werden, wenn alle Seiten offen und respektvoll miteinander umgehen.
- **Mut:** Zu einer grundlegenden Veränderung der Methodik und der Art, wie Menschen zusammenarbeiten, gehört Mut. Auftraggebender wie Auftragnehmender muss bereit sein, einen vollständigen Paradigmenwechsel zuzulassen und zu fördern.
- **Fokus:** Die Vielzahl an Arbeiten, die gemacht werden müssen, können nur beherrscht werden, wenn nicht alles auf einmal gemacht wird. Natürlich besteht immer die Gefahr, dass wir zu spät mit einer Arbeit beginnen. Aber eine klare Priorisierung, WAS als Erstes getan werden sollte und eine Fokussierung auf ein gut definiertes MVP hilft ungemein.
- **Commitment & Verbindlichkeit**: Lange Sitzungen und entsprechende Protokolle (mit To-do-Listen und Aufgabenzuordnungen zu Personen) sind nicht allein zielführend. Einzig und allein eine verbindliche Zusage (Commitment) führt dazu, dass eine Umsetzung erfolgt.

Diese Werte bilden das Fundament einer Zusammenarbeit, die echte Transparenz zulässt. Wenn sich das Team über diese Werte einig ist, kann eine Transparenz entwickelt werden, die dazu dient, Lernprozesse zu ermöglichen. Mit diesem Fundament kann glaubhaft eine Zusammenarbeit etabliert werden, in der Fehler nicht zur gegenseiti-

174 S. dazu auch die Auflistung der »agile values«, z. B. im Scrum Guide unter https://www.scrumguides.org/.

gen Beschuldigung führen, sondern ein Mittel zum Zweck der kontinuierlichen Verbesserung darstellen.

Der »empirische Prozess« ist der gemeinsame Nenner aller agilen Frameworks. Er startet mit der Transparenz. Auf die Bedeutung der einzelnen Prozessschritte gehen wir im Folgenden ein.

5.3.1 Transparenz schaffen

Mit der Transparenz sollte die bestmögliche Einigung über den Zweck des Unterfangens, das WAS und das WIE, über die Rollen und über die Art, wie der Status ermittelt wird, erreicht werden.

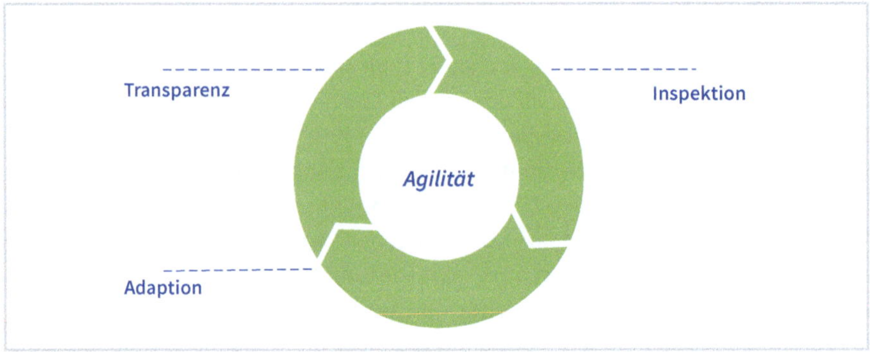

Abb. 103: Der Empirische Prozess

- Über den Zweck: Eine gut formulierte und dargestellte Vision stellt den Zweck des Gesamtprojekts dar. Auf der Ebene des Projekts könnte eine typische Formulierung einer User Story betrachtet werden, in der beschrieben wird, wer etwas braucht, was die Person braucht und warum sie es braucht. Das WARUM ist besonders wichtig bei der User Story, denn der Zweck ist oft das, was den wahren Mehrwert erklärt.
- Über das WAS: Die klare Formulierung des WAS ist ein immer wiederkehrendes Muster, das bei der agilen Arbeitsweise sichtbar wird. Das WAS leitet sich vom Zweck ab und stellt eine klare Forderung dar, die mit guten und messbaren Akzeptanzkriterien abgerundet wird.

Wie und wo sollte Transparenz geschaffen werden

- Über das WIE: Wenn wir im komplexen[175] Bereich sind, ist es für die operativen Einheiten sehr wichtig, sich die Zeit zu nehmen, um zu planen, WIE sie das vorliegende WAS erreichen wollen. Es ist wichtig, dass bei der Planung des WIE unbedingt auch Abhängigkeiten und Risiken beachtet werden.

175 Nach der Stacey-Matrix.

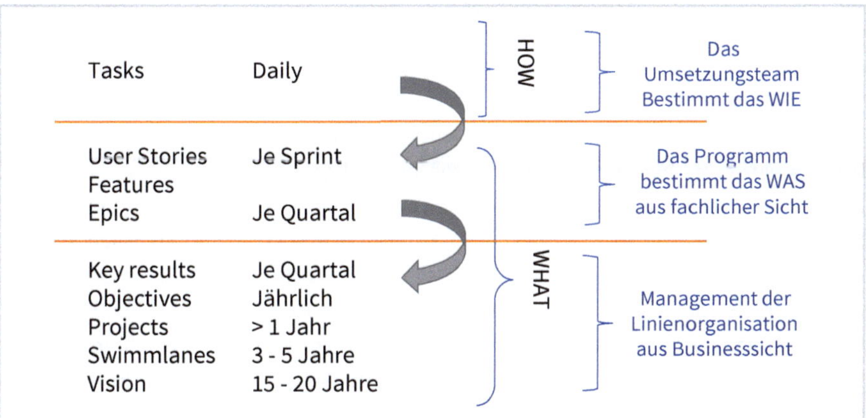

Abb. 104: Wie das WAS und das WIE im Unternehmen aufeinander aufbauen

- Über Rollen: Sehr häufig ist die Nichteindeutigkeit der Rollen die Ursache für unerledigte Aufgaben und viele Missverständnisse. Um diesen Missverständnissen vorzubeugen, werden Rollen in agilen Frameworks eindeutig definiert, wie z. B. im Scrum Guide.
- Über Regeln: Es sollten Abmachungen getroffen werden, wie im Projekt effizient kommuniziert, wie Verschwendung reduziert und wie am besten die gesetzten Ziele erreicht werden können.
- Über den Status: Natürlich spielt auch die Transparenz über den aktuellen Status des Projekts eine große Rolle. So, dass eben eine grüne Ampel auch nachvollziehbar einen echten, grünen Status anzeigt, und dass ein roter Status früh erkannt wird. »Fail fast« ist das Prinzip (s. Kap. 4.1.11 »Fail-Fast-Kultur oder die Kraft des schnellen Scheiterns«).

5.3.2 Inspektionen durchführen

Inspektionen sind ein wichtiges Element, um zu lernen (s. Kap. 2.5.5 »Etablieren einer Lernkultur«). Lernende Organisationen[176] können sich schneller an ihre Umgebung anpassen – ein großer Wettbewerbsvorteil in einer immer dynamischer agierenden Welt. Ikujiro Nonaka und Hirotaka Takeuchi beschreiben in ihrem Standardwerk »The Knowledge-Creating Company«[177], welche Wirkung erzielt werden kann, wenn Organisationen lernen können. Dazu brauchen sie Räume – das ist geistig, zeitlich und

176 S. auch »The Fifth Discipline« von Peter Senge. Für eine lernende Organisation müssen fünf Voraussetzungen erfüllt sein: Möglichkeit zum individuellen Wachstum, Reflexion mentaler Modelle, gemeinsame Visionen entwickeln, Lernen im Team und Systemdenken.

177 Nonaka, I. et al.: Deutscher Titel: »Die Organisation des Wissens«.

physisch gemeint – in denen sich Menschen häufig begegnen und ihre Erfahrungen austauschen können. Hier lernen sie auch gegenseitig von und aus ihren Fehlern.

Diese Räume können nur entstehen, wenn die Menschen bereit sind, innezuhalten. Die Inspektion ist eine Art des bewussten Innehaltens, um reflektieren zu können. Dieses Innehalten und die Reflexion können ganz konkret durch ein moderiertes Meeting umgesetzt werden. Das Review (eine Inspektion von Arbeitsergebnissen) und die Retrospektive (eine Inspektion des Ablaufs und der Zusammenarbeit) im Scrum sind gute Beispiele von Inspektionen. Diese Inspektionen haben nichts mit einer Kontrolle, Überprüfung oder Sanktionierung zu tun, die durch »Vorgesetzte« ausgeführt werden, sondern vielmehr geht es um das Lernen und die Weiterentwicklung der einzelnen Personen und des gesamten Teams.

Ohne Inspektionen fehlt die Grundlage von Anpassungen und Verbesserungen

Damit dieses Innehalten nicht als Störung wahrgenommen wird, sollte sie eingeübt und regelmäßig durchgeführt werden. Somit wird die Inspektion z. B. am Ende jeder Iteration (Sprint, Kadenz) abgehalten und findet immer im gleichen Rhythmus statt.

5.3.3 Adaptionen durchführen

Der Zyklus der Iteration endet mit der Adaption. Dazu sollten die Erkenntnisse aus der Inspektion nicht nur gesichert und verwaltet, sondern mit konkreten Aktionen bedacht und in den nächsten Iterationen umgesetzt werden. Das ermöglicht kontinuierliche Verbesserung und erlaubt dem Team, gemeinsam einen höheren Reifegrad zu erlangen.

Bei der anvisierten, ständigen Verbesserung handelt es sich nicht um einen Zustand, sondern um eine Lebens- und Arbeitsphilosophie, die im Japanischen als »Kaizen« bezeichnet wird (s. Kap. 4.1.8 »Kaizen und Lean Management (Achtsamkeit in Bezug auf Verschwendung)«.

Um den hier beschriebenen empirischen Prozess aus Transparenz, Inspektion und Adaption wirkungsvoll zu ermöglichen, braucht es Frameworks. Also Rahmenwerke, die uns eine konkrete Umsetzung ermöglichen. Einige dieser Frameworks möchten wir gerne hier aufführen.

5.3.4 Konkrete agile Frameworks

An dieser Stelle möchten wir einige konkrete Frameworks vorstellen. Wir möchten nicht zum x-ten Mal das Framework Scrum oder Kanban vorstellen. Aber wir möchten gerne einen Überblick verschaffen, um eine Referenz zu schaffen, auf die wir uns in den nächsten Kapiteln beziehen können.

5.3.4.1 Scrum[178]

Die Anfänge von Scrum lassen sich auf Ikujirō Nonaka und Hirotaka Takeuchi zurückverfolgen. Damals schuf Jeff Sutherland in einem Projekt für die Guinness Peat Aviation eine neue Rolle für die Projektleitenden. Diese wurden zu Teammitgliedern, und ihre Rolle war eher die von der Moderation als die des Managements. Ken Schwaber veröffentlichte auf der OOPSLA 1995 den ersten Konferenzbeitrag über Scrum.[179] Darin schrieb Schwaber: »Scrum akzeptiert, dass der Entwicklungsprozess nicht vorherzusehen ist. Das Produkt ist die bestmögliche Software unter Berücksichtigung der Kosten, der Funktionalität, der Zeit und der Qualität.« Der Begriff Scrum stammt aber von Ikujirō Nonaka und Hirotaka Takeuchi, die damit das Gedränge (engl.: scrum) im Rugby als Analogie für außergewöhnlich erfolgreiche Produktentwicklungsteams beschrieben. Diese Teams arbeiten als kleine, selbstorganisierte Einheiten und bekommen von außen nur eine Richtung vorgegeben, bestimmen aber selbst die Taktik, wie sie ihr gemeinsames Ziel erreichen.

Scrum lässt sich in diesem Zusammenhang als Gegenentwurf zur Befehls-und-Kontroll-Organisation verstehen, in der Mitarbeitende möglichst genaue Arbeitsanweisungen erhalten. Stattdessen baut Scrum auf hochqualifizierte, interdisziplinär besetzte Entwicklungsteams, die zwar eine klare Zielvorgabe bekommen, die für die Umsetzung jedoch allein zuständig sind. Dadurch bekommen die Entwicklungsteams den nötigen Freiraum, um ihr Wissens- und Kreativitätspotenzial in Eigenregie zur Entfaltung zu bringen.

Rollen

Das Scrum-Team besteht aus der Product Owner:in, den Developer:innen sowie der Scrum Master:in. Die empfohlene Maximalteamgröße für die Entwicklenden ist neun Personen. Somit besteht ein Scrum-Team aus mindestens fünf und maximal elf Personen.

Folgende Rollen werden im Scrum Guide[180] beschrieben: Rollen in Scrum

Die **Product Owner:in (PO)** ist die einzige Person, die für das Management des Product Backlogs verantwortlich ist. Es gibt immer nur eine:n PO. Sie sorgt für die Wertmaximierung des Produktes. Sie darf als einzige:r Anforderungen für das Team formulieren.

178 Unsere Ausführungen basieren auf dem Scrum Guide von 2020: https://scrumguides.org/docs/scrumguide/v2020/2020-Scrum-Guide-German.pdf, heruntergeladen am 19.11.2022.
179 Im Jahr 2001 veröffentlichten Ken Schwaber und Mike Beedle mit »Agile Software Development with Scrum« das erste Buch über Scrum.
180 Sutherland, J. et al.: Scrum-Guide.

Die **Developer:innen** sind Profis. Nur sie erstellen das Produktinkrement. Sie üben sich in Selbstmanagement und in interdisziplinärer Arbeit. Sie erstellen auch den Plan für einen Sprint.

Die **Scrum Master:in (SM)** ist für das Verständnis und die Durchführung von Scrum zuständig. Sie ist ein Servant Leader für das Scrum-Team. Durch die Optimierung der Zusammenarbeit hilft sie dabei, dass nach und nach ein Produkt entsteht, dessen Wert maximiert wird.

Die Kundin oder der Kunde wird nicht explizit im Scrum Guide erwähnt, sondern wahrscheinlich in der Rolle eines Stakeholders verortet. Uns ist es wichtig, sie in unserer Rollenübersicht hinzuzufügen, weil sie besonders im agilen Management, welches sich als »kundenzentriert« versteht, eine wichtige Rolle einnimmt.

Scrum Events

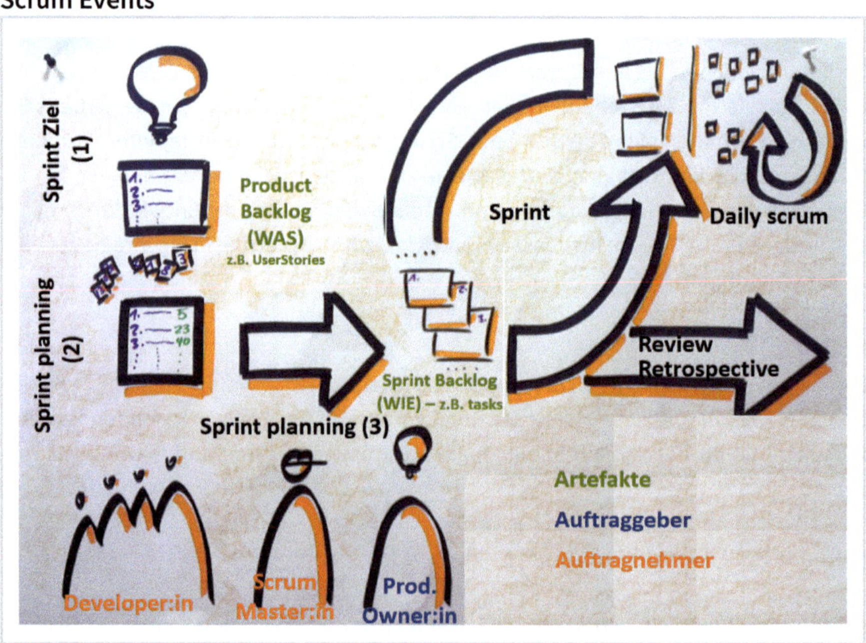

Abb. 105: Ablauf und Events nach Scrum

Alle im Prozess beschriebenen Elemente sind zeitlich begrenzt (»timeboxed«). Durch die feste Abfolge der definierten Events soll eine Regelmäßigkeit (Rhythmus) erzeugt werden, die es dem Scrum-Team ermöglicht, sich auf die Inhalte zu konzentrieren, und die die Arbeit in Kooperation mit allen Beteiligten erleichtert.

Events in Scrum

- **Sprint**: Timebox von maximal vier Wochen, innerhalb dessen ein fertiges (»Done«) Inkrement erzeugt wird, welches stets einem Sprint-Ziel folgt.

- **Sprint Planning**: Hier wird das Sprint-Ziel gesetzt, das WAS wird erklärt, und das WIE wird geplant, um das Sprint-Ziel zu erreichen. Am Planning nimmt das gesamte Scrum-Team teil.
- Das **Daily Scrum** ist eine Timebox von 15 Minuten zur Planung der nächsten 24 Stunden. Die Developer:innen überprüfen den Fortschritt auf dem Weg zum Sprint-Ziel. Dabei wird der Plan für den nächsten Arbeitstag erstellt.
- **Sprint Review**: Während des Reviews überprüfen das Scrum-Team und die Stakeholder (Kundin oder Kunde), was im Sprint erreicht wurde. Es handelt sich um ein informelles Meeting (kein Statusreport), bei dem das Ergebnis des Sprints im Mittelpunkt steht.
- **Sprint Retrospektive**: Das Scrum-Team nimmt daran teil. Thema ist die Verbesserung der Zusammenarbeit, um sowohl die Qualität des Sprintergebnisses als auch die Effektivität zu steigern. Die Dauer bei einem einmonatigen Sprint beträgt drei Stunden. Es werden jeweils die effektivsten Verbesserungsvorschläge mit in den nächsten Sprint genommen.

Scrum-Artefakte

Artefakte in Scrum

Im *Scrum Guide* werden folgende Artefakte genannt:

- Das **Product Backlog** als alleingültige Quelle von Arbeit, die von den Developer:innen bearbeitet wird.
- Das **Sprint Backlog** beinhaltet das Sprint-Ziel (Wofür), gewählte Product-Backlog-Einträge (Was) und einen umsetzbaren Plan, um ein Increment zu liefern (Wie).
- Alle während des vorigen oder laufenden Sprints fertiggestellten Backlog Items werden als Produktinkrement bezeichnet.

Ken Schwaber ist der ursprüngliche Autor[181] und Erfinder des »Scrum Software Development Process« aus dem Jahr 1995. Dieses Werk ist die Grundlage der heute weltweit gültigen Scrum-Referenz »Scrum Guide«, dessen Autoren Ken Schwaber und Jeff Sutherland sind. Ken Schwaber hatte bereits 2001 (zusammen mit Mike Cohn) die Scrum Alliance-Schule[182] und im Jahr 2009 alleine die Scrum.org-Schule gegründet, die zweitgrößte Scrum-Schule weltweit, mit knapp 0,5 Mio. Zertifizierungen (bis 2021). Die Scrum.org-Webseiten enthalten gleichzeitig auch qualifizierte Informationen rund um das Thema Scrum.

Unter anderem wird auf Scrum.org die renommierte Studie »Status Quo (Scaled) Agile[183]« veröffentlicht, die den Einsatz unterschiedlicher agiler Frameworks, deren Auswirkungen, Effizienz und vieles mehr berücksichtigt. Diese Studie belegt, dass Scrum

181 Verheyen, G.: Scrum – A Brief History of a Long Lived Hype Paper.
182 Wikipediaeintrag »Scrum«: https://de.wikipedia.org/wiki/Scrum.
183 Status Quo (Scaled) Agile 2020: https://www.hs-koblenz.de/bpm-labor/status-quo-scaled-agile-2020/ in vierter Auflage.

unter allen agilen Frameworks mit 84 % das meistgenutzte Framework auf Team-Ebene ist. Interessanterweise wird in derselben Studie diese Erkenntnis veröffentlicht: »Die Mehrheit der Anwender agiler Ansätze nutzt diese selektiv oder in einer Mischform (43 % hybride Anwendende, 28 % selektive Anwendende)«. Der Zeitreihenvergleich der vier Auflagen dieser Studie zeigt auch, dass »zunehmend weniger positive Einschätzungen durch die agilen Anwender und eine Annäherung zwischen den agilen und klassischen Anwendern« zu beobachten ist, was auch den Beobachtungen der Autoren aus ihren Projektcoachings entspricht.

Über 40 agile Frameworks sind im Einsatz

Es gibt über 40 anerkannte Frameworks[184], die agiles Arbeiten ermöglichen. Aus unserer Sicht ist jedoch der hohe Grad am Scrum-Einsatz ein möglicher Grund, warum sich oft die Transition zum Agilen als schwierig oder gar unmöglich gestaltet, und warum die Akzeptanz im Laufe der Zeit stagniert und sogar rückläufig ist. Sehr oft ist Scrum dasjenige Framework, mit dem ein Team seine agile Reise beginnt. Dabei ist Scrum eines der schwergewichtigsten Frameworks, welches auch an seinen Schnittstellen zur Organisation gut integriert sein muss, und welches somit sehr schwer zu implementieren ist. Ich empfehle daher, beim erstmaligen Einsatz agiler Herangehensweisen zuerst mit einem sehr leichtgewichtigen Framework zu starten, z. B. mit Getting Things Done, dann z. B. weiter mit Kanban, bevor Scrum auf Teamebene eingeführt wird.

5.3.4.2 Kanban[185, 186, 187]

Kanban wurde von Taiichi Ōno für Toyota 1947 entwickelt. Anlass war die niedrigere Produktivität im Vergleich zu amerikanischen Unternehmen (s. Kap. 4.3.8.4 »Das CFD bei Kanban«).

Das Kanban, welches heute in Projekten zum Einsatz kommt, unterscheidet sich von dem Taiichi Ōnos, welches er für Produktionssteuerungsprozesse entwarf. Sein System bezog sich auf die am Verbrauchsort bereitgestellten Materialien, die möglichst nur in der Menge vorhanden sein sollten, in der sie auch verbaut werden sollten, ohne dass es zu Engpässen kommt.

Unnütze Lagerhaltung sollte vermieden werden. Dazu wurden Karten mit Signalwirkung (Kanban) ausgegeben, welche anzeigten, wenn ein Material einen definierten Schwellenwert unterschritt. Dies veranlasste dann eine Nachlieferung.

---

184 Agile-Mercurial: https://agile-mercurial.com/2019/02/06/agile-frameworks-fact-sheet/#topOfList.
185 Burrows, M.: Kanban verstehen, einführen, anwenden.
186 Burrows, M.: Kanban from the inside.
187 Skarin, M.: Real-World Kanban, do less, accomplish more with Lean Thinking.

Das von David Anderson[188] für die Softwareentwicklung beschriebene und heute dort auch eingesetzte Kanban bezieht sich auf die Fertigung von Inkrementen. Zur reinen Produktionssteuerung sind Prinzipien der Lean Production und der Theory of Constraints (Critical Chain Management)[189] mit übernommen worden. Zur Verkürzung von Durchlaufzeiten für die Bearbeitung eines Inkrements werden das Pull-Prinzip und die WIP-Begrenzung (Begrenzung der Anzahl der sich in Bearbeitung befindlichen Inkremente) eingeführt.

Grundregeln von Kanban

Kanban hat fünf Grundregeln:

- Visualisiere den Fluss der Arbeit
- Begrenze die Menge paralleler Arbeit
- Miss und optimiere die Durchlaufzeit (lead time)
- Mache Regeln explizit
- Optimiere das System

In den früheren Werken von Anderson (bis 2017) fand man selten die erweiterte Methode von Kanban. In »Die Essenz von Kanban – kompakt«[190] bekräftigen Anderson und Carmichael die Bedeutung von Rückkopplungsschleifen, die notwendig sind, um einen »gesteuerten Prozess … für eine evolutionäre Veränderung« zu implementieren. Und das ist nichts anderes als die Implementierung eines empirischen Prozesses zur Schaffung von Transparenz und die Durchführung von Inspektionen und Adaptionen. Dies wird ermöglicht durch »Kadenzen«. Eine Kadenz steht sowohl für unterschiedliche, zyklische Meetings (im Buch werden sieben verschiedene Kadenzen aufgeführt) als auch für eine Iteration.

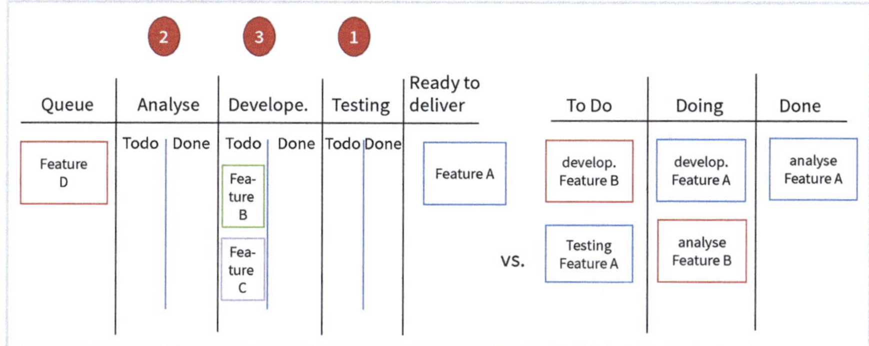

Abb. 106: Beispiel Kanban Board (links Aktivitäten in einer Wertschöpfungskette, rechts Taskboard)

188 Anderson, D.: Kanban, evolutionäres Change Management für IT-Organisationen.
189 Techt, U.: Goldratt und die Theory of Constraints.
190 Anderson, D.: Die Essenz von Kanban – kompakt.

In der obigen Abbildung sieht man die sogenannten Work-in-Progress Limits (WIP), die als Zahl über der Spalte angeben, wie viele Aufgaben (Work) maximal in einer Aktivität (Spalte) bearbeitet werden sollten. Sind genauso viele Aufgaben bereits im Prozess, wie die Zahl darüber, soll keine weitere Aufgabe angenommen werden, da dies zu einem Flaschenhals führen würde.

Des Weiteren sieht man gut den Unterschied zwischen einem typischen Kanban-Board und einem Task-Board. Das Kanban-Board stellt einen Workflow und dadurch eine Wertkette dar, somit kann sofort gesehen werden, in welchem Arbeitsschritt sich eine Aufgabe befindet. Während ein Task-Board lediglich den Gesamtstatus der Arbeit wiedergibt. Es ist jedoch zu beachten, dass Boards immer nur die Spitze des Eisbergs sind. Sie sind lediglich die Visualisierung einer größeren Idee, die viel mehr beinhaltet. Nachfolgend gehen wir auf die Elemente dieser größeren Idee ein.

Lean Management bezieht sich auf die effiziente Gestaltung von Wertschöpfungsketten. Es wurde ebenfalls ursprünglich für die Automobilindustrie entwickelt, bezieht sich aber im Gegensatz zu Kanban weniger auf die technische Ablauforganisation, sondern auf Prinzipien einer schlanken Organisation. Lean Production oder Lean Management wird heute in nahezu allen Branchen eingesetzt.

Die Kernprinzipien des Lean Managements

Die Basis von Lean Management-Aktivitäten sind nach Womack und Jones die **fünf Kernprinzipien**, die die Leitlinien für die Überprüfung des bestehenden Systems bilden[191]:

1. **Den Wert aus Sicht des Kunden definieren**
   - Das Produkt exakt auf die Bedürfnisse der Kundin oder des Kunden abstimmen
   - Die Kundin oder der Kunde soll zur richtigen Zeit am richtigen Ort das auf ihre Bedürfnisse zugeschnittene Produkt in der bestmöglichen Qualität zu adäquaten Preisen bekommen.
2. **Den Wertstrom identifizieren**
   - Detaillierte Betrachtung der Prozesse, die für die Erstellung der Leistungen vom Rohmaterial bis zur Kundschaft notwendig sind.
   - Der sogenannte Wertstrom beschreibt alle Aktivitäten, die zur Herstellung eines Produkts oder einer Dienstleistung erforderlich sind. Die Konzentration auf diese wertschöpfenden Prozesse vermeidet Verschwendung und unterstützt die Ausrichtung auf die Kundenbedürfnisse.
   - Wenn man weiß, wie der Wertstrom durch das Unternehmen läuft und wer daran beteiligt ist, kann man das gesamte Produktionssystem auf diesen Wertstrom ausrichten, um ihn optimal zu unterstützen und alle Ressourcen effizient auszunutzen.

191 Womack, J. et al.: The Machine that changed the World.

3. **Das Fluss-Prinzip umsetzen**
   - Wichtigstes Gestaltungsprinzip des Lean Managements ist der kontinuierliche und geglättete Ablauf der Produktion, das Fluss-Prinzip.
   - Keine Optimierung innerhalb der Abteilungsgrenzen
   - Dadurch werden Stopps und Pufferbestände vermieden
   - Dies führt zu einem kontinuierlichen »Fließen« kleiner Lose durch die komplette Wertschöpfungskette.
4. **Das Pull-Prinzip einführen**
   - In vielen Unternehmen wird nach der Maßgabe der maximalen Maschinenauslastung produziert. Doch wenn das Unternehmen auf die Kundinnen oder Kunden ausgerichtet ist und der Wertstrom nach dem Fluss-Prinzip organisiert wird, muss erst dann produziert werden, wenn der Kunde bestellt oder die Bestände ein Minimum erreicht haben. Diese Bestellpunkte bilden dann den Anstoß für die Produktion. Beim Pull-Prinzip (Kanban) zieht man (engl. »pull«) vom Kunden aus gesehen die Produkte durch die Produktion, anstatt sie durch Planungsvorgaben in die Produktion zu drücken (»push«). So ist auch ohne Terminjägerei und Überstunden eine hundertprozentige Liefertreue erreichbar. Es entfällt zudem nicht nur die Lagerung von Teilprodukten und Fertigwaren und der damit verbundene Such- und Transportaufwand, sondern häufig kann die Fertigung auch personell entlastet werden (s. Kap. 4.1.13 »Push versus Pull«).
5. **Perfektion anstreben**
   - Da sich die Rahmenbedingungen laufend wandeln und auch schlechte Gewohnheiten sich schnell wieder einspielen, ist es wichtig, in einem Lean Production System für kontinuierliche Verbesserung zu sorgen. Die Mitarbeitenden sind aufgefordert, aktiv am KVP mitzuwirken.

Lean (»leicht«) ist also durchaus wörtlich zu nehmen. Der Kerngedanke von Lean ist, »Werte ohne Verschwendung (muda[192])« zu schaffen.

5.3.4.3 Design Thinking[193]

Design Thinking ist ein Ansatz, der zum Ziel hat, Produkte zu gestalten, welche die Kundin oder der Kunde wirklich braucht. Der Ansatz besteht aus drei Grundprinzipien: Team, Raum und Prozess.

192 Grobe Übersetzung aus dem Japanischen für Verschwendung bzw. für eine sinnlose Tätigkeit.
193 Gürtler, J. et al.: Design Thinking und Plattner, H. et al.: Design Thinking.

Das Design-Thinking-Team besteht aus Menschen möglichst unterschiedlicher Herkunft, den sogenannten »Sofortexperten«,[194] welche einen Blick von außen auf das zu entwerfende Produkt einbringen sollen (z. B. durch die Definition von Use Cases). Betriebsblindheit soll vermieden werden.

Damit Menschen kreative Ideen entwickeln können, muss ihnen der entsprechende Freiraum zur Verfügung gestellt werden. Dies bedeutet sowohl zeitlicher Freiraum als auch Räumlichkeiten, in denen man sich begegnen und sich austauschen kann.

Der Prozess besteht aus unterschiedlichen Schritten und wird in Iterationen mehrfach durchlaufen:

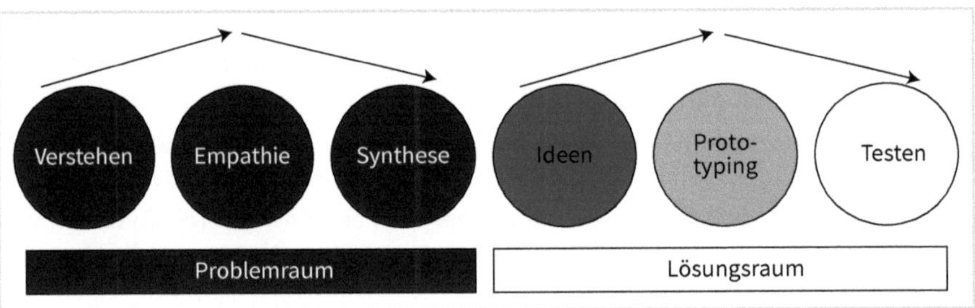

Abb. 107: Design-Thinking-Prozess

Die Ursprünge von Design Thinking sind nicht ganz geklärt. Zum ersten Mal wurde es Anfang der 90er Jahre an der Universität Stanford vorgestellt. In Deutschland wird Design Thinking vor allem am HPI (Hasso Plattner Institut) in Potsdam gelehrt.

5.3.4.4 Extreme Programming (XP)

Als Referenz für dieses Kapitel dient das frühe Werk von Kent Beck »Extreme Programming – Das Manifest«[195]. XP wurde von Kent als eine leichte Art der Softwareentwicklung vorgestellt, die effizient ist, eine größere Flexibilität hinsichtlich der Anforderungsänderungen zulässt, und die vor allem auch Spaß machen sollte.

XP wird als eine Disziplin der Softwareentwicklung verstanden. Beck zeigt bereits sehr früh, dass er unter »Disziplin« eine Menge an Regeln und Vorgehensweisen versteht, die dem Team zur Verfügung gestellt werden sollten. Wenn sie nicht aufgestellt werden, dann ist es auch in Ordnung. Aber dann darf das ganze Vorgehen nicht als XP be-

194 Gurtler, J. et al.:2013, Design Thinking, Gabal Verlag Offenbach.
195 Beck, K.: Extreme Programming. Das Manifest.

zeichnet werden. Die Herangehensweise von Beck finde ich sehr schön, weil er sich im Prinzip von einer einzigen Frage leiten ließ. Sie lautete:

> »Wie würde man programmieren, wenn man genug Zeit hätte?«

Lektionen aus der Zeit ohne Extreme Programming

Mit dieser Fragestellung wollte Beck bewusst auf einige Probleme der Softwareentwicklungsprojekte hinweisen. Er wies also darauf hin, dass oft bei der Softwareentwicklung

- die Zeit zum Testen fehlt,
- man sich wenig Zeit nimmt, um das System umzustrukturieren, und
- man sich nicht mehr die Zeit nimmt, um mit den anderen Programmierern und mit den Kunden zu sprechen.

In seinem Buch schreibt er über die Rohmaterialien der Methode[196] und nennt darunter die »vier Werte«, die Grundprinzipien und die vier grundlegenden Arbeitsschritte. Diese Rohmaterialien sind also:

Werte, Grundprinzipien und Arbeitsschritte des Extreme Programmings

Die Werte:
- Kommunikation
- Einfachheit
- Feedback
- Mut

Die Grundprinzipien:
- Unmittelbares Feedback
- Einfachheit anstreben
- Inkrementelle Veränderung
- Veränderungen wollen
- Qualitätsarbeit

Die grundlegenden Arbeitsschritte:
- Zuhören
- Designentwurf
- Programmieren
- Testen

Damit aus diesen »Rohmaterialien« ein Prozess entstehen kann, der den Rahmen für gute Softwareentwicklung ermöglicht, definiert Beck zwölf Verfahren. Die Zusam-

196 Beck bezeichnet die Werte und Prinzipien als »Rohmaterialien« der Methode. Hier sind leider aber auch Ungenauigkeiten von Übersetzungen mit im Spiel.

mensetzung dieser Verfahren führt zum gewünschten und verbesserten Softwareentwicklungsprozess.

Die Übersicht der Zusammensetzung ist in der folgenden Abbildung zu sehen.

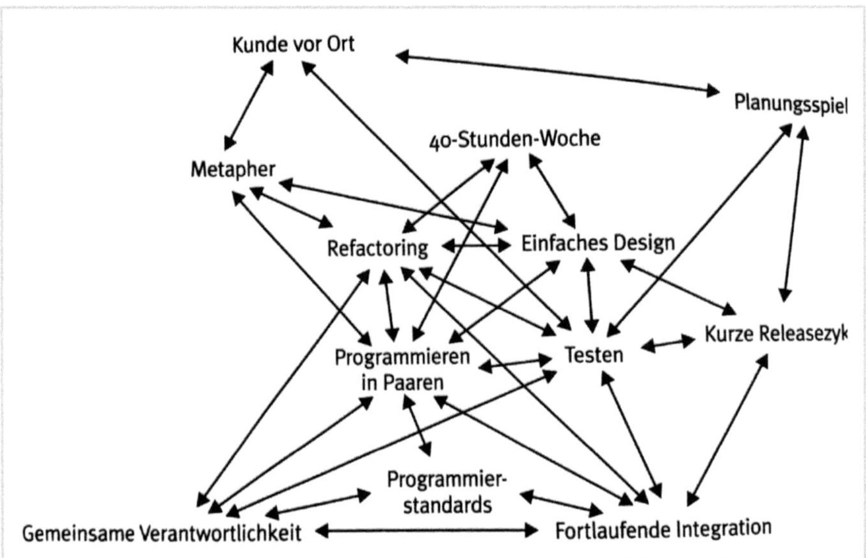

Abb. 108: Gegenseitige Unterstützung der Verfahren nach Beck[197]

Die Verfahren des Extreme Programmings

An dieser Stelle werden nun die einzelnen Verfahren kurz erläutert.

Das Planungsspiel: Der Umfang der Lieferung wird festgelegt. Dabei werden Prioritäten aus geschäftlicher Sicht berücksichtigt und eine technische Aufwandabschätzung vorgenommen.

Kurze Releasezyklen: Versionen, die die wichtigsten Anforderungen erfüllen, werden vollständig implementiert und in kurzen Zyklen ausgeliefert. Hier gilt, lieber wenige Anforderungen vollständig erfüllen und schnell ausliefern, als zu versuchen viele Anforderungen in längeren Zyklen umzusetzen.

Metapher: Alle Entwicklungen folgen einer einfachen gemeinsamen Metapher. Diese Metapher gibt eine Übersicht über die Architektur und Funktionsweise des gesamten Systems.

197 Beck, K.: Extreme Programming. Das Manifest.

Einfaches Design: Komplexe Strukturen sollen aufgelöst werden, sobald sie gesichtet werden. Es gilt um jeden Preis, das Design einfach zu halten.

Testen: Sowohl die Programmierenden als auch die Kunden entwickeln Tests. Programmierende liefern die Komponententests und die Kunden liefern die Fachtests.

Refactoring: Die Programmierenden pflegen die Strukturen der wachsenden Software. Eine verbesserte Kommunikation, vereinfachte und flexiblere Gestaltung, sowie die Entfernung von Redundanzen des Systems sind wichtige Bestandteile des Refactorings.

Pair Programming: Zwei Programmierende entwickeln gemeinsam den gesamten Code.

Gemeinsame Verantwortlichkeit: Es gibt keine Zuordnung von Codestellen zu Programmierenden. Jede programmierende Person kann zu jedem Zeitpunkt jede Codestelle entwickeln und überarbeiten.

Continuous integration: Immer, wenn eine Aufgabe erledigt ist, wird das Ergebnis in das Gesamtsystem integriert. Dies kann mehrfach am Tag sein.

40-Stunden-Woche: Es wird grundsätzlich nicht mehr als 40 Stunden pro Woche gearbeitet.

Kundin oder Kunde vor Ort: Während der gesamten Entwicklungszeit gehört der Kunde oder die Kundin dem Team an, um auf die Fragen der Programmierenden eingehen zu können.

Programmiererstandards: Es wird anhand gemeinsam aufgestellter Regeln programmiert. Das Ziel ist es, dass Programmierende an unterschiedlichen Stellen des Codes und sogar an unterschiedlichen Kundenprojekten arbeiten können, ohne dass jemand den Unterschied sieht. Durch gemeinsame Standards soll nach einer Einarbeitungszeit kein unterschiedlicher Codestil festgestellt werden können.

Das Zusammenspiel dieser Verfahren ist das Extreme Programming. Damit das Zusammenspiel gelingt, sind klare Rollen definiert. Das Minimum an Rollen, damit ein XP-Team funktionieren kann, besteht aus Programmierendem, Kundin oder Kunde, Coach und Terminmanagerin oder -manager.

Programmierende kümmern sich um das WIE, die Kundin oder der Kunde hilft im Team, um das WAS klar auszuarbeiten. Die Coach ist verantwortlich für den Gesamtprozess und bleibt ruhig, wenn alle anderen in Panik verfallen. Schließlich ist noch die Terminmanagerin oder -manager für die Termineinhaltungen verantwortlich. Unter anderem begleitet das Terminmanagement die Programmierende und macht sie darauf aufmerksam, ob und wie gut die Aufwandabschätzungen die Realität abbilden.

Kein Unternehmen, das heute hochwertige Software-Produkte entwickelt, kann es sich leisten, diese Verfahren nicht zu berücksichtigen, selbst wenn es nicht nach Extreme Programming arbeitet. Viel mehr werden die Verfahren oftmals einzeln in den Entwicklungsprozess eingebaut und sind sogar fester Bestandteil vieler Vorlesungen im Informatik-Studium. Sie werden jedoch sehr selten alle zusammen eingesetzt.

5.3.4.5 Collective Mind[198]

»Der Collective Mind (CM) … ein mentales Werkzeug, mit dem die Energien und Vorstellungen aller Teammitglieder gebündelt werden, damit das Team den Weg von der Aufgabenstellung zum Ziel findet und geht.«

Oswald[199] beschreibt in seiner intellektuellen Ausdrucksweise das Collective Mind als ein mentales Werkzeug. Den Versuch einer Übersetzung wagend, spreche ich gerne von »Hochleistungsteams«, die sich auf den Grundsätzen des Collective Minds organisieren.

Ein Hochleistungsteam findet seinen Einsatz, wenn Anforderungen noch nicht formuliert werden können (noch unklar, hohe Neuartigkeit oder Auftraggebende können noch kein Ziel nennen), und wenn die technische Umsetzung noch weitgehend unbekannt ist. Wenn wir uns also in der Stacey-Matrix rechts oben im chaotischen Bereich befinden (s. Kap. 3.4.1 »Stacey-Matrix«), dann passt die Durchführung eines Projekts mit einem Collective Mind (CM).

Ebenen der Führung und Teamarbeit

Zur Ausbildung eines CM bedarf es intensiver Führungs- und Teamarbeit auf drei Ebenen:

Projektdesign:

- Bewusste Auswahl des Projektteams nach Erfahrungen und Kompetenzen
- Aufbau einer passenden Projektorganisation (Einfluss-, Matrix-, Reine Projektorganisation, Kernteam, Satelliten etc.)
- Auswahl des Vorgehens, wie z. B. agil, klassisch, hybrid

198 Köhler, J. et al.: Die Collective Mind Methode.
199 Oswald, A. et al.: Projektmanagement am Rande des Chaos.

Projektumwelt:

- Wird von äußeren Rahmenbedingungen beeinflusst (Umfeldfaktoren) wie z.B. Marktsituation, Unternehmensstrategie, äußere Zwänge durch Management
- Umfasst alle Stakeholder intern (Stammorganisation) und extern

Projektdynamik:

- Teammitglieder: Persönlichkeitsmodelle sind bekannt und werden aktiv mit einbezogen, konstruktive Problemlösungstechniken in verschiedenster Form können eingesetzt werden, aktive Konfliktbearbeitung, Wertschätzung und Weiterentwicklung der Teamperformance auf der persönlichen Ebene
- Sichtbarkeit des Ziels (Transparenz, Operationalisierung, Zielhierarchie etc.)
- Art der Führung des Teams zum Ziel (systemisches und agiles Mindset, Selbstreflexion der Führung und Mitarbeiter[200] etc.)

CM stellt einen Idealzustand des Teams dar, den es anzustreben gilt, um mit den hohen Projektanforderungen umgehen zu können. Dabei steht explizit nicht nur die technische Expertise im Vordergrund, sondern vor allem die Fähigkeit, auf einem hohen persönlichen Entwicklungsniveau zusammen im Team agieren zu können, um das volle Leistungsspektrum der Teammitglieder ausschöpfen zu können. Persönliche Reife, Kreativität und bewusste Kommunikation sind hohe Güter, die es ständig weiterzuentwickeln gilt. Sie sind das Fundament, auf dem fachliche Lösungen gefunden werden.

Nicht für jedes Projekt wird ein Hochleistungsteam nach Collective Mind gebraucht. Für das eine strategisch wichtige Projekt einer Organisation ist es jedoch ein brauchbares Modell.

5.3.4.6 Getting Things Done

Getting Things Done (GTD)[201] wurde von David Allen als eine Methode zur Selbstorganisation entwickelt. Der Ansatz beruht auf den eigenen Erfahrungen von David Allen, der eine ganz einfache Beobachtung machte. Er sah, dass seine persönlichen Aufgaben und vor allem die Aufgaben, die unerledigt bleiben, täglich wachsen. Mit anderen Worten sah er, dass sein Backlog täglich größer wurde.

Viele von uns kennen dieses Gefühl. Eine wachsende »Bugwelle«, die wir täglich vor uns herschieben. Sie entsteht nicht nur im beruflichen, sondern auch im privaten Kon-

200 S. auch Hofert, S.: Mindshift.

201 Allen, D.: Wie ich die Dinge geregelt kriege: Selbstmanagement für den Alltag.

text. Hier sei auf den berühmten Vorsatz »Nächste-Woche-Räume-Ich-Den-Keller-Auf« hingewiesen.

Die Beobachtung von David Allen, dass diese Bugwellen unsere Gesundheit ernsthaft tangieren und uns schlaflose oder zumindest unruhige Nächte bereiten können, bewegte ihn zum Handeln.

Bereits Anfang der 2000er Jahre beschäftigte sich David Allen mit diesem Thema, und im Jahre 2007 wurde sein Konzept sogar im Time Magazine[202] gelobt und geadelt. Dieser Erfolg zeigte bereits damals, dass der Bedarf an Fokussierung und an Reduzierung von Zerstreuung wohl kein Problem eines Einzelnen ist.

Das Bestechende an diesem Konzept ist seine Einfachheit. Auch wenn die aktuelle Auflage des Buches von David Allen mehr als 170 Seiten erfasst, ist doch das Grundkonzept in Kürze erklärt. Es beruht ebenfalls auf einem empirischen Prozess und ist somit quasi das agile Framework für den persönlichen Bereich der Selbstorganisation.

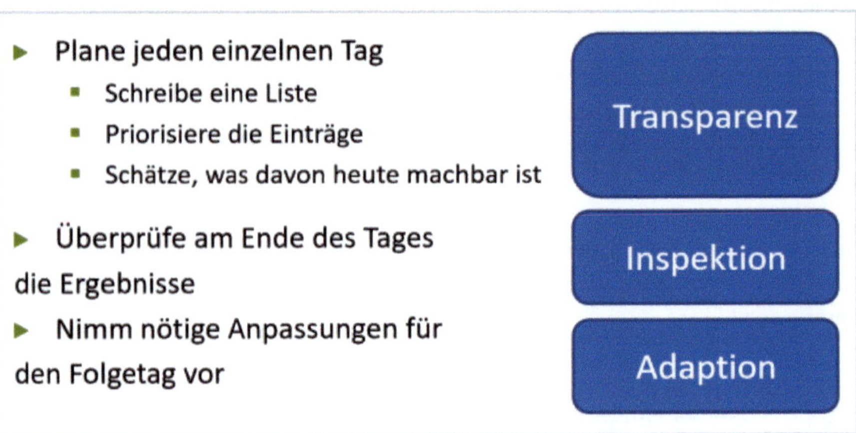

Abb. 109: Übersicht von GTD

Grundpfeiler von GTD

Aus konzeptioneller Sicht hat GTD fünf Grundpfeiler:

- **Sammeln**: Das Sammeln unserer Aufgaben an wenigen Orten
- **Verarbeiten**: Die Pflege der Sammlung, indem man diszipliniert die anstehenden Aufgaben priorisiert.
- **Organisieren**: Das ist ein besonders wichtiger Punkt, da an dieser Stelle die Aufgaben »externalisiert« werden. Sie sollen nicht im berühmten »Hinterkopf« aufbewahrt werden, sondern an einem Ort außerhalb des Kopfes.

202 The Oracle of Organization: http://content.time.com/time/subscriber/article/0,33009,1595223,00.html.

- **Durchsehen**: Die Durchsicht der Liste und deren Pflege ist ein zentraler Bestandteil des Konzepts.
- **Erledigen**: Die bewusste Entscheidung, was man basierend auf der Zeitkapazität, der verfügbaren Energie und natürlich der Priorität als Nächstes erledigt.

Betrachtet man GTD aus der Perspektive des empirischen Prozesses, sieht man deutlich den folgenden Ablauf:

- Transparenz. Verschaffe dir Transparenz über die anstehenden Aufgaben. Dabei wird täglich geplant, indem man die anstehenden Aufgaben auf eine Liste schreibt (externalisieren), sie anschließend priorisiert und sich dafür entscheidet, sich diejenigen Aufgaben vorzunehmen, die an einem Tag erledigt werden können. Hier kommt man also ohne deutliche Priorisierung und Aufwandabschätzung nicht weiter.
- Inspektion. Nach getaner Arbeit, also am Ende des Arbeitstages, wird bilanziert. Diese tägliche Inspektion ist ein sehr wichtiger Bestandteil des Konzepts, da auch hier sehr schnell erfasst werden kann, was mögliche Gründe dafür sein können, dass wir die Arbeit nicht geschafft haben, die wir uns aber vorgenommen hatten.
    - Die Ursachen können vielfältig sein. Entweder wurden die Aufgaben unterschätzt, wir haben unsere Fähigkeiten überschätzt, oder wir haben uns während des Tages mit Aufgaben beschäftigt, die zu Beginn des Tages weder aufgeführt noch priorisiert waren.
    - Die Idee an dieser Stelle lautet nicht, dass wir stur nur noch die Aufgaben tun, die wir geplant hatten. Sondern eben die Inspektion am Ende des Tages und somit die Analyse: Warum hatten wir die Punkte weder geplant noch priorisiert gehabt?
    - Erkennen wir, dass diese doch eine höhere Priorität hatten, als die Aufgaben, die wir uns vorgenommen hatten, und erst während des Tages aber entstanden sind, sollte im Vordergrund stehen, ob dies oft vorkommt. Wenn ja, dann sollten wir nicht die gesamte Zeitkapazität durchplanen, die uns zur Verfügung steht, sondern einen Teil zur Erledigung dieser Zwischenereignisse freihalten.
    - Sollte sich jedoch bei der Inspektion herausstellen, dass wir keinen triftigen und ehrlichen Grund finden, warum wir uns mit Aufgaben beschäftigt haben, die eine höhere Priorität als die geplanten Tagesaufgaben hatten, dann sollten wir reflektieren, warum wir uns haben ablenken lassen.
- Adaption. Die in der Inspektion gewonnenen Erkenntnisse werden nun mit konkreten Handlungen und Maßnahmen versehen, die für die kommenden Tage berücksichtigt und umgesetzt werden.

Die intellektuelle Annäherung an dieses Konzept und vielleicht sogar das Einsehen, dass dieses Konzept helfen kann, wird schnell klar. Die praktische Umsetzung, sodass das Konzept sich natürlich anfühlt und zum Ritual wird, braucht jedoch Zeit und Disziplin.

Ist das Konzept umgesetzt und wird gelebt, wird recht schnell klar, ob man sich allgemein mit Aufgaben übernimmt und daher die Bugwelle immer mehr wächst, oder ob dies »nur« daran lag, dass man unfokussiert war.

Es sind viele Worte gesprochen und geschrieben worden. Zum Abschluss ist es uns ein Anliegen, dass wir noch einmal unsere Überzeugung kundtun. Wir sind fest davon überzeugt, dass das heutige Projektmanagement sich sehr klar und deutlich von Glaubenskriegen zwischen Agil oder Klassisch befreien muss, um den aktuellen Herausforderungen gerecht zu werden. Dafür brauchen wir eine gesunde Mischung aus beiden Welten, dafür brauchen wir das hybride Projektmanagement.

Durch neue Herangehensweisen sind nicht nur neue Rollen notwendig, sondern auch ein neues Verständnis von Führung und wie eine fluide Organisation den Erfolg in Projekten und letztendlich in einem Unternehmen unterstützen kann.

Eine zentrale Bedeutung kommt der einfachen Tatsache zu, dass wir uns und unser Können, methodisch und fachlich, realistischer einschätzen müssen. Dies ist jedoch nur dann möglich, wenn wir eine Ahnung davon haben, was tatsächlich leistbar ist. Mit dieser Grundlage können wir uns realistische und motivierende Ziele setzen. Sobald wir eine solide Basis an erreichten Zielen vorliegen haben, können wir uns in Abstimmung mit dem Projektteam und sehr bewusst an etwas herausforderndere Ziele wagen.

Wenn wir uns auf dieses Vorgehen geeinigt haben, müssen wir nur noch den Mut haben, es zu probieren. Wie einfach das gehen kann, zeigt uns das Beispiel des Getting Things Done. Wir wünschen viel Erfolg dabei!

Autorenteam

Karen Dittmann ist Projektmanagerin aus Leidenschaft. Ihr Ziel ist, Projektleitende und Organisationen in die Lage zu versetzen, ihre Projekte erfolgreich zu managen ... und dies immer im Bewusstsein, dass die beteiligten Menschen im Mittelpunkt stehen. Als promovierte Agrarbiologin, Projektmanagerin in IT-Kundenprojekten, Unternehmerin in Training und Beratung, Mitbetreiberin der Projektmanagement Plattform »Better Project Training« versteht sie es, unterschiedliche Welten zusammenzubringen.

Mehrschad Zaeri Esfahani ist Perser und Deutscher, Agile Coach und Akkreditierter Projektmanagement-Trainer nach IPMA, Geschäftsführer der parsQube GmbH sowie Dienstleister, Philosoph und Informatiker. Er hat einen Abschluss in Informatik und in Philosophie. Somit bleibt ihm nichts anderes übrig, als zwischen den Welten zu balancieren. Mit dem vorliegenden Werk fasst er das zusammen, was er auf seinen Reisen zwischen dem »Klassischen« und dem »Agilen« in den letzten 15 Jahren erfahren durfte und freut sich, Sie mitzunehmen.

Literaturverzeichnis

Allen, D. (2001). *Getting Things Done*. New York: Viking Penguin.

Allen, D. (2015). *Wie ich die Dinge geregelt kriege: Selbstmanagement für den Alltag*. München: Piper Verlag.

Anderson, D. (2017). *Die Essenz von Kanban – kompakt*. Heidelberg: dpunkt Verlag.

Anderson, D. (2011). *Kanban, evolutionäres Change Management für IT-Organisationen*. Heidelberg: dpunkt.verlag.

Appelo, J. (2012).*How to change the world: Management 3.0*. Jojo Ventures.

Baecker, D. (2015). *Postheroische Führung*. Heidelberg. Springer-Verlag.

Bateson, G. et al. (2021). *Ökologie des Geistes*. Berlin: Suhrkamp Verlag.

Beck, K. (2002). *Test Driven Development: By Example*. Pearson International.

Beck, K. (2000). *Extreme Programming. Das Manifest*. Boston: Addison Wesley Verlag.

Bertagnolli, F. (2020). *Lean Management – Einführung und Vertiefung in die japanische Management-Philosophie*. Wiesbaden: Springer Fachmedien Wiesbaden GmbH.

Box, G. E. P. (1976). »Science and statistics« (PDF), Journal of the American Statistical Association, 71 (356): 791–799, doi:10.1080/01621459.1976.10480949.

Burrows, M. (2014). *Kanban from the inside*. Blue Hole Press.

Burrows, M. (2015). *Kanban verstehen, einführen, anwenden*. Heidelberg: dpunkt.verlag.

Caplan, J. (2007). *The Oracle of Organization*. Von http://content.time.com/time/subscriber/article/0,33009,1595223,00.html abgerufen am 19.11.2022.

Derby, E. et al. (2006). *Agile Retrospectives, making good teams great*. Pragmatic Programmers.

Dittmann, K. et al. (2020). *Projektmanagement (IPMA), Lehrbuch für Level D und Basiszertifikat (GPM)*. Freiburg: Haufe Verlag, 1. Auflage.

Doerr, J. (2018). *Measure What Matters*. München: Portfolio Pinguin.

Ethik Kodex der GPM. (2021). Von https://www.gpm-ipma.de/fileadmin/user_upload/ueber-uns/Organisation/Ethik-Kodex_der_GPM_deu.pdf abgerufen am 19.11.2022.

Ethikrichtlinien und Maßstäbe für professionelles Verhalten. (2021). Von https://www.pmi.org/-/media/pmi/documents/public/pdf/ethics/pmi-code-of-ethics.pdf?sc_lang_temp=de-DE#:~:text=Die%20folgenden%20Werte%20wurden%20von,Grundlage%2C%20auf%20der%20er%20beruht abgerufen am 19.11.2022.

Fisher, R. et al. (1998). *Führen ohne Auftrag, wie Sie Projekte im Team erfolgreich umsetzen können*. Frankfurt: Campus Verlag.

Foegen, M./Kaczmarek, C. (2016). *Organisation in einer digitalen Zeit*. Darmstadt: wibas Verlag, 3. Auflage.

Gessler, M. et al. (2009). *GPM Deutsche Gesellschaft für Projektmanagement, Kompetenzbasiertes Projektmanagement (PM3) – Handbuch für die Projektarbeit, Qualifizierung und Zertifizierung auf Basis der IPMA Competence Baseline Version 3.0.* Nürnberg: GPM Deutsche Gesellschaft für Projektmanagement e. V.

Giegerenzer, G. (2013). *Risiko, wie man richtig Entscheidungen trifft.* München: C. Bertelsmann Verlag.

Giernalczyk, T./Lohmer, M. (2012). *Das Unbewusste im Unternehmen. Psychodynamik von Führung, Beratung und Change Management.* Stuttgart: Schäfer-Poeschel Verlag.

Glatz, H./Graf-Götz, F. (2011). *Handbuch Organisation gestalten.* Weinheim: Beltz.

GPM (Hg.), G. D. (2019). *Kompetenzbasiertes Projektmanagement (PM4) – Handbuch für Praxis und Weiterbildung im Projektmanagement*, Band 1 + 2. Nürnberg: GPM Deutsche Gesellschaft für Projektmanagement e. V.

GPM (2016). *Individual Competence Baseline Version 4.0 für Projektmanagement.* Nürnberg: GPM Deutsche Gesellschaft für Projektmanagement

Greenberg, R./Boudewijn, B. (2020). *Cynefin – Weaving Sense-Making into the Fabric of Our World.* Cognitive Edge Signapore.

Gürtler, J. et al. (2013). *Design Thinking.* Offenbach: Gabal Verlag.

Hegel, G. (1807). *System der Wissenschaft: Teil 1 – Phänomenologie des Geistes.* Bamberg: Joseph Anton Goebhardt.

Hering, E./Schloske A. (2019). *Fehlermöglichkeits- und Einflussanalyse: Methode zur vorbeugenden, systematischen Qualitätsplanung unter Risikogesichtspunkten (essentials).* Wiesbaden: Springer Vieweg Verlag.

Hinnen, H./Krummenacher, P. (2012). *Großgruppen-Interventionen: Konflikte klären – Veränderungen anstoßen – Betroffene einbeziehen (Systemisches Management).* Stuttgart: Schäffer-Poeschel Verlag.

Hirschhorn, L. (1997). *Reworking Authority, Leading and following in the post-modern organization.* Massachusetts: The MIT Press.

Hofert, S. (2019). *Minddshift. Mach Dich fit für die Arbeitswelt von morgen.* Frankfurt: Campus Verlag.

ICB4. (2016). *Individual Competence Baseline.* Nürnberg: GPM Deutsche Gesellschaft für Projektmanagement e. V.

Kahnemann, D. (2021). *Was unsere Entscheidungen verzerrt – und wie wir sie verbessern können.* München: Siedler Verlag.

Kahnemann, D. (2011). *Schnelles Denken, langsames Denken.* München: Penguin Verlag.

Kets de Vries, M. (2004). *Führer, Narren und Hochstabler, die Psychologie der Führung.* Stuttgart: Klett-Cotta Verlag.

Khorikov, V. (2020). *Unit Testing Principles, Practices, and Patterns*, Manning Verlag.

Köhler, J./Oswald, A. (2009). *Die Collective Mind Methode, Projekterfolg durch Soft Skills.* Heidelberg: Springer Verlag.

Komus, A. (kein Datum). *Hochschule Koblenz.* Von https://www.hs-koblenz.de/bpm-labor/status-quo-scaled-agile-2020/ abgerufen am 19.11.2022.

Kotter, J./Cohen, D. S. (2002). *The heart of change. Real-life stories of how people change their organizations.* Boston, Mass: Harvard Business School.

Kotter, J. (2015). *Accerlerate.* Vahlen.

Leitfaden für Zertifikanten Level D-A, Allgemein, »Z01«, Rev.7. (2020). Von https://www.gpm-ipma.de/fileadmin/user_upload/Zertifizierung/Projektmanagement/Z01_PM_Leitfaden_Allgemein_ICB4_V09.pdf abgerufen am 19.11.2022.

Lewin, K. (1947). *Frontiers in Group Dynamics. Human Relations*, 1, 5-41. http://dx.doi.org/10.1177/001872674700100103.

Löffler, M. (2014). *Retrospektiven in der Praxis*. Heidelberg: d.punkt Verlag.

Lörz, H./Techt, U. (2007). *Critical Chain, Beschleunigen Sie Ihr Projektmanagement.* München: Haufe Verlag.

Luhmann, N. (1987). *Soziale Systeme, Grundriss einer allgemeinen Theorie*. Suhrkamp Wissenschaft Verlag.

Luhmann, N. (1989). *Reden und Schweigen*. Frankfurt: Suhrkamp Verlag.

Malone, T./Bernstein M. S. (2015). *Handbook of Collective Intelligence.* MIT Press.

Manifesto for Agile Software Development. (2001). Von Manifesto for Agile Software Development: https://agilemanifesto.org/ abgerufen am 19.11.2022.

Motzel, E. (2017). *Projektmanagement Lexikon, Referenzwerk zu den aktuellen nationalen und internationalen PM-Standards.* Welnheim: Wiley Verlag, 3. Auflage.

Nonaka, I./Takeuchi, H. (1995). *The Knowledge-Creating-Company*. New York: Oxford University Press, Inc.

Ohno, T. (2013). *Das Toyota-Produktionssystem*. Frankfurt: Campus Verlag GmbH.

Oswald, A. et al. (2016). *Projektmanagement am Rande des Chaos*. Berlin Heidelberg: Springer Verlag.

Oswald, A./Müller W. (kein Datum). *Management 4.0, Handbook for agile practices*. Books on Demand.

Plattner, H. et al. (2009). *Design Thinking*. München: mi-Wirtschaftsbuch.

PMI. (2021). *PMBok Guide, a guide tot he project management body of knowledge*. PMI.

Raitner, M. (2019). *Manifest für menschliche Führung*. Selbstverlag, ISBN 9781093473254.

Render, J. (kein Datum). *Agile-Mercurial.* Von https://agile-mercurial.com/2019/02/06/agile-frameworks-fact-sheet/#topOfList abgerufen am 19.11.2022.

Ries, E. (2011). *The lean startup*. London: Penguin Group.

Rösler, P. et al. (2013). *Reviews in der System- und Softwareentwicklung.* Heidelberg: d.punkt Verlag.

Schein, E. (2003). *Organisationskultur*. Bergisch Gladbach: EHP Verlag.

Schein, E./Schein, P. (2018). *Organisationskultur und Leadership*. München: Verlag Franz Vahlen.

Senge, P. (2006). *The Fifth Discipline*. New York: Doubleday Verlag.

Shenhar, A./Dvir, Dov (2007). *Reinventing Project Management*. Harvard Business School Press.

Simon, F. B. (2009). *Einführung in die Systemtheorie und Konstruktivismus*. Heidelberg: Carl-Auer Verlag.

Skarin, M. (2015). *Real-World Kanban, do less, accomplish more with Lean Thinking*. Pragmatic Bookshelf.

Stacey, R. (2009). *Complexity and Organizational Reality: Uncertainty and the Need to Rethink Management After the Collapse of Investment Capitalism*. London: Routledge.

Storch, M. (2003). *Das Geheimnis kluger Entscheidungen*. München: Goldmann Verlag.

Storch, M. (2003). *Das Geheimnis kluger Entscheidungen.* München: Goldmann Verlag.

Stuart, C. (2020). *Cynefin-Framework als Wegweiser zur Agilen Führung*. Norderstedt: Books on Demand.

Sullivan, L. (1896). The tall office building artistically considered. *Lippincott's Magazine*.

Sutherland, J. et al. (2020). *The Scrum Guide*.

Techt, U. (2009). *Goldratt und die theory of constraints*. Moers: Editions La Colombe.

The Standisch Group. (2018). Von https://standishgroup.com/ abgerufen am 19.11.2022.

Verheyen, G. (2020). *Scrum – A Brief History of a Long Lived Hype Paper*. Antwerpen/Belgien: Ullizee-Inc.

Wagner, R./Grau, N. (2014). *Basiswissen Projektmanagement, Führung im Projekt*. Düsseldorf: Symposion Publishing.

Wilhelm, H. (1995). *Sinn des I-Ging*, München: Diederichs.

Witzer, B. (2005). *Die Zeit der Helden ist vorbei. Anleitung für ein postheroisches Management.* Heidelberg: Readline Verlag.

Wodetzki, M. (2017). *SWOT-Analyse – Stärken – Schwächen – Chancen – Risiken*. Selbstverlag.

Wohland, G./Wiemeyer, M. (2006). *Denkwerkzeuge für dynamische Märkte, ein Wörterbuch*. Münster: MV-Verlag.

Womack, J. et al. (1990). *The Machine that changed the World – The Story of Lean Production*. New York: Harper Collins.

Stichwortverzeichnis

PI13707638

9781581